올해의 과학교사상

대한민국 수학교육상

세계적인 '울프램 혁신가상'

{ 수상자가 들려주는 특별한 수학이야기 }

깜짝 놀랄만한

# 모두의 수학

이장훈 지음

NAVER · LG 사이언스랜드 1,000만 누적뷰!

생활 · 예술 · 과학 · 산업 속 기발한 발상과 수학의 쓰임새
움직이는 그림과 실험파일 동작으로 이해의 즐거움 UP!

KYOWOO

# 머리말

2017년 6월, LG상남도서관으로부터 학생과 일반인 모두가 즐겨볼 수 있는 생활과 예술, 과학과 산업속의 '수학콘텐츠' 개발을 요청받았다. 이후 2021년 12월까지 수학콘텐츠는 NAVER와 LG사이언스랜드에 연재되었으며 '1,000만명 이상의 누적뷰'라는 놀라운 독자들의 호응을 확인하였다. 2021년 12월, NAVER와 LG사이언스랜드의 서비스 제공이 종료됨에 학생과 일반인 모두가 깜짝 놀랄만한 수학이야기를 재구성하여 독자들과 다시 만난다.

이 책은 학교에서 배운 '수학'이 우리의 생활과 예술, 과학과 산업속에서 어떤 쓰임새가 있는지를 스토리텔링으로 서술하였다. 복잡한 수와 식의 계산과 수학적 현상에 대한 표현은 모두 공학프로그램 Mathematica를 이용하여 '살아 움직이는 그림'으로 설명한다. 독자들은 책 속에 포함되어 있는 200개 이상의 QR코드로 더욱 실감나는 이미지 동영상을 감상하며 이 책의 이해를 더욱 깊게할 수 있다. 특히, QR코드 안에 첨부파일로 제공하는 '실험문서(*.cdf 파일)'는 무료프로그램 Wolfram Player가 설치된 PC에서 사용자의 직접 조작이 가능하여 이 책을 보는 즐거움은 더욱 커진다.

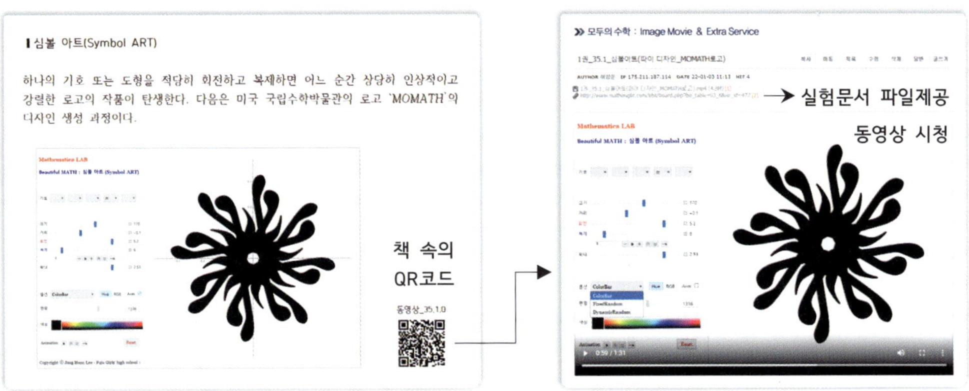


「깜짝 놀랄만한, 모두의 수학」은 흥미롭고(Exciting ΣATH) 아름다우며(Beautiful ΣATH), 놀랍고(Amazing ΣATH) 기술적인(Technical ΣATH) 수학의 활용사례에 대한 84편의 이야기로 구성되어 있다. 또한, 그 내용들은 각 주제가 중·고등학교 수학교과 교육과정속의 단원들과 연계되어 있다. 따라서 학교에서 배운 수학의 활용사례에 대한 부분적인 독서활동으로 진행하여도 학생들에게 큰 부담을 주지 않는다.

## Part 1. 흥미진진한 수학(Exciting ΣATH)

| 목차 | 주제 | 수학<br>수학Ⅰ | 수학Ⅱ<br>미적분 | 확률<br>통계 | 기하<br>벡터 | 응용<br>수학 | 활용<br>분야 |
|---|---|---|---|---|---|---|---|
| 1 | 수학계산, 이보다 더 질서정연할 수는 없다. | ○ | | | | | 수학 |
| 2 | 무한소수를 연주하면, 어떤 멜로디가 만들어질까? | ● | | | | | 예술 |
| 3 | 황당한 분수 계산, 그런데 정답이라고? | ● | | | | | 수학 |
| 4 | 바보덧셈에 대한 새로운 발견 | ● | | ● | | | 생활 |
| 5 | 부활의 수 6174를 소개합니다. | ● | | | | | 수학 |
| 6 | 기원전 낙타 17마리 상속사건, 법정에 서다. | ● | | | | | 생활 |
| 7 | 베스킨라빈스 31게임, 필승전략은? | ● | | | | | 퍼즐 |
| 8 | 아직도 풀어내지 못한 사칙연산Ⅰ (3n+1 문제) | ● | | | | | 수학 |
| 9 | 아직도 풀어내지 못한 사칙연산Ⅱ (슈어의 덧셈상자) | ● | | | | | 수학 |
| 10 | 20%쿠폰 vs 10%쿠폰+11%중복쿠폰, 선택은? | ● | | | | | 생활 |
| 11 | 연봉계산, 손해보지 않기 위해 꼭 알아야 할 평균계산법 | ● | | | | | 생활 |
| 12 | 마술일까? 수학일까? 마음속 숫자계산 | ○ | | | | ● | 퍼즐 |
| 13 | 식빵을 한 장을 무한히 먹을 수 있는 방법 | ● | | | | | 퍼즐 |
| 14 | 먹어도 티가 안나는 이상한 초콜릿 상자 | ● | | | | | 퍼즐 |
| 15 | 로또복권, 10억 투자의 최후 | ● | | ● | | | 생활 |
| 16 | 객관식 대박찍기, 100점을 꿈꾸며 | | | ● | | | 생활 |
| 17 | 로또복권, 1등 당첨자 수에 대한 진실 | | | ● | | | 생활 |
| 18 | 로또복권, 1등 꿀 조합이 있을까? | ● | | ● | | | 생활 |
| 19 | 로또복권, 추첨번호를 늘리면 최고 당첨금은 얼마? | | | ● | | | 생활 |
| 20 | 원주율로 만든 새로운 로또복권(Lotto314) | | | ● | | | 퍼즐 |
| 21 | 야바위게임, 처음 선택을 바꾸시겠습니까? | | | ● | | | 생활 |
| 22 | 아들일까? 딸일까? 50% 확률의 딜레마 | | | ● | | | 생활 |
| 23 | 복불복 제비뽑기, 먼저 뽑는 것이 유리할까? | | | ● | | | 생활 |
| 24 | 심리적인 확률, 과연 현실에서도 통할까? | | | ● | | | 생활 |
| 25 | 스마트폰의 패턴 잠금은 모두 몇 가지 경우일까? | ○ | | ○ | | ● | 생활 |
| 26 | 혼자서 즐길 수 있는 빙고 게임 | ● | | ○ | | ● | 퍼즐 |
| 27 | 남아 있는 정육면체의 개수는 몇 개인가? | | | | ● | | 퍼즐 |
| 28 | 굴러간 정육면체 밑면의 마지막 색상은? | | | | ○ | ● | 퍼즐 |
| 29 | 원판을 관통하는 8개 막대의 비밀 | | | | ○ | ● | 퍼즐 |
| 30 | 수직으로 만나는 두 원기둥의 공통부분은 어떤 모양일까? | | ● | | ○ | ● | 수학 |

## Part 2. 아름다운 수학(Beautiful ΣATH)

| 목차 | 주제 | 수학<br>수학 I | 수학 II<br>미적분 | 확률<br>통계 | 기하<br>벡터 | 응용<br>수학 | 활용<br>분야 |
|---|---|---|---|---|---|---|---|
| 31 | 그래프로 디자인한 아름다운 기하예술 | ● | ● |  | ● |  | 예술 |
| 32 | 원주율(π)의 숫자배열에서 나의 생일을 찾아보자!! | ● |  |  |  |  | 퍼즐 |
| 33 | 원주율 천만 자리에서 찾은 특별한 생일들 | ● |  |  |  |  | 퍼즐 |
| 34 | 세상 유일한 「π-티셔츠」를 만들어보자!! | ○ |  |  | ● | ● | 예술 |
| 35 | 기하학적인 회전도형, 디자인상을 수상하다! | ● |  |  | ● |  | 예술 |
| 36 | 아름답고 기상천외한 그래프를 찾아서 | ○ | ○ |  | ○ | ● | 예술 |
| 37 | 특별한 방법으로 만들어 본 별의별 ★모양 | ● | ○ |  |  | ● | 예술 |
| 38 | 특별한 수학적 방법으로 ★다면체를 디자인하다!! |  |  |  | ○ | ● | 예술 |
| 39 | 수학을 3D프린팅 하다!! | ● | ● |  | ○ | ● | 공학 |
| 40 | 안녕하세요~ 다면체 코알라입니다!! | ○ |  |  | ● | ● | 예술 |
| 41 | 세상에 단 하나뿐인 나만의 음식을 3D프린팅 하다! |  |  |  | ○ | ● | 예술 |
| 42 | 목소리로 빚어낸 '사랑합니다.' 초콜릿 |  | ○ |  | ○ | ● | 예술 |
| 43 | 평창올림픽 드론쇼, 어떻게 디자인 했을까? |  |  |  | ● | ● | 예술 |
| 44 | 술주정뱅이의 발자취, 자연을 그려내다!! | ○ |  | ○ |  | ● | 예술 |

## Part 3. 어메이징한 수학(Amazing ΣATH)

| 목차 | 주제 | 수학<br>수학 I | 수학 II<br>미적분 | 확률<br>통계 | 기하<br>벡터 | 응용<br>수학 | 활용<br>분야 |
|---|---|---|---|---|---|---|---|
| 45 | 종이 한 장으로 태양까지 도달하는 방법 | ● |  |  |  |  | 퍼즐 |
| 46 | 지구 종말에 대한 하노이 예언, 남은 시간은? | ● |  |  |  |  | 퍼즐 |
| 47 | 3색 벽돌쌓기, 마지막 색상을 어떻게 계산할 것인가? | ● |  |  |  |  | 퍼즐 |
| 48 | 다트게임으로 원주율 값을 계산해보자. |  |  | ● |  |  | 수학 |
| 49 | 원주율을 계산하는 세상에서 가장 위대한 방법 |  | ○ |  | ○ | ● | 수학 |
| 50 | 꾸불꾸불한 도형의 넓이, 울퉁불퉁한 입체의 부피를 어떻게 구할까? |  |  | ● |  |  | 수학 |
| 51 | 머리가 띵~해지는 삼각형의 넓이 문제 | ● |  |  |  |  | 퍼즐 |
| 52 | 홀수, 짝수, 자연수 중 어떤 수의 개수가 가장 많을까? | ● |  |  |  |  | 퍼즐 |
| 53 | 「2는 1과 같다?」는 첫 번째 이야기 | ● |  |  |  |  | 퍼즐 |
| 54 | 「2는 1과 같다?」는 두 번째 이야기 | ● |  |  |  |  | 퍼즐 |
| 55 | 어제 떨어뜨린 공, 오늘은 멈추었을까? | ● |  |  |  |  | 수학 |
| 56 | 4개 평면으로 공간을 최대한 몇 개까지 나눌 수 있을까? | ○ |  |  | ● |  | 퍼즐 |
| 57 | 정팔면체와 정사면체를 결합한 다면체의 면의 개수는? |  |  |  | ● |  | 퍼즐 |

| 목차 | 주제 | 수학<br>수학Ⅰ | 수학Ⅱ<br>미적분 | 확률<br>통계 | 기하<br>벡터 | 응용<br>수학 | 활용<br>분야 |
|---|---|---|---|---|---|---|---|
| 58 | 타원의 두 초점에 갇힌 빛 | | | | ● | | 공학 |
| 59 | 타원당구대에서 나는 당구의 신이 된다? | | | | ● | ● | 공학 |
| 60 | 우리가 사는 공간이 「뫼비우스의 띠」라면? | | | | ○ | ● | 수학 |
| 61 | 상상 속의 4차원 도형, 클라인 병 | | | | ○ | ● | 수학 |
| 62 | 사각형을 가득 채운 선은 1차원일까? 2차원일까? | ● | | | | | 수학 |
| 63 | 도형으로 바라본 3차원 너머의 세상 | | | | ● | ● | 수학 |
| 64 | 수학으로 예측한 한국-코로나19 | | ● | | | ● | 생활 |
| 65 | 최악의 전염병 확산 가상 시나리오, 인류의 생존타임은? | | ● | ○ | | ● | 생활 |
| 66 | 팬데믹 게임 Ⅰ : 마스크 효과, 시뮬레이션 결과는? | | | ○ | | ● | 생활 |
| 67 | 팬데믹 게임 Ⅱ : 거리두기 효과, 시뮬레이션 결과는? | | | ○ | | ● | 생활 |

## Part 4. 테크놀로지 수학(Technical ΣATH)

| 목차 | 주제 | 수학<br>수학Ⅰ | 수학Ⅱ<br>미적분 | 확률<br>통계 | 기하<br>벡터 | 응용<br>수학 | 활용<br>분야 |
|---|---|---|---|---|---|---|---|
| 68 | 사진을 3D프린팅 하는 수학적 아이디어 | | | | ● | ● | 공학 |
| 69 | MRI 데이터로 만든 페이스 3D프린팅 | ○ | ○ | | ○ | ● | 공학 |
| 70 | 내 컴퓨터는 1초에 몇 번의 계산이 가능할까? | ● | | | | | 공학 |
| 71 | 슈퍼컴퓨터의 작동원리를 일반 PC로 구현해보자. | ○ | | | | ● | 공학 |
| 72 | 슈퍼컴퓨터는 π를 50조 자리까지 어떻게 계산했을까? | | ● | | | ● | 공학 |
| 73 | 슈퍼컴퓨터도 힘 못 쓰는 계산이 있다? | ● | | | | | 공학 |
| 74 | 슈퍼컴퓨터는 바둑을 두는 모든 경우를 다 계산할 수 없었을까? | ● | | | | | 공학 |
| 75 | 동일한 두 식이라도 결과는 다를 수 있다? | ● | | | | | 공학 |
| 76 | 컴퓨터로 우연히 찾은 특이한 규칙이탈 현상 | ● | | | | ● | 공학 |
| 77 | 인간 vs 인공지능, 가위바위보 승자는? | ○ | | ○ | | ● | 공학 |
| 78 | 웹캠, 인공지능의 눈이 되다!! | | | | | ● | 공학 |
| 79 | 인공지능은 사람의 필기체를 인식할 수 있을까? | | | ○ | ○ | ● | 공학 |
| 80 | 인공지능 쇼핑몰, 고객의 스타일로 상품을 추천한다. | ○ | | | ○ | ● | 공학 |
| 81 | 인공지능 기술로 다시 태어난 세계적 화가들의 신 작품 | | | | | ● | 공학 |
| 82 | 내 기침소리는 코로나일까? (인공지능 예측 모델) | | ○ | ○ | ○ | ● | 공학 |
| 83 | 코로나19 진단검사 전에 시행한 AI 테스트, 결과는? | | ○ | ● | ○ | ● | 공학 |
| 84 | 아직 못다한 모두의 수학 이야기 | ● | ● | ● | ● | ● | ALL |

## 데이터 링크 안내

게시판QR코드

이 책에 포함되어 있는 시뮬레이션 '동영상'과 '실험문서'는 모두 「QR코드」로 제공하고 있다. 저자는 QR코드 연결이 오류가 없도록 수차례 확인을 하였지만, 혹여 QR코드 연결상의 문제가 발생시 저자가 운영하는 '수학생각(http://mathought.com)' 사이트 내의 '모두의수학' 게시판에서 자료를 직접 찾아 볼 수 있다.

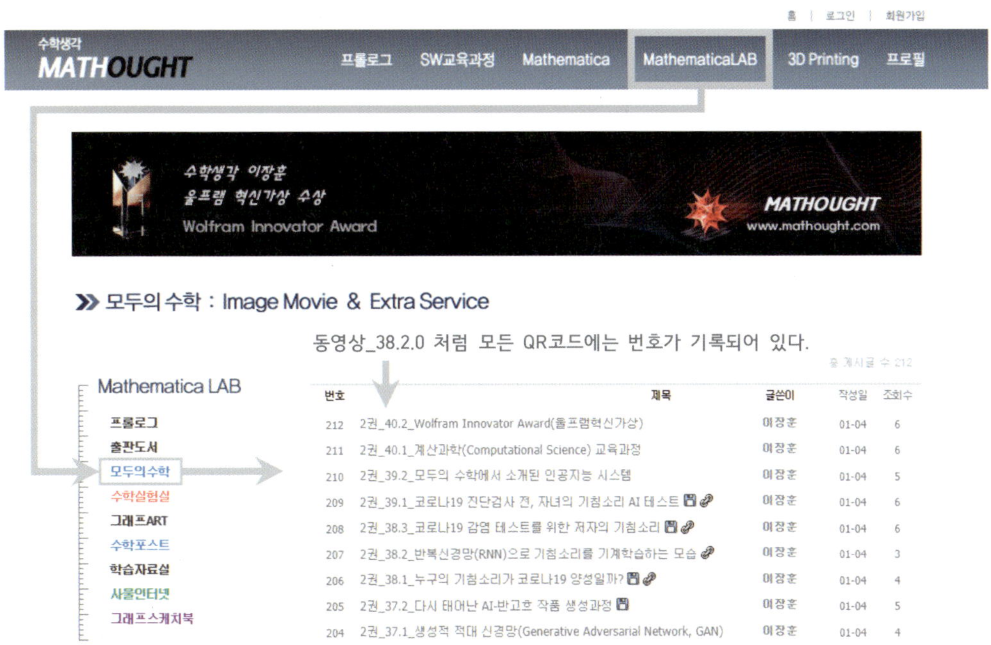


프로그램설치

또한, 데이터에 자료실에서 제공하고 있는 '실험문서'는 Wolfram 언어로 프로그래밍한 CDF(Computable Document Format) 파일이다. 이는 Wolfram Research에서 제공하는 무료프로그램 Wolfram Player를 설치한 PC에서 직접 실행하여 동작해볼 수 있다. 프로그램 다운로드 주소는 'https://www.wolfram.com/player'이다. 공학 프로그램으로 보여주는 시뮬레이션 수학! 글로 다 표현할 수 없었던 수학의 멋진 모습들이 살아 움직인다. 여러분들도 보고 듣고 직접 조작해보는 즐거움을 경험해보기 바란다. 자, 그럼 지금부터 「깜짝 놀랄만한, 모두의 수학」이 소개하는 'Exciting & Beautiful ΣATH'와 'Amazing & Technical ΣATH'를 만나보자!

저자 이장훈

# 차례

## PART 1. 흥미진진한 수학

## PART 2. 아름다운 수학



## PART 3. 어메이징한 수학

## PART 4. 테크놀로지 수학

PART 1

# 흥미진진한 수학

## Exciting ΣATH

1. 수학계산, 이보다 더 질서정연할 수는 없다!
2. 무한소수를 연주하면, 어떤 멜로디가 만들어질까?
3. 황당한 분수 계산, 그런데 정답이라고?
4. 바보덧셈에 대한 새로운 발견
5. 부활의 수 6174를 소개합니다.
6. 기원전 낙타 17마리 상속사건, 법정에 서다.
7. 베스킨라빈스-31게임, 필승전략은?
8. 아직도 풀어내지 못한 사칙연산Ⅰ (3n+1 문제)
9. 아직도 풀어내지 못한 사칙연산Ⅱ (슈어의 덧셈상자)
10. 20%쿠폰 vs 10%쿠폰+11%중복쿠폰, 선택은?
11. 연봉계산, 손해보지 않기 위해 꼭 알아야 할 평균계산법
12. 마술일까? 수학일까? 마음속 숫자계산
13. 식빵 한 장을 무한히 먹을 수 있는 방법
14. 먹어도 티가 안나는 이상한 초콜릿 상자
15. 로또복권, 10억 투자의 최후
16. 객관식 대박찍기, 100점을 꿈꾸며
17. 로또복권, 1등 당첨자 수에 대한 진실
18. 로또복권, 1등 꿀 조합이 있을까?
19. 로또복권, 추첨번호를 늘리면 최고 당첨금은 얼마?
20. 원주율로 만든 새로운 로또복권(Lotto314)
21. 야바위게임, 처음 선택을 바꾸시겠습니까?
22. 아들일까? 딸일까? 50% 확률의 딜레마
23. 복불복 제비뽑기, 먼저 뽑는 것이 유리할까?
24. 심리적인 확률, 과연 현실에서도 통할까?
25. 스마트폰의 패턴 잠금은 모두 몇 가지 경우일까?
26. 혼자서 즐길 수 있는 빙고 게임
27. 남아 있는 정육면체의 개수는 몇 개인가?
28. 굴러간 정육면체 밑면의 마지막 색상은?
29. 원판을 관통하는 8개 막대의 비밀
30. 수직으로 만나는 두 원기둥의 공통부분은 어떤 모양일까?

## 1. 수학 계산, 이보다 더 질서정연할 수는 없다!

11월 11일 11시 11분!
자동차 계기판이 123,456(Km)!!

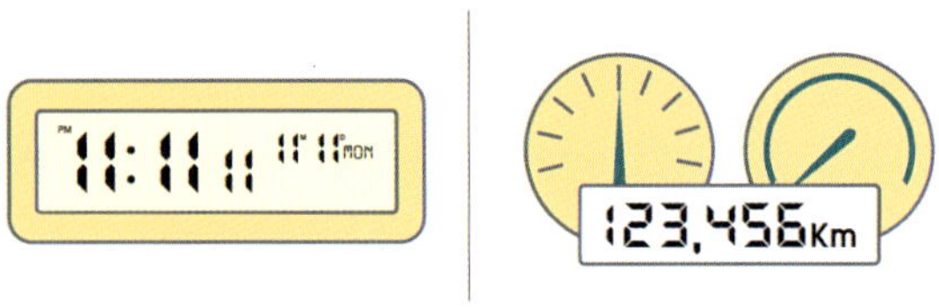


일상생활을 하다가 의도치 않게 봤더니 바로 이 순간이었다면 기분이 어떨까? 나만 그런지 모르겠지만, 이 순간이 지나기 전에 누군가에게 알려주어 특별한 이 시간을 함께 하였던 적이 있다. 이처럼 특별한 규칙과 질서를 갖는 수를 의도하지 않은 어느 한 순간에 만나게 되면 기분이 좋아지는 듯하다.

$$2+1\times9=11$$
$$3+12\times9=111$$
$$4+123\times9=1111$$
$$5+1234\times9=11\,111$$
$$6+12\,345\times9=111\,111$$
$$7+123\,456\times9=1\,111\,111$$
$$8+1\,234\,567\times9=11\,111\,111$$
$$9+12\,345\,678\times9=111\,111\,111$$
$$10+123\,456\,789\times9=1\,111\,111\,111$$

신기하게도 계산식과 계산결과 모두 규칙성이 아주 강하다. 그런데 어떻게 이러한 계산을 발견할 수 있었을까? 이는 결코 우연한 발견은 아니며, 곱셈(구구단)의 계산 원리에서 패턴을 찾아 만들어진 것이다. 다음의 계산과정을 살펴보자.

| | | | | | | | | | | | | 보정 | |
|---|---|---|---|---|---|---|---|---|---|---|---|---|---|
| 1행 | | | 9 | | | | | | | | | +2 | 9×1= 9 |
| 2행 | | | 1 | 8 | | | | | | | | +3 | 9×2=18 |
| 3행 | | | | 2 | 7 | | | | | | | +4 | 9×3=27 |
| 4행 | | | | | 3 | 6 | | | | | | +5 | 9×4=36 |
| 5행 | | | | | | 4 | 5 | | | | | +6 | 9×5=45 |
| 6행 | | | | | | | 5 | 4 | | | | +7 | 9×6=54 |
| 7행 | | | | | | | | 6 | 3 | | | +8 | 9×7=63 |
| 8행 | | | | | | | | | 7 | 2 | | +9 | 9×8=72 |
| 9행 | + | | | | | | | | | 8 | 1 | +10 | 9×9=81 |
| | | 1 | 1 | 1 | 1 | 1 | 1 | 1 | 1 | 0 | 1 | | |

구구단 9단은 9× ㅁ=○◇의 ㅁ가 하나씩 증가할 때마다, ◇는 1씩 감소하고, ○는 1씩 증가하는 성질이 있다. 바로 이 계산의 원리를 곱셈의 계산과정에 적용하면 일정한 계산결과 111⋯111을 만들 수 있게 된다. 이 원리를 이용하면 또 다른 규칙적인 계산도 만들어 낼 수 있다.

$$7+9\times9=88$$
$$6+98\times9=888$$
$$5+987\times9=8888$$
$$4+9876\times9=88888$$
$$3+98765\times9=888888$$
$$2+987654\times9=8888888$$
$$1+9876543\times9=88888888$$
$$98765432\times9=888888888$$
$$-1+987654321\times9=8888888888$$

| | | | | | | | | | | | | 보정 | |
|---|---|---|---|---|---|---|---|---|---|---|---|---|---|
| 1행 | | 8 | 1 | | | | | | | | | +7 | 9×9=81 |
| 2행 | | | 7 | 2 | | | | | | | | +6 | 9×8=72 |
| 3행 | | | | 6 | 3 | | | | | | | +5 | 9×7=63 |
| 4행 | | | | | 5 | 4 | | | | | | +4 | 9×6=54 |
| 5행 | | | | | | 4 | 5 | | | | | +3 | 9×5=45 |
| 6행 | | | | | | | 3 | 6 | | | | +2 | 9×4=36 |
| 7행 | | | | | | | | 2 | 7 | | | +1 | 9×3=27 |
| 8행 | | | | | | | | | 1 | 8 | | 0 | 9×2=18 |
| 9행 | + | | | | | | | | | 0 | 9 | -1 | 9×1= 9 |
| | | 8 | 8 | 8 | 8 | 8 | 8 | 8 | 8 | 8 | 9 | | |

이러한 계산규칙에 구구단 아닌 다른 원리를 찾아 적용해 볼 수도 있다.

$$1 \times 1 = 1$$
$$11 \times 11 = 121$$
$$111 \times 111 = 12321$$
$$1111 \times 1111 = 1234321$$
$$11111 \times 11111 = 123454321$$
$$111111 \times 111111 = 12345654321$$
$$1111111 \times 1111111 = 1234567654321$$
$$11111111 \times 11111111 = 123456787654321$$
$$111111111 \times 111111111 = 12345678987654321$$

예를 들어, 1111×1111=1234321을 생각해보자. 1111은 1000+100+10+1로 표현할 수 있고 다음과 같이 분배법칙으로 계산할 수 있으며, 이 원리로 규칙적인 계산결과의 패턴 이해가 가능하다.

$$1111 \times 1111 = (1000+100+10+1) \times (1000+100+10+1)$$

| 자릿수 | 백만 | 십만 | 만 | 천 | 백 | 십 | 일 |
|---|---|---|---|---|---|---|---|
| 분배법칙 계산과정 | 1000×1000 | 1000×100 | 1000×10 | 1000×1 | 100×1 | 10×1 | 1×1 |
| | | 100×1000 | 100×100 | 100×10 | 10×10 | 1×10 | |
| | | | 10×1000 | 10×100 | 1×100 | | |
| | | | | 1×1000 | | | |
| 개 수 | 1 | 2 | 3 | 4 | 3 | 2 | 1 |
| 소 계 | 1000000 | 200000 | 30000 | 4000 | 300 | 20 | 1 |
| 총 합 | 100000+200000+30000+400+300+20+1=1234321 | | | | | | |

이외에도 자로 잰 듯한, 규칙적인 계산들은 많이 존재한다.

| | | |
|---|---|---|
| 3 + 1 × 7 = 10 | 12 345 679 × 9 = 111 111 111 | 9 × 9 = 81 |
| 2 + 14 × 7 = 100 | 12 345 679 × 18 = 222 222 222 | 99 × 99 = 9801 |
| 6 + 142 × 7 = 1000 | 12 345 679 × 27 = 333 333 333 | 999 × 999 = 998 001 |
| 4 + 1428 × 7 = 10 000 | 12 345 679 × 36 = 444 444 444 | 9999 × 9999 = 99 980 001 |
| 5 + 14 285 × 7 = 100 000 | 12 345 679 × 45 = 555 555 555 | 99 999 × 99 999 = 9 999 800 001 |
| 1 + 142 857 × 7 = 1 000 000 | 12 345 679 × 54 = 666 666 666 | 999 999 × 999 999 = 999 998 000 001 |
| 3 + 1 428 571 × 7 = 10 000 000 | 12 345 679 × 63 = 777 777 777 | 9 999 999 × 9 999 999 = 99 999 980 000 001 |
| 2 + 14 285 714 × 7 = 100 000 000 | 12 345 679 × 72 = 888 888 888 | 99 999 999 × 99 999 999 = 9 999 999 800 000 001 |
| 6 + 142 857 142 × 7 = 1 000 000 000 | 12 345 679 × 81 = 999 999 999 | 999 999 999 × 999 999 999 = 999 999 998 000 000 001 |

그렇다면 이처럼 질서정연한 수학계산은 누가 발견하였을까? 실제 위와 같은 계산 규칙은 자연수의 사칙연산(+, −, ×, ÷) 정도만 할 줄 알면 누구나 규칙을 찾아 패턴을 만들 수 있다. 그러하기에 이러한 계산들은 인터넷 검색에서도 쉽게 찾아볼 수 있으며, 그것을 누가, 언제 발견하였는지는 알려져 있지 않다.

하지만 위의 계산처럼 1개의 행으로 이루어진 1차원적 계산 배열이 아닌, 가로×세로 형태와 같은 2차원적 계산 배열에서는 규칙을 찾기가 쉽지 않다. 다음은 1890년 루카스가 소개한 크기가 3×3인 마법사각형이다. 이는 서로 다른 9개의 자연수를 배열하여 어떠한 행과 열 또는 대각선의 수를 모두 더하여도 일정한 합을 얻을 수 있다.

| 8 | 1 | 6 |
|---|---|---|
| 3 | 5 | 7 |
| 4 | 9 | 2 |

동영상_01.1.0

위의 그림을 보면 숫자가 계속하여 바뀐다. 이 마법사각형 안에 들어갈 수 있는 자연수 배열이 꽤나 많음을 의미한다. 그 원리를 살펴보자.

| b+c | -a-b+c | a+c |
|---|---|---|
| a-b+c | c | -a+b+c |
| c-a | a+b+c | c-b |

가로, 세로, 대각선의 합은 항상 3c로 일정하다. 따라서 a, b, c로 표현된 식이 자연수가 되도록 적당하게 a, b, c 값을 잡아주기만 하면 된다. 결국 루카스의 매직사각형은 무수히 많이 만들어 낼 수 있다.

동영상_01.2.0

루카스의 2차원 마법사각형보다 한 차원 높은 페르마의 3차원 마법큐브도 존재한다.

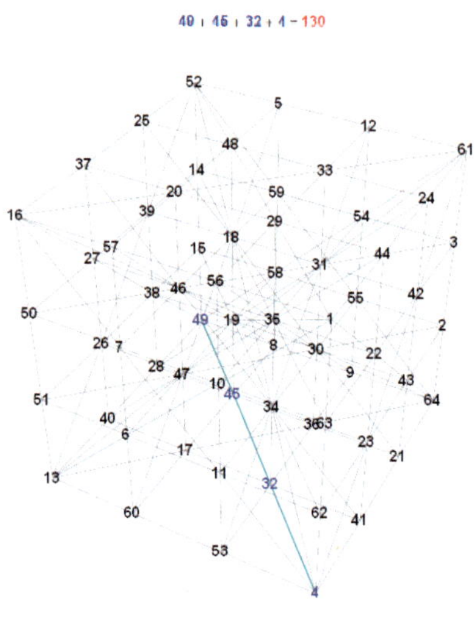


동영상_01.3.1

페르마의 마법큐브(Magic Cube) 지도
(선분 64개 모두 선분의 합이 130으로 같다.)

1640년 페르마는 '가로×세로×높이 형태가 4×4×4인 정육면체에 대하여 자연수를 1부터 64까지 어떻게 배열하면 가로, 세로, 높이 그리고 대각선에 대한 합이 일정할까?' 라는 문제를 내고 마법의 지도를 완성하고자 노력했다. 마법의 지도를 완성하려면 총 76개의 선분에 대한 합이 일정해야 하는데, 그는 이중에서 64개의 배열에 성공하였고 나머지 12개는 실패하였다.

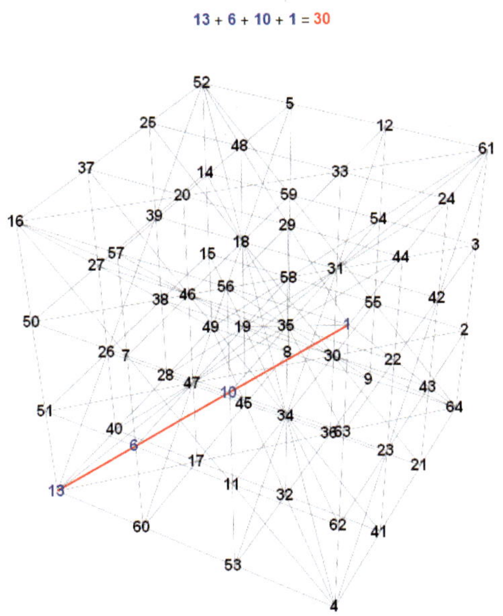


동영상_01.3.2

페르마의 마법큐브(Magic Cube) 지도
(나머지 선분 12개는 성립하지 않는다.)

오랜 시간이 흘러 1972년.
슈뢰펠(Richard Schroeppel)은 76개의 선분 모두가 그 합이 일정하게 배열될 수 있는 완벽한 마법큐브(Magic Cube)의 지도 완성은 불가능 하다는 것을 수학적으로 증명하였다. 하지만, 76개 중 마법의 지도가 몇 개까지 완성될 수 있는지는 알려져 있지 않다.

그러나 2004년.
월터트럼프(Walter Trump)는 페르마의 마법큐브(Magic Cube) 지도보다 8개가 더 성립하는 지도를 발견하기에 이른다.

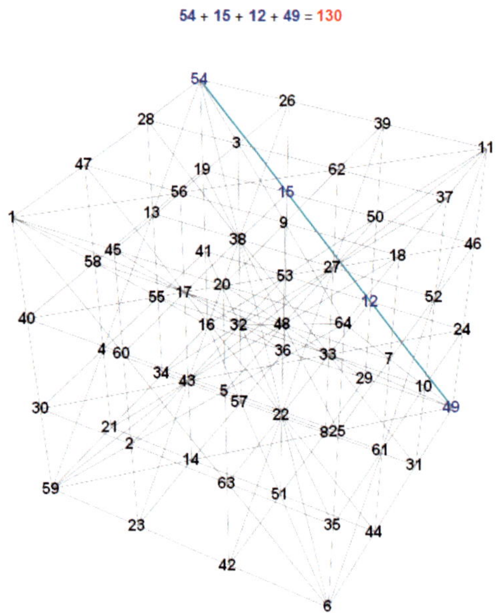


동영상_01.4.1

트럼프의 마법큐브(Magic Cube) 지도
(선분 72개 모두 선분의 합이 130으로 같다.)

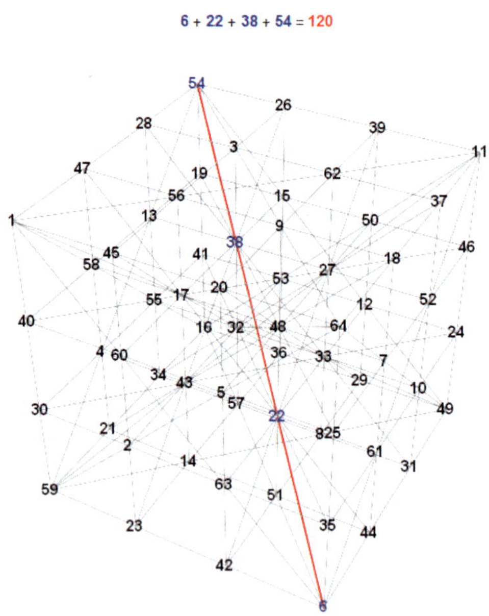


동영상_01.4.2

트럼프의 마법큐브(Magic Cube) 지도
(여전히 나머지 선분 4개는 성립하지 않는다.)

이렇게 하여 현재까지 알려진 페르마의 마법큐브(Magic Cube) 지도는 72개까지 성립한다. 슈뢰펠(Richard Schroeppel)의 증명으로 76개의 완벽한 마법큐브는 존재하지 않는다. 따라서 이것이 마지막 지도가 될 것인지, 아니면 훗날 누군가의 연구에 의하여 남은 3개가 더 발견될 것인지는 또 기나긴 시간의 기다림이 필요할 것이다. 그렇다면, 이들은 왜? 어쩌면 '의미 없다.'라고 말할 수도 있는 이러한 규칙을 찾는 것일까? 그것은 아마도 새로운 호기심에 대한 탐험을 갈망하는 인간 본연의 욕구이고 발견의 기쁨일 것이다. 실제로 페르마는 1640년 64개가 성립하는 마법큐브의 지도를 작성하고, 곧바로 동료수학자인 메르센에게 편지를 보냈다고 한다. 이처럼 수학은 아직까지 학문 그 자체를 탐구하는 순수함을 가지고 있다. 우리가 11월 11일 11시 11분 11초를 마주한 그 순간처럼.

## 2. 무한소수를 연주하면, 어떤 멜로디가 만들어질까?

우리가 일상에서 사용하는 수(數)는 주로 '실수'인데, 실수는 유리수와 무리수로 나뉜다.

**실수의 분류**

- **실수**
  - **유리수**
    - 정수
      - 양의 정수(자연수): 1, 2, 3, ⋯
      - 0
      - 음의 정수: -1, -2, -3 ⋯
    - 정수가 아닌 유리수: $\frac{1}{2}$, -0.3, $-\frac{3}{5}$, ⋯
  - **무리수**: π, $\sqrt{2}$, $\sqrt{3}$, $\sqrt{5}$, ⋯

이중, $\frac{1}{3}, \frac{1}{7}, \frac{5}{11}$ 등과 같은 유리수의 일부분과 $\sqrt{2}$, $\sqrt{3}, \pi$ 등과 같은 무리수는 소수점 아래의 숫자가 끝없이 나열되는 무한소수다. 바로 이 무한소수를 음악으로 연주해 보자!!

### 숫자와 음계의 매칭

| 1 | 2 | 3 | 4 | 5 | 6 | 7 | 8 | 9 | 0 |
|---|---|---|---|---|---|---|---|---|---|
| 도 | 레 | 미 | 파 | 솔 | 라 | 시 | 도 | 레 | 쉼표 |

## 유리수의 연주

유리수는 유한소수와 순환소수로 나뉜다.

$$\frac{1}{8} = 0.125 \text{ (유한소수)}$$

$$\frac{1}{7} = 0.142857142857142857142857\cdots \text{ (순환소수)}$$

$$\frac{1}{13} = 0.076923076923076923076923\cdots \text{ (순환소수)}$$

먼저, $\frac{1}{7}$을 소수 100자리까지 피아노 디지털 사운드로 연주해보자. $\frac{1}{7}$은 142857 즉, 도파레도솔시, 도파레도솔시, … 가 계속 반복되는 리듬이 연주된다.

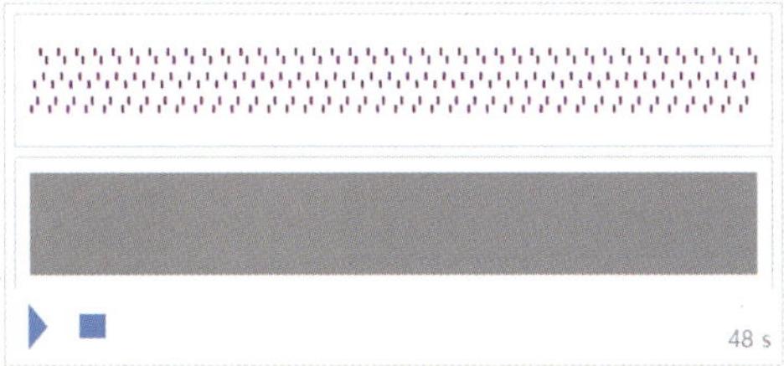


동영상_02.1.0

이번에는 또 다른 순환소수 $\frac{1}{13}$을 소수 100자리까지 피아노 디지털 사운드로 연주해보자. $\frac{1}{13}$은 076923 즉, 쉼표시라레레미, 쉼표시라레레미, … 가 계속 반복되는 리듬이 연주된다.

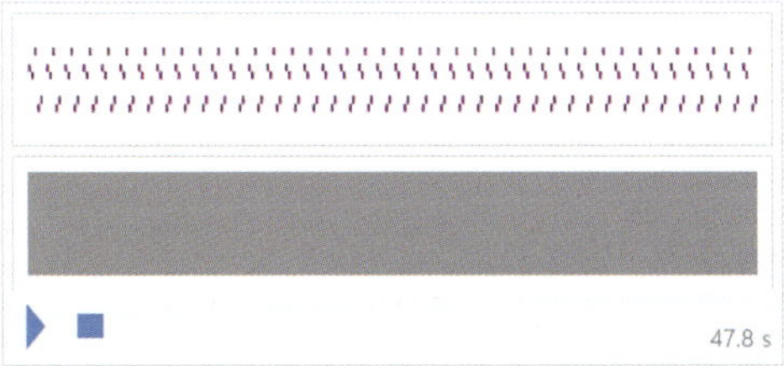


동영상_02.2.0

이처럼 유리수 중, 무한소수는 순환소수로 이를 음악으로 연주하면 일정한 리듬이 반복되어 연주됨을 청감으로 느낄 수 있다.

## 유리수의 연주

무리수는 숫자가 규칙없이 무한하게 나열되는 소수를 말한다. 먼저 $\sqrt{2}$를 소수 100자리까지 피아노 디지털 사운드로 연주해보자.

$\sqrt{2}$=1.4142135623730950488016887242096980785696718753769480731766797
37990732478 462107038850387534327641572…

$\sqrt{2}$의 숫자배열을 보면 알겠지만, 그 어느곳에도 규칙을 찾아볼 수 없다. 따라서 이 숫자배열로 연주되는 멜로디 역시 반복된 리듬은 없을 것이다. 그럼에도 연주를 들어보자!! 감상 소감이 어떠한가?

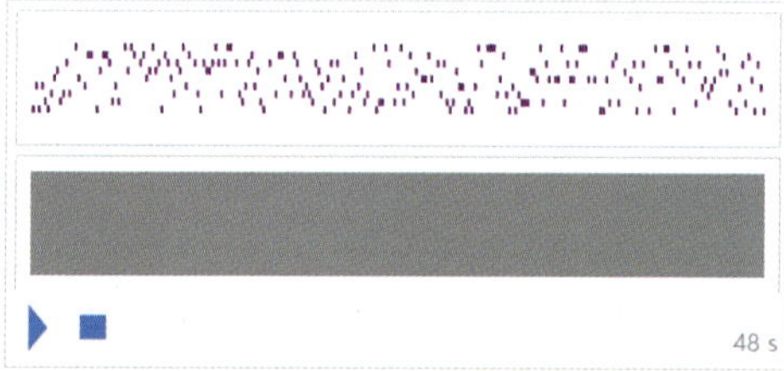


동영상_02.3.0

이번에는 가장 아름다운 무리수 중의 하나인 원주율($\pi$)을 소수 100자리까지 피아노 디지털 사운드로 연주해보자.

π=3.1415926535897932384626433832795028841971693993751058209749445923
0781640628 6208998628034825342117068…

원주율($\pi$)의 숫자배열로 연주되는 멜로디 역시 반복된 리듬은 없겠지만, 그래도 그 유명한 원주율($\pi$)의 명성을 기대하며 들어보자!! 감상 소감이 어떠한가?

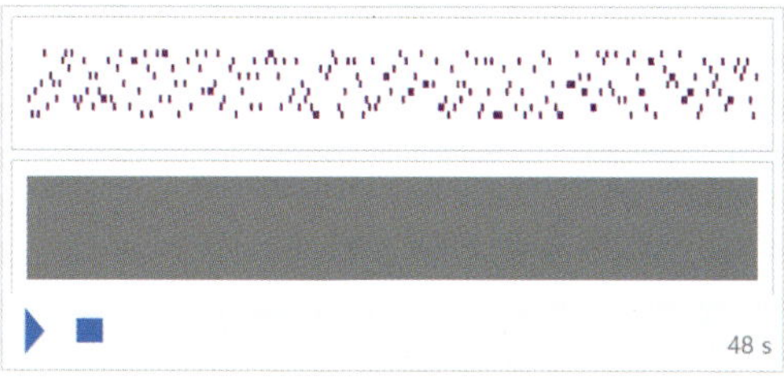


동영상_02.4.1

조금의 기대조차도 허용하지 않는 원주율($\pi$)의 불규칙성 사운드가 어쩌면 독자들의 귀를 피곤하게 만들었는지도 모르겠다. 하여, 조금이라도 부드러운(?) 선율로 들려주고 싶음에 첼로 버전으로 연주를 다시 해본다.

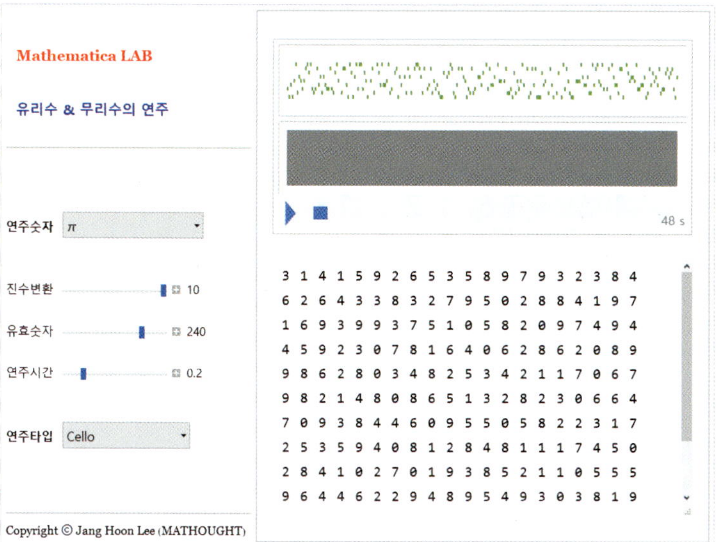


동영상_02.4.2

유리수는 분명 반복되는 마디의 리듬을 느낄 수 있음에 대중음악의 리듬처럼 편안하고 익숙한듯한 반주의 느낌이 가득하였고, 무리수는 아무리 들어봐도 귀에 익혀지는 반복된 리듬이 없음에 낯설음의 연속이었지만 나름 새로운 창작이 시도된 퓨전 음악과 같은 느낌이다. 독자들은 어떠하였는지 궁금하다.

## 3. 황당한 분수 계산, 그런데 정답이라고?

학교에서 수학 시험문제를 채점하다 보면, 난감한 경우가 종종 발생한다. 가장 대표적인 사례로 풀이 과정은 옳지 않은데 정답인 경우다. 당연히 오답 처리하지만 '정답은 맞잖아요?'라며 떼쓰는 학생들의 모습은 감수해야 한다. 다음은 한 초등학생이 귀엽게도 황당한 방법으로 분수를 약분하여 계산한 모습인데, 어떠한 연유인지 계산결과는 정답이다.

정답 맞쥬~~??

$$\frac{16}{64}=\frac{1\cancel{6}}{\cancel{6}4}=\frac{1}{4}$$

기가 막혀~~!!

이 문제는 당연히 아래의 계산처럼 분모와 분자를 똑같이 8로 나누어 식을 간단히 해야한다. 이것이 바로 '약분'이라는 것이다.

$$\frac{16}{64}=\frac{\cancel{16}}{\cancel{64}}=\frac{2}{8}=\frac{1}{4}$$

그런데 위에서는 '엉터리 약분'을 했음에도 어떻게 똑같은 계산결과가 나왔을까?

### 특별한 분수들의 '엉터리 약분' 법칙

많지는 않지만 '엉터리 약분'과 같은 방법으로 계산이 가능한 분수들이 존재한다. 예를들어, 분모와 분자가 두자릿수로 이루어진 진분수(분자<분모인 분수)는 총 4가지 경우가 있다.

$$\frac{16}{64}=\frac{1}{4} \qquad \frac{19}{95}=\frac{1}{5} \qquad \frac{26}{65}=\frac{2}{5} \qquad \frac{49}{98}=\frac{4}{8}=\frac{1}{2}$$

이러한 분수들은 수학적인 계산을 통하여 찾아낼 수 있다. 예를들어, $\frac{16}{64}=\frac{1}{4}$과 같이 계산되기 위해서는 다음의 관계식이 성립해야 한다.

$$\frac{1\ 6}{6\ 4}=\frac{1\times10+6}{6\times10+4}=\frac{1}{4}$$

이것을 일반화하여, $\frac{AC}{CB}=\frac{A}{B}$이기 위한 $A, B, C$의 관계식을 세우면 아래와 같다.

$$\frac{A\ C}{C\ B}=\frac{A\times10+C}{C\times10+B}=\frac{A}{B} \qquad \cdots\cdots (1)$$

여기에 $A, B, C$의 제한조건을 추가하면,

(2) $A, B, C$는 1부터 9까지의 자연수가 될 수 있다.

(3) 분자<분모인 진분수가 되려면 $\frac{A}{B}<1$ 즉, $A<B$를 만족해야 한다.

계산_03.1.2

이제 조건 (1), (2), (3)을 만족하는 $A, B, C$를 찾아야 하는데, 다양한 경우의 수를 따져봐야 하므로 계산과정이 복잡하다. 이에, 공학용 프로그램을 이용하여 다음과 같은 $A, B, C$ 값을 찾았다.

```
황당한분수계산_CDF(v2.0).nb * - Wolfram Mathematica 12.1
File  Edit  Insert  Format  Cell  Graphics  Evaluation  Palettes  Window  Help

In[35]:= Solve[{(10 A + C)/(10 C + B) == A/B, 1 ≤ A < B ≤ 9, 1 ≤ C ≤ 9 }, Integers]

Out[35]= {{A → 1, B → 4, C → 6}, {A → 1, B → 5, C → 9},
          {A → 2, B → 5, C → 6}, {A → 4, B → 8, C → 9}}
```

이렇게 만들어진 분수가 바로 '엉터리 약분'이 가능한 두자리 진분수 4개다.

$$\frac{16}{64}=\frac{1}{4} \qquad \frac{19}{95}=\frac{1}{5} \qquad \frac{26}{65}=\frac{2}{5} \qquad \frac{49}{98}=\frac{4}{8}=\frac{1}{2}$$

### 엉터리 약분이 가능한 세자릿수 분수

같은 방법으로 분모와 분자가 세자릿수로 이루어진 진분수중에서 '엉터리 약분'이 가능한 것들을 찾아본 결과 총 161개가 존재한다.

동영상_03.2.1

$$\frac{106}{265} = \frac{10}{25} = \frac{2}{5}$$

여기서 분모와 분자의 자릿수가 같을 필요는 없다. 세자릿수 분모와 두자릿수 분자로 만들어지는 분수도 찾아낼 수 있다. 모두 25개가 존재한다.

동영상_03.2.2

$$\frac{27}{756} = \frac{2}{56} = \frac{1}{28}$$

### 엉터리 약분이 가능한 네자릿수 분수

마지막으로 분모와 분자가 네자릿수로 이루어진 진분수중에서 '엉터리 약분'이 가능한 것들을 찾아보았다. 자릿수가 커질수록 이러한 분수의 개수도 늘어난다. 계산결과 총 1851개가 존재한다.

동영상_03.3.1

$$\frac{1049}{2098} = \frac{104}{208} = \frac{1}{2}$$

물론, 네자릿수 '분모'와 두자리 또는 세자릿수 '분자'로도 만들 수 있는데 총 803개 존재한다.

동영상_03.3.2

$$\frac{46}{1495} = \frac{6}{195} = \frac{2}{65}$$

## 엉터리 약분이 가능한 n-자릿수 분수

성능이 좋은 컴퓨터만 있다면 얼마든지 찾아낼 수 있다. 하지만, 그 이상의 분수를 찾는 것은 무의미하므로 몇가지 예를 보여주는 것으로 대신한다.

$$\frac{987\,804}{87\,8048}=\frac{9}{8}$$

$$\frac{81\,142\,857}{1\,142\,85710}=\frac{8}{10}=\frac{4}{5}$$

$$\frac{95\,294\,117\,647\,058\,823}{5\,294\,117\,647\,058\,8235}=\frac{9}{5}$$

$$\frac{151\,087\,832\,393\,231\,265}{1\,087\,832\,393\,231\,265108}=\frac{15}{108}=\frac{5}{36}$$

$$\frac{1232\,103\,591\,497\,678\,964\,085\,023}{2\,103\,591\,497\,678\,964\,085\,02321}=\frac{123}{21}=\frac{41}{7}$$

## 4. 바보덧셈에 대한 새로운 발견

$\frac{1}{2}+\frac{1}{3}$을 계산하면?

초등학교에서 분수를 배우기에 대부분의 학생들은 $\frac{5}{6}$라고 답한다. 그런데 아주 가끔 이를 $\frac{2}{5}$라고 답하는 앙증맞은(?) 친구들이 있다. 황당함에 그 이유를 물어보면, $\frac{1}{2}+\frac{1}{3}=\frac{1+1}{2+3}=\frac{2}{5}$라고 당돌하게 대답하고 진지하게 그 이유까지 설명한다. 학교에서 선생님들과 학생들은 이러한 분수계산을 '바보덧셈'이라고 부르곤 한다.

정답 맞쥬~~??

$$\frac{1}{2}+\frac{1}{3}=\frac{1+1}{2+3}=\frac{2}{5}$$

기가 막혀~~!!

그러나 상황에 따라서는 이 '바보덧셈'이 정확한 계산이 되는 경우가 있다.

### 확률의 합에 대한 계산

> 프로야구 선수 A의 어제와 오늘의 타율은 다음 같다.
> 어제는 총 2번의 타석에서 1개의 안타를 쳤다.
> 즉, 2타수 1안타. 어제의 타율은 $\frac{1}{2}=0.5=$5할
> 오늘은 총 3번의 타석에서 1개의 안타를 쳤다.
> 즉, 3타수 1안타. 오늘의 타율은 $\frac{1}{3}\fallingdotseq 0.333=$3할3푼3리
> 선수 A의 어제와 오늘의 타율에 대한 합은 얼마일까?

야구경기에서 타율을 더하는 방법은 다음과 같다.

|   | 2 타수 1 안타 |   | $\frac{1}{2}$ |
|---|---|---|---|
| + | 3 타수 1 안타 | + | $\frac{1}{3}$ |
|   | 5 타수 2 안타 |   | $\frac{2}{5}$ |

즉, 야구경기에서의 타율의 합에 대한 계산은 $\frac{1}{2}+\frac{1}{3}=\frac{1+1}{2+3}=\frac{2}{5}=0.4=4$할과 같이 '바보덧셈'이 적용된다. 이는 우리가 알고 있는 분수계산법 $\frac{1}{2}+\frac{1}{3}=\frac{5}{6}$와는 전혀 다른 계산방법인 것이다. 이와 같은 '바보덧셈'은 타율, 승률, 소금물의 농도 등과 같이 확률이나 비율의 계산에서 주로 쓰인다.

### 소금물 농도의 합에 대한 계산

> 80(g)의 물에 20(g)의 소금을 넣은 소금물 A와 105(g)의 물에 45(g)의 소금을 넣은 소금물 B가 있다. 두 소금물 A와 B를 섞었을 때, 소금물 (A+B)의 농도는 몇 % 인가?

소금물의 농도(%) 계산은 $\frac{\text{소금의 양}}{\text{물의 양 + 소금의 양}} \times 100\ (\%)$ 와 같이 계산하므로

소금물 A의 농도는 $\frac{20}{80+20}=\frac{20}{100}\times 100(\%)=20\%$ 이고,

소금물 B의 농도는 $\frac{45}{105+45}=\frac{45}{150}\times 100(\%)=30\%$ 이다.

따라서 소금물 (A+B)의 농도는 $\frac{20}{100}+\frac{45}{150}=\frac{20+45}{100+150}=\frac{65}{250}\times 100(\%)=26\%$

즉, 서로 다른 농도를 갖고 있는 두 소금물에 대한 농도의 합도 '바보덧셈'으로 계산됨을 알 수 있다. 이와 같이 분수는 그 값의 의미가 무엇인가에 따라서 계산법이 '바보덧셈'과 같이 다르게 적용될 수 있다. 더하여 '바보덧셈'은 계산뿐만 아니라 그 해석의 방법에도 유의해야 한다. 자칫 잘못된 판단을 내릴 수 있기 때문이다. 다음의 사례를 생각해보자.

## 어떤 선수의 타율이 더 높을까?

> 이승엽, 이대호 두 선수의 2017 프로야구 전반기와 후반기의 타율을 비교해 보았더니, 이승엽 선수가 전반기, 후반기 모두 타율이 높았다. 이 결과로부터 이승엽 선수가 이대호 선수보다 타율이 더 높다고 말할 수 있는가?

언뜻 생각하기에는 일정한 두 기간인 전반기, 후반기 모두 이승엽 선수의 타율이 높았으니, 두 값(타율)을 더한 결과도 당연히 이승엽 선수가 높을 것이라고 생각할 수 있다. 정말 그럴까? 다음의 구체적인 예를 살펴보자.

2017 프로야구 전반기 결산

| 이승엽 | 200타수 46안타 | 타율$=\frac{46}{200}=0.230$ |
|---|---|---|
| 이대호 | 100타수 22안타 | 타율$=\frac{22}{100}=0.220$ |

2017 프로야구 후반기 결산

| 이승엽 | 120타수 36안타 | 타율$=\frac{36}{120}=0.300$ |
|---|---|---|
| 이대호 | 220타수 65안타 | 타율$=\frac{65}{220}=0.295$ |

분명 위의 결과를 보면, 전반기($\frac{46}{200}>\frac{22}{100}$)와 후반기($\frac{36}{120}>\frac{65}{220}$) 모두 이승엽 선수의 타율이 높다. 그러나 이에 대한 합을 계산해보면 뜻밖의 결과가 나온다.

2017 프로야구 전 · 후반기 총 결산

| 이승엽 | 320타수 82안타 | 타율$=\frac{46}{200}+\frac{36}{120}=\frac{82}{320}=0.256$ |
|---|---|---|
| 이대호 | 320타수 87안타 | 타율$=\frac{22}{100}+\frac{65}{220}=\frac{87}{320}=0.272$ |

전 · 후반기 두 선수의 타율의 합은 $\frac{82}{320} < \frac{87}{320}$과 같이 이대호 선수의 타율이 더 높다. 왜 이러한 현상이 나타날까? 일반적으로 부등식의 대소 관계는 다음과 같다.

$$a > b \text{이고 } c > d \text{이면 } a+c > b+d \text{이다. (참)}$$

즉, 큰 수끼리 더한 값이 작은 수끼리 더한 값 보다 항상 크다. 이는 분수에 대한 대소 관계에서도 동일하다.

$$\frac{b}{a} > \frac{d}{c} \text{이고 } \frac{f}{e} > \frac{h}{g} \text{이면 } \frac{b}{a} + \frac{f}{e} > \frac{d}{c} + \frac{h}{g} \text{이다. (참)}$$

하지만 분수의 '바보덧셈'에서는 성립하지 않는다.

$$\frac{b}{a} > \frac{d}{c} \text{이고 } \frac{f}{e} > \frac{h}{g} \text{이면 } \frac{b+f}{a+e} > \frac{d+h}{c+g} \text{이다. (거짓)}$$

사람들은 자신이 배운 성질의 적용 영역을 성질이 다른 비슷한 다른 영역으로까지 은연중에 확장하여 적용하곤 한다. 이는 실생활에서 중대한 판단착오로 이어지기도 한다. 다음이 그 대표적인 사례이다.

## ❙ 어떤 후보의 지지율이 더 높을까?

> 이번 ㅇㅇ시 지방선거에 '갑'후보와 '을'후보가 출마하였다. 지지율 설문조사 결과 A, B, C 세 지역구에서 '갑'후보가 응답자들에게 모두 높은 지지율을 얻었다고 한다. 이 결과로 '갑'후보의 응답자들에 대한 전체 지지율도 '을'후보 보다 높다고 말할 수 있을까?

먼저 '갑'후보는 A지역구에서 120명의 설문 응답 중 27명의 지지를 받았으며, B지역구에서는 100명중 27명, C지역구에서는 80명중 20명의 지지를 받았다고 하자. 다음 '을'후보는 A지역구에서 55명의 설문 응답 중 12명의 지지를 받았으며, B지역구에서는 200명중 53명, C지역구에서는 45명중 11명의 지지를 받았다고 하자. 이때, '갑'과 '을'후보의 A, B, C 전체 지역구의 지지율의 총합 역시 '바보덧셈'의 계산법으로 아래와 같이 표가 만들어 진다.

| | A지역구 | B지역구 | C지역구 | 전체 |
|---|---|---|---|---|
| '갑' | $\frac{27}{120}=0.225$ | $\frac{27}{100}=0.270$ | $\frac{20}{80}=0.250$ | $\frac{74}{300}\fallingdotseq 0.247$ |
| '을' | $\frac{12}{55}\fallingdotseq 0.218$ | $\frac{53}{200}=0.265$ | $\frac{11}{45}\fallingdotseq 0.225$ | $\frac{76}{300}\fallingdotseq 0.253$ |
| 결과 | '갑' 우세 | '갑' 우세 | '갑' 우세 | '을' 우세 |

결국 A, B, C 세 지역구의 개별 지지율은 '갑'후보가 높지만, 전체 지지율은 오히려 '을'후보가 더 높음을 알 수 있다. 이와 같은 현상은 '심슨(Simpson)의 역설'로 널리 알려져 있다.

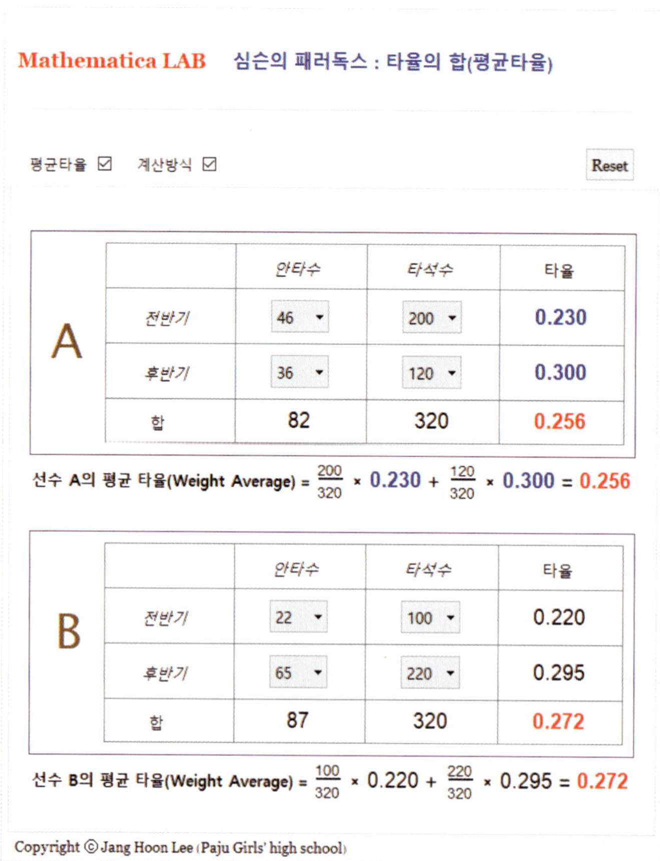


실험실_04.1.0

# 5. 부활의 수 6174를 소개합니다.

인도의 수학자 '카프리카(1905~1986)'는 숫자에 대하여 특이한 계산규칙을 발견한 것으로 유명하다. 그가 살고 있는 마을의 기찻길에는 3025(km)라고 쓰인 표지판이 놓여있었다. 어느 날, 이 표지판이 넘어지면서 둘로 쪼개졌는데 정확히 30과 25의 사이를 갈랐다고 한다. 이것을 본 카프리카는 30+25=55이고 $55^2$=3025라는 계산으로 처음의 숫자 3025를 다시 만들었다. 이처럼 카프리카는 계산규칙을 통하여 특정한 수를 부활시켜내는 기발한 방법을 소개하였다.

## 두 자리 부활의 수

두 자릿수(예:73)에 대하여, 카프리카의 규칙을 몇 번 반복하면 항상 9에 도달한다. 단, 두 자릿수가 모두 같은 경우(예:22)는 제외한다.

| 카프리카 계산규칙 | 주어진 두 자릿수 73을<br>큰 수부터 재배열한 수에서 작은 수부터 재배열한 수를 뺀다.<br>이 과정을 계속하여 반복하면, 특정한 수 9에 도달한다. |
|---|---|
| 계산(1) | 73 - 37 = 36 |
| 계산(2) | 63 - 36 = 27 |
| 계산(3) | 72 - 27 = 45 |
| 계산(4) | 54 - 45 = 09 |

실제, 두 자릿수에 대해서 모두 확인해보면 성립함을 알 수 있다!!

**최초의 자연수 28 에 대한 반복 계산 과정 :**

82 - 28 = 54
54 - 45 = 09
90 - 09 = 81
81 - 18 = 63
63 - 36 = 27
72 - 27 = 45
54 - 45 = 09
90 - 09 = 81
81 - 18 = 63
63 - 36 = 27

**반복 계산으로 얻어진 수의 나열 :**

28 → 54 → 09 → 81 → 63 → 27 → 45 → 09 → 81 → 63 → 27

**반복 계산 결과, 주기가 5 인 순환 수열이다.**

동영상_05.1.0

두 자릿수의 카프리카 계산은 모두 10번 이하의 반복계산 과정에서 9로 도달한다. 사람들은 이 부활의 수 9를 '카프리카 상수'라고 부른다.

## 세 자리 부활의 수

세 자릿수(예:486)에 대하여, 카프리카의 규칙을 몇 번 반복하면 항상 495에 도달한다. 단, 세 자릿수가 모두 같은 경우(예:222)는 제외한다.

| 카프리카 계산규칙 | 주어진 세 자릿수 486을<br>큰 수부터 재배열한 수에서 작은 수부터 재배열한 수를 뺀다.<br>이 과정을 계속하여 반복하면, 특정한 수 495에 도달한다. |
|---|---|
| 계산(1) | 864 - 468 = 396 |
| 계산(2) | 963 - 369 = 594 |
| 계산(3) | 954 - 459 = 495 |
| 계산(4) | 954 - 459 = 495 |

실제, 세 자릿수에 대해서 확인해보면 성립함을 알 수 있다!!

**최초의 자연수 138 에 대한 반복 계산 과정 :**

831 - 138 = 693
963 - 369 = 594
954 - 459 = 495
954 - 459 = 495
954 - 459 = 495
954 - 459 = 495
954 - 459 = 495
954 - 459 = 495
954 - 459 = 495
954 - 459 = 495

**반복 계산으로 얻어진 수의 나열 :**

동영상_05.2.0

138 → 693 → 594 → 495 → 495 → 495 → 495 → 495 → 495 → 495 → 495

**반복 계산 결과, 고정된 숫자 495 에 도달한다**

세 자릿수의 카프리카 계산은 모두 10번 이하의 반복계산 과정에서 495로 도달하며, 이 부활의 수 495가 세 자릿수에 대한 '카프리카 상수'이다.

## 네 자리 부활의 수

네 자릿수(예:2021)에 대하여, 카프리카의 규칙을 몇 번 반복하면 항상 6174에 도달한다. 단, 네 자릿수가 모두 같은 경우(예:2222)는 제외한다.

| 카프리카 계산규칙 | 주어진 네 자릿수 2021을<br>큰 수부터 재배열한 수에서 작은 수부터 재배열한 수를 뺀다.<br>이 과정을 계속하여 반복하면, 특정한 수 6174에 도달한다. |
|---|---|
| 계산(1) | 2210 - 0122 = 2088 |
| 계산(2) | 8820 - 0288 = 8532 |
| 계산(3) | 8532 - 2358 = 6174 |
| 계산(4) | 7641 - 1467 = 6174 |

실제, 네 자릿수에 대해서 확인해보면 성립함을 알 수 있다!!

**최초의 자연수 1979 에 대한 반복 계산 과정 :**

9971 – 1799 = 8172
8721 – 1278 = 7443
7443 – 3447 = 3996
9963 – 3699 = 6264
6642 – 2466 = 4176
7641 – 1467 = 6174
7641 – 1467 = 6174
7641 – 1467 = 6174
7641 – 1467 = 6174
7641 – 1467 = 6174

**반복 계산으로 얻어진 수의 나열 :**

동영상_05.3.0

1979 → 8172 → 7443 → 3996 → 6264 → 4176 → **6174** → **6174** → **6174** → **6174** → **6174**

**반복 계산 결과, 고정된 숫자 6174 에 도달한다**

네 자릿수의 카프리카 계산은 모두 10번 이하의 반복계산 과정에서 6174로 도달하며, 이 부활의 수 6174가 네 자릿수에 대한 '카프리카 상수'이다.

그 이상의 자릿수에서도 카프리카 상수가 만들어질까?

**최초의 자연수 53682 에 대한 반복 계산 과정 :**

86532 – 23668 = 62964
96642 – 24669 = 71973
97731 – 13779 = 83952
98532 – 23589 = 74943
97443 – 34479 = 62964
96642 – 24669 = 71973
97731 – 13779 = 83952
98532 – 23589 = 74943
97443 – 34479 = 62964
96642 – 24669 = 71973

**반복 계산으로 얻어진 수의 나열 :**

동영상_05.4.0

53682 → **62964** → 71973 → 83952 → 74943 → **62964** → 71973 → 83952 → 74943 → **62964** → 71973

**반복 계산 결과, 주기가 4 인 순환 수열이다.**

다섯 자릿수부터는 유일한 '카프리카 상수'가 나타나지 않는다. 하지만, 몇 개의 계산 결과가 주기성을 가지며 반복적으로 나타나는 규칙성은 여전히 존재한다. '카프리카 상수'의 이런 현상은 수학적으로 의미가 있는 것인지, 아니면 우연한 계산의 발견인지는 명확하지 않다. 하지만 이 부활의 수에 매료되어 밴드의 이름을 'Kaprekar's Constant'라고 지어 활동하는 음악인도 있다.

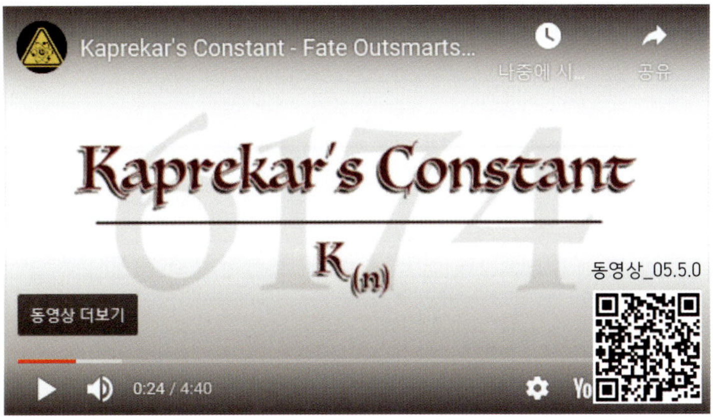


동영상_05.5.0

**참고** 부활의 수 9, 495, 6174가 만들어지는 이유는 수학적인 증명으로 설명이 가능하다. 다만, 다양한 경우의 수를 고려한 복합한 계산이 필요함에 관련된 웹페이지 소개로 대신한다.

증명_05.6.0

## 6. 기원전 낙타 17마리 상속사건, 법정에 서다.

우리는 어떤 분쟁에 대하여 합리적이고 타당한 해결을 원한다. 그러나 때로는 그것이 불명확하거나 난감한 상황인 경우도 종종 있다. 다음은 고대 그리스시대의 '파피루스'에 기록된 내용으로 인도의 한 상인이 세 아들에게 남긴 낙타의 상속분쟁과 해결에 대한 우화이다.

> "세 아들 보거라. 아버지가 남긴 낙타 17마리를 상속하니, 절대 팔아 쓰지말고 이를 가지고 열심히 살아보거라. 첫째 아들은 전체의 $\frac{1}{2}$을 갖고, 둘째 아들은 전체의 $\frac{1}{3}$을 가지며, 셋째 아들은 전체의 $\frac{1}{9}$을 갖도록 하여라. 부디 서로 다투지 말고 사이좋게 나누어 잘 살기를 바라마."

아버지의 유언대로 세 아들은 낙타 17마리를 팔지 않고 나누기로 하였다. 그런데 문제가 생겼다.

첫째 아들의 몫은 17마리의 $\frac{1}{2}$이므로 $17 \times \frac{1}{2} = 8.5$ 마리고,

둘째 아들의 몫은 17마리의 $\frac{1}{3}$이므로 $17 \times \frac{1}{3} \fallingdotseq 5.666\cdots$ 마리며,

셋째 아들의 몫은 17마리의 $\frac{1}{9}$이므로 $17 \times \frac{1}{9} \fallingdotseq 1.888\cdots$ 마리가 된다.

세 형제는 난감해하였다. 낙타를 반으로 쪼갤수는 없는 일이기 때문이다. 급기야 형제들은 자신이 더 갖겠다며 다투기 시작하였다. 이때 낙타 한 마리를 타고 지나가던 노인이 이 모습을 보고 좋은 방법을 제안했다.

"내가 해결해 주겠네..."
"낙타가 모두 17마리군. 그럼 내 낙타 1마리도 줄 터이니 다투지들 말게나."

이렇게 하여 총 18마리가 된 낙타를 노인은 아버지의 유언대로 다시 나누기 시작하였다.

"자, 그럼 나누어 볼까?"

첫째 아들의 몫은 18마리의 $\frac{1}{2}$이므로 $18 \times \frac{1}{2} = 9$ "첫째 자네의 몫은 9마리"

둘째 아들의 몫은 18마리의 $\frac{1}{3}$이므로 $18 \times \frac{1}{3} = 6$ "둘째 자네의 몫은 6마리"

셋째 아들의 몫은 18마리의 $\frac{1}{9}$이므로 $18 \times \frac{1}{9} = 2$ "셋째 자네의 몫은 2마리"

세 아들은 낙타를 쪼개지 않고도 나눠가질 수 있음에 만족하였다. 더욱이 모두 자신이 계산한 값(8.5, 5.6, 1.8마리)보다 더 많은 낙타(9, 6, 2마리)를 차지하였기 때문이다. 이렇게 하여 세 아들은 각각 9마리, 6마리, 2마리의 낙타를 나눠갖게 되었다. 그런데... $9+6+2=17$마리. 1마리가 남았다? 이때 노인이 말했다.

"음... 1마리가 남아버렸구만. 이를 주면 자네들이 또 다툴테니... 이 한 마리는 내가 다시 가져가겠네."

그렇게 노인은 자신의 낙타를 타고 유유히 떠났다.

노인의 재치있는 방법으로 분쟁은 해결되었지만, 아버지의 유언대로 분배가 정확하게 이루어 진 것인지는 불분명하다. 왜냐하면 분배의 과정에서 노인이 자신의 낙타를 넣었다가 다시 빼가는 과정이 있었기 때문이다.

하지만, 실제는 아버지의 유언 자체가 수학적으로 성립하지 않는다.

삼형제는 전체의 $\frac{1}{2}, \frac{1}{3}, \frac{1}{9}$ 만큼 분배 받기로 하였는데, 이 값을 모두 더하면

$\frac{1}{2}+\frac{1}{3}+\frac{1}{9}=\frac{9}{18}+\frac{6}{18}+\frac{2}{18}=\frac{17}{18}$로 전체($=1$)가 되지 못하기 때문이다. 그런데, 삼형제가 상속받는 양의 총합은 전체의 $\frac{17}{18}$로 상속받을 재산의 일부분($=\frac{1}{18}$)이 남는다. 낙타 17마리 중, 세 형제가 받게되는 양의 총합은 $17\times\frac{1}{2}+17\times\frac{1}{3}+17\times\frac{1}{9}=\frac{289}{18}\fallingdotseq 16.0556$마리다. 정확히 낙타를 쪼개어 분배를 했다 하더라도 $\frac{17}{18}\fallingdotseq 0.9444$마리가 남게된다.

노인은 어떻게 이러한 생각을 했을까?

삼형제가 받는 양의 총합은 전체($=1$)의 $\frac{17}{18}$로 상속받을 재산의 일부분($=\frac{1}{18}$)이 남는다는 사실이다. 즉, 전체가 18마리라면, 그들의 몫은 총 17마리이고 1마리가 남게 된다. 따라서 노인은 자신의 낙타 1마리를 더하여 전체를 18마리로 만들어도 삼형제 전체가 상속받는 낙타는 $18\times\frac{17}{18}=17$마리라는 사실과 이때 삼형제의 몫이 정확히 나누어 떨어진다는 것($18\times\frac{1}{2}$, $18\times\frac{1}{3}$, $18\times\frac{1}{9}$)을 생각한 것이다. 그러하기에 노인은 자신의 낙타를 다시 찾을 수 있었던 것이다.

### 기원전 '17마리의 낙타상속' 사건이 오늘의 '법정'에 선다면 어떻게 될까?

아버지의 유언대로 낙타를 팔지 않는다는 조건으로 모두에게 평등하고 합리적인 분배를 법원은 과연 어떻게 판결할 수 있을까 생각해보자. 여기서 평등하다는 뜻은 그들의 몫( $\frac{1}{2}$, $\frac{1}{3}$, $\frac{1}{9}$)에 대한 재산권이며, 합리적이라는 뜻은 수학적이라는 말이 될 것이다.

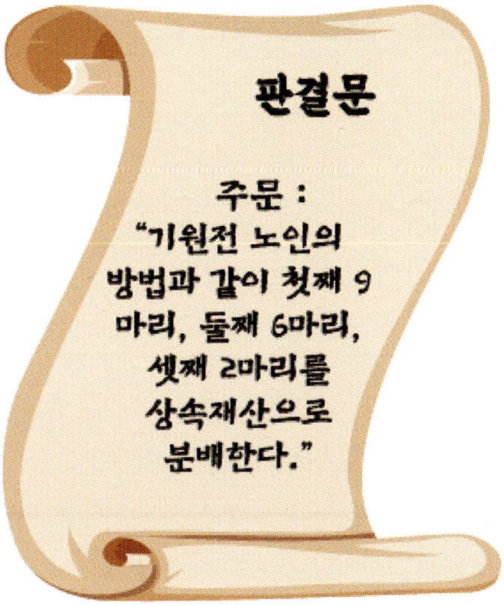


이유 : 아버지는 유산에 대한 삼형제 몫의 비율($\frac{1}{2}$, $\frac{1}{3}$, $\frac{1}{9}$)의 총합($\frac{17}{18}$)이 전체($\frac{18}{18}=1$)가 되지 못하게 상속하는 유언을 남기는 실수를 하였다. 그러함에도 불구하고 상속을 집행해야 하는 연유로 수학적인 재해석이 불가피하다. 비록, 전체 1이 되지 못하였지만, 삼형제의 몫의 비율은 그 대상이 전체에 대한것으로 같다. 따라서 전체가 1이 되도록 삼형제가 가져야 할 상속지분의 비가 $\frac{1}{2}:\frac{1}{3}:\frac{1}{9}$이 되도록 비율을 재조정하기로 한다. $\frac{1}{2}:\frac{1}{3}:\frac{1}{9}$은 각 항에 똑같은 수를 곱하여도 그 비는 같으므로 18(2,3,9의 최소공배수)을 곱한다. 즉, $\frac{1}{2}:\frac{1}{3}:\frac{1}{9}=9:6:2$이므로 첫째 : 둘째 : 셋째 = 9 : 6 : 2 의 비로 분배한다. 이를 전체가 1이 되는 비율로 환산하면 첫째는 전체의 $\frac{9}{9+6+2}=\frac{9}{17}$만큼, 둘째는 전체의 $\frac{6}{9+6+2}=\frac{6}{17}$만큼, 셋째는 전체의 $\frac{2}{9+6+2}=\frac{2}{17}$만큼의 비율로 재산권을 갖는다고 할 수 있다.

따라서, 세형제는 아버지의 상속재산에 대하여

첫째 17(마리)$\times\frac{9}{17}=9$ 마리, 둘째 17(마리)$\times\frac{6}{17}=6$ 마리,

셋째 17(마리)$\times\frac{2}{17}=2$ 마리를 갖도록 한다.

## 7. 베스킨라빈스-31게임, 필승전략은?

학창시절 한번쯤 해본 '베스킨라빈스-31' 게임을 소개한다.

이 게임의 규칙은 다음과 같다.

| |
|---|
| ① '상대방'과 '내'가 한 번씩 번갈아가며 숫자를 부른다. |
| ② 숫자는 상대방이 부른 수에서 +1, +2, +3 큰 수까지 부를 수 있다. |
| ③ 마지막 수 '31'을 부르는 사람이 승리하는 게임이다. |

게임의 상대는 엄청 똑똑하게 설계된 컴퓨터 프로그램이다.

### 제1게임. 나 vs 컴퓨터 (컴퓨터가 먼저 시작)

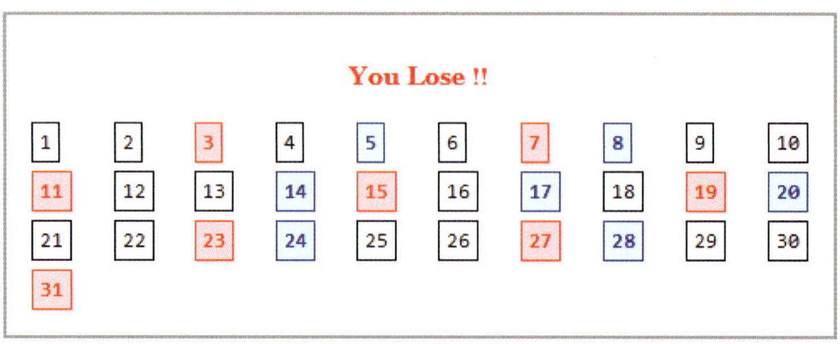


동영상_07.1.0

위의 게임에서 나와 컴퓨터가 부른 숫자들을 정리하면 다음과 같다.

| 나 | | 5 | | 8 | | 14 | | 17 | | 20 | | 24 | | 28 | |
|---|---|---|---|---|---|---|---|---|---|---|---|---|---|---|---|
| 컴퓨터 | 3 | | 7 | | 11 | | 15 | | 19 | | 23 | | 27 | | 31 |

## 제2게임. 나 vs 컴퓨터 (내가 먼저 시작)

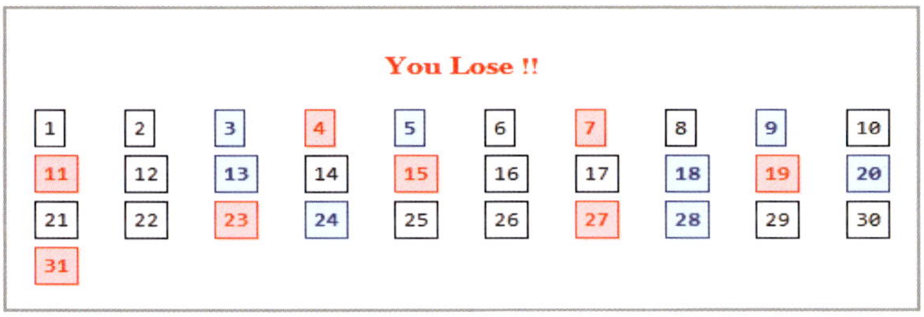


동영상_07.2.0

위의 게임에서 나와 컴퓨터가 부른 숫자들을 정리하면 다음과 같다.

| 나 | 3 | | 5 | | 9 | | 13 | | 18 | | 20 | | 24 | | 28 | |
|---|---|---|---|---|---|---|---|---|---|---|---|---|---|---|---|---|
| 컴퓨터 | | 4 | | 7 | | 11 | | 15 | | 19 | | 23 | | 27 | | 31 |

두 게임 모두 컴퓨터가 이겼다. '컴퓨터를 어떻게 이겨?'라고 생각할지도 모르지만 이기고자 하는 마음으로 이 게임을 거슬러 생각해보면 필승전략이 존재한다.

## 베스킨라빈스-31게임 필승전략

- 승리의 숫자 31을 부르기 위해서, 나는 27을 반드시 불러야 한다.
- 승리를 지켜내기 위한 27을 부르기 위해서, 나는 23을 반드시 불러야 한다.
- 승리를 지켜내기 위한 23을 부르기 위해서, 나는 19를 반드시 불러야 한다.
- 승리를 지켜내기 위한 19를 부르기 위해서, 나는 15를 반드시 불러야 한다.
- 승리를 지켜내기 위한 15를 부르기 위해서, 나는 11을 반드시 불러야 한다.
- 승리를 지켜내기 위한 11을 부르기 위해서, 나는 7을 반드시 불러야 한다.
- 승리를 지켜내기 위한 7을 부르기 위해서, 나는 3을 반드시 불러야 한다.

31부터 거꾸로 생각해보니, 내가 반드시 불러야 하는 숫자가 정해져 있다.

| 필승넘버 | 3 | 7 | 11 | 15 | 19 | 23 | 27 | 31 |
|---|---|---|---|---|---|---|---|---|

즉, '베스킨라빈스-31' 게임은 처음 숫자 3을 먼저 부르는 사람이 100% 승리한다. 그렇다고 필승넘버들을 굳이 외울 필요는 없다. 이 수들은 '4로 나눌 때 나머지가 3인 수'이기 때문이다. 여기서 나머지가 '3' 이라는 것은 게임숫자인 31을 4로 나누어 보면 쉽게 알아낼 수 있다.

이제 필승전략을 찾았으니, 당연한 결과이기는 하지만 컴퓨터와 재대결을 해보자. 두 번의 패배에 대한 설욕전은 해야 하니까.

### 필승게임. 나 vs 컴퓨터 (내가 먼저 시작)

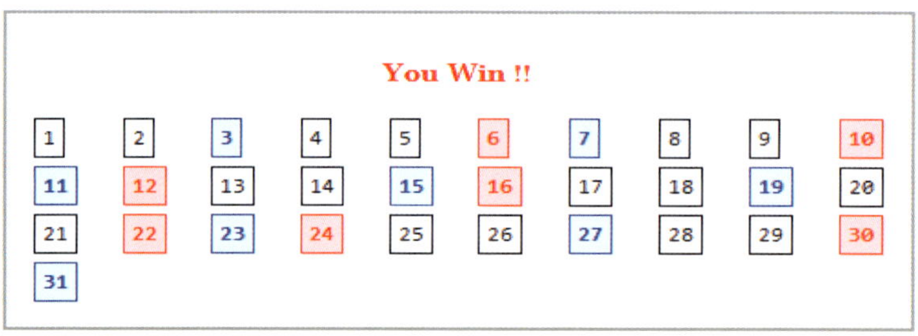


동영상_07.3.0

위의 게임에서 나와 컴퓨터가 부른 숫자들을 정리하면 다음과 같다.

| 나 | 3 | | 7 | | 11 | | 15 | | 19 | | 23 | | 27 | | 31 |
|---|---|---|---|---|---|---|---|---|---|---|---|---|---|---|---|
| 컴퓨터 | | 6 | | 10 | | 12 | | 16 | | 22 | | 24 | | 30 | |

### 게임의 숫자를 31에서 다른 수로 바꾸면 어떨까?

이 경우에도 '베스킨라빈스-31' 게임의 필승전략과 방법으로 추론하면 얼마든지 필승넘버를 알 수 있다.

| 베스킨라빈스 32게임 | 32 | 28 | 24 | 20 | 16 | 12 | 8 | 4 |
|---|---|---|---|---|---|---|---|---|
| | 내가 필승넘버 4를 갖기 위해서는 상대방이 먼저 시작해야 한다.<br>필승넘버는 32÷4 ➪ 나머지0 즉, 4로 나눌 때 나머지가 0인 수(4의 배수) | | | | | | | |

| 베스킨라빈스 33게임 | 33 | 29 | 25 | 21 | 17 | 13 | 9 | 5 | 1 |
|---|---|---|---|---|---|---|---|---|---|
| | 내가 필승넘버 1을 갖기 위해서는 내가 먼저 시작해야 한다.<br>필승넘버는 33÷4 ➪ 나머지1 즉, 4로 나눌 때 나머지가 1인 수 | | | | | | | | |

| 베스킨라빈스 34게임 | 34 | 30 | 26 | 22 | 18 | 14 | 10 | 6 | 2 |
|---|---|---|---|---|---|---|---|---|---|
| | 내가 필승넘버 2를 갖기 위해서는 내가 먼저 시작해야 한다.<br>필승넘버는 34÷4 ➪ 나머지2 즉, 4로 나눌 때 나머지가 2인 수 | | | | | | | | |

| 베스킨라빈스 35게임 | 35 | 31 | 27 | 23 | 19 | 15 | 11 | 7 | 3 |
|---|---|---|---|---|---|---|---|---|---|
| | 내가 필승넘버 3을 갖기 위해서는 내가 먼저 시작해야 한다.<br>필승넘버는 35÷4 ➪ 나머지3 즉, 4로 나눌 때 나머지가 3인 수 | | | | | | | | |

이제는 어떤 수를 베스킨라빈스 게임의 숫자로 하여 컴퓨터와 대결해도 필승넘버를 찾아 100전 100승을 할 수 있다.

다음은 '베스킨라빈스-41' 게임에 대한 컴퓨터와의 대결모습이다.

필승전략은 목표숫자 41÷4의 나머지1.
즉, 4로 나눌 때 나머지가 1인 수를 부르면 승리한다!! 당연히 내가 먼저 시작해야 하며 1, 5, 9, 13, 17, 21, 25, 29, 33, 37, 41을 부르면 승리한다.

## 베스킨라빈스-41게임. 나 vs 컴퓨터 (내가 먼저 시작)

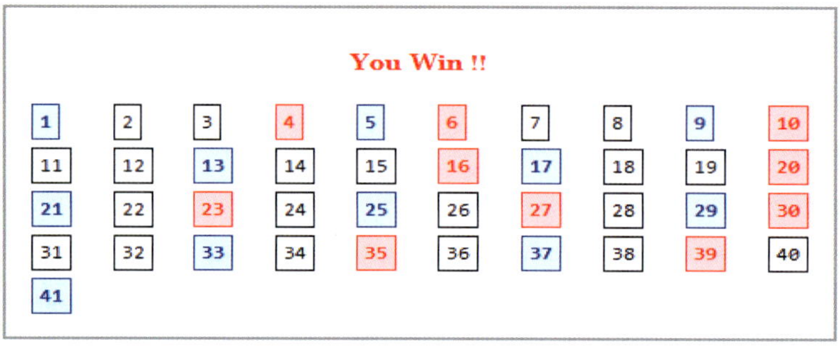


동영상_07.4.0

위의 게임에서 나와 컴퓨터가 부른 숫자들을 정리하면 다음과 같다.

| 나 | 1 | | 5 | | 9 | | 13 | | 17 | | 21 | | 25 | | 29 | | 33 | | 37 | | 41 |
|---|---|---|---|---|---|---|---|---|---|---|---|---|---|---|---|---|---|---|---|---|---|
| 컴퓨터 | | 4 | | 6 | | 10 | | 16 | | 20 | | 23 | | 27 | | 30 | | 35 | | 39 | |

# 8. 아직도 풀어내지 못한 사칙연산 I (3n+1문제)

인류의 문명에서 '수학'이 시작된 이후, 처음으로 사용한 수와 계산은 자연수와 사칙연산(+, −, x, ÷)이라고 해도 과언이 아니다. 그만큼 오랜 역사 속에서 많은 수학자들은 이를 활용한 여러 가지 문제를 제시하고 풀어내는 과정이 되풀이 되었다. 그럼에도 불구하고, 아직까지 풀어내지 못한 수학적 문제들이 상당하다. 흔히 '미해결문제'라고 불리는 이 문제들을 대부분의 사람들은 '페르마의 마지막 정리'와 같이 상당히 난해하고 전문적인 문제일 것이라고 생각하지만, 실제는 그렇지 않은 아주 단순한 사칙연산 수준의 미해결문제도 남아있다. (물론, 페르마의 정리는 증명되었다.)

**3n+1 문제**

자연수 n이 짝수이면 n÷2, 홀수이면 3n+1을 계속하면 그 값은 항상 1이 된다.

보는바와 같이 사칙연산(+, −, x, ÷)만 활용된 문제다. 간단한 수 35로 확인해보자.

| 단계 | n | 홀짝 | 계산과정 |
|---|---|---|---|
| 1단계 | 35 | 홀수 | 3×35+1=106 |
| 2단계 | 106 | 짝수 | 106÷2=53 |
| 3단계 | 53 | 홀수 | 3×53+1=160 |
| 4단계 | 160 | 짝수 | 160÷2=80 |
| 5단계 | 80 | 짝수 | 80÷2=40 |
| 6단계 | 40 | 짝수 | 40÷2=20 |
| 7단계 | 20 | 짝수 | 20÷2=10 |
| 8단계 | 10 | 짝수 | 10÷2=5 |
| 9단계 | 5 | 홀수 | 3×5+1=16 |
| 10단계 | 16 | 짝수 | 16÷2=8 |
| 11단계 | 8 | 짝수 | 8÷2=4 |
| 12단계 | 4 | 짝수 | 4÷2=2 |
| 13단계 | 2 | 짝수 | 2÷2=1 |

위의 계산과정에 대한 흐름은 다음과 같다.

35 → 106 → 53 → 160 → 80 → 40 →
20 → 10 → 5 → 16 → 8 → 4 → 2 → 1

## 실험 1. 다른 자연수들에 대해서도 성립할까? 3부터 100까지 확인해보자!!

79 → 238 → 119 → 358 → 179 → 538 → 269 → 808 →
404 → 202 → 101 → 304 → 152 → 76 → 38 → 19 →
58 → 29 → 88 → 44 → 22 → 11 → 34 → 17 → 52 →
26 → 13 → 40 → 20 → 10 → 5 → 16 → 8 → 4 → 2 → 1

동영상_08.1.0

위의 결과로부터 자연수 1부터 100까지의 '3n+1 문제'는 성립함을 확인하였다.

## 실험 2. 좀 더 큰 자연수들에 대해서도 성립할까? 2000부터 2030까지 확인해보자!!

2011 → 6034 → 3017 → 9052 → 4526 → 2263 →
6790 → 3395 → 10 186 → 5093 → 15 280 → 7640 →
3820 → 1910 → 955 → 2866 → 1433 → 4300 → 2150 →
1075 → 3226 → 1613 → 4840 → 2420 → 1210 → 605 →
1816 → 908 → 454 → 227 → 682 → 341 → 1024 →
512 → 256 → 128 → 64 → 32 → 16 → 8 → 4 → 2 → 1

동영상_08.2.0

위의 결과로부터 자연수 2000부터 2030까지의 '3n+1 문제'도 성립함을 확인하였다.

**▌ 실험 3. 상당히 큰 자연수에 대해서도 성립할까? 임의의 전화번호 8자리 숫자(8026-6836)에 대해서 확인해보자!!**

80 266 836 → 40 133 418 → 20 066 709 → 60 200 128 →
30 100 064 → 15 050 032 → 7 525 016 → 3 762 508 →
1 881 254 → 940 627 → 2 821 882 → 1 410 941 → 4 232 824 →
2 116 412 → 1 058 206 → 529 103 → 1 587 310 → 793 655 →
2 380 966 → 1 190 483 → 3 571 450 → 1 785 725 → 5 357 176 →
2 678 588 → 1 339 294 → 669 647 → 2 008 942 → 1 004 471 →
3 013 414 → 1 506 707 → 4 520 122 → 2 260 061 → 6 780 184 →
3 390 092 → 1 695 046 → 847 523 → 2 542 570 → 1 271 285 →
3 813 856 → 1 906 928 → 953 464 → 476 732 → 238 366 →
119 183 → 357 550 → 178 775 → 536 326 → 268 163 →
804 490 → 402 245 → 1 206 736 → 603 368 → 301 684 →
150 842 → 75 421 → 226 264 → 113 132 → 56 566 →
28 283 → 84 850 → 42 425 → 127 276 → 63 638 → 31 819 →
95 458 → 47 729 → 143 188 → 71 594 → 35 797 → 107 392 →
53 696 → 26 848 → 13 424 → 6712 → 3356 → 1678 →
839 → 2518 → 1259 → 3778 → 1889 → 5668 → 2834 →
1417 → 4252 → 2126 → 1063 → 3190 → 1595 → 4786 →
2393 → 7180 → 3590 → 1795 → 5386 → 2693 → 8080 →
4040 → 2020 → 1010 → 505 → 1516 → 758 → 379 →
1138 → 569 → 1708 → 854 → 427 → 1282 → 641 →
1924 → 962 → 481 → 1444 → 722 → 361 → 1084 →
542 → 271 → 814 → 407 → 1222 → 611 → 1834 →
917 → 2752 → 1376 → 688 → 344 → 172 → 86 → 43 →
130 → 65 → 196 → 98 → 49 → 148 → 74 → 37 → 112 →
56 → 28 → 14 → 7 → 22 → 11 → 34 → 17 → 52 →
26 → 13 → 40 → 20 → 10 → 5 → 16 → 8 → 4 → 2 → 1

지금까지 '3n+1 문제'의 성립여부를 자연수 '1부터 100까지', '2000부터 2030까지' 그리고 상당이 큰 자연수 '80266836'에 대해서 성립한다는 것을 확인하였다. 이외에도 임의의 큰 자연수들에 대해서 수많은 시도를 해본 결과 역시 성립하였다.

그렇다고 모든 자연수에 대해서 성립한다고 말할 수 있을까?

그렇지 않다!!
비록 지금까지 시도한 자연수들에 대해서는 성립하였지만, 그 이외의 확인하지 못한 자연수들이 더욱 많기 때문이다. (실제, 자연수의 개수는 무한개다.) 따라서 지금처럼 n값을 대입해가며 확인해나가는 '직접 증명방법'으로는 해결할 수 없다. 이러한 경우 수학에서는 귀류법, 수학적 귀납법 등 다양한 '간접 증명방법'을 활용한다. 하지만, 아직까지 이 문제는 증명되지 못하였다.

# 9. 아직도 풀어내지 못한 사칙연산 II (슈어의 덧셈상자)

이 글의 제목을 본 여러분들은 덧셈만큼은 자신이 있을 것이라 생각할 수 있지만, '결코 쉽지 않은' 덧셈 퍼즐을 소개한다.

**2 Box Puzzle**

두 개의 상자에 대하여, 같은 상자 안에 서로 다른 두 수의 합이 포함되지 않도록 최대한 많은 자연수를 담아라!!

예를 들어,

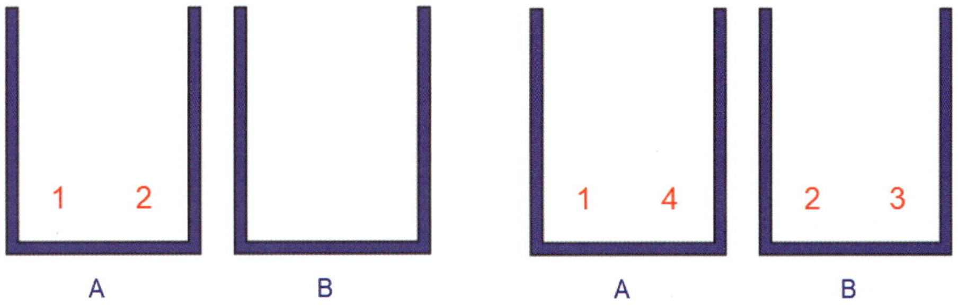


상자A에 자연수 (1, 2)를 담았다면, 3=1+2이므로 상자 A에 3은 담을 수 없다. 따라서 게임을 지속하려면 상자B에 담아야 한다.

상자A에 (1, 4), 상자B에 (2, 3)를 담았다면, 5=1+4=2+3이므로 5는 A, B 모두 담을 수 없다. 따라서 게임은 종료되었고 4개의 숫자를 담았다.

이제 퍼즐의 규칙을 이해하였다면, 2 Box Puzzle의 정답을 찾아보자!!

**2 Box Puzzle : 최대한 몇 개의 자연수까지 담을 수 있는가?**

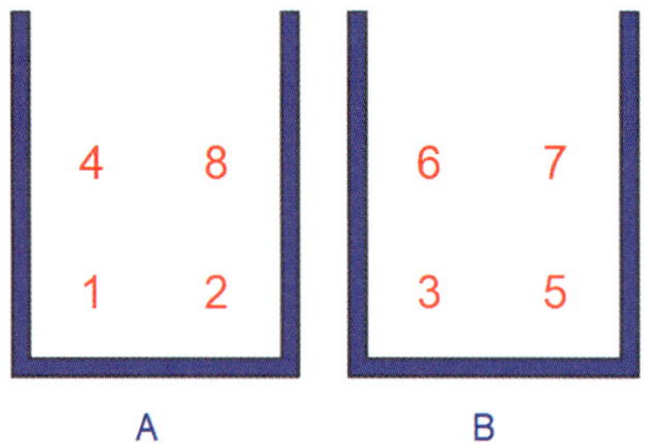


동영상_09.1.0

정답은 8개다. 이후에는 9=1+8=3+6이므로 더 이상 A, B에 담을 수 없다.

덧셈에 대한 몸 풀기(?)가 끝났으니, 이제 본격적으로 3 Box Puzzle을 풀어보자!!

**3 Box Puzzle**

세 개의 상자에 대하여, 같은 상자 안에 서로 다른 두 수의 합이 포함되지 않도록 최대한 많은 자연수를 담아라!!

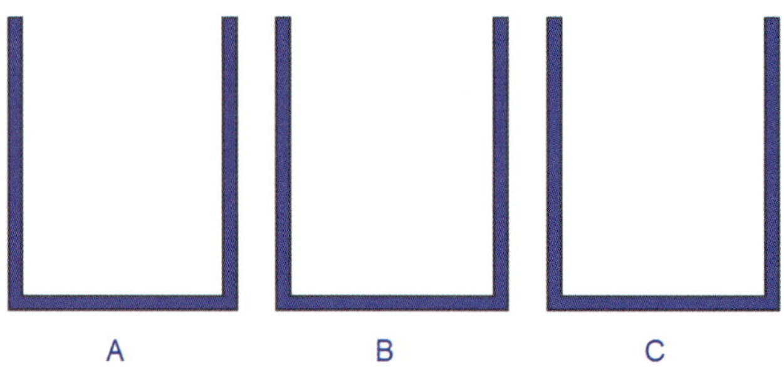

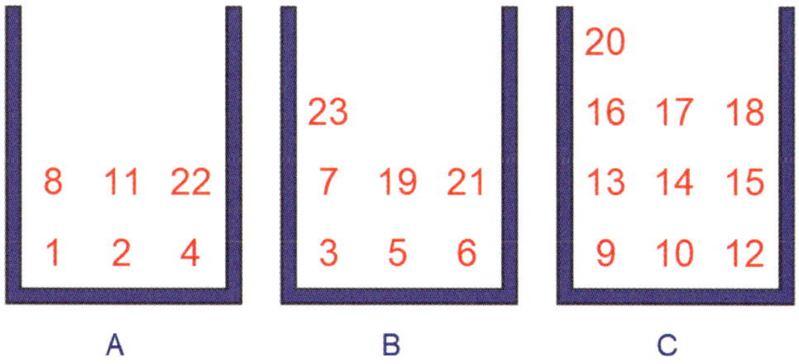


동영상_09.2.0

정답은 23개다. 이후에는 24=2+22=3+21=10+14이므로 더 이상 A, B, C에 담을 수 없다.

이쯤 되면, 4 Box Puzzle을 생각하고 있는 독자들이 있을 것이다. 하지만 4 Box 부터는 손 계산으로 찾아내기가 결코 쉽지 않다. 설령 찾았다고 하여도 그것이 최대로 담은 자연수가 맞는지도 확신할 수 없다. 어쩌면 여러분들은 3 Box Puzzle에서의 정답(23개)을 보며 '이보다 많이 담을 수 있는 방법이 있을 법도 한데...'라는 생각에 더 찾아보았을지도 모른다.

1916년 수학자 Schur가 제시한 이 문제는 2 Box = 8개, 3 Box = 23개, 그리고 4 Box Puzzle의 정답은 66개인 것으로 밝혀졌으며, 다음과 같이 조합이 이루어진다.

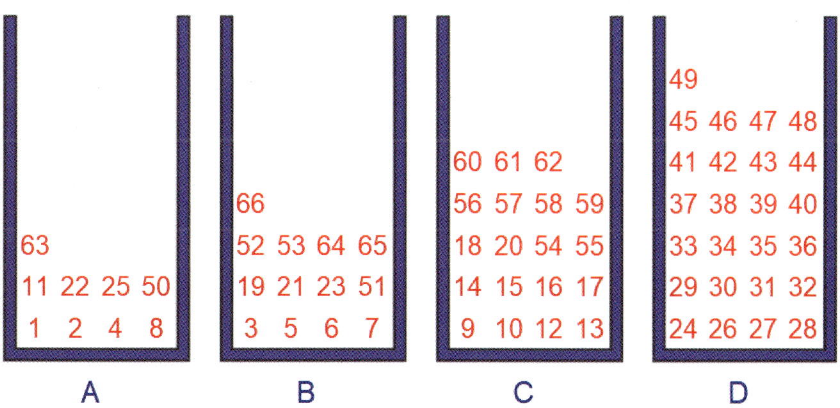

그러나 5 Box 및 그 이상에 대해서는 아직 명확하게 밝혀진 바가 없는 미해결 상태이다. 다만, 현재까지 발견된 조합은 5 Box = 196개, 6 Box = 572개 이므로 그 이상일 것이라 추측하고 있으며, 7 Box 부터는 더 이상 알려진 바가 없다.

# 10. 20%쿠폰 vs 10%쿠폰+11%중복쿠폰, 선택은?

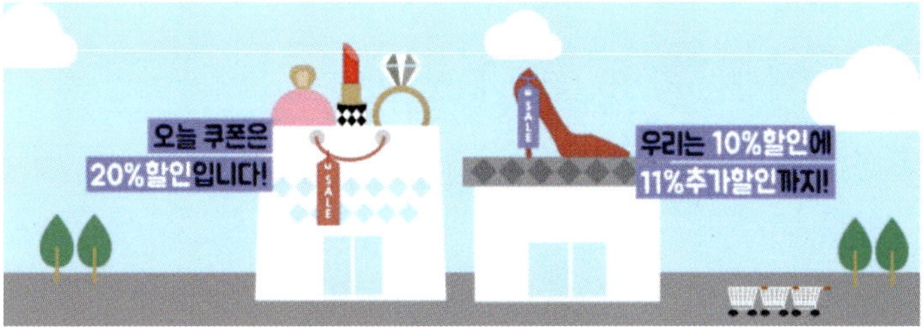


인터넷 쇼핑몰에서 물건을 구매할 때, 할인쿠폰 없이 물건을 구매하는 상황이 되면 왠지 비싸게 사는 느낌이 든다. 워낙 다양한 할인의 방법과 쿠폰들이 가격비교 사이트에서 경쟁적으로 프로모션을 진행하기 때문이다.

## 무엇이 더 유리할까?

언뜻 보기에는 A쇼핑몰은 20%할인이지만, B쇼핑몰은 21%할인을 받아 더 좋은 가격조건인 듯 보인다. 게다가 자주 발행되지 않는 중복쿠폰을 지급받아 추가로 할인 혜택을 받을 수 있는 지금 이 구매 적기라는 생각까지도 들게 한다.

제품가격을 100만원 이라고 가정하고 계산해보자.

A쇼핑몰에서 구매를 한 경우
1,000,000(원) × (1−0.2)=800,000(원)

B쇼핑몰에서 구매를 한 경우
1,000,000(원) × (1−0.1) × (1−0.11)=801,000(원)

소비자 관점에서의 계산결과 A쇼핑몰의 20%할인이 B쇼핑몰의 10%할인+11%추가할인보다 1,000(원) 더 저렴하다. 소비자 입장에서는 불과 1,000(원)의 차이지만, 판매자 입장에서는 총 판매량에 따른 적지 않은 차익이 발생한다.

A, B 두 쇼핑몰의 판매량이 각 10,000(개)인 경우
10,000(개)×1,000(원)=10,000,000(원)

동일한 매출량에 대하여, 순차적으로 21%할인(=10%할인+11%추가할인)을 해 준 B쇼핑몰이 한번에 20%할인을 한 A쇼핑몰보다 1,000(만원)의 차익을 보았다.

다음은 홈쇼핑에서 가장 많이 시행하는 프로모션 형태중의 하나이다.

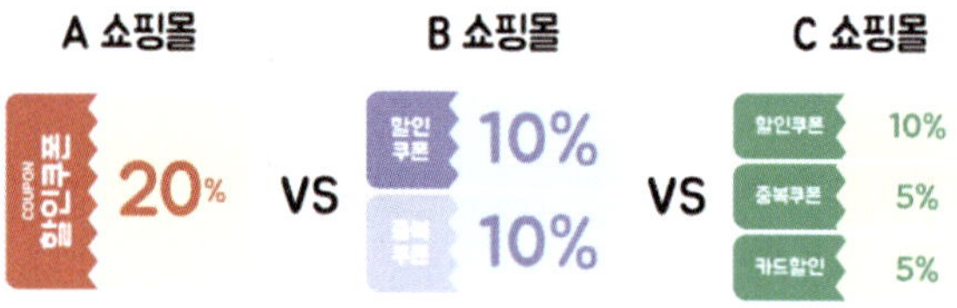


이번에도 제품가격을 100만원 이라고 가정하고 계산해보면 다음과 같다.

A쇼핑몰에서 구매를 힌 경우
1,000,000(원)×(1−0.2)=800,000(원)

B쇼핑몰에서 구매를 한 경우
1,000,000(원)×(1−0.1)×(1−0.1)=810,000(원)

C쇼핑몰에서 구매를 한 경우
1,000,000(원)×(1−0.1)×(1−0.05)×(1−0.05)=812,250(원)

전체적으로는 모두 20%할인으로 동일한 듯 보이지만, A쇼핑몰 〉 B쇼핑몰 〉 C쇼핑몰 순으로 소비자에게 유리하다.

결국 판매자 입장에서는 동일한 할인율을 한 번에 할인하여 주는 것보다 순차적으로 여러 번에 나누어 할인하여 주는 것이 이익이다. 동일한(?) 할인율이라는 소비자들의 착시현상 속에서 한정적인 중복할인과 특정 카드할인 등의 기회활용에 대한 구매욕구 상승, 구매 후 최대 할인을 적용받았다는 심리적 만족도까지 높여주는 마케팅 요소가 매출량 증가로 이어질 것이기 때문이다.

# 11. 연봉계산, 손해보지 않기 위해 꼭 알아야 할 평균계산법

많은 사람들이 평균은 '자료 전체의 합을 자료의 개수로 나눈 값'이라고 알고 있다. 평균 점수, 평균 기온, 평균 강수량 등 일상에서의 대부분이 이 방법으로 평균을 계산하며, 정확한 명칭은 '산술평균'이다. 다음은 일상에서 가장 많이 활용되는 평균점수에 대한 계산문제이다.

**산술평균**

어떤 학생의 수학점수가 1학기는 80점, 2학기는 90점일 때, 이 학생의 수학 평균점수는 몇 점인가?

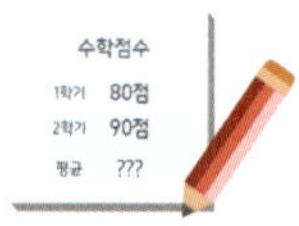


수학점수라는 자료(80점, 90점)의 개수가 2개 이므로, 평균점수는 $\frac{80+90}{2}=95$점과 같이 계산된다. 일반적으로 두 값 $a, b$의 산술평균은 $\frac{a+b}{2}$와 같이 계산한다. 하지만 일상에서 우리가 다루는 모든 대상들의 평균이 이와 같은 방법으로 계산될까? 다음의 두 가지 사례로 생각해보자.

**기하평균**

어떤 회사의 전년도 대비 매출액이 2016년에는 2배 증가하였고, 2017년에는 8배 증가하였다. 이 회사의 매출액은 평균 몇 배 증가하였는가?

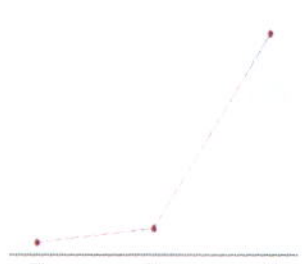

여러분들의 생각은 어떠한가. 4배? 5배?

본 문제는 전년도를 기준으로 하는 누적된 비율(몇 배)의 평균을 구하는 사례로, 위에서 평균점수를 구하였던 방법으로 계산하면 평균 5배$(=\frac{2+8}{2})$가 되지만 실제는 그러하지 못하다.

이 회사의 2015년 매출액을 $w$(원)이라고 하면,

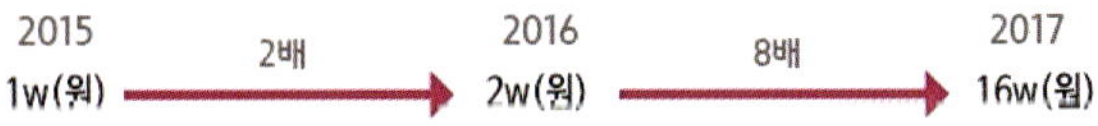


2016년 매출액은 2배 증가이므로 $2w$(원)이고 2017년 매출액은 다시 8배 증가이므로 $16w$(원)이 된다. 결국, 이 회사는 최근 2년간 총 16배의 매출액 증가가 있었던 것이다.

이번에는 이 회사의 매출이 평균 $x$배 증가했다하고 매출액을 계산해보자.

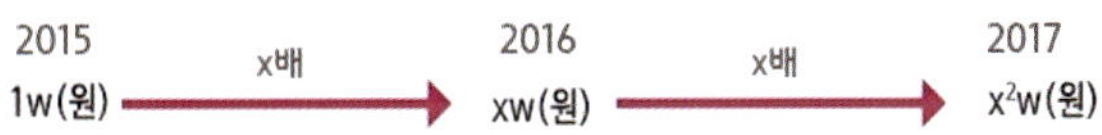


2016년 매출액은 평균 $x$배 증가이므로 $xw$(원)이고 2017년 매출액도 평균 $x$배 증가이므로 $x^2w$(원)이 된다. 결국, 이 회사는 최근 2년간 총 $x^2$배의 매출액 증가가 있었던 것이다. 따라서 $x^2=16$이 되는 $x$값은 4가 된다. 즉, 전년대비 2배와 8배에 대한 평균은 4배이다. 여기서 평균 4배는 $x^2=16=2\times8$을 만족하는 $x$값으로 $x=\sqrt{2\times8}=4$배로 계산된 것이다.

이와 같이 직전 값을 기준으로 한 성장률 $a$(배), $b$(배)에 대한 평균은 $\sqrt{ab}$(배)와 같이 계산하며, 이를 '기하평균'이라 부른다. 인구성장률, 금리인상률 등의 평균문제가 여기에 해당한다.

다음 두 번째 사례를 소개한다.

**조화평균**

자동차가 동일한 두 지점을 왕복할 때의 속력이 가는 길에는 20 m/s, 오는 길에는 30 m/s 이었다. 이 자동차의 왕복 평균속력은 몇 m/s 인가?

여러분들의 생각은 어떠한가. 24 m/s? 25 m/s?

이번 문제는 동일한 거리상의 평균속력을 구하는 사례로, 위에서 평균점수(산술평균)를 구하였던 방법으로 계산하면 평균 25 m/s($=\frac{20+30}{2}$)가 되지만, 이를 시뮬레이션 한 결과 평균속력 25 m/s로 달린 자동차가 먼저 도착한다. 즉, 이 값은 평균속력이 아니다.

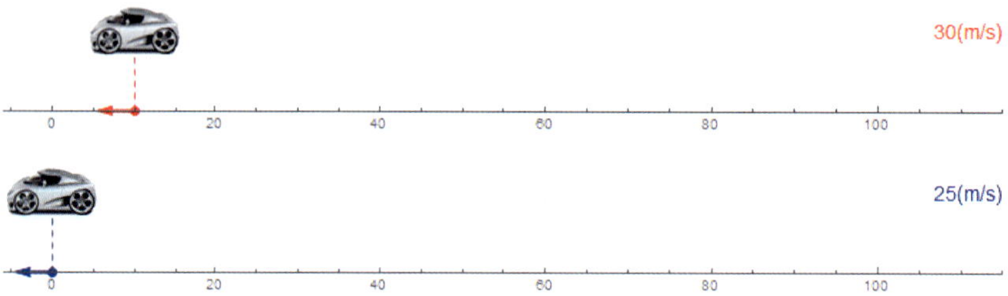


동영상_11.1.0

그렇다면 평균속력은 몇 m/s인가?

우선 동일한 두 지점의 일정한 거리를 $S$ m, 평균속력을 $x$ m/s 라고 하자. 분명한 것은 평균 $x$ m/s 로 왕복한 자동차와 20 m/s, 30 m/s 로 왕복한 자동차의 도착시간이 같아야 한다는 것이다.

시간 $= \frac{\text{거리}}{\text{속력}}$ 이므로, 평균 $x$ m/s 로 왕복한 자동차의 도착시간 $= \frac{2S}{x}$(초)

20 m/s, 30 m/s 로 왕복한 자동차의 도착시간 $= \frac{S}{20} + \frac{S}{30}$(초)

따라서 $\frac{2S}{x} = \frac{S}{20} + \frac{S}{30}$을 만족하는 $x$ 값. 즉, $x = 24$ m/s 가 바로 평균속력이다.

**계산과정**

$\frac{2S}{x} = \frac{S}{20} + \frac{S}{30}$의 양변에 $\frac{60x}{S}$을 곱하면 $120 = 3x + 2x = 5x \quad \therefore\ x = \frac{120}{5} = 24$

이처럼 계산으로 얻은 평균속력 24 m/s 에 대하여, 시뮬레이션하면 두 자동차가 함께 도착함을 볼 수 있다. 즉, 이 값은 평균속력이 맞다.

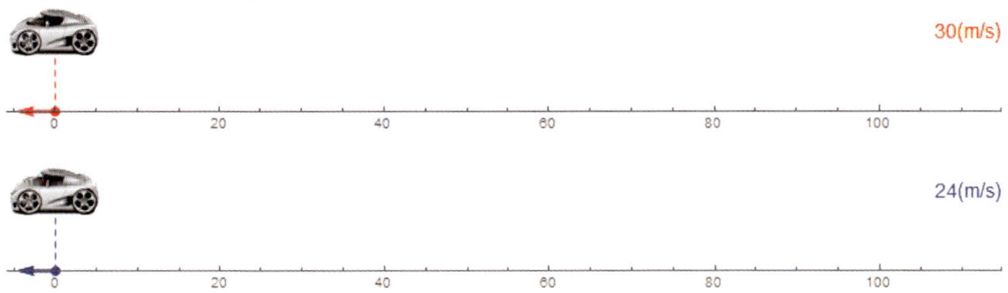


동영상_11.2.0

여기서 평균 24 m/s는 $x = \dfrac{2 \times 20 \times 30}{20+30} = \dfrac{1200}{50} = 24\,\text{m/s}$로 계산된 것이다. 이와 같이 동일한 거리에서의 속력 $a$ (m/s), $b$ (m/s)에 대한 평균속력은 $\dfrac{2ab}{a+b}$와 같이 계산하며 이를 '조화평균'이라 부른다. 속력, 병렬 연결된 전기회로의 저항에 대한 평균문제가 여기에 해당한다.

지금까지의 사례로 살펴본 평균의 종류에는 세 가지가 있다.
두 값 $a, b$ 에 대하여 가장 일반적으로 널리 쓰이는 산술평균 $\dfrac{a+b}{2}$, 성장률에 사용되는 기하평균 $\sqrt{ab}$, 속력이나 전기저항에 사용되는 조화평균 $\dfrac{2ab}{a+b}$ 이 있었으며, 이들은 다음과 같은 관계가 성립한다.

$$\frac{a+b}{2} \geq \sqrt{ab} \geq \frac{2ab}{a+b} \quad \text{(단, } a>0, b>0 \text{ 이고 등호는 } a=b \text{ 일 때 성립한다.)}$$

따라서 일상생활 중에 성장률이나 속력과 같은 평균을 산술평균으로 잘못 계산하면 손해가 발생할 수 있다.

**연봉의 평균인상률의 함정**

A회사에 입사한 H군의 첫 해 연봉은 5,000만원이며, 2년간 평균 20%의 연봉인상을 조건으로 계약하였다. 입사 후 A회사는 H군에게 "1년 후 8%, 2년 후 32% 인상된 연봉을 지급하겠다."고 제안하였다. H군은 A회사가 제시한 순차적 연봉인상안을 수용해야 할까?

A회사의 연봉인상안은 단순히 산술적으로 평균을 구하면 $\frac{8+32}{2}$=20%로 계약조건을 충족한 것으로 보인다. 하지만 이것은 어디까지나 산술적인 계산이다. 즉, 산술평균으로 계산된 결과이다.

그러나 연봉인상과 같은 성장률의 평균은 기하평균으로 계산되어야 하며, 그 값은 $\sqrt{1.08 \times 1.32} = \sqrt{1.4256} \fallingdotseq 1.194$배가 된다. 즉, H군은 2년간 평균 19.4% 인상된 연봉으로 계약조건보다 적게 받은 것이다.

| 방식 | 첫해 | 인상률 | 1년후 | 인상률 | 2년후 | 연봉총합 |
|---|---|---|---|---|---|---|
| A회사 제안내용 | 5,000만원 | 8% (=1.08배) | 5,400만원 | 32% (=1.32배) | 7,128만원 | 1억2,528만원 |
| 인상률의 기하평균 | 5,000만원 | 19.4% (=1.194배) | 5,970만원 | 19.4% (=1.194배) | 7,128만원 | 1억3,098만원 |

'산술평균≥기하평균'에서 등호가 성립하는 관계($a=b$)를 생각한다면, 2년간 20%로 일정하게 연봉인상을 받는 것이 유리하다.

| 방식 | 첫해 | 인상률 | 1년후 | 인상률 | 2년후 | 연봉총합 |
|---|---|---|---|---|---|---|
| 계약조건 (평균20%) | 5,000만원 | 20% (=1.20배) | 6,000만원 | 20% (=1.20배) | 7,200만원 | 1억3,200만원 |

그럼에도 불구하고 A회사가 $\frac{8+32}{2}$=20%이므로 평균인상률이 적절하다고 주장하면 어찌해야할까? 회사측 제안 '8%→32%'를 '32%→8%'로 인상률의 순서를 바꿔달라고 요구해보자. 그들의 논리대로라면 $\frac{32+8}{2}$=20% 역시 동일한 평균값이니 말이다.

| 방식 | 첫해 연봉 | 인상률 | 1년후 | 인상률 | 2년후 | 연봉총합 |
|---|---|---|---|---|---|---|
| 8%→32% | 5,000만원 | 8% (=1.08배) | 5,400만원 | 32% (=1.32배) | 7,128만원 | 1억2,528만원 |
| 32%→8% | 5,000만원 | 32% (=1.32배) | 6,600만원 | 8% (=1.08배) | 7,128만원 | 1억3,728만원 |

**과속범칙금 부과의 오류**

규정 속도가 100 km/h인 고속도로에서 거리가 같은 두 구간에 과속단속 카메라가 설치되어 있다. 과속단속 카메라는 두 구간을 지나는 자동차의 속력을 계산하여 그 평균속도가 100 km/h를 초과하면 과속범칙금을 부과한다. 어느 날, 이 지점을 통과한 자동차에 과속통지서가 날아왔다.

"귀하는 고속도로 첫 번째 구간속력이 84 km/h, 두 번째 구간속력이 118 km/h입니다. 따라서 귀하의 구간 평균속력은 101 km/h로 과속하였기에 과속범칙금을 부과합니다."

이 자동차의 운전자는 과속을 한 것일까?

과속통지서의 주장처럼 단순히 산술적으로 평균을 구하면 $\frac{84+118}{2}=101$ km/h이므로 과속에 해당한다. 하지만 이것 역시 어디까지나 산술적인 계산이다. 즉, 산술평균으로 계산된 결과이다. 속력에 대한 평균은 조화평균으로 계산되어야 하며, 그 값은 $\frac{2\times84\times118}{84+118}=\frac{19,824}{202}\fallingdotseq 98.14$ km/h로 규정 속도를 초과하지 않았다.

## 12. 마술일까? 수학일까? 마음속 숫자계산

언젠가 TV프로그램에서 '마술인가? 과학인가?'라는 방송을 본 적이 있다. 마술 같기도 한데 그것은 과학현상이었으며, 과학현상 같은데 마술이었다. 분명한 것은 마술은 속임수(trick)이며, 과학은 원리가 담겨 있다. 수학에도 이러한 부분이 존재한다. 다음의 매직카드를 따라 생각해보자!!

동영상_12.1.0

QR코드를 열어보면 내 마음속 카드가 제거된 영상을 확인할 수 있다.

마술일까? 수학일까?

만약 위의 화면에서 속임수를 명확하게 짚어냈으면 그것은 마술임이 분명하고, 속임수를 찾아내지 못하였다면 마술인지 수학인지 반신반의 할 것이다. 그러나 이성(?)을 가지고 다시 생각해보자. 아무런 질문도 없이 상대방의 마음을 계산할 수 있는 '독심술'이란 것이 '수학'일까? 적어도 수학은 계산과 논리를 근거로 하여 추론을 이끌어내는 것임에 위의 화면은 절대 수학이 될 수 없다. 그럼 이번에는 계산과 논리가 적용되어 있는 매직카드를 소개해본다.

## 마음속 숫자계산 I

질문카드. 다음 카드에서 상대방에게 마음속으로 한 개의 숫자를 고르게 한다.

| 1 | 3 | 5 | 7 | 9 | 11 | 13 | 15 |
|---|---|---|---|---|---|---|---|
| 17 | 19 | 21 | 23 | 25 | 27 | 29 | 31 |
| 33 | 35 | 37 | 39 | 41 | 43 | 45 | 47 |
| 49 | 51 | 53 | 55 | 57 | 59 | 61 | 63 |

1번 카드 여기서는 상대방이 마음속으로 37을 골랐다고 가정하자.

이제, 총 다섯 번의 질문을 할 것이다.

질문1. 다음 카드에서 당신의 마음속 숫자가 있는가?

| 2 | 3 | 6 | 7 | 10 | 11 | 14 | 15 |
|---|---|---|---|---|---|---|---|
| 18 | 19 | 22 | 23 | 26 | 27 | 30 | 31 |
| 34 | 35 | 38 | 39 | 42 | 43 | 46 | 47 |
| 50 | 51 | 54 | 55 | 58 | 59 | 62 | 63 |

2번 카드 상대방은 마음속 숫자(37)가 없으므로 No 라고 답할 것이다.

질문2. 다음 카드에서 당신의 마음속 숫자가 있는가?

| 4 | 5 | 6 | 7 | 12 | 13 | 14 | 15 |
|---|---|---|---|---|---|---|---|
| 20 | 21 | 22 | 23 | 28 | 29 | 30 | 31 |
| 36 | 37 | 38 | 39 | 44 | 45 | 46 | 47 |
| 52 | 53 | 54 | 55 | 60 | 61 | 62 | 63 |

3번 카드 상대방은 마음속 숫자(37)가 있으므로 Yes 라고 답할 것이다.

질문3. 다음 카드에서 당신의 마음속 숫자가 있는가?

| 8 | 9 | 10 | 11 | 12 | 13 | 14 | 15 |
|---|---|---|---|---|---|---|---|
| 24 | 25 | 26 | 27 | 28 | 29 | 30 | 31 |
| 40 | 41 | 42 | 43 | 44 | 45 | 46 | 47 |
| 56 | 57 | 58 | 59 | 60 | 61 | 62 | 63 |

4번 카드 상대방은 마음속 숫자(37)가 없으므로 No 라고 답할 것이다.

질문4. 다음 카드에서 당신의 마음속 숫자가 있는가?

| 16 | 17 | 18 | 19 | 20 | 21 | 22 | 23 |
|---|---|---|---|---|---|---|---|
| 24 | 25 | 26 | 27 | 28 | 29 | 30 | 31 |
| 48 | 49 | 50 | 51 | 52 | 53 | 54 | 55 |
| 56 | 57 | 58 | 59 | 60 | 61 | 62 | 63 |

5번 카드 상대방은 마음속 숫자(37)가 없으므로 No 라고 답할 것이다.

질문5. 다음 카드에서 당신의 마음속 숫자가 있는가?

| 32 | 33 | 34 | 35 | 36 | 37 | 38 | 39 |
|---|---|---|---|---|---|---|---|
| 40 | 41 | 42 | 43 | 44 | 45 | 46 | 47 |
| 48 | 49 | 50 | 51 | 52 | 53 | 54 | 55 |
| 56 | 57 | 58 | 59 | 60 | 61 | 62 | 63 |

6번 카드 상대방은 마음속 숫자(37)가 있으므로 Yes 라고 답할 것이다.

이와 같이 다섯 번의 질문으로 상대방의 마음 속 숫자(37)를 정확하게 맞출 수 있다!! 계산방법은 최초의 질문카드와 상대방이 생각한 숫자가 들어있는 Yes 카드의 첫 번째 숫자(가장 작은 숫자)를 모두 더하면 된다. 즉, 1+4+32=37이 바로 상대방이 생각한 마음 속 숫자이다. 지금은 37이라는 숫자로 가정을 하고 설명한 것이지만, 상대방이 질문카드 속의 다른 숫자를 생각하여도 다섯 번의 질문과 답변을 통하여 100% 예측(정확한 표현으로는 계산)이 가능하다. 그렇다면, 이 매직카드에는 어떤 수학적 원리가 들어있을까? 바로 0과 1로만 숫자가 구성되는 이진법에 있다. 우리가 일상에서 사용하는 수는 0, 1, 2, 3, 4, 5, 6, 7, 8, 9 총 10개의 숫자를 이용한 십진수다. 십진법은 마지막 숫자 9에서 1을 더하면, 한 자릿수가 커지며 $9+1=10$이 된다. 이진법은 마지막 숫자 $1_2$에서 $1_2$을 더하면, 한 자릿수가 커지며 $1_2+1_2=10_2$이 된다. 총 여섯 장으로 이루어진 매직카드는 십진수 1부터 63까지 적절하게 조합되어 있다.

이 수들을 이진수로 바꾸어 보면 다음과 같다.

| | | | | | | |
|---|---|---|---|---|---|---|
| 1 = $1_2$ | 10 = $1010_2$ | 19 = $10011_2$ | 28 = $11100_2$ | 37 = $100101_2$ | 46 = $101110_2$ | 55 = $110111_2$ |
| 2 = $10_2$ | 11 = $1011_2$ | 20 = $10100_2$ | 29 = $11101_2$ | 38 = $100110_2$ | 47 = $101111_2$ | 56 = $111000_2$ |
| 3 = $11_2$ | 12 = $1100_2$ | 21 = $10101_2$ | 30 = $11110_2$ | 39 = $100111_2$ | 48 = $110000_2$ | 57 = $111001_2$ |
| 4 = $100_2$ | 13 = $1101_2$ | 22 = $10110_2$ | 31 = $11111_2$ | 40 = $101000_2$ | 49 = $110001_2$ | 58 = $111010_2$ |
| 5 = $101_2$ | 14 = $1110_2$ | 23 = $10111_2$ | 32 = $100000_2$ | 41 = $101001_2$ | 50 = $110010_2$ | 59 = $111011_2$ |
| 6 = $110_2$ | 15 = $1111_2$ | 24 = $11000_2$ | 33 = $100001_2$ | 42 = $101010_2$ | 51 = $110011_2$ | 60 = $111100_2$ |
| 7 = $111_2$ | 16 = $10000_2$ | 25 = $11001_2$ | 34 = $100010_2$ | 43 = $101011_2$ | 52 = $110100_2$ | 61 = $111101_2$ |
| 8 = $1000_2$ | 17 = $10001_2$ | 26 = $11010_2$ | 35 = $100011_2$ | 44 = $101100_2$ | 53 = $110101_2$ | 62 = $111110_2$ |
| 9 = $1001_2$ | 18 = $10010_2$ | 27 = $11011_2$ | 36 = $100100_2$ | 45 = $101101_2$ | 54 = $110110_2$ | 63 = $111111_2$ |

이제 여섯 장의 매직카드에 조합된 숫자들의 규칙을 살펴보자. 예로 이해하는 것이 가장 빠를 듯하여, 숫자 37로 설명을 해본다. 십진수 37은 이진법으로 표현하면 $100101_2$이다. 이 수는 총 여섯 자릿수로 이루어지며, 1번 카드부터 6번 카드까지의 존재 여부를 각 자릿수의 숫자 0(=없다)과 1(=있다)로 결정한다.

1번 카드 (질문카드)

| 1 | 3 | 5 | 7 | 9 | 11 | 13 | 15 |
|---|---|---|---|---|---|---|---|
| $000001_2$ | $000011_2$ | $000101_2$ | $000111_2$ | $001001_2$ | $001011_2$ | $001101_2$ | $001111_2$ |
| 17 | 19 | 21 | 23 | 25 | 27 | 29 | 31 |
| $010001_2$ | $010011_2$ | $010101_2$ | $010111_2$ | $011001_2$ | $011011_2$ | $011101_2$ | $011111_2$ |
| 33 | 35 | 37 | 39 | 41 | 43 | 45 | 47 |
| $100001_2$ | $100011_2$ | $100101_2$ | $100111_2$ | $101001_2$ | $101011_2$ | $101101_2$ | $101111_2$ |
| 49 | 51 | 53 | 55 | 57 | 59 | 61 | 63 |
| $110001_2$ | $110011_2$ | $110101_2$ | $110111_2$ | $111001_2$ | $111011_2$ | $111101_2$ | $111111_2$ |

1번 카드의 모든 숫자들은 이진수로 나타낼 때 1번째 자리가 반드시 1이다.

2번 카드

| 2 | 3 | 6 | 7 | 10 | 11 | 14 | 15 |
|---|---|---|---|---|---|---|---|
| $000010_2$ | $000011_2$ | $000110_2$ | $000111_2$ | $001010_2$ | $001011_2$ | $001110_2$ | $001111_2$ |
| 18 | 19 | 22 | 23 | 26 | 27 | 30 | 31 |
| $010010_2$ | $010011_2$ | $010110_2$ | $010111_2$ | $011010_2$ | $011011_2$ | $011110_2$ | $011111_2$ |
| 34 | 35 | 38 | 39 | 42 | 43 | 46 | 47 |
| $100010_2$ | $100011_2$ | $100110_2$ | $100111_2$ | $101010_2$ | $101011_2$ | $101110_2$ | $101111_2$ |
| 50 | 51 | 54 | 55 | 58 | 59 | 62 | 63 |
| $110010_2$ | $110011_2$ | $110110_2$ | $110111_2$ | $111010_2$ | $111011_2$ | $111110_2$ | $111111_2$ |

2번 카드의 모든 숫자들은 이진수로 나타낼 때 2번째 자리가 반드시 1이다.

3번 카드

| 4 | 5 | 6 | 7 | 12 | 13 | 14 | 15 |
|---|---|---|---|---|---|---|---|
| $000100_2$ | $000101_2$ | $000110_2$ | $000111_2$ | $001100_2$ | $001101_2$ | $001110_2$ | $001111_2$ |
| 20 | 21 | 22 | 23 | 28 | 29 | 30 | 31 |
| $010100_2$ | $010101_2$ | $010110_2$ | $010111_2$ | $011100_2$ | $011101_2$ | $011110_2$ | $011111_2$ |
| 36 | 37 | 38 | 39 | 44 | 45 | 46 | 47 |
| $100100_2$ | $100101_2$ | $100110_2$ | $100111_2$ | $101100_2$ | $101101_2$ | $101110_2$ | $101111_2$ |
| 52 | 53 | 54 | 55 | 60 | 61 | 62 | 63 |
| $110100_2$ | $110101_2$ | $110110_2$ | $110111_2$ | $111100_2$ | $111101_2$ | $111110_2$ | $111111_2$ |

3번 카드의 모든 숫자들은 이진수로 나타낼 때 3번째 자리가 반드시 1이다.

4번 카드

| 8 | 9 | 10 | 11 | 12 | 13 | 14 | 15 |
|---|---|---|---|---|---|---|---|
| $001000_2$ | $001001_2$ | $001010_2$ | $001011_2$ | $001100_2$ | $001101_2$ | $001110_2$ | $001111_2$ |
| 24 | 25 | 26 | 27 | 28 | 29 | 30 | 31 |
| $011000_2$ | $011001_2$ | $011010_2$ | $011011_2$ | $011100_2$ | $011101_2$ | $011110_2$ | $011111_2$ |
| 40 | 41 | 42 | 43 | 44 | 45 | 46 | 47 |
| $101000_2$ | $101001_2$ | $101010_2$ | $101011_2$ | $101100_2$ | $101101_2$ | $101110_2$ | $101111_2$ |
| 56 | 57 | 58 | 59 | 60 | 61 | 62 | 63 |
| $111000_2$ | $111001_2$ | $111010_2$ | $111011_2$ | $111100_2$ | $111101_2$ | $111110_2$ | $111111_2$ |

4번 카드의 모든 숫자들은 이진수로 나타낼 때 4번째 자리가 반드시 1이다.

5번 카드

| 16 | 17 | 18 | 19 | 20 | 21 | 22 | 23 |
|---|---|---|---|---|---|---|---|
| $010000_2$ | $010001_2$ | $010010_2$ | $010011_2$ | $010100_2$ | $010101_2$ | $010110_2$ | $010111_2$ |
| 24 | 25 | 26 | 27 | 28 | 29 | 30 | 31 |
| $011000_2$ | $011001_2$ | $011010_2$ | $011011_2$ | $011100_2$ | $011101_2$ | $011110_2$ | $011111_2$ |
| 48 | 49 | 50 | 51 | 52 | 53 | 54 | 55 |
| $110000_2$ | $110001_2$ | $110010_2$ | $110011_2$ | $110100_2$ | $110101_2$ | $110110_2$ | $110111_2$ |
| 56 | 57 | 58 | 59 | 60 | 61 | 62 | 63 |
| $111000_2$ | $111001_2$ | $111010_2$ | $111011_2$ | $111100_2$ | $111101_2$ | $111110_2$ | $111111_2$ |

5번 카드의 모든 숫자들은 이진수로 나타낼 때 5번째 자리가 반드시 1이다.

6번 카드

| 32 | 33 | 34 | 35 | 36 | 37 | 38 | 39 |
|---|---|---|---|---|---|---|---|
| $100000_2$ | $100001_2$ | $100010_2$ | $100011_2$ | $100100_2$ | $100101_2$ | $100110_2$ | $100111_2$ |
| 40 | 41 | 42 | 43 | 44 | 45 | 46 | 47 |
| $101000_2$ | $101001_2$ | $101010_2$ | $101011_2$ | $101100_2$ | $101101_2$ | $101110_2$ | $101111_2$ |
| 48 | 49 | 50 | 51 | 52 | 53 | 54 | 55 |
| $110000_2$ | $110001_2$ | $110010_2$ | $110011_2$ | $110100_2$ | $110101_2$ | $110110_2$ | $110111_2$ |
| 56 | 57 | 58 | 59 | 60 | 61 | 62 | 63 |
| $111000_2$ | $111001_2$ | $111010_2$ | $111011_2$ | $111100_2$ | $111101_2$ | $111110_2$ | $111111_2$ |

6번 카드의 모든 숫자들은 이진수로 나타낼 때 6번째 자리가 반드시 1이다.

이상의 결과로부터 마음속 숫자(37)는 1번 카드, 3번 카드, 6번 카드에만 존재하므로, 위의 규칙을 따르면 $100101_2$과 같이 표현된다. 결국, 마음 속 숫자(37)가 각 카드에 '있다(=1)', '없다(=0)'의 정보를 이용하여 37과 같은 값인 이진수 $100101_2$을 획득한 것이다.

이제 이 값 $100101_2$을 다시 십진수로 바꾸면 그것이 바로 마음속 숫자(37)가 되는데 이는 다음과 같이 쉽게 얻을 수 있다. $100101_2=000001_2+000100_2+100000_2$이므로, $000001_2$의 십진수 값인 1, 이 값은 37이 존재하는 1번 카드의 첫 번째 숫자(가장 작은 수)이다. $000100_2$의 십진수 값인 4, 이 값은 37이 존재하는 3번 카드의 첫 번째 숫자(가장 작은 수)이다. $000100_2$의 십진수 값인 32, 이 값은 37이 존재하는 6번 카드의 첫 번째 숫자(가장 작은 수)이다. 즉, $100101_2$는 위의 세 값을 더한 결과 1+4+32=37이기도 하다. (아래 계산표 참조)

| 각 카드의 첫 번째 수 | | 37 존재? | 1번 카드부터 6번 카드까지의 첫 번째 수를 이진수로 표현한 결과 | | | | | |
|---|---|---|---|---|---|---|---|---|
| | | | 6번째 자리 | 5번째 자리 | 4번째 자리 | 3번째 자리 | 2번째 자리 | 1번째 자리 |
| 1번 카드 | 1 | Yes | 0 | 0 | 0 | 0 | 0 | 1 |
| 2번 카드 | 2 | No | 0 | 0 | 0 | 0 | 1 | 0 |
| 3번 카드 | 4 | Yes | 0 | 0 | 0 | 1 | 0 | 0 |
| 4번 카드 | 8 | No | 0 | 0 | 1 | 0 | 0 | 0 |
| 5번 카드 | 16 | No | 0 | 1 | 0 | 0 | 0 | 0 |
| 6번 카드 | 32 | Yes | 1 | 0 | 0 | 0 | 0 | 0 |
| 마음속숫자 37 | | = | 1 | 0 | 0 | 1 | 0 | 1 |

결국 지금까지 소개한 매직카드는 상대방이 마음속 숫자가 '있다(Yes)'라고 응답한 Yes 카드와 질문카드의 첫 번째 숫자(가장 작은 수)를 모두 더하여 얻을 수 있게 되는 것이다. (질문카드 속에서 상대방은 숫자를 골랐기 때문에 질문카드 역시 Yes 카드이다.) 참고로 본 매직카드는 총 여섯 장의 카드 중, 아무것이나 첫 번째 질문카드로 제시하여도 동일한 결과를 만들어 낼 수 있다. 어차피 덧셈은 그 순서를 바꾸어도 결과가 같기 때문이다.

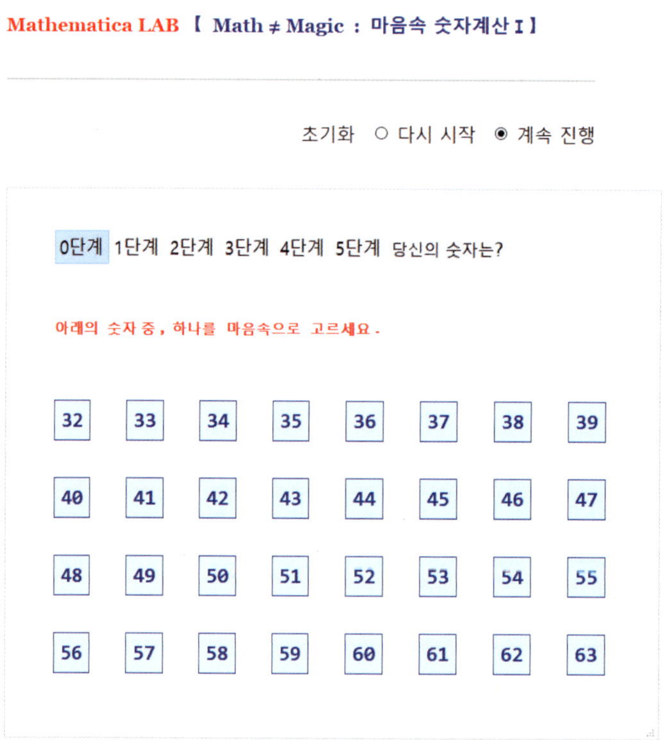


Copyright © Jang Hoon Lee (Paju Girls' high school)

실험실_12.2.0

2진수의 원리를 이용한 매직카드의 아이디어를 확장하면, 더욱 많은 숫자들에 대한 매직카드도 만들어 낼 수 있다.

## 마음속 숫자계산 II

1부터 80까지
숫자중에서
하나를 고르세요.

실험실_12.3.0

여기서는 73을 골랐다고 가정하고 다음의 질문을 따라 마음속 숫자를 계산해보자.

질문1. 다음 카드에 마음속 숫자(73)가 있는가? 있다면, Red인가? Blue인가?

| 1 | 2 | 4 | 5 | 7 | 8 | 10 | 11 | 13 |
|---|---|---|---|---|---|---|---|---|
| 14 | 16 | 17 | 19 | 20 | 22 | 23 | 25 | 26 |
| 28 | 29 | 31 | 32 | 34 | 35 | 37 | 38 | 40 |
| 41 | 43 | 44 | 46 | 47 | 49 | 50 | 52 | 53 |
| 55 | 56 | 58 | 59 | 61 | 62 | 64 | 65 | 67 |
| 68 | 70 | 71 | 73 | 74 | 76 | 77 | 79 | 80 |

1번 카드 상대방은 Yes(Red)라고 답할 것이다.

질문2. 다음 카드에 마음속 숫자(73)가 있는가? 있다면, Red인가? Blue인가?

| 3 | 4 | 5 | 6 | 7 | 8 | 12 | 13 | 14 |
|---|---|---|---|---|---|---|---|---|
| 15 | 16 | 17 | 21 | 22 | 23 | 24 | 25 | 26 |
| 30 | 31 | 32 | 33 | 34 | 35 | 39 | 40 | 41 |
| 42 | 43 | 44 | 48 | 49 | 50 | 51 | 52 | 53 |
| 57 | 58 | 59 | 60 | 61 | 62 | 66 | 67 | 68 |
| 69 | 70 | 71 | 75 | 76 | 77 | 78 | 79 | 80 |

2번 카드 상대방은 No라고 답할 것이다.

질문3. 다음 카드에 마음속 숫자(73)가 있는가? 있다면, Red인가? Blue인가?

| | | | | | | | | |
|---|---|---|---|---|---|---|---|---|
| 9 | 10 | 11 | 12 | 13 | 14 | 15 | 16 | 17 |
| 18 | 19 | 20 | 21 | 22 | 23 | 24 | 25 | 26 |
| 36 | 37 | 38 | 39 | 40 | 41 | 42 | 43 | 44 |
| 45 | 46 | 47 | 48 | 49 | 50 | 51 | 52 | 53 |
| 63 | 64 | 65 | 66 | 67 | 68 | 69 | 70 | 71 |
| 72 | 73 | 74 | 75 | 76 | 77 | 78 | 79 | 80 |

3번 카드 상대방은 Yes(Blue)라고 답할 것이다.

질문4. 다음 카드에 마음속 숫자(73)가 있는가? 있다면, Red인가? Blue인가?

| | | | | | | | | |
|---|---|---|---|---|---|---|---|---|
| 27 | 28 | 29 | 30 | 31 | 32 | 33 | 34 | 35 |
| 36 | 37 | 38 | 39 | 40 | 41 | 42 | 43 | 44 |
| 45 | 46 | 47 | 48 | 49 | 50 | 51 | 52 | 53 |
| 54 | 55 | 56 | 57 | 58 | 59 | 60 | 61 | 62 |
| 63 | 64 | 65 | 66 | 67 | 68 | 69 | 70 | 71 |
| 72 | 73 | 74 | 75 | 76 | 77 | 78 | 79 | 80 |

4번 카드 상대방은 Yes(Blue)라고 답할 것이다.

이번 매직카드는 자신이 생각한 숫자가 들어있는 Yes 카드의 색상(Red 또는 Blue)에 대하여, 그 색상에 해당하는 첫 번째 숫자를 모두 더하면 된다. 즉, 1번 카드는 Yes(Red)이므로 빨강색의 첫 번째 수 1, 2번 카드는 No이므로 넘어간다. 3번 카드는 Yes(Blue)이므로 파랑색의 첫 번째 수 18, 4번 카드는 Yes(Blue)이므로 파랑색의 첫 번째 수 54이다. 따라서 이들의 합은 1+18+54=73이 된다.

'없다(0)'와 '있다(1)' 2가지로 구분되는 2진법의 원리와 달리, 이번 매직카드는 '없다(0)', '빨강색으로 있다(1)', '파랑색으로 있다(2)'와 같이 3가지로 구분이 되기에 이는 숫자 0, 1, 2를 이용한 3진법의 원리를 적용한 것이다. 아래의 3진수 표를 이용한, 이에 대한 계산과 확인은 여러분들의 몫으로 남겨본다.

| | | | | | | | |
|---|---|---|---|---|---|---|---|
| $1 = 1_3$ | $11 = 102_3$ | $21 = 210_3$ | $31 = 1011_3$ | $41 = 1112_3$ | $51 = 1220_3$ | $61 = 2021_3$ | $71 = 2122_3$ |
| $2 = 2_3$ | $12 = 110_3$ | $22 = 211_3$ | $32 = 1012_3$ | $42 = 1120_3$ | $52 = 1221_3$ | $62 = 2022_3$ | $72 = 2200_3$ |
| $3 = 10_3$ | $13 = 111_3$ | $23 = 212_3$ | $33 = 1020_3$ | $43 = 1121_3$ | $53 = 1222_3$ | $63 = 2100_3$ | $73 = 2201_3$ |
| $4 = 11_3$ | $14 = 112_3$ | $24 = 220_3$ | $34 = 1021_3$ | $44 = 1122_3$ | $54 = 2000_3$ | $64 = 2101_3$ | $74 = 2202_3$ |
| $5 = 12_3$ | $15 = 120_3$ | $25 = 221_3$ | $35 = 1022_3$ | $45 = 1200_3$ | $55 = 2001_3$ | $65 = 2102_3$ | $75 = 2210_3$ |
| $6 = 20_3$ | $16 = 121_3$ | $26 = 222_3$ | $36 = 1100_3$ | $46 = 1201_3$ | $56 = 2002_3$ | $66 = 2110_3$ | $76 = 2211_3$ |
| $7 = 21_3$ | $17 = 122_3$ | $27 = 1000_3$ | $37 = 1101_3$ | $47 = 1202_3$ | $57 = 2010_3$ | $67 = 2111_3$ | $77 = 2212_3$ |
| $8 = 22_3$ | $18 = 200_3$ | $28 = 1001_3$ | $38 = 1102_3$ | $48 = 1210_3$ | $58 = 2011_3$ | $68 = 2112_3$ | $78 = 2220_3$ |
| $9 = 100_3$ | $19 = 201_3$ | $29 = 1002_3$ | $39 = 1110_3$ | $49 = 1211_3$ | $59 = 2012_3$ | $69 = 2120_3$ | $79 = 2221_3$ |
| $10 = 101_3$ | $20 = 202_3$ | $30 = 1010_3$ | $40 = 1111_3$ | $50 = 1212_3$ | $60 = 2020_3$ | $70 = 2121_3$ | $80 = 2222_3$ |

# 13. 식빵 한 장을 무한히 먹을 수 있는 방법

식빵 하나를 조금씩 조각내어 무한히 계속 먹을 수 있는 방법이 있다고 한다. 인터넷에서는 이 식빵을 가리켜 '무한식빵'이라고 부른다. 그럼, 무한식빵을 관찰해보자.

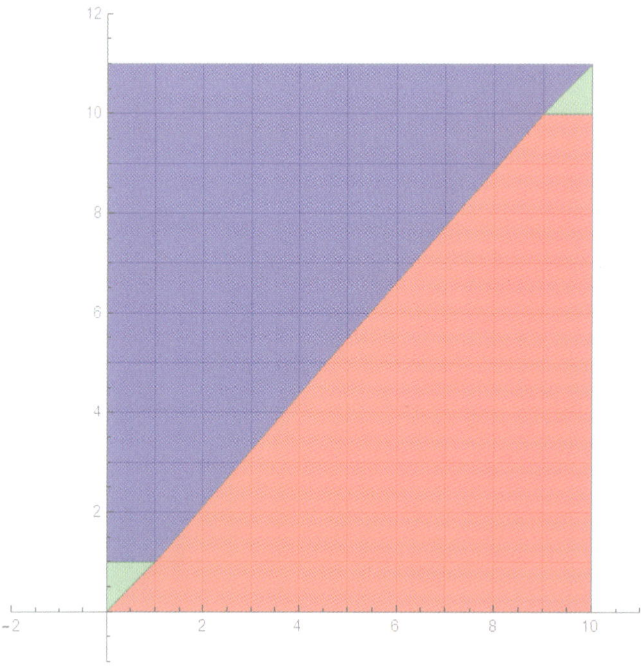


동영상_13.1.0

**무한식빵**

① 가로 10cm, 세로 11cm 크기의 식빵이 있다.
② 식빵 양끝 모퉁이를 밑변, 높이가 1cm인 직각삼각형이 되도록 잘라 먹는다.
③ 남은 식빵 한조각을 비스듬히 아래로 내려 다른 식빵의 조각과 맞붙인다.
④ 맞붙인 식빵의 크기는 가로 11cm, 세로 10cm로 처음 식빵 크기와 똑같다.

따라서 ①~④의 과정을 계속하여 반복하면, 식빵의 크기를 똑같이 유지하며 무한히 먹을 수 있다!!

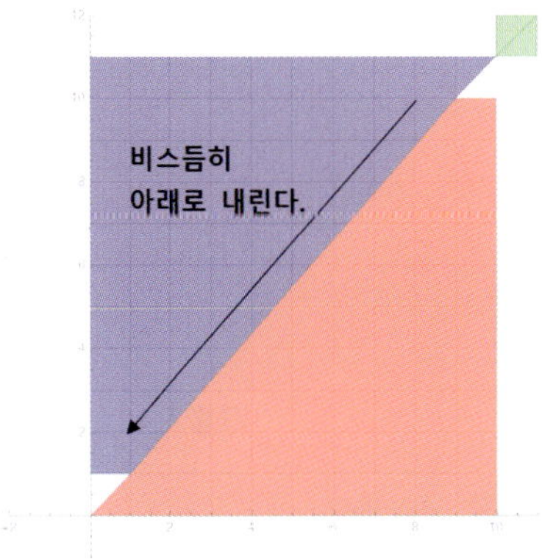


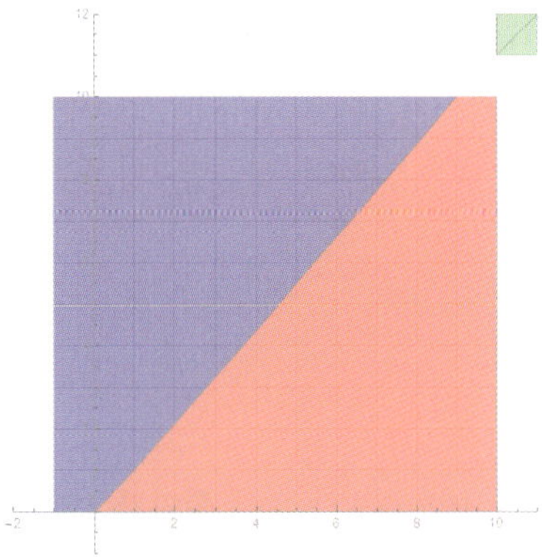

한때 인터넷을 뜨겁게 달구었던 무한식빵의 아이디어(?)다. 이것이 사실이라면 정말 대단한 발견이며, 수학의 노벨상인 '필즈상'을 받아 마땅하다. 소재인 식빵을 골드바로 바꾸어 생각해보면 공감하겠는가? 분명히 어딘가에 잘못된 부분이 있을 것이다. 하나의 덩어리를 여러 조각을 내었을 때, 그 조각들의 합은 전체와 같아야 하기 때문이다. 그렇다면 어디에 잘못된 부분이 있을까? 처음 도형의 모습을 다시 살펴보자. 아래의 그림에서 보는바와 같이 모순된 부분은 서로 다른 빗변의 기울기에 있다.

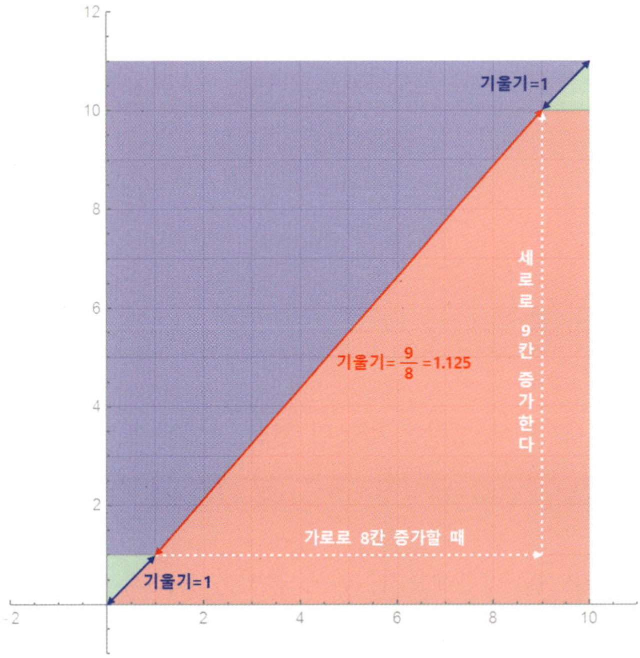

기울기가 다르다는 것은 서로 정확하게 맞붙여지지 않음을 말한다. 아래의 그림은 양끝의 직각삼각형을 밖으로 떼어내고, 남은 두 부분을 비스듬히 내려놓았을 때의 모습이다. 남은 두 부분의 양끝은 기울기가 다른 이유로 맞붙여지지 않으며 공백이 발생한다.

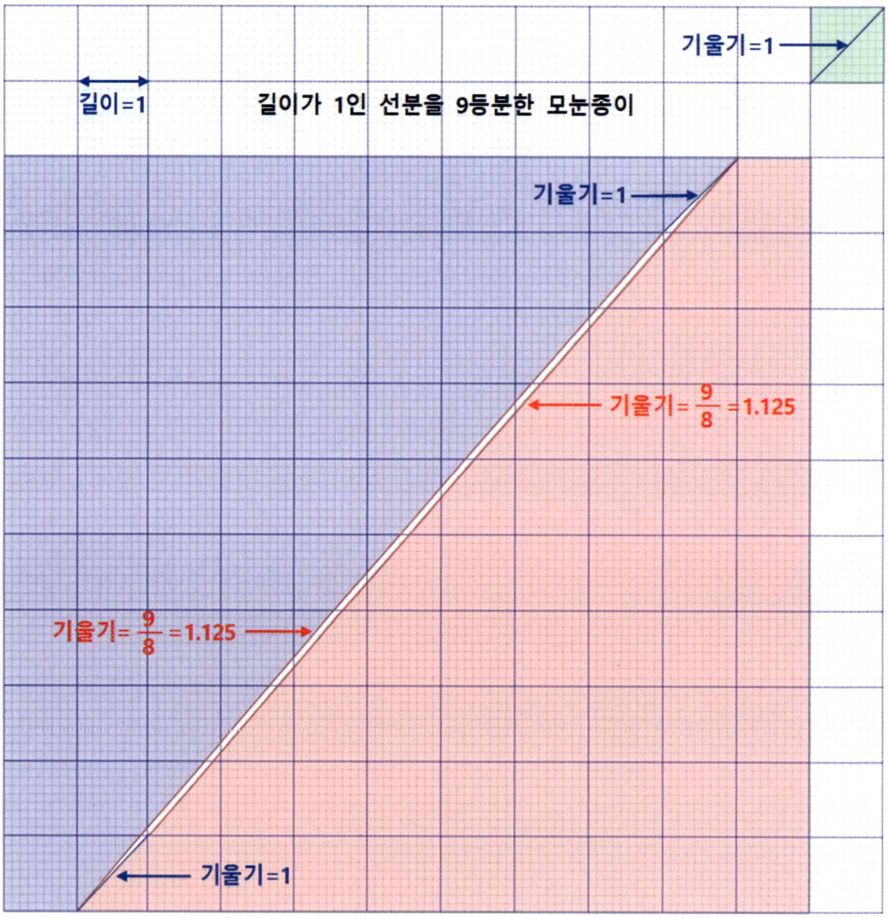


따라서 실제 이동후 남은 두 도형을 맞붙인 것의 넓이는 전체넓이=11×10−(흰색 공백의 넓이)가 된다.

이제 흰색 공백의 넓이를 계산해보자. 흰색 공백은 총 3가지 도형의 합으로 생각할 수 있다.

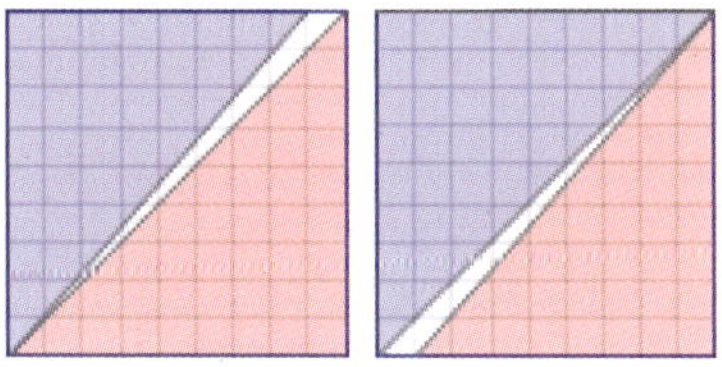

길이 1인 선분들을 9등분한 모눈종이 한 칸의 길이는 $\frac{1}{9}$이다. 따라서 왼쪽 흰색 공백(삼각형) 한 개의 넓이는 $\frac{1}{2}\times\frac{1}{9}\times 1=\frac{1}{18}$이다.

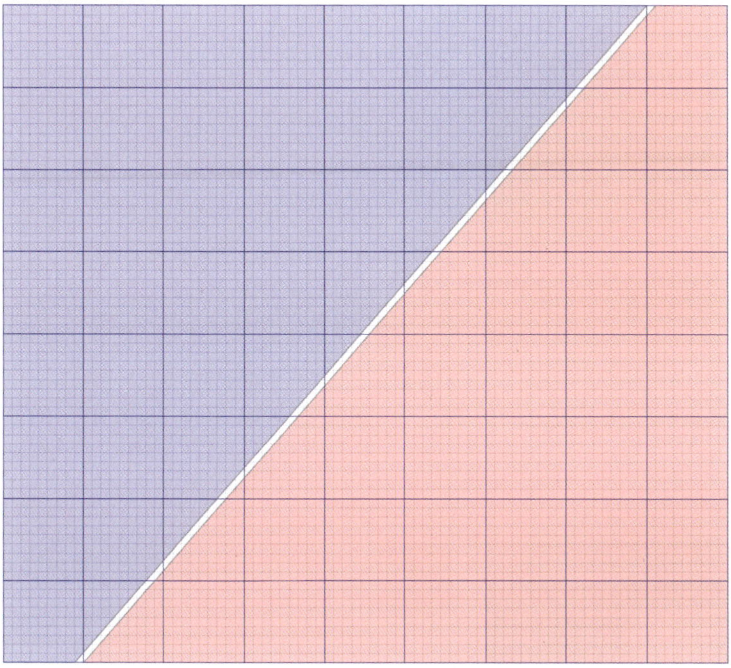

가운데 공백은 평행사변형이므로, 그 넓이는 (밑변) × (높이)= $\frac{1}{9}\times 8=\frac{8}{9}$이다.

이동 후 도형에 생긴 흰색 공백의 넓이의 총합은 $\frac{1}{18}+\frac{1}{18}+\frac{8}{9}=1$이므로, 실제 이동 후 남은 두 도형을 맞붙인 것의 넓이는 전체넓이=11×10-(흰색 공백의 넓이)=110−1=109가 된다.

결국 '무한식빵'은 절대 있을 수 없는 이야기이며, 그것이 그럴듯하게(?) 보인 것은 아주 작은 기울기의 차이로 발생한 미세한 틈을 우리 눈으로 쉽게 인지할 수 없었기 때문이다.

## 14. 먹어도 티가 안나는 이상한 초콜릿 상자

먹어도 줄지 않는 음식이 있다면 얼마나 좋을까? 여기 이상한 초콜릿 상자가 있다.

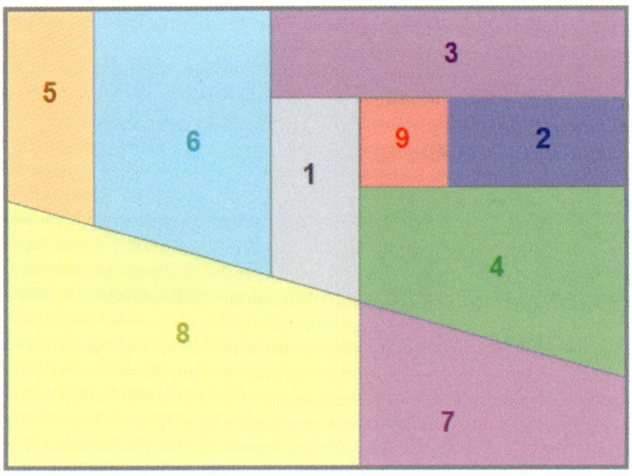


9조각의 예쁜 색으로 만들어진 초콜릿 상자. 꼬마는 달달함의 유혹에 그만 9번 초콜릿을 냠냠하였다.

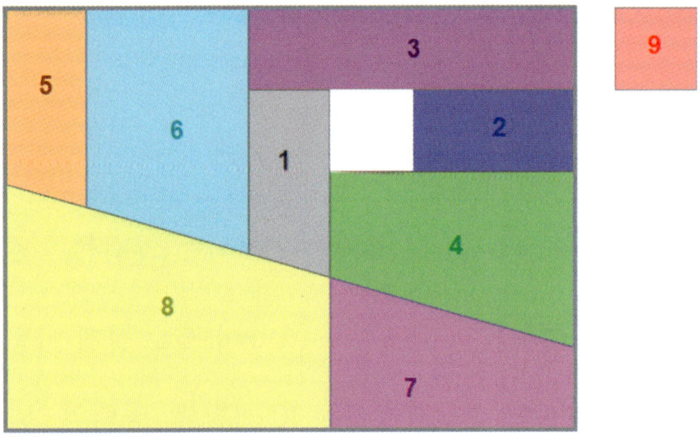


달콤함의 행복은 곧 걱정스러움으로 밀려온다.
먹은 빈자리를 티가 나지 않게 채워놓아야 할 생각에,
남은 초콜릿을 상자 안에 이리 저리 옮겨보다가,
꼬마는 신기하게도 처음의 상태처럼 초콜릿을 가득 채웠다.

바로 이렇게~

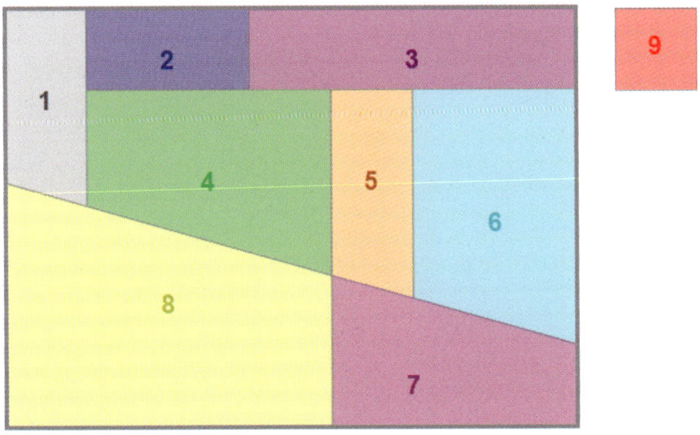

어떻게 된 일일까?

이상한 이 과정을 동영상으로 다시 한 번 살펴보자.

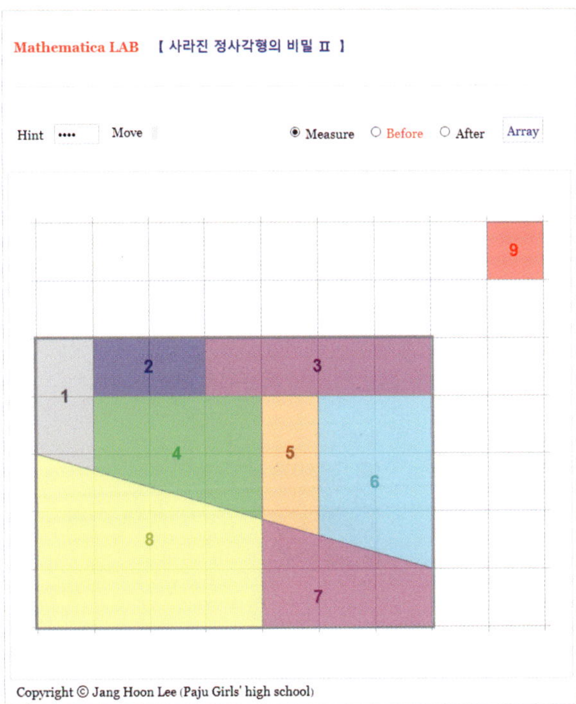


동영상_14.1.0

참고로 초콜릿 상자와 초콜릿의 크기는 격자선의 길이를 1로 가정할 때의 크기다.

## 이상한 초콜릿 상자의 비밀

이 문제의 비밀은 1번, 5번 초콜릿의 높이 차이에 있다.

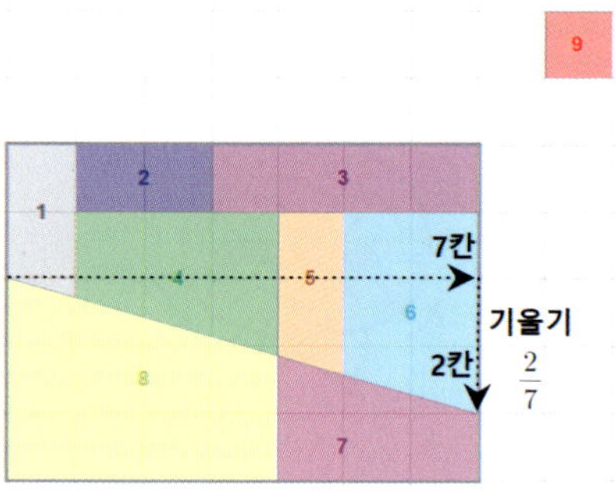


따라서 1번, 5번 초콜릿의 높이는 다음과 같다.

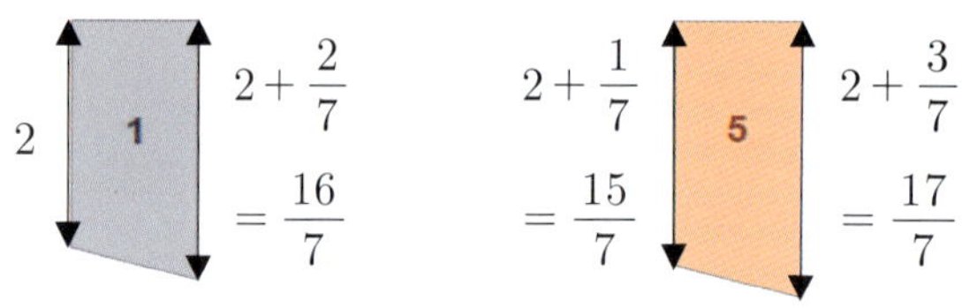


초콜릿을 5번에서 1번으로 재배열 할 때, 높이가 $\frac{1}{7}$만큼 차이가 발생한다.

동영상_14.2.0

결국 초콜릿 상자는 넓이가 1인 9번 초콜릿을 먹은 만큼, 재배열 한 초콜릿들의 높이가 $\frac{1}{7}$ 낮아지면서 전체 넓이가 1 줄어든 것이다. 이는 줄어든 부분의 직사각형 넓이 $7\times\frac{1}{7}=1$로 확인할 수 있다.

# 15. 로또복권, 10억 투자의 최후

간밤에 좋은 꿈을 꾸었다면 제일 먼저 무엇을 할까?

당연히 로또복권을 살 것이고, 토요일 저녁 8시 40분까지 모처럼의 희망과 설레임을 가지며 기다릴 듯하다. 이처럼 가끔씩 해보는 복권은 일상에서 활력을 불어 넣어주는 게임의 역할을 하기도 한다.

## 로또복권

1부터 45까지의 자연수 중에서 순서에 상관없이 6개의 당첨번호를 모두 맞히면 1등이다. 당첨금은 전체 로또판매량과 1등 당첨자수에 따라 달라지지만, 보통 15억원 내외이다.

| 순위 | 당첨기준 |
|---|---|
| 1등 | 당첨번호 **6개** 숫자일치 |
| 2등 | 당첨번호 **5개** 숫자일치<br>**+보너스** 숫자일치 |
| 3등 | 당첨번호**5개** 숫자일치 |
| 4등 | 당첨번호 **4개** 숫자일치 |
| 5등 | 당첨번호 **3개** 숫자일치 |

로또복권을 건전하게 즐기는 사람들은 매주 1만원(10게임) 내외의 복권구입을 한다고 한다. 모두 당첨의 주인공이 내가 되기를 바라지만, 인생역전의 꿈을 담아 구입한 로또는 대부분 일주일 후 구겨진 종이로 쓰레기통에 들어가 버리고 만다. 그렇다면, 로또복권을 1만원(10게임)~10만원(100게임) 소액으로 구입하였을 때, 당첨빈도는 얼마나 될까?

실제 로또는 추첨기에서 볼을 혼합하여 임의로 추첨된 볼의 숫자로 당첨자를 선정한다. 따라서 로또 추첨을 시뮬레이션 해보기 위하여 컴퓨터의 임의추출 방식을 이용한 가상실험(서로 다른 조합의 자동구매 및 자동추첨)을 해보기로 한다.

당첨번호 : {11, 13, 19, 34, 42, 45} 보너스번호 : 32

투자 총액 : 10,000(원) 당첨금 총액 : 0(원)

| | 당첨횟수 | 당첨분포율 | 당첨금소계 |
|---|---|---|---|
| 1등(15억원) | 0 | 0. | 0 |
| 2등(5천만원) | 0 | 0. | 0 |
| 3등(300만원) | 0 | 0. | 0 |
| 4등(5만원) | 0 | 0. | 0 |
| 5등(5천원) | 0 | 0. | 0 |
| 꽝(2개일치) | 1 | 0.1 | 0 |
| 꽝(1개일치) | 4 | 0.4 | 0 |
| 꽝(0개일치) | 5 | 0.5 | 0 |

누적 투자 총액 : 1,000,000(원) 누적 당첨금 총액 : 135,000(원)

로또복권 1만원씩 100번 구매의 가상실험

동영상_15.1.0

당첨번호 : {1, 16, 22, 24, 33, 34} 보너스번호 : 27

투자 총액 : 100,000(원) 당첨금 총액 : 5,000(원)

| | 당첨횟수 | 당첨분포율 | 당첨금소계 |
|---|---|---|---|
| 1등(15억원) | 0 | 0. | 0 |
| 2등(5천만원) | 0 | 0. | 0 |
| 3등(300만원) | 0 | 0. | 0 |
| 4등(5만원) | 0 | 0. | 0 |
| 5등(5천원) | 1 | 0.01 | 5,000 |
| 꽝(2개일치) | 17 | 0.17 | 0 |
| 꽝(1개일치) | 44 | 0.44 | 0 |
| 꽝(0개일치) | 38 | 0.38 | 0 |

누적 투자 총액 : 10,000,000(원) 누적 당첨금 총액 : 4,850,000(원)

로또복권 10만원씩 100번 구매의 가상실험

동영상_15.2.0

위의 실험은 일반인들이 가장 많이 구매하는 금액인 1만원(10게임)과 복권 1회 구입 최대한도인 10만원(100게임)에 대한 100번의 시행과 결과이다. 보는바와 같이 매회 10만원씩 구매하여도 좀처럼 3등(300만원) 당첨조차 쉽지 않다. 매회 투자금액이 작았으니, 1등 당첨도 쉽지 않았을 것이다. 그나마 이번 가상실험에서는 운이 좋게 3등이 1번 당첨되었다. 하지만 두 경우 모두 손해가 발생함은 분명하다.

| 로또복권 1만원씩 100번 구매의 실험결과 | 로또복권 10만원씩 100번 구매의 실험결과 |
|---|---|
| 구매총액 1백만원, 당첨금 총액 135,000원 | 구매총액 1천만원, 당첨금 총액 485만원 |

그렇다면, 투자금액이 10억원이면 어떨까?

### 첫 번째 방법 : 1억원씩 10번을 구매

당첨번호 : {4, 18, 19, 28, 35, 39} 보너스번호 : 43

투자 총액 : 100,000,000(원) 당첨금 총액 : 29,795,000(원)

| | 당첨횟수 | 당첨분포율 | 당첨금소계 |
|---|---|---|---|
| 1등(15억원) | 0 | 0. | 0 |
| 2등(5천만원) | 0 | 0. | 0 |
| 3등(300만원) | 4 | 0.00004 | 12,000,000 |
| 4등(5만원) | 132 | 0.00132 | 6,600,000 |
| 5등(5천원) | 2239 | 0.02239 | 11,195,000 |
| 꽝(2개일치) | 15043 | 0.15043 | 0 |
| 꽝(1개일치) | 42405 | 0.42405 | 0 |
| 꽝(0개일치) | 40177 | 0.40177 | 0 |

누적 투자 총액 : 1,000,000,000(원) 누적 당첨금 총액 : 416,050,000(원)

동영상_15.3.0

| 로또복권 1억원씩 10번 구매의 실험결과 |
|---|
| 구매총액 10억원, 당첨금 총액 4억 1,605만원 |

1억원씩 10번의 구매에서 2등은 3번 당첨되었지만, 1등은 단 한번도 없었다. 6억원 가까이 손해를 보았다.

### 두 번째 방법 : 한 번에 10억원 구매

더하여 이번에는 매회 당첨금액을 다음회차 로또복권으로 재구매하기로 한다. 어차피 손실이 발생된 상태에서 복권구매를 접기는 쉽지 않을테니 말이다.

Mathematica LAB 로또복권 시뮬레이션 (ver3.0)

게임횟수(자동구매) 1000000 당첨금 재구매 Reset

당첨번호 : {3, 9, 24, 31, 36, 38} 보너스번호 : 44

투자 총액 : 1,000,000,000(원) 당첨금 총액 : 320,525,000(원)

| | 당첨횟수 | 당첨분포율 | 당첨금소계 |
|---|---|---|---|
| 1등(15억원) | 0 | 0. | 0 |
| 2등(5천만원) | 1 | $1. \times 10^{-6}$ | 50,000,000 |
| 3등(300만원) | 30 | 0.00003 | 90,000,000 |
| 4등(5만원) | 1366 | 0.001366 | 68,300,000 |
| 5등(5천원) | 22445 | 0.022445 | 112,225,000 |
| 꽝(2개일치) | 151294 | 0.151294 | 0 |
| 꽝(1개일치) | 424144 | 0.424144 | 0 |
| 꽝(0개일치) | 400720 | 0.40072 | 0 |

누적 투자 총액 : 1,000,000,000(원) 누적 당첨금 총액 : 320,525,000(원)

Copyright © www.mathought.com (Jang hoon LEE)

동영상_15.4.0

10주. 단 10주만에 로또복권 10억 투자의 최후는 0원으로 완전 탕진되었다. 실제 로또복권을 10억원어치 구매하는 이들은 없겠지만, 카지노 게임장에서는 잭팟보다는 자신의 전재산을 모두 탕진하는 사례가 더욱 자주 발생한다. 처음에는 재미로 시작을 하였지만, 손실이 거듭될수록 점점 게임의 액수를 키우는 경향이 있기 때문이다.

## 로또복권의 당첨확률은?

로또복권은 모든 경우의 수가 무려 8,145,060가지에 이른다. 약 8백만명이 1인당 1게임씩 구매하였을 때, 1등 당첨자가 1명이 나오는 수준이다. 구매금액으로는 8,145,060×1,000=814억5,060만원이다. 따라서 구매금액이 10억원이었다 하더라도 1등이 당첨

| 등수 | 수학적 확률 | 당첨 빈도수 |
|---|---|---|
| 1등 | 0.000000122774 | 약 800만명 중 1명 |
| 2등 | 0.000000736643 | 약 1,000만명 중 7명 |
| 3등 | 0.0000279924 | 약 10만명 중 2~3명 |
| 4등 | 0.00136463 | 약 1,000명 중 1명 |
| 5등 | 0.0224406 | 약 100명 중 2명 |
| 꽝 | 0.976166 | 약 100명 중 97명 |

될 확률은 12.28%에 불과하며, 이는 $\frac{1,000,000}{8,145,060} ≒ 0.1228 = 12.28\%$과 같이 얻어진다. 이처럼 복권, 카지노 등 사행심을 유발하는 모든 도박게임은 수학적으로 계산되어진 시스템이기에 천운이 아닌 이상 지속적으로 할 경우 절대 승산이 없다. 단순한 재미 그 이상은 경계해야 할 것이다.

## 16. 객관식 대박찍기, 100점을 꿈꾸며

객관식 시험문제를 풀다가 모르는 문제가 있으면 정답을 찍은 경험은 누구에게나 한번쯤은 있을 것이다.

객관식 20문제, 100점의 행운이 현실적으로 가능할까?

매년 수십대 일의 경쟁률을 기록하는 공무원 시험의 경우 과목별 5지선다형으로 구성된 객관식 20문제가 총 5개의 과목으로 출제된다. 만약 자신이 모르는 문제가 단 1문제라면 임의로 기록한 답안이 정답일 수 있는 기대치가 크다. 바로 $\frac{1}{5} = 0.2 = 20\%$이기 때문이다. 하지만, 모르는 문제가 많아질수록 임의로 기록한 답안이 모두 정답이 될 확률은 크게 떨어지기 시작한다. '여러 개의 문제가 연속으로 정답일 확률'이란 것은 확률값이 곱셈으로 계산되어지기 때문이다.

2문제를 연속으로 맞출 확률 $(\frac{1}{5})^2 = \frac{1}{25} = 0.04 = 4\%$ (1백명중 4명)

3문제를 연속으로 맞출 확률 $(\frac{1}{5})^3 = \frac{1}{125} = 0.008 = 0.8\%$ (1천명중 8명)

4문제를 연속으로 맞출 확률 $(\frac{1}{5})^4 = \frac{1}{625} = 0.0016 = 0.16\%$ (1만명중 16명)

그렇다면, 5지선다형 객관식 20문제의 답안을 모두 임의로 기록할 때, 20문제 모두가 정답일 확률은 얼마나 될까?

### 객관식 20문제 대박찍기, 100점일 확률

20문제를 연속으로 맞출 확률은 $(\frac{1}{5})^{20} = \frac{1}{95,367,431,640,625} \fallingdotseq 1.05 \times 10^{-14}$ 이다.

이를 풀어쓰면 0.0000000000000105 이며, 빈도수로 해석하면 약 100조명 중 1명에게나 일어날 수 있는 일이다. 2013년에 조사한 세계인구수가 약 72억명이므로, 전세계인이 참여한다해도 20문제 모두 정답을 맞춘 사람이 나타날 가능성은 $\frac{72}{1,000,000} \fallingdotseq 0.000072 = 0.0072\%$ 수준에 불과하다. 참고로 우리나라 로또복권의 1등 당첨확률은 $\frac{1}{8,145,060} \fallingdotseq 1.2 \times 10^{-7} = 0.00000012$ 로 객관식 20문제를 모두 맞출 확률(0.0000000000000105)보다 상대적으로 훨씬 높다.

이번에는 그 반대 상황을 알아보자. 5지선다형 객관식 20문제의 답안을 모두 임의로 기록할 때, 20문제 모두가 오답일 확률은 얼마나 될까?

### 객관식 20문제 대박찍기, 0점일 확률

1문제를 틀릴 확률은 $\frac{4}{5} = 0.8 = 80\%$ 이므로,

2문제를 연속으로 틀릴 확률은 $(\frac{4}{5})^2 = \frac{16}{25} = 0.64 = 64\%$ (100명중 64명)

3문제를 연속으로 틀릴 확률은 $(\frac{4}{5})^3 = \frac{64}{125} = 0.512 = 51.2\%$ (100명중 51명)

... 중간생략 ...

20문제를 연속으로 틀릴 확률은 $(\frac{4}{5})^{20} = \frac{1,099,511,627,776}{95,367,431,640,625} \fallingdotseq 0.012 = 1.2\%$ (100명중 1명)

20문제 모두 정답일 확률(0.0000000000000105)에 비하여, 모두 틀릴 확률(0.012)은 꽤나 높다. 문제의 개수가 많아질수록 임의로 기록한 답안이 모두 틀릴 확률이 감소하기는 하지만, $\frac{1}{5}$보다 $\frac{4}{5}$가 훨씬 1에 가까운 수($\frac{1}{5} \ll \frac{4}{5} < 1$) 이기 때문에 생각보다 크게 작아지지 않은 이유에서다.

일반적으로 5지선다형 객관식 20문제의 답안을 모두 임의로 기록할 때, 우리가 기대할 수 있는 맞춘 문항의 개수는 20(문제)$\times \frac{1}{5}$=4(문제)에 불과하다. 따라서 5문제 이상을 맞춘 경우는 '운이 좋은 편'이고, 3문항 이하를 맞춘 경우는 '운이 나쁜 편'에 속한다.

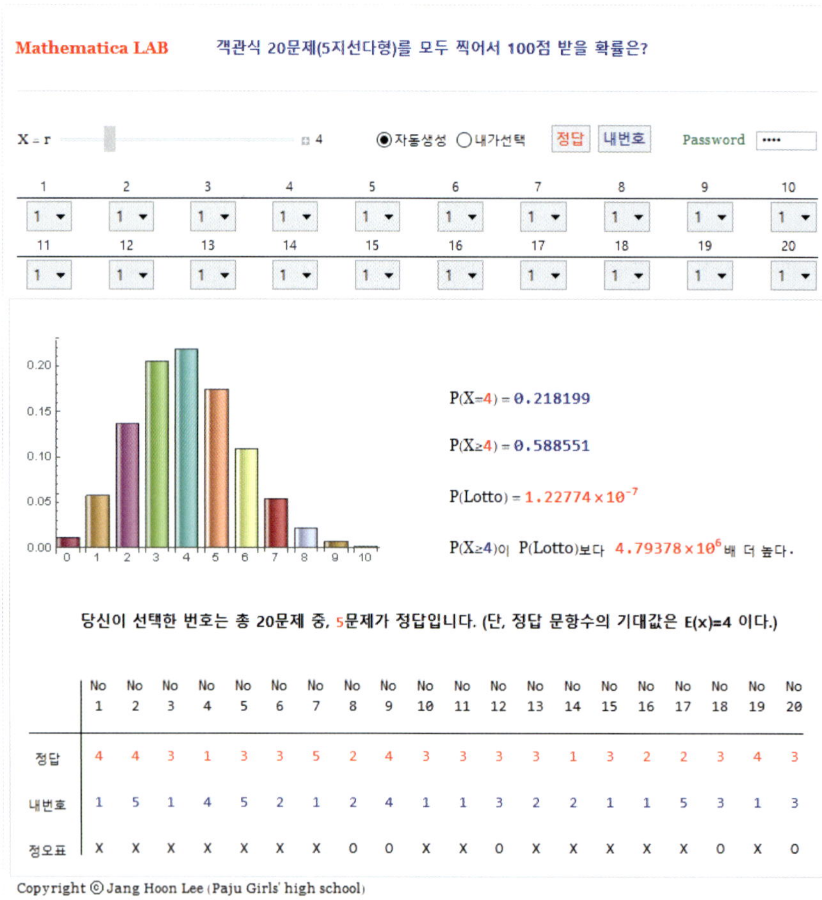


동영상_16.1.0

다음은 5지선다형 객관식 20문제의 답안을 모두 임의로 기록할 때, 내가 맞춘 문항수의 확률표 이다.

| 20문제 맞출 확률 | 0.0000000000000105 | 20문제 이상 맞출 확률 | 0.0000000000000105 |
|---|---|---|---|
| 19문제 맞출 확률 | 0.000000000000839 | 19문제 이상 맞출 확률 | 0.000000000000849 |
| 18문제 맞출 확률 | 0.0000000000319 | 18문제 이상 맞출 확률 | 0.0000000000327 |
| 17문제 맞출 확률 | 0.000000000765 | 17문제 이상 맞출 확률 | 0.000000000798 |
| 16문제 맞출 확률 | 0.0000000130 | 16문제 이상 맞출 확률 | 0.0000000138 |
| 15문제 맞출 확률 | 0.000000166 | 15문제 이상 맞출 확률 | 0.000000180 |
| 14문제 맞출 확률 | 0.00000166 | 14문제 이상 맞출 확률 | 0.00000185 |
| 13문제 맞출 확률 | 0.0000133 | 13문제 이상 맞출 확률 | 0.0000152 |
| 12문제 맞출 확률 | 0.0000866 | 12문제 이상 맞출 확률 | 0.000102 |
| 11문제 맞출 확률 | 0.000462 | 11문제 이상 맞출 확률 | 0.000563 |
| 10문제 맞출 확률 | 0.00203 | 10문제 이상 맞출 확률 | 0.00259 |
| 9문제 맞출 확률 | 0.00739 | 9문제 이상 맞출 확률 | 0.00998 |
| 8문제 맞출 확률 | 0.0222 | 8문제 이상 맞출 확률 | 0.0321 |
| 7문제 맞출 확률 | 0.0545 | 7문제 이상 맞출 확률 | 0.0867 |
| 6문제 맞출 확률 | 0.109 | 6문제 이상 맞출 확률 | 0.196 |
| 5문제 맞출 확률 | 0.175 | 5문제 이상 맞출 확률 | 0.370 |
| 4문제 맞출 확률 | 0.218 | 4문제 이상 맞출 확률 | 0.589 |
| 3문제 맞출 확률 | 0.205 | 3문제 이상 맞출 확률 | 0.794 |
| 2문제 맞출 확률 | 0.137 | 2문제 이상 맞출 확률 | 0.931 |
| 1문제 맞출 확률 | 0.058 | 1문제 이상 맞출 확률 | 0.988 |
| 0문제 맞출 확률 | 0.012 | 0문제 이상 맞출 확률 | 1.000 |

위의 표를 보면, 객관식 20문제 중 15문제를 맞출 확률(0.000000166)이 로또복권 1등에 당첨될 확률(0.00000012)과 엇비슷함을 알 수 있다. 전체의 절반인 10문제 이상을 맞출 확률(0.00259)조차도 1,000명중 2~3명 수준에 불과하다.

# 17. 로또복권, 1등 당첨자 수에 대한 진실

8,145,060분의 1 (약 0.00000012)

내가 오늘 하루 교통사고로 사망할 확률(약 0.00000034)보다 $\frac{1}{3}$만큼 희박하고, 번개에 맞을 확률(약 0.0000007)보다 $\frac{1}{6}$만큼 희박한 확률이다.

그럼에도 로또복권의 1등 당첨자 수가 매주 10명 이상이 나오는 이유는 무엇일까?

당연한 답변이지만, 그만큼 로또복권을 구매하는 수량이 많다는 이야기다. 2018년 2월 17일(794회차)을 기준으로 지난 100회의 로또복권 총 판매금액은 다음과 같으며 대략적으로 700억원 내외다.

| 695회 | 704회 | 714회 | 724회 | 734회 | 744회 | 754회 | 764회 | 774회 | 784회 | 794회 |
|---|---|---|---|---|---|---|---|---|---|---|
| 676억 | 659억 | 640억 | 699억 | 714억 | 735억 | 707억 | 703억 | 773억 | 743억 | 799억 |

정보출처 : 나눔로또(http://www.nlotto.co.kr)

로또복권의 1등 당첨자 수에 대한 기댓값은 (총 판매금액)÷(1,000원×8,145,060가지)으로 계산된다.

매주 평균 700억원이 판매되었다고 가정한다면, 1등 당첨자 수에 대한 기댓값은 (70,000,000,000원)÷(1,000원×8,145,060가지)≒8.59명 이다. 따라서 8명 내외의 1등 당첨자가 나오는 것은 지극히 자연스러운 결과이다.

그럼에도 불구하고 지난 777회차(2017.10.21.)의 1등 당첨자 수 21명은 확률을 이해하지 못한 이들에게는 쉽게 받아들일 수 없는 결과일 것이다.

| 순위 | 등위별 총 당첨금액 | 당첨게임 수 | 1게임당 당첨금액 |
|---|---|---|---|
| 1등 | 17,502,828,756원 | 21 | 833,468,036원 |
| 2등 | 2,917,138,158원 | 66 | 44,199,063원 |
| 3등 | 2,917,138,438원 | 2,413 | 1,208,926원 |
| 4등 | 5,596,900,000원 | 111,938 | 50,000원 |
| 5등 | 8,833,175,000원 | 1,766,635 | 5,000원 |

〈제777회 로또복권 판매총액 755억원, 1등 당첨자 21명, 당첨금 8억원〉

이쯤해서 지난 100회(695회~794회)에 대한 로또복권 1등 당첨자 수를 집계한 통계적 확률과 이론적으로 계산한 수학적 확률 값을 비교해보자. 물론, 수학적 확률 값은 매회 판매금액에 따라 달라지지만 여기서는 평균 700억원을 기준으로 계산해보았다.

| 당첨자 수 | 출현 횟수 | 통계적 확률 | 수학적 확률 |
|---|---|---|---|
| 0명 | 0 | 0.00 | 0.000185183 |
| 1명 | 0 | 0.00 | 0.00159149 |
| 2명 | 0 | 0.00 | 0.00683878 |
| 3명 | 1 | 0.01 | 0.0195912 |
| 4명 | 13 | 0.13 | 0.0420925 |
| 5명 | 8 | 0.08 | 0.07235 |
| 6명 | 7 | 0.07 | 0.103631 |
| 7명 | 11 | 0.11 | 0.127232 |
| 8명 | 13 | 0.13 | 0.136682 |
| 9명 | 11 | 0.11 | 0.130518 |
| 10명 | 6 | 0.06 | 0.11217 |
| 11명 | 8 | 0.08 | 0.0876368 |
| 12명 | 3 | 0.03 | 0.0627638 |
| 13명 | 3 | 0.03 | 0.0414925 |
| 14명 | 5 | 0.05 | 0.0254709 |
| 15명 | 4 | 0.04 | 0.0145934 |
| 16명 | 2 | 0.02 | 0.00783865 |
| 17명 | 1 | 0.01 | 0.00396274 |
| 18명 | 1 | 0.01 | 0.00189203 |
| 19명 | 0 | 0.00 | 0.00085581 |

| 당첨자 수 | 출현 횟수 | 통계적 확률 | 수학적 확률 |
|---|---|---|---|
| 20명 | 1 | 0.01 | 0.000367749 |
| 21명 | 2 | 0.02 | 0.0001505 |
| 22명 | 0 | 0.00 | 0.0000587917 |
| 23명 이상 | 0 | 0.00 | 0.000034 |
| 계 | 100 | 1.00 | 1.00 |

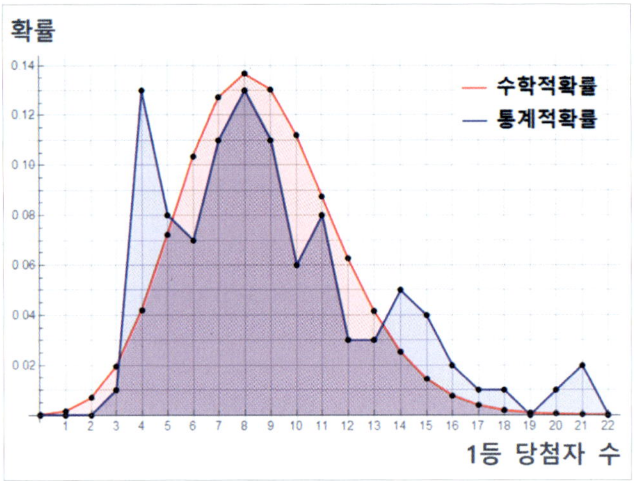


위의 결과를 들여다보면, 당첨자 수가 다소 '비정상적'이라 생각할 수도 있는 4명(13번), 20명(1번), 21명(2번)이 눈에 들어온다. 하지만 임의성을 갖고 있는 시행에서 어느 정도는 이러한 결과가 나올 수 있다. 실제 위의 총 당첨자수를 구해보면 899명으로 매주 평균 당첨자수가 8.99명이다. 수학적으로 계산된 기댓값 8.59명과 별반 다를 바 없는 지극히 정상적인 결과다. 정상적으로 기대할 수 있는 당첨자보다 더 많은 20~21명의 당첨자가 나오기도 했지만, 4명과 같이 그보다 더 작은 당첨자도 나와서 '전체적으로는 수학적인 기대수준과 엇비슷해 졌다'는 이야기다.

그러함에도 불구하고, 로또복권의 추첨기계와 1등 당첨자 수의 결과를 쉽게 수긍할 수 없는 이들을 위하여 총 판매금액 700억원에 대한 컴퓨터 가상실험(자동구매 및 자동추첨)을 해보기로 한다.

Mathematica LAB 로또복권 시뮬레이션 (reInvented 2017)

게임회수(자동구매) 70000000 당첨금 재구매 □ Reset

당첨번호 : {4, 6, 13, 17, 21, 28} 보너스번호 : 8

투자 총액 : 70,000,000,000(원) 당첨금 총액 : 29,033,115,000(원)

| | 당첨횟수 | 당첨분포율 | 당첨금소계 |
|---|---|---|---|
| 1등(15억원) | 5 | $7.14286\times10^{-8}$ | 7,500,000,000 |
| 2등(5천만원) | 62 | $8.85714\times10^{-7}$ | 3,100,000,000 |
| 3등(300만원) | 1936 | 0.0000276571 | 5,808,000,000 |
| 4등(5만원) | 95430 | 0.00136329 | 4,771,500,000 |
| 5등(5천원) | 1570723 | 0.0224389 | 7,853,615,000 |
| 꽝(2개일치) | 10595940 | 0.151371 | 0 |
| 꽝(1개일치) | 29698529 | 0.424265 | 0 |
| 꽝(0개일치) | 28037375 | 0.400534 | 0 |

누적 투자 총액 : 70,070,000,000(원) 누적 당첨금 총액 : 29,048,630,000(원)



동영상_17.1.0

QR코드로 제공한 실험문서의 700억원 가상실험은 1회 5~6분 소요된다.

위의 700억원에 대한 가상실험 결과, 1등 당첨자수는 8명, 15명, 10명, 9명, 5명, 10명, 12명, 4명, 12명, 7명이다. 총 10번의 실험에 불과하였기에 20~21명의 당첨자는 발생하지 않았지만 최소 당첨자 4명, 최대 당첨자 15명에 이르기까지 폭넓게 나타났음을 볼 수 있다. 더하여 총 당첨자 수는 92명으로 평균 당첨자 수는 9.2명이다. 이 값 역시 수학적으로 계산된 기댓값 8.59명과도 크게 다르지 않다.

물론, 통계학적으로 더욱 정밀한 검증의 절차를 적용해볼 수도 있겠지만 이정도 수준의 수학적 확률계산과 실제와의 비교 및 가상실험 결과로도 지난 100회의 기간 동안 발생한 로또복권의 실제 당첨자수는 정상적인 범주내의 결과라고 볼 수 있다.

# 18. 로또복권, 1등 꿀 조합이 있을까?

로또복권의 번호선택 방법은 자동과 수동의 조합 방식이 있다. 만약, 여러분들이 자동조합의 방식으로 5게임을 구매하였는데, 그 조합이 아래와 같았다고 한다면 어떤 생각을 할까?

게임① { 1, 2, 3, 4, 5, 6 }
게임② { 2, 3, 4, 5, 12, 20 }
게임③ { 4, 15, 16, 22, 37, 39 }
게임④ { 35, 36, 37, 41, 44, 45 }
게임⑤ { 40, 41, 42, 43, 44, 45 }

확률을 잘 이해하지 못한 이들은 아마도 자동조합으로 구매한 것을 후회할지도 모른다. 게임①과 게임⑤가 너무 극단적인 조합으로 나왔기 때문이다. 그렇다고 게임②와 게임④ 역시 썩 마음에 드는 조합은 아니다. 게임②는 너무 작은 수들로 구성되어 있고 게임④는 너무 큰 수들로 구성되어 있다. 그렇게 본다면 게임③이 가장 무난한 조합이라고 생각할 법도 하다. 사람들이 게임③을 무난한 조합이라 말하는 이유는 이러한 수준의 조합을 가장 흔하게 볼 수 있기 때문이다. 무난한 조합의 기준은 총합, 홀짝의 개수, 연속인 수의 개수 등의 다양한 시각에서 생각해볼 수 있다. 이중, 여기서는 숫자들의 총합에 대한 관심에서 살펴보자.

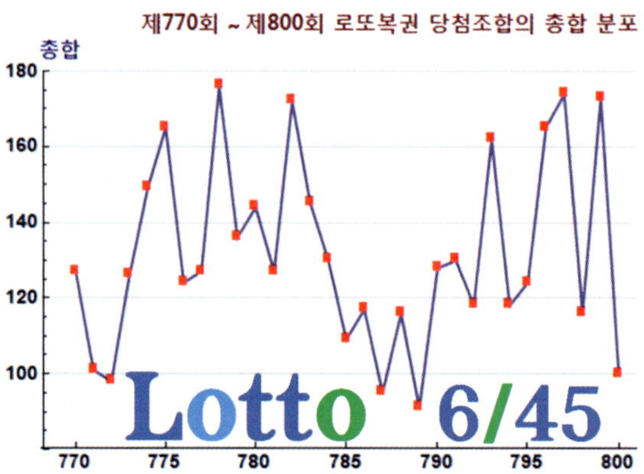

## 로또복권의 모든 조합에 대한 총합

로또복권의 6개 번호에 대한 총합은 큰 수와 작은 수의 적절한 균형을 의미한다. 총합의 최솟값은 21이며, 최댓값은 255이다. 총 8,145,060가지의 로또 조합 중 총합이 21인 경우는 게임① {1, 2, 3, 4, 5, 6}, 총합이 255인 경우는 게임⑤ {40, 41, 42, 43, 44, 45}가 유일하다. 나머지 조합들은 총합이 22~254인데 이들의 분포를 살펴보면 다음과 같다.

| 총합 | 조합 개수 | 조합의 분포율 | 게임①~⑤에 대한 총합의 위치 |
|---|---|---|---|
| 21 | 1 | 0.000000122774 | 게임① { 1, 2, 3, 4, 5, 6 } 합= 21 |
| 22~ 50 | 7,340 | 0.00090116 | 게임② { 2, 3, 4, 5, 12, 20 } 합= 48 |
| 51~100 | 874,532 | 0.10737 | |
| 101~175 | 6,381,314 | 0.783458 | 게임③ { 4, 15, 16, 22, 37, 39 } =133 |
| 176~225 | 874,532 | 0.10737 | |
| 226~254 | 7,340 | 0.00090116 | 게임④ { 35, 36, 37, 41, 44, 45 } =238 |
| 255 | 1 | 0.000000122774 | 게임⑤ { 40, 41, 42, 43, 44, 45 } =255 |
| 계 | 8,145,060 | 1 | |

총합에 대한 조합의 분포를 살펴보면, 게임③이 포함되어있는 그룹(총합이 101~175인 조합)이 전체의 78%(6,378,314개)을 차지하고 있으며, 게임③과 같이 총합이 133인 조합도 전체의 1.3%(104,387개)나 된다.

특정 범위의 분포가 많다는 것은 그 분포 내에서 당첨조합이 나올 가능성이 크다는 것을 의미한다. 이는 로또복권의 지난 1회부터 800회(2018.03.31)까지에 대한 당첨조합을 위의 분포율과 비교해보면 알 수 있다.

| 총합 | 조합의 개수 | 조합의 분포율 | 당첨 횟수 | 당첨 비율 |
|---|---|---|---|---|
| 21 | 1 | 0.000000122774 | 0 | 0 |
| 22~ 50 | 7,340 | 0.00090116 | 2 | 0.0025 |
| 51~100 | 874,532 | 0.10737 | 101 | 0.12625 |
| 101~175 | 6,381,314 | 0.783458 | 616 | 0.77 |
| 176~225 | 874,532 | 0.10737 | 80 | 0.1 |
| 226~254 | 7,340 | 0.00090116 | 1 | 0.00125 |
| 255 | 1 | 0.000000122774 | 0 | 0 |
| 계 | 8,145,060 | 1 | 800 | 1 |

게임③과 같은 그룹처럼 총합이 101~175인 로또조합의 분포율(78%)은 실제 당첨비율(77%)과 서로 비슷한 결과를 보여주고 있다. 하지만 이것이 당첨될 확률을 의미하는 것은 아니다. 게임①부터 게임⑤까지 각 조합의 당첨확률은 여전히 $\frac{1}{8,145,060}$ (=0.000000122774)로 동일하다. 혹여, 자동구매로 얻은 5게임의 조합 중에서 게임③과 같은 조합이 가장 당첨 가능성이 높다고 생각하는 이들이 있다면, 이는 게임③이 포함된 그룹의 분포율이 높은 것을 게임③에 대한 당첨확률이 높은 것으로 혼동한 것이다. 이는 컴퓨터로 임의의 추첨번호를 생성하여 당첨여부를 확인해보면 실감할 수 있다. 다음은 총 1천만번의 추첨번호를 생성하여 게임①부터 게임⑤까지의 당첨여부(각 등수)를 집계한 결과이다.

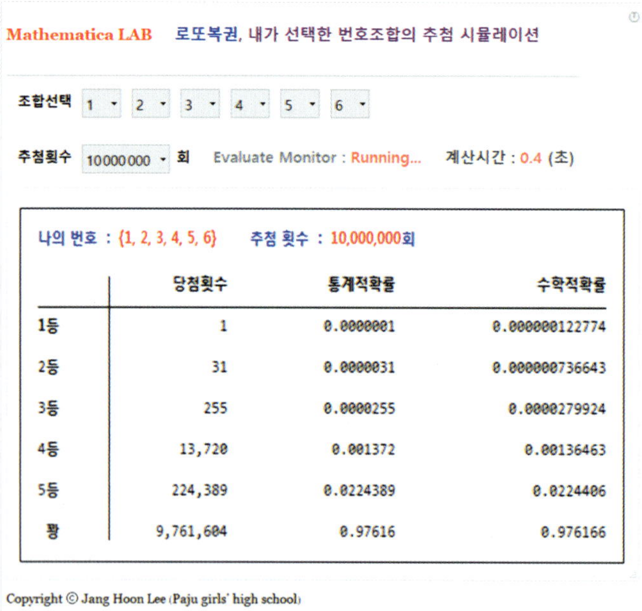


| | 당첨횟수 | 통계적확률 | 수학적확률 |
|---|---|---|---|
| 1등 | 1 | 0.0000001 | 0.000000122774 |
| 2등 | 31 | 0.0000031 | 0.000000736643 |
| 3등 | 255 | 0.0000255 | 0.0000279924 |
| 4등 | 13,720 | 0.001372 | 0.00136463 |
| 5등 | 224,389 | 0.0224389 | 0.0224406 |
| 꽝 | 9,761,604 | 0.97616 | 0.976166 |



동영상_18.1.0

위의 가상실험 결과에서 각 등수별 당첨횟수를 정리해보면 아래와 같다.

| 로또 조합 | 게임① | 게임② | 게임③ | 게임④ | 게임⑤ |
|---|---|---|---|---|---|
| | 1,2,3,4,5,6 | 2,3,4,5,12,20 | 4,15,16,22,37,39 | 35,36,37,41,44,45 | 40,41,42,43,44,45 |
| 1등 | 1 | 0 | 1 | 2 | 1 |
| 2등 | 31 | 35 | 41 | 39 | 34 |
| 3등 | 255 | 237 | 237 | 242 | 258 |
| 4등 | 13,720 | 13,729 | 13,790 | 13,496 | 13,770 |
| 5등 | 224,389 | 224,423 | 223,653 | 225,340 | 223,866 |
| 꽝 | 9,761,604 | 9,761,576 | 9,762,278 | 9,760,881 | 9,762,071 |
| 계 | 10,000,000 | 10,000,000 | 10,000,000 | 10,000,000 | 10,000,000 |

보는바와 같이 게임①부터 게임⑤까지 천만번의 추첨결과 1등은 물론 나머지 등수에 대해서도 엇비슷한 당첨횟수와 분포를 보인다. 이는 '게임①부터 게임⑤까지의 조합에 대한 당첨가능성은 차이가 없다.'라는 것을 의미한다. 사실, 위의 게임①부터 게임⑤까지의 조합에서 2개는 제800회까지 추첨된 로또복권의 당첨번호이기도 하다.

| 로또 조합 | 게임① | 게임② | 게임③ | 게임④ | 게임⑤ |
|---|---|---|---|---|---|
| | 1,2,3,4,5,6 | 2,3,4,5,12,20 | 4,15,16,22,37,39 | 35,36,37,41,44,45 | 40,41,42,43,44,45 |
| 당첨일 | · | 제312회 (2008.11.22.) | · | 제196회 (2006.09.02.) | · |
| 당첨자수 | · | 15명 | · | 15명 | · |

지금까지 총합의 관점에서 로또복권의 조합들을 살펴보았다. 이는 총합 뿐만 아니라 많은 사람들이 번호 조합을 고민할 때 고려하는 홀짝의 개수, 연속인 수의 개수 등에서도 다를 바 없다. 결론적으로 로또복권에서 당첨 가능성이 조금이라도 더 높은 꿀·조합은 없다. 게임①~게임⑤를 비롯한 다른 모든 조합들도 당첨확률은 1/8,145,060(=0.000000122774)로 같다.

# 19. 로또복권, 추첨번호를 늘리면 최고 당첨금은 얼마?

인생역전 로또복권?

그건 옛말이다.
요즘 로또복권의 당첨금은 보통 10억 원대에 불과하며, 이 금액으로 서울 강남의 아파트를 구매하기조차 역부족이기 때문이다.

역대 최대 당첨금은?
로또복권이 처음 생긴 초창기에는 당첨금이 몇 차례 이월되면서 최고 당첨금이 400억에 육박한 적도 있었다. 이유는 당시 1게임의 구매가격이 2,000원이다보니 판매량이 그만큼 적었기 때문이다. 하지만, 지나치게 높은 당첨금으로 사행심을 유발한다는 여론에 의하여 구매가격을 1,000원으로 낮추었고, 그 이후부터는 판매량이 두 배 이상 증가하며 매회 10명 내외의 당첨자를 배출하게 되었다. 따라서 1인당 당첨금액은 그만큼 낮아지게 된 것이다. (로또복권 당첨금 지급기준 참조)

| 등위 | 당첨내용 | 당첨확률 | 당첨금 배분 비율 |
|---|---|---|---|
| 1위 | 6개 번호 일치 | 1 / 8,145,060 | 총 당첨금 중 4등과 5등 금액을 제외한 금액의 75% |
| 2위 | 5개 번호 일치 + 보너스 번호 일치 | 1 / 1.357.510 | 총 당첨금 중 4등과 5등 금액을 제외한 금액의 12.5% |
| 3위 | 5개 번호 일치 | 1 / 35,724 | 총 당첨금 중 4등과 5등 금액을 제외한 금액의 12.5% |
| 4위 | 4개 번호 일치 | 1 / 733 | 50,000원 |
| 5위 | 3개 번호 일치 | 1 / 45 | 5,000원 |

※ 총 당첨금은 로또 전체 판매액의 50%이며, 42% 이상은 복권기금으로 활용됩니다.

- 1,2,3등 당첨금은 해당 회차의 총 판매액에 의해 결정, 등위별 해당금액은 당첨자수로 나누어 지급
- 1등 당첨자가 없는 경우에는 해당 1등 당첨금은 이월되어 다음 회차 1등 상금에 합산되고 2등~3등 당첨자가 없는 경우에는 직 상위 당첨금에 포함되어 지급
- 1등 당첨금의 연속 이월은 2회로 제한되며 연속 이월 3회째에도 1등 당첨자가 없을 경우 당첨금은 직하위 당첨금에 포함하여 지급 (다만, 이월 횟수는 정부정책에 의거 변경가능)
- 4등, 5등 당첨자가 과다하게 발생하여 당첨금이 부족할 경우 별도로 정한 지급률에 의거하여 지급

대체 얼마나 많이 구매하기에?

평균적으로 매주 800억 원 내외로 판매된다. 게임수로 말하자면, 8천만(80,000,000) 게임이다. 로또복권의 1등 당첨 확률은 약 '8백만분의 1'로 전체 판매액이 80억 원일 경우 대략 1명 내외의 당첨자가 배출된다고 기대할 수 있다. 따라서 전체 판매액이 800억 원인 경우, 10명 내외의 당첨자가 나오는 것은 지극히 자연스러운 결과다.

당첨금액을 역대급 이상으로 올리는 방법은?
로또복권 가격을 유지하며 1등 당첨금액을 역대급인 400억 원 이상으로 올리는 가장 쉬운 방법은 추첨번호를 더 늘리는 것이다. 현재의 로또복권은 추첨번호가 45번까지인데, 이것을 적당히 늘리면 그만큼 매회 당첨자수가 줄어들거나 당첨자가 없어 이월되면서 누적당첨금은 그만큼 올라간다.

그렇다면 추첨번호를 얼마나 늘려야 하는가?
가상실험으로 알아보자. 동일한 상황에서의 실험결과를 얻기 위하여, 다음과 같은 전제조건으로 실험을 진행하기로 한다.
① 첫 회의 로또복권 전체 판매액은 800억 원으로 시작한다.
② 당첨자가 없어 이월되는 경우, 다음회의 전체 판매금액은 10%씩 증가한다.
③ 당첨금이 지급된 경우, 다음회의 전체 판매금액은 다시 800억 원부터 시작한다.

## 실험1. 추첨번호가 45까지인 경우

현재의 로또복권 운영 시스템으로 총30회의 가상실험을 해본 결과, 단 한 번도 이월된 경우는 없었으며 당첨금 역시 실제의 경우와 매우 유사하였다.

이번회차 총 판매액 : 800억원
이번회차 1등 이월액 : 0억원
다음회차 1등 이월액 : 0억원

| 제 6 회 | 1등 | 2등 | 3등 | 4등 | 5등 |
|---|---|---|---|---|---|
| 당첨금 총액 | 192억원 | 32억원 | 32억원 | 55억원 | 90억원 |
| 당첨 인원수 | 4명 | 48명 | 2214명 | 109521명 | 1796684명 |
| 개별 당첨금 | 48억원 | 6651만원 | 144만원 | 5만원 | 5천원 |

최고 당첨금액 : 당첨자수 4명, 1인당 당첨금액 48억(제6,14회)
최저 당첨금액 : 당첨자수 13명, 1인당 당첨금액 15억(제2,7,15회)

동영상_19.1.0

## 실험2. 추첨번호가 50까지인 경우

추첨번호를 46~50까지 5개를 늘렸더니, 전반적으로 당첨자수가 줄어들어 당첨금이 30~100억 수준으로 올랐으며, 최고당첨금은 무려 223억 원까지 치솟았다. 하지만 이 경우에도 당첨자가 없어 이월된 경우는 없었다.

이번회차 총 판매액 : 800억원
이번회차 1등 이월액 : 0억원
다음회차 1등 이월액 : 0억원

| 제 29 회 | 1등 | 2등 | 3등 | 4등 | 5등 |
|---|---|---|---|---|---|
| 당첨금 총액 | 223억원 | 37억원 | 37억원 | 36억원 | 67억원 |
| 당첨 인원수 | 1명 | 35명 | 1314명 | 72117명 | 1333557명 |
| 개별 당첨금 | 223억원 | 1억원 | 283만원 | 5만원 | 5천원 |

동영상_19.2.0

최고 당첨금액 : 당첨자수 1명, 1인당 당첨금액 223억(제29회)
최저 당첨금액 : 당첨자수 11명, 1인당 당첨금액 20억(제4회)

당첨자가 없어서 당첨금액이 이월되는 상황이 발생하려면 추첨번호는 얼마나 더 늘려야 할까?

## 실험3. 추첨번호가 60까지인 경우

추첨번호를 46~60까지 15개를 늘렸더니 당첨금 역시 100억~200억 원 이상으로 더욱 올랐으며, 이제부터는 당첨자가 없어서 당첨금이 이월되는 경우가 발생(총6번)하였다. 특히, 제9회 당첨금은 541억 원으로 1번 이월 된 후, 딱 1명이 당첨되어 누적 당첨금을 혼자 독식하는 경우도 발생하였다.

이번회차 총 판매액 : 880억원
이번회차 1등 이월액 : 257억원
다음회차 1등 이월액 : 0억원

| 제 9 회 | 1등 | 2등 | 3등 | 4등 | 5등 |
|---|---|---|---|---|---|
| 당첨금 총액 | 541억원 | 47억원 | 47억원 | 10억원 | 44억원 |
| 당첨 인원수 | 1명 | 8명 | 587명 | 37787명 | 871065명 |
| 개별 당첨금 | 541억원 | 6억원 | 804만원 | 5만원 | 5천원 |

동영상_19.3.0

최고 당첨금액 : 당첨자수 1명, 1인당 당첨금액 541억(제9회, 1번 이월 후 당첨)
당첨자수 3명, 1인당 당첨금액 180억(제17회, 1번 이월 후 당첨)
당첨자수 3명, 1인당 당첨금액 180억(제22회, 1번 이월 후 당첨)
당첨자수 3명, 1인당 당첨금액 398억(제32회, 3번 이월 후 당첨)
최저 당첨금액 : 당첨자수 4명, 1인당 당첨금액 64억(제1,18회)

사실, 이정도만 하여도 역대 최고 당첨금액인 400억 원을 초과하는 상황은 앞으로 종종 발생할 것이다. 이제 마지막 실험을 해보려고 한다. 미국 복권, 파워볼 수준의 당첨금(수천 억 원)이 나오려면 추첨번호는 얼마나 더 늘려야 할까?

### 실험4. 추첨번호가 70까지인 경우

미국 최고 규모의 복권인 파워볼은 우리나라 로또복권과 추첨체계가 조금 다르기는 하지만, 대략 70개 정도의 추첨번호로 이루어진다. 이에, 우리나라 로또복권의 추첨번호를 1~70까지로 하여 실험해 본 결과, 최고 2,114억 원의 당첨금이 발생하기도 하였다. 아마 좀 더 많이 실험을 해본다면 그 이상의 당첨금도 발생할 수 있을 것으로 예상된다.

이번회차 총 판매액 : 1288억원
이번회차 1등 이월액 : 1673억원
다음회차 1등 이월액 : 0억원

| 제 33 회 | 1등 | 2등 | 3등 | 4등 | 5등 |
|---|---|---|---|---|---|
| 당첨금 총액 | 2114억원 | 74억원 | 74억원 | 15억원 | 41억원 |
| 당첨 인원수 | 1명 | 8명 | 391명 | 29671명 | 818525명 |
| 개별 당첨금 | 2114억원 | 9억원 | 1881만원 | 5만원 | 5천원 |

동영상_19.4.0

최고 당첨금액 : 당첨자수 1명, 1인당 당첨금액 2114억(제33회, 5번 이월 후 당첨)
당첨자수 2명, 1인당 당첨금액 1300억(제17회, 6번 이월 후 당첨)
최저 당첨금액 : 당첨자수 3명, 1인당 당첨금액 91억(제23회)
당첨자수 2명, 1인당 당첨금액 137억(제7,27회)

지금까지 로또복권의 추첨번호를 1부터 45, 50, 60, 70까지 늘려보며 당첨자 수와 당첨금을 가상실험 해 보았다. 그렇다면 각 경우의 1등 당첨 확률은 어떻게 될까?

추첨번호가 1~45인 경우 = 8,145,060 분의 1 ≒ 0.0000001227738
추첨번호가 1~50인 경우 = 15,890,800 분의 1 ≒ 0.0000000629298
추첨번호가 1~60인 경우 = 50,063,860 분의 1 ≒ 0.0000000199744
추첨번호가 1~70인 경우 = 131,115,985 분의 1 ≒ 0.0000000076268
미국 '파워볼'의 당첨확률 = 292,000,000 분의 1 ≒ 0.0000000034246

우리나라 로또복권 시스템에서 추첨번호를 1부터 70까지 늘려도 여전히 미국의 로또 복권인 파워볼의 당첨확률이 낮다. 그러하기에 파워볼은 그만큼 이월횟수가 많을 수 밖에 없으며, 역대 최고 당첨금도 열 차례 이상 이월되어 누적당첨금이 약 1조원에 이른 경우까지도 있었다고 한다.

# 20. 원주율로 만든 새로운 로또복권(Lotto314)

현재 판매되고 있는 로또복권(Lotto645)은 구매자가 번호를 고르면 매주 추첨을 통하여 당첨 여부를 확인하는 방법이다. 추첨시간, 당첨번호, 당첨금액 모두 내 의지와는 상관없이 그저 행운에 의해서 결정될 뿐이다. 그래서 만들어 본 것이 바로 「Lotto314」이다. 1억분의 1초까지 측정하는 스톱워치를 이용하여 원주율의 유효숫자 9자리인 3.14159265(초)를 정확하게 맞추면 1등 당첨이다. 이는 즉석에서 당첨 여부가 결정되며, 추첨이 아닌 자신의 초인간적인 집중력(?)에 의하여 1등 당첨의 가능성을 높일 수 있다는 점에서 긴장감은 더욱 가득할 것이다.

## 원주율 로또복권(Lotto314) 당첨규칙

(1) 1게임당 구매금액은 1천 원이다.

(2) 스톱워치로 원주율 3.14159265(초)가 모두 일치하면 당첨이다.

(3) 소수 n번째 자리까지 맞춘 경우, 당첨금액은 $1,000 \times 10^{n-1}$(원) 이다.

| 순위 | 당첨금 | 당첨규칙 | 예시 |
|---|---|---|---|
| 1등 | 100억 원 | 소수 8번째 자리까지 일치 | 3.14159265 |
| 2등 | 10억 원 | 소수 7번째 자리까지 일치 | 3.14159268 |
| 3등 | 1억 원 | 소수 6번째 자리까지 일치 | 3.14159278 |
| 4등 | 1천만 원 | 소수 5번째 자리까지 일치 | 3.14159678 |
| 5등 | 1백만 원 | 소수 4번째 자리까지 일치 | 3.14155678 |
| 6등 | 1십만 원 | 소수 3번째 자리까지 일치 | 3.14145678 |
| 7등 | 1만 원 | 소수 2번째 자리까지 일치 | 3.14345678 |
| 8등 | 1천 원 | 소수 1번째 자리까지 일치 | 3.12345678 |
| 꽝 | 0 원 | 소수 자릿수가 모두 불일치 | 3.02345678 |

스마트폰, 웹사이트 등에서 제공하는 스톱워치는 보통 $\frac{1}{100}$(초), $\frac{1}{1000}$(초)까지만 제공하기에, 직접 $\frac{1}{1억}$(초)까지 측정이 가능한 스톱워치를 제작하였다.

동영상_20.1.0

한 게임당 1,000원씩 총 5번의 Lotto314를 시도한 결과, 1개의 숫자 일치로 1천 원, 2개의 숫자 일치로 1만 원, 3개의 숫자 일치로 10만 원의 당첨금이 각 한 번씩 발생하였다.

## 원주율 로또복권(Lotto314) 당첨확률

Lotto314는 스톱워치의 시간 측정에 대한 게임 참가자의 감각(?)에 따라 확률은 충분히 달라질 수 있다. 보통 2.8초~3.2초까지는 감각으로 누구나 확률값 $\frac{1}{5}$ 수준에서 제어할 수 있다고 가정하면, 각 등수의 확률은 아래와 비슷한 수준이 될 것이다.

| 순위 | 확률 | 계산방법 |
|---|---|---|
| 1등 | 0.00000002 | $\frac{1}{5}\times(\frac{1}{10})^7$ |
| 2등 | 0.00000018 | $\frac{1}{5}\times(\frac{1}{10})^6\times\frac{9}{10}$ |
| 3등 | 0.0000018 | $\frac{1}{5}\times(\frac{1}{10})^5\times\frac{9}{10}$ |
| 4등 | 0.000018 | $\frac{1}{5}\times(\frac{1}{10})^4\times\frac{9}{10}$ |
| 5등 | 0.00018 | $\frac{1}{5}\times(\frac{1}{10})^3\times\frac{9}{10}$ |
| 6등 | 0.0018 | $\frac{1}{5}\times(\frac{1}{10})^2\times\frac{9}{10}$ |
| 7등 | 0.018 | $\frac{1}{5}\times(\frac{1}{10})^1\times\frac{9}{10}$ |
| 8등 | 0.2 | 감각으로 2.8~3.2초 사이 맞출 확률 ≒ $\frac{1}{5}$ |
| 꽝 | 0.78 | 1-(1등부터 8등까지 확률의 총합) ≒ 1-0.22 |

## Lotto645 vs Lotto314 당첨확률

기존의 「Lotto645」와 새로운 방식인 「Lotto314」의 당첨확률을 비교해보자.

| 순위 | Lotto645 | | Lotto314 | |
|---|---|---|---|---|
| | 당첨확률 | 당첨금 | 당첨확률 | 당첨금 |
| 1등 | 0.000000122774 | 약 20억 원 | 0.00000002 | 100억 원 |
| 2등 | 0.000000736643 | 약 5천만 원 | 0.00000018 | 10억 원 |
| 3등 | 0.0000279924 | 약 5백만 원 | 0.0000018 | 1억 원 |
| 4등 | 0.00136463 | 약 5만 원 | 0.000018 | 1천만 원 |
| 5등 | 0.0224406 | 5천 원 | 0.00018 | 1백만 원 |
| 6등 | - | - | 0.0018 | 1십만 원 |
| 7등 | - | - | 0.018 | 1만 원 |
| 8등 | - | - | 0.2 | 1천 원 |
| 꽝 | 0.976166 | - | 0.78 | - |

1게임(1,000원)당 기댓값을 계산해보면,

Lotto645
20억×0.000000122774+5천만×0.000000736643+5백만×0.0000279924+5만×0.00136463+5천×0.0224406≒603원

Lotto314
100억×0.00000002+10억×0.00000018+1억×0.0000018+1천만×0.000018+1백만×0.00018+1십만×0.0018+1만×0.018+1천×0.2≒1,480원

1게임(1,000원)당 Lotto314의 기댓값은 1,480원으로 현재의 Lotto645의 기댓값 603원보다 훨씬 높으며, 이 경우 게임당 판매금액 1,000원보다 높으므로 구매자에게 훨씬 유리한 게임이 된다. 따라서 Lotto314의 1게임당 판매가격은 2,000원으로 책정하여야 Lotto645와 엇비슷한 수준이 된다.

# 21. 야바위 게임, 처음 선택을 바꾸시겠습니까?

오래전 TV에서 마술사 최현우가 연예인들과 '야바위게임'을 한 예능 프로그램이 있었다. 상대방이 마술사인지라, 마술인건지? 심리전인건지? 참가자들은 아리송해하며 게임에 연거푸 지기만 한다.

### 야바위 게임

사회자 : 3장의 카드가 있습니다. 이중 1장의 카드에는 1억$의 상금이 적혀져 있지요. 당신에게 한 번의 기회가 있습니다. 몇 번 카드를 고르시겠습니까? (단, 사회자는 몇 번이 당첨번호인지 알고 있다.)

참가자 : ①을 선택하겠습니다.

분명, 당첨번호는 ① 또는 ②, ③중 하나다. 따라서 ②, ③중 하나는 반드시 꽝인 것이다. 사회자는 ②, ③중 꽝인 ②를 오픈하며, 참가자에게 다시 묻는다.

사회자 : 자, 지금부터는 확률이 50%로 바뀌었는데요. 당신에게 다시 한 번 선택의 기회를 드리겠습니다. 처음 선택 ①을 유지하시겠습니까? 아니면, 선택을 ③으로 바꾸시겠습니까?

참가자 : 음... 저는...

…… 바꿔? ……

…… 바꾸지 마? ……

당시 예능 프로그램에 참가한 많은 연예인들은 처음의 선택을 유지하였다. 어차피 처음에 세장의 카드에서 선택했을 경우 각 번호가 당첨될 확률은 동일하게 $\frac{1}{3}$이었고, 이후에도 남은 두 장의 카드 중에 하나이므로 그 확률 또한 동일하게 $\frac{1}{2}$일 것이라 생각이 들기 때문이다. 더하여, 그분들의 굽히지 않는 소신(?)과 같은 마음의 표현도 있었으리라 이해한다.

그렇다면, 여러분들은 어떠한 선택을 할 것인가?
처음의 선택을 유지할 것인가? 아니면 다른 선택으로 바꿀 것인가?

이 상황을 컴퓨터 가상실험으로 확인해보았다. 처음에는 ①, ②, ③중 하나를 임의로 선택하였고, 1개의 꽝이 오픈된 후에는 '처음의 선택을 유지'하는 방식으로 15번의 게임을 진행해 본 결과이다.

동영상_21.1.0

총 15번의 실험결과, 처음의 선택을 유지한 경우 5번의 당첨이 있었으니 처음의 선택을 변경한 경우는 10번의 당첨이 가능했다는 이야기다. 이를 확률로 이야기하면, 각각 33.3% 와 66.7%가 되며 '처음의 선택을 변경'하였을 때 1억$에 당첨될 확률이 66.7%로 무려 2배 높다는 것을 알 수 있다.

왜 그럴까?
우선 카드 ①, ②, ③을 놓고 생각해보자. 처음 선택하였을 경우, 그것이 당첨될 확률은 $\frac{1}{3}$이고, 그 나머지 선택들이 당첨될 확률은 $\frac{2}{3}$이다.

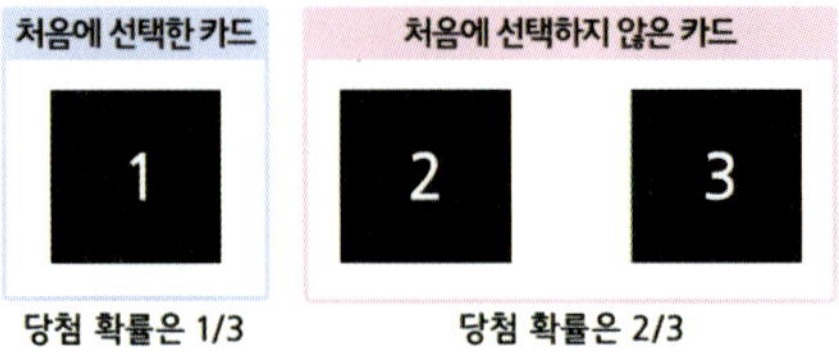


다음, 사회자는 ②, ③ 중에서 꽝인 번호 하나를 오픈하였다. 그것이 ③이라고 가정하면, ②, ③ 중에서 남은 ②의 당첨확률은 $\frac{2}{3}$가 된다.

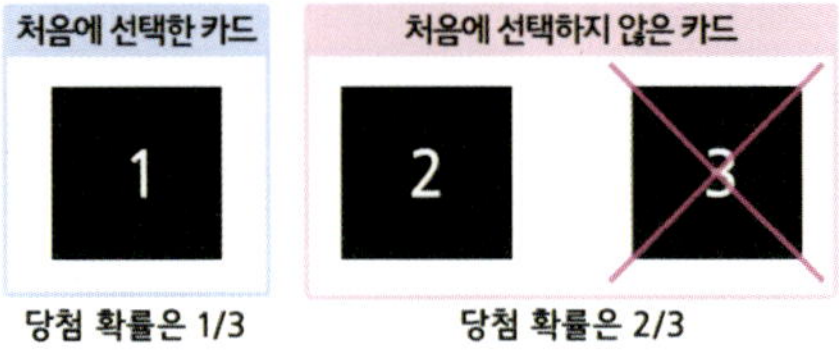


따라서 참여자는 처음의 선택을 바꾸는 것이 유리하다. 당첨확률이 $\frac{1}{3}$에서 $\frac{2}{3}$로 두 배 증가하기 때문이다.

그래도 이해가 가지 않는다면?

이 게임의 추첨제비(번호)를 많이 놓고 생각해보면 직관적 이해가 빠르다. 예로, 50개의 추첨제비가 있으며 참여자는 이중에 한 개의 번호 ①을 골랐다고 해보자.

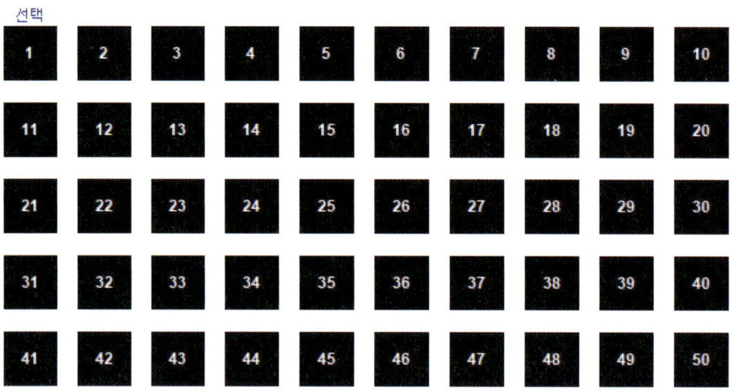


이후 사회자는 나머지 추첨제비 2~50 중에서 꽝인 제비 48개를 오픈하였다. 그리고 다시 참여자에게 묻는다. 처음 선택을 유지하시겠습니까? 아니면 바꾸시겠습니까?

참여자의 직관에 혼선을 주는 이 게임은 확률의 조건부확률에 해당하는 '몬티 홀 문제'로 알려져 있으며 이 문제가 처음 소개 되었을 때, 수학 학회에서도 어떤 선택의 확률이 더 높은지에 대한 의견이 분분하였다고 한다.

# 22. 아들일까? 딸일까? 50% 확률의 딜레마

어느 가정에 자녀가 한 명 있다면, 아들일까? 딸일까?
생물학적인 요인을 배제하고 수학적인 확률로만 생각한다면 아들일 확률 50%, 딸일 확률 50%일 것이다.

사건 A가 일어나는 수학적인 확률 P(A)는 다음과 같다.

P(A) = (사건 A가 일어나는 경우의 수) ÷ (모든 경우의 수)

그렇다면, 다음에 소개되는 가정에서는 어떠할지 생각해보자.

**Ⅰ. 아들일까? 딸일까?**

우리 가족을 소개합니다. 엄마, 아빠. 그리고 2명의 자녀가 있어요. 그런데 이중에 1명은 남자아이랍니다. 그렇다면, 나머지 다른 1명은 남자아이 일까요? 여자아이 일까요?

…… 아들일까? ……  …… 딸일까? ……

어떤 확률이 더 높을까?

이 상황에서도 생물학적인 요인을 배제하고 수학적인 확률로만 생각한다면 아들일 확률 50%, 딸일 확률 50%라고 생각할법하다.

정말 그럴까?
컴퓨터의 임의 추출 방식을 이용해서 가상실험을 해보자.

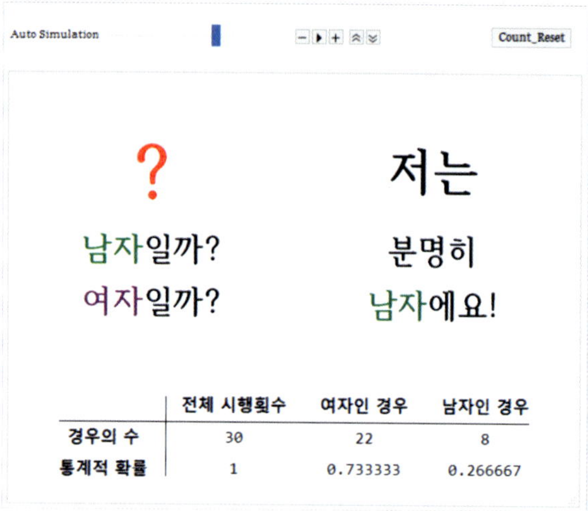


동영상_22.1.0

총 30번의 가상실험을 해 본 결과 아들인 경우가 8번, 딸인 경우가 22번 발생하였다. 따라서 소개된 가정의 나머지 다른 한 명이 아들일 확률은 $\frac{8}{30} \fallingdotseq 0.266667$(약26.7%)이고, 딸일 확률은 $\frac{22}{30} \fallingdotseq 0.733333$(약73.3%)이다. 대략 두 배 이상의 차이로 딸일 가능성이 더 높다.

왜 그럴까?
수학적인 확률계산의 기본이 되는 모든 경우의 수를 나열해보자.

| 경우① | 경우② | 경우③ | 경우④ |
|---|---|---|---|
| 아들 | 아들 | 딸 | 딸 |
| 아들 | 딸 | 아들 | 딸 |

전체 경우의 수는 4가지다. 그런데 위에서 소개된 내용을 보면, '이중에 1명은 남자아이'라는 조건이 있다. 따라서 경우④의 (딸, 딸)은 맞지 않는 상황이다.

즉, 위의 상황에 맞는 모든 경우의 수는 아래와 같이 3가지다.

| 경우① | 경우② | 경우③ | 경우④ |
|---|---|---|---|
| 아들 | 아들 | 딸 | 딸 |
| 아들 | 딸 | 아들 | 딸 |

따라서 소개된 가정의 나머지 다른 한 명이 아들일 수학적인 확률은 $\frac{1}{3} \fallingdotseq 0.333$(약 33.3%)이고, 딸일 확률은 $\frac{2}{3} \fallingdotseq 0.667$(약66.7%)가 된다. 비록 앞서 임의 추출방식의 가상실험 26.7%, 73.3%와 다소의 차이가 있었지만, 30번보다 더욱 많은 실험을 하면 이 값은 수학적인 확률에 가까워진다.

이번에는 위의 문제와 비슷하지만, 조금 다른 상황을 소개해본다.

**II. 아들일까? 딸일까?**

우리 가족을 소개합니다. 엄마, 아빠. 그리고 2명의 자녀가 있어요. 그런데 이중에 큰 아이는 남자아이랍니다. 그렇다면, 둘째 아이는 남자아이 일까요? 여자아이 일까요?

어떤 확률이 더 높을까?
이 경우, 아들일 확률과 딸일 확률은 모두 50%로 똑같다.

| | 경우① | 경우② | 경우③ | 경우④ |
|---|---|---|---|---|
| 첫째 | 아들 | 아들 | 딸 | 딸 |
| 둘째 | 아들 | 딸 | 아들 | 딸 |

# 23. 복불복 제비뽑기, 먼저 뽑는 것이 유리할까?

확률은 일상생활 속에서 가장 많이 쓰이는 수학 분야중의 하나다. 일상의 예로, 직장인들은 점심시간에 커피내기 사다리타기 또는 제비뽑기와 같은 내기를 통하여 긴장과 스릴을 동반하며 가능성에 대한 기대는 잠시의 즐거움이기도 하다. 하지만, 내기에서 이기면 기쁨은 두 배!!

> **복북볼 제비뽑기**
>
> 주머니 속에 다섯 개의 추첨제비가 있으며, 그 안에는 한 개의 당첨제비가 있다. 다섯 명의 참가자는 순서를 정하고 한명씩 추첨 제비를 뽑아 확인한다. 혹여, 중간에 당첨제비가 나오면 더 이상의 당첨제비는 존재하지 않으므로 게임은 종료된다. (단, 앞에서 꺼낸 제비는 다시 넣지 않는다.)

먼저 뽑는 것이 유리할까? 나중에 뽑는 것이 유리할까?

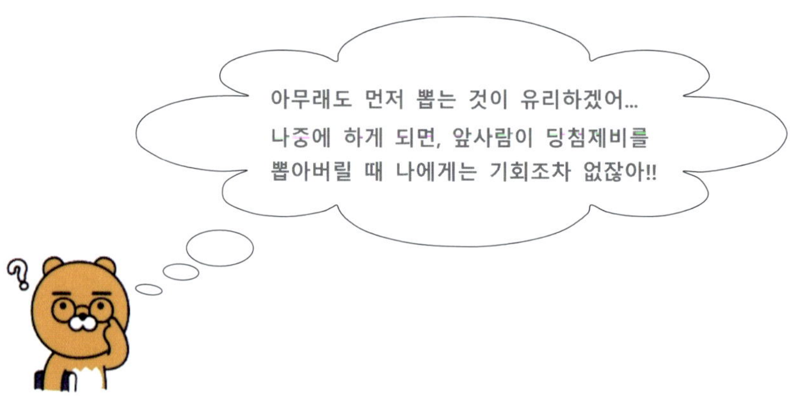


언뜻 생각해보면 먼저 뽑는 것이 유리해보이기도 한다. 정말 그럴까?

컴퓨터의 임의추출방식으로 총 100번의 복불복 제비뽑기 게임을 가상실험 해보자.

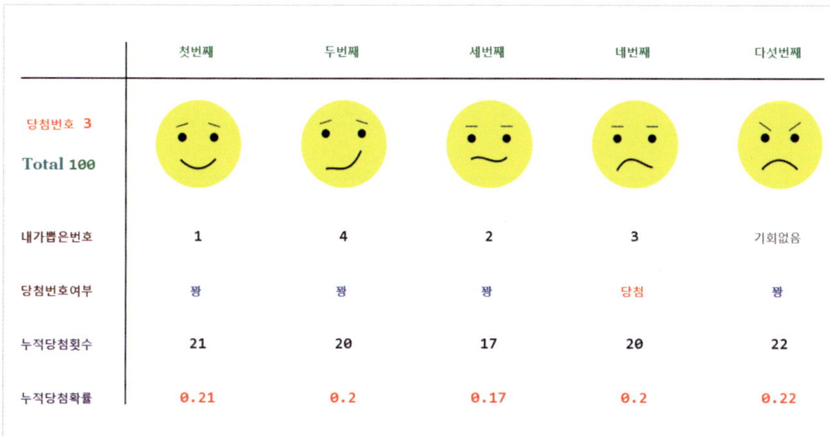

| | 첫번째 | 두번째 | 세번째 | 네번째 | 다섯번째 |
|---|---|---|---|---|---|
| 당첨번호 3<br>Total 100 | | | | | |
| 내가뽑은번호 | 1 | 4 | 2 | 3 | 기회없음 |
| 당첨번호여부 | 꽝 | 꽝 | 꽝 | 당첨 | 꽝 |
| 누적당첨횟수 | 21 | 20 | 17 | 20 | 22 |
| 누적당첨확률 | 0.21 | 0.2 | 0.17 | 0.2 | 0.22 |

동영상_23.1.0

총 100번의 가상실험 결과는 다음과 같다.

첫 번째 참여자 : 21번 당첨(당첨확률 21%)
두 번째 참여자 : 20번 당첨(당첨확률 20%)
세 번째 참여자 : 17번 당첨(당첨확률 17%)
네 번째 참여자 : 20번 당첨(당첨확률 20%)
다섯 번째 참여자 : 22번 당첨(당첨확률 22%)

실험결과, 세 번째 참여자를 제외하고는 당첨확률이 20%~22% 수준으로 엇비슷하다. 크게 의미를 부여할 만큼의 차이가 나지 않았다.

왜 그럴까? 이는 각 순서의 참여자에 대하여 수학적인 당첨확률을 계산해보면 그 이유를 이해할 수 있다.

첫 번째 참여자 : O 당첨확률$=\frac{1}{5}=20\%$

두 번째 참여자 : XO 당첨확률$=\frac{4}{5}\times\frac{1}{4}=\frac{1}{5}=20\%$

세 번째 참여자 : XXO 당첨확률=$\frac{4}{5}\times\frac{3}{4}\times\frac{1}{3}=\frac{1}{5}$=20%

네 번째 참여자 : XXXO 당첨확률=$\frac{4}{5}\times\frac{3}{4}\times\frac{2}{3}\times\frac{1}{2}=\frac{1}{5}$=20%

다섯 번째 참여자 : XXXXO 당첨확률=$\frac{4}{5}\times\frac{3}{4}\times\frac{2}{3}\times\frac{1}{2}\times\frac{1}{1}=\frac{1}{5}$=20%

**참고**

위에서 세 번째 참여자의 XXO의 의미는 첫 번째(꽝) ⇒ 두 번째(꽝) ⇒ 세 번째(당첨) ⇒ 네 번째(기회 없음) ⇒ 다섯 번째(기회 없음)을 의미하며, 다음과 같이 확률계산이 이루어진 것이다.

첫 번째 참여자가 '꽝'일 확률=$\frac{4}{5}$ (5장의 제비 중에 4장의 꽝을 뽑을 확률)

두 번째 참여자도 '꽝'일 확률=$\frac{3}{4}$ (4장의 제비 중에 3장의 꽝을 뽑을 확률)

세 번째 참여자는 '당첨'일 확률=$\frac{1}{3}$ (3장의 제비 중에 1장의 당첨제비를 뽑을 확률)

네 번째 참여자는 '기회 없음'

다섯 번째 참여자도 '기회 없음'

따라서 세 번째 참여자가 당첨제비를 뽑을 확률=$\frac{4}{5}\times\frac{3}{4}\times\frac{1}{3}=\frac{1}{5}$=20%이다.

결국 복불복 제비뽑기는 순서와 상관없이 모두 당첨제비를 뽑을 확률은 20%로 같다. 그럼에도 불구하고 누군가는 '어차피 20%의 똑같은 확률이라면, 그래도 먼저 뽑는 것이 기회부여 차원에서 유리한 것 아닌가?'라고 반문할 수도 있겠다. 하지만, 이 순서에 따른 확률 역시 위의 계산에 포함된 것이므로 똑같이 20%가 맞다.

# 24. 심리적인 확률, 과연 현실에서도 통할까?

인간은 이성적인 존재다. 하여, 가능성을 예견할 때면 수학적인 확률로 판단하려고 한다. 그러나 아주 가끔은 수학적 확률과 뒤섞이는 심리 상태가 이성적 판단의 시야를 흐려놓는 경우도 있다.
동전 던지기! 9번 연속으로 앞면이 나온 동전, 10번째는 어떤 면이 나올 확률이 높을까?

인간의 이성과 심리, 두 가지 측면에서의 반응을 살펴보면 다음과 같다.

**9번 연속 앞면이 나온 동전, 10번째는 앞면? 뒷면?**

A : "아무리 9번 연속으로 앞면이 나왔다 하여도, 10번째 던지는 동전과는 별개의 문제잖아? 따라서 앞면과 뒷면이 나올 확률은 역시 각각 50%로 똑같아! 그래서 난 상관없어!!"

B : "앞면과 뒷면이 나올 확률은 똑같이 50%이므로 10번의 동전을 던질 때, 앞면과 뒷면은 각각 5번 안팎으로 나오는 것이 일반적이야. 그런데 9번 연속으로 앞면이 나왔다면, 적어도 이후에는 뒷면이 좀 더 많이 나와 주어야 되는 것 아니야? 그래서 나는 뒷면!!"

사실, 이 글을 읽는 이성적인(?) 독자들은 A의 의견을 지지할지도 모르겠다. 하지만, 거액의 내기를 했다면… 정말 앞면 · 뒷면 상관없을까? 적어도 이글을 쓰는 저자의 마음 만큼은 '뒷면'이라고 고백하며 글을 이어나간다.

**동전던지기 가상실험**

'10번씩 던지는 동전던지기' 실험을 총 100만 번 해보자.
이중에서 1~9번째까지 모두 앞면이 나온 경우만 모두 추출하여, 10번째 결과는 앞면이 많은지? 뒷면이 많은지? 세어보자!!

## 1단계. 10번씩 던지는 동전던지기 100만 번 시행

아래의 결과는 앞면을 1, 뒷면을 0이라 하고, 총 100만 번의 가상실험(난수추출)을 한 결과다. 그림의 중간에 …999982…는 방대한 양을 모두 보여줄 수 없음에 999,982개는 생략한 것이다.

```
{{1, 0, 0, 0, 0, 0, 0, 1, 0, 0},
 {0, 1, 0, 1, 1, 1, 0, 0, 0, 0}, {0, 1, 0, 1, 1, 0, 1, 1, 1, 1},
 {0, 1, 0, 1, 0, 1, 0, 1, 0, 0}, {1, 1, 0, 1, 1, 0, 1, 0, 1, 0},
 {1, 0, 1, 0, 1, 0, 0, 1, 0, 1}, {0, 0, 0, 1, 1, 1, 0, 1, 0, 1},
 {1, 0, 1, 0, 0, 1, 0, 0, 1, 0}, {0, 0, 1, 1, 0, 1, 0, 1, 1, 0},
 … 999982 …, {1, 1, 1, 1, 1, 1, 0, 0, 0, 0},
 {0, 1, 0, 1, 1, 1, 0, 1, 0, 1}, {1, 1, 0, 0, 0, 1, 0, 0, 0, 1},
 {1, 0, 1, 0, 0, 1, 1, 1, 1, 0}, {0, 1, 1, 1, 1, 0, 1, 1, 1, 1},
 {1, 1, 0, 0, 0, 0, 0, 0, 0, 0}, {1, 1, 0, 0, 0, 0, 0, 1, 0, 1},
 {1, 1, 1, 1, 1, 1, 0, 1, 0, 1}, {1, 0, 0, 1, 1, 1, 1, 1, 1, 0}}

large output | show less | show more | show all | set size limit...
```

## 2단계. 1~9번째까지 모두 앞면이 나온 경우만 모두 추출

위의 100만 번 실험 중, 1~9번째까지 모두 앞면이 나온 경우는 총 1,982번이며 이에 대한 '10번의 동전던지기' 추출 결과는 다음과 같다. 그림의 중간에 《1961》 역시 방대한 양을 모두 보여줄 수 없음에 1,961개는 생략한 것이다.

```
{{1, 1, 1, 1, 1, 1, 1, 1, 1, 0}, {1, 1, 1, 1, 1, 1, 1, 1, 1, 1},
 {1, 1, 1, 1, 1, 1, 1, 1, 1, 1}, {1, 1, 1, 1, 1, 1, 1, 1, 1, 0},
 {1, 1, 1, 1, 1, 1, 1, 1, 1, 1}, {1, 1, 1, 1, 1, 1, 1, 1, 1, 1},
 {1, 1, 1, 1, 1, 1, 1, 1, 1, 0}, {1, 1, 1, 1, 1, 1, 1, 1, 1, 1},
 {1, 1, 1, 1, 1, 1, 1, 1, 1, 1}, {1, 1, 1, 1, 1, 1, 1, 1, 1, 0},
 {1, 1, 1, 1, 1, 1, 1, 1, 1, 1}, <<1961>>,
 {1, 1, 1, 1, 1, 1, 1, 1, 1, 1}, {1, 1, 1, 1, 1, 1, 1, 1, 1, 0},
 {1, 1, 1, 1, 1, 1, 1, 1, 1, 1}, {1, 1, 1, 1, 1, 1, 1, 1, 1, 0},
 {1, 1, 1, 1, 1, 1, 1, 1, 1, 0}, {1, 1, 1, 1, 1, 1, 1, 1, 1, 1},
 {1, 1, 1, 1, 1, 1, 1, 1, 1, 0}, {1, 1, 1, 1, 1, 1, 1, 1, 1, 0},
 {1, 1, 1, 1, 1, 1, 1, 1, 1, 1}, {1, 1, 1, 1, 1, 1, 1, 1, 1, 0}}
```

### 3단계. 추출한 결과(2단계)에서 10번째 동전의 결과 관찰

가상실험 결과, 9번 연속으로 앞면이 나온 1,982번의 상황에서 10번째에도 역시 앞면이 나온 경우는 998번으로 50.35%라는 확률 값을 얻었다.

| 동전 10번 던지기의 총 시행횟수 | 1000000 |
|---|---|
| 1~9번째까지 모두 앞면이 나온 횟수 | 1982 |
| 1~10번째까지 모두 앞면이 나온 횟수 | 998 |
| 9번 연속 앞면일때, 10번째 앞면이 나올 확률 | 0.503532 |

결국, 9번 연속으로 앞면이 나오는 상황이었다 하더라도 10번째 앞면이 나올 확률(50.35%)과 10번째 뒷면이 나올 확률(49.65%)은 별반 차이가 없다는 결론이다. 좀 더 많이 실험(30회)을 해보았지만 역시 그 결과는 엇비슷하다.

| 동전 10번 던지기의 총 시행횟수 | 1000000 |
|---|---|
| 1~9번째까지 모두 앞면이 나온 횟수 | 1922 |
| 1~10번째까지 모두 앞면이 나온 횟수 | 967 |
| 9번 연속 앞면일때, 10번째 앞면이 나올 확률 | 0.503122 |

동영상_24.1.0

이와 같이 심리적인 확률에 직면하는 상황은 일상 속에서도 적지 않다. 로또복권을 구매할 때 {1,2,3,4,5,6} 또는 {40,41,42,43,44,45}와 같은 숫자 조합을 적는 사람은 거의 없다. 실제는 구매자들이 주로 적는 조합들과 확률은 똑같은데 말이다. 특히, 수학적 확률이 존재하지 않는 주식에서 이러한 심리적 확률을 적용했다가는 낭패를 보는 수가 있다. 분명히 주가가 확실히 올라야 하는 타이밍인데 며칠을 거듭하여 떨어지는 상황에서... '이쯤 되면 이제 반등하겠지?'라는 생각으로 오히려 주식을 더 사들이는 경우도 심리적 확률이 상황에 지배되는 경우라 할 수 있다.

# 25. 스마트폰의 패턴 잠금은 모두 몇 가지 경우일까?

2020년에 발생한 'n번 방' 사건은 많은 이들의 공분을 사며 사회적 큰 파장을 일으켰다. 당시, 경찰에서 확보한 피의자의 스마트폰은 패턴 잠금이 되어 있었으며, 이 암호를 해독하는데 무려 두 달의 시간이 소요되기도 하였다. 일반적으로 스마트폰의 패턴 잠금은 최소 4개에서 최대 9개의 점을 선택하여 연결한다. 따라서 9개의 점에 숫자를 ①, ②, ③, …, ⑧, ⑨와 같이 대응시키면 그림의 패턴은「③→②→①→⑤→⑨→⑧→⑦」같이 7개의 점으로 만든 패턴이 된다.

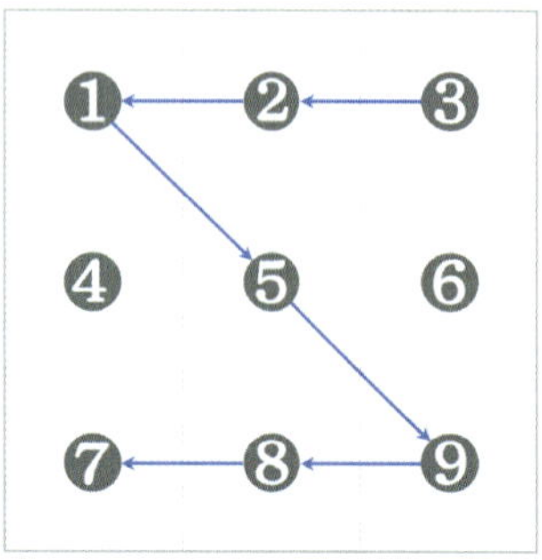


패턴 잠금의 경우의 수는 모두 몇 가지일까?

**스마트폰 패턴 잠금의 규칙**

규칙1. 패턴은 최소 4개의 점에서 최대 9개의 점을 한 번씩만 연결할 수 있다.

규칙2. 일직선에 놓인 세 개의 점에 대하여, 가운데 점의 경유 없이 양 끝점을 연결할 수 없다.(단, 가운데 점을 이미 경유한 경우에는 양 끝점을 연결할 수 있다.)

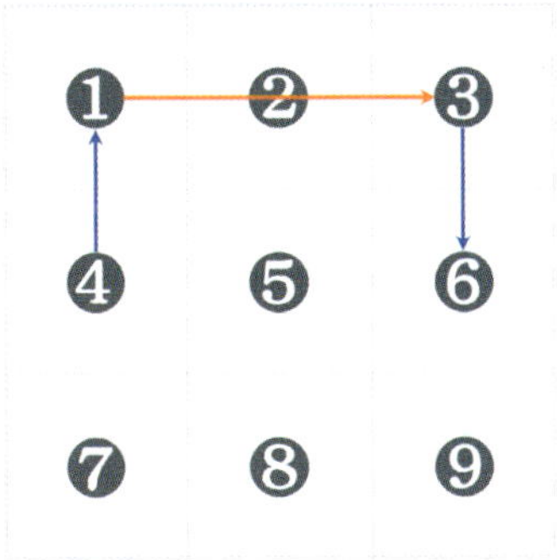

경로 「④→①→③→⑥」은 ②를 건너 뛰었음에 만들 수 없는 패턴이다.

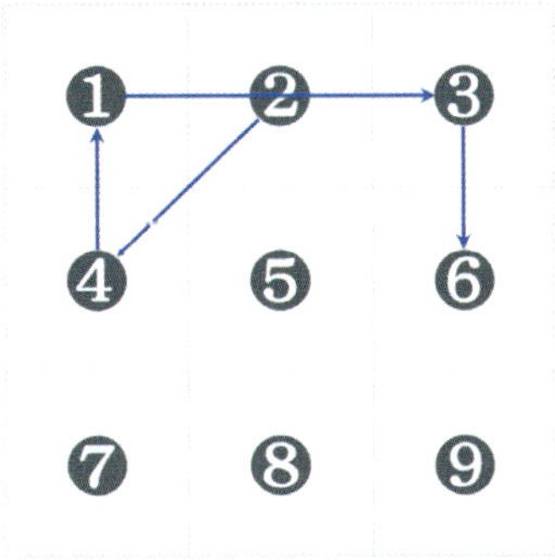

경로 「②→④→①→③→⑥」은 사전에 ②를 경유 했음에 만들 수 있는 패턴이다.

이를 표로 정리해보면 다음과 같다.

| | |
|---|---|
| 1 | 사전에 ②의 경유 없이, ①↔③을 연결할 수 없다. |
| 2 | 사전에 ⑧의 경유 없이, ⑦↔⑨을 연결할 수 없다. |
| 3 | 사전에 ④의 경유 없이, ①↔⑦을 연결할 수 없다. |
| 4 | 사전에 ⑥의 경유 없이, ③↔⑨을 연결할 수 없다. |
| 5 | 사전에 ⑤의 경유 없이, ①↔⑨을 연결할 수 없다. |
| 6 | 사전에 ⑤의 경유 없이, ②↔⑧을 연결할 수 없다. |
| 7 | 사전에 ⑤의 경유 없이, ③↔⑦을 연결할 수 없다. |
| 8 | 사전에 ⑤의 경유 없이, ④↔⑥을 연결할 수 없다. |

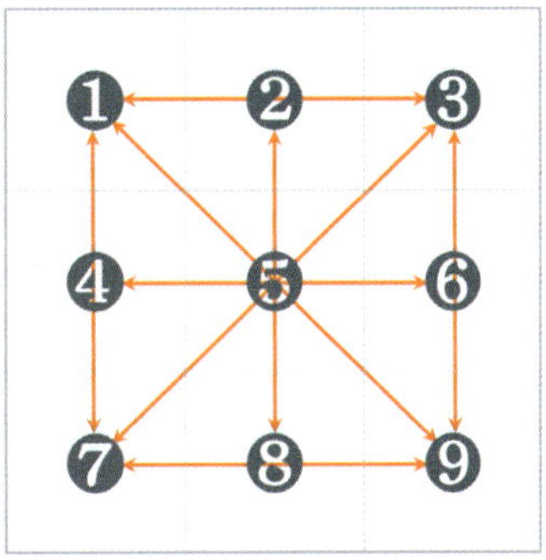

이제, 패턴의 모든 경우의 수를 구해보자!

### 1단계. 4개~9개의 격자점을 연결하는 모든 경우의 수

우선, 규칙과 상관없이 ①~⑨까지의 숫자 중, 서로 다른 4~9개를 선택해서 나열(연결)되는 경우의 수를 구해보자.

서로 다른 4개의 숫자를 나열하는 경우의 수=9×8×7×6=3,024
서로 다른 5개의 숫자를 나열하는 경우의 수=9×8×7×6×5=15,120

서로 다른 6개의 숫자를 나열하는 경우의 수=9×8×7×6×5×4=60,480
서로 다른 7개의 숫자를 나열하는 경우의 수=9×8×7×6×5×4×3=181,440
서로 다른 8개의 숫자를 나열하는 경우의 수=9×8×7×6×5×4×3×2=362,880
서로 다른 9개의 숫자를 나열하는 경우의 수=9×8×7×6×5×4×3×2×1=362,880

이를 모두 더하면 985,824가지나 된다. 이를 프로그래밍으로 구해본 결과는 아래와 같다.

```
{{1, 2, 3, 4}, {1, 2, 3, 5}, {1, 2, 3, 6}, {1, 2, 3, 7}, {1, 2, 3, 8}, {1, 2, 3, 9},
 {1, 2, 4, 3}, {1, 2, 4, 5}, {1, 2, 4, 6}, {1, 2, 4, 7}, {1, 2, 4, 8}, {1, 2, 4, 9}, {1, 2, 5, 3},
 {1, 2, 5, 4}, {1, 2, 5, 6}, {1, 2, 5, 7}, … 985792 …, {9, 8, 7, 6, 5, 2, 3, 1, 4},
 {9, 8, 7, 6, 5, 2, 3, 4, 1}, {9, 8, 7, 6, 5, 2, 4, 1, 3}, {9, 8, 7, 6, 5, 2, 4, 3, 1},
 {9, 8, 7, 6, 5, 3, 1, 2, 4}, {9, 8, 7, 6, 5, 3, 1, 4, 2}, {9, 8, 7, 6, 5, 3, 2, 1, 4},
 {9, 8, 7, 6, 5, 3, 2, 4, 1}, {9, 8, 7, 6, 5, 3, 4, 1, 2}, {9, 8, 7, 6, 5, 3, 4, 2, 1},
 {9, 8, 7, 6, 5, 4, 1, 2, 3}, {9, 8, 7, 6, 5, 4, 1, 3, 2}, {9, 8, 7, 6, 5, 4, 2, 1, 3},
 {9, 8, 7, 6, 5, 4, 2, 3, 1}, {9, 8, 7, 6, 5, 4, 3, 1, 2}, {9, 8, 7, 6, 5, 4, 3, 2, 1}}
large output   show less   show more   show all   set size limit...
```

### 2단계. 규칙에 맞는 패턴의 모든 경우의 수

1단계에서 얻은 모든 경우의 수에서, 패턴의 규칙에 맞지 않는 부분을 제외해야 한다. 이 부분은 경우의 수를 이용하여 세는 것이 매우 까다롭기에 프로그래밍을 이용하여 계산해 보았다. 그림 중, 첫 번째 점선 부분은 985,824가지의 격자점을 연결하는 모든 경우 중에서 「…, ①, ③, …」 같이 나열된 패턴들을 제외(Except)하되 「…, ②, …, ①, ③, …」 처럼 ①, ③

```
{___, 2, ___, 1, 3, ___} | Except[{___, 1, 3, ___}]
{___, 2, ___, 3, 1, ___} | Except[{___, 3, 1, ___}]
{___, 5, ___, 4, 6, ___} | Except[{___, 4, 6, ___}]
{___, 5, ___, 6, 4, ___} | Except[{___, 6, 4, ___}]
{___, 8, ___, 7, 9, ___} | Except[{___, 7, 9, ___}]
{___, 8, ___, 9, 7, ___} | Except[{___, 9, 7, ___}]
{___, 4, ___, 1, 7, ___} | Except[{___, 1, 7, ___}]
{___, 4, ___, 7, 1, ___} | Except[{___, 7, 1, ___}]
{___, 5, ___, 2, 8, ___} | Except[{___, 2, 8, ___}]
{___, 5, ___, 8, 2, ___} | Except[{___, 8, 2, ___}]
{___, 6, ___, 3, 9, ___} | Except[{___, 3, 9, ___}]
{___, 6, ___, 9, 3, ___} | Except[{___, 9, 3, ___}]
{___, 5, ___, 1, 9, ___} | Except[{___, 1, 9, ___}]
{___, 5, ___, 9, 1, ___} | Except[{___, 9, 1, ___}]
{___, 5, ___, 3, 7, ___} | Except[{___, 3, 7, ___}]
{___, 5, ___, 7, 3, ___} | Except[{___, 7, 3, ___}]
```

앞에 ②가 있는 패턴은 보존하기 위한 프로그래밍 코드로 '사전에 ②의 경우 없이, ①↔③을 연결할 수 없다.'라는 규칙이 적용된 것만을 추출하기 위함이다.

```
{{1, 2, 3, 4}, {1, 2, 3, 5}, {1, 2, 3, 6}, {1, 2, 3, 8}, {1, 2, 4, 3},
 {1, 2, 4, 5}, {1, 2, 4, 7}, {1, 2, 4, 8}, {1, 2, 4, 9}, {1, 2, 5, 3},
 {1, 2, 5, 4}, {1, 2, 5, 6}, {1, 2, 5, 7}, {1, 2, 5, 8}, {1, 2, 5, 9},
 {1, 2, 6, 3}, {1, 2, 6, 5}, {1, 2, 6, 7}, {1, 2, 6, 8}, {1, 2, 6, 9},
 ··· 389 073 ···, {9, 8, 7, 6, 3, 5, 4, 2, 1}, {9, 8, 7, 6, 5, 1, 2, 3, 4},
 {9, 8, 7, 6, 5, 1, 2, 4, 3}, {9, 8, 7, 6, 5, 1, 4, 2, 3}, {9, 8, 7, 6, 5, 1, 4, 3, 2},
 {9, 8, 7, 6, 5, 2, 1, 3, 4}, {9, 8, 7, 6, 5, 2, 1, 4, 3}, {9, 8, 7, 6, 5, 2, 3, 1, 4},
 {9, 8, 7, 6, 5, 2, 3, 4, 1}, {9, 8, 7, 6, 5, 2, 4, 1, 3}, {9, 8, 7, 6, 5, 2, 4, 3, 1},
 {9, 8, 7, 6, 5, 3, 2, 1, 4}, {9, 8, 7, 6, 5, 3, 2, 4, 1}, {9, 8, 7, 6, 5, 3, 4, 1, 2},
 {9, 8, 7, 6, 5, 3, 4, 2, 1}, {9, 8, 7, 6, 5, 4, 1, 2, 3}, {9, 8, 7, 6, 5, 4, 2, 1, 3},
 {9, 8, 7, 6, 5, 4, 2, 3, 1}, {9, 8, 7, 6, 5, 4, 3, 2, 1}}
large output | show less | show more | show all | set size limit...
```

이처럼 컴퓨터로 프로그래밍을 통하여 규칙에 맞지 않는 것들을 제외하고 얻어낸 패턴으로 만들 수 있는 모든 경우의 수는 389,112가지다. 다음은 389,112가지의 모든 패턴에 대한 YouTube 동영상이다.

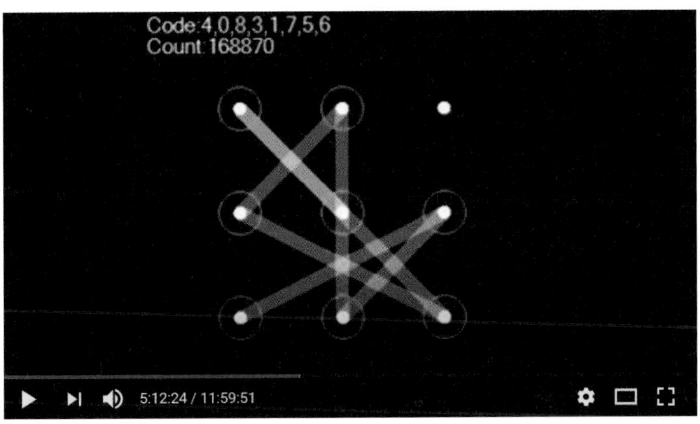


동영상_25.1.0

# 26. 혼자서 즐길 수 있는 빙고 게임

학창시절, 짝꿍과 함께 무료한 시간을 보내는 놀이로 누구나 한 번쯤은 빙고 게임을 해봤을 것이다. 몇 번 하고 나면 지루할 법도 한데, 중독성 있게 참 많이도 했던 기억이다. '혼밥'에 '혼술'이 일상인 오늘날, 가끔은 누군가 함께할 수 있는 빙고 게임이 그리울 수도 있겠다는 생각에 혼자서 즐길 수 있는 빙고 게임을 소개한다.

| 사과 | 무 | 바나나 | 레몬 | 배추 |
|---|---|---|---|---|
| 당근 | 배 | 대파 | 포도 | 고구마 |
| 버섯 | 우엉 | 키위 | 딸기 | 감자 |
| 시금치 | 토마토 | 오렌지 | 쪽파 | 연뿌리 |
| 부추 | 감 | 귤 | 양배추 | 수박 |

**2칸씩 채우는 빙고 게임**

가로×세로가 N×N인 바둑판에서 그 어떤 '행'과 '열'에도 단 2개의 칸만 색칠하는 방법은 모두 몇 가지일까?

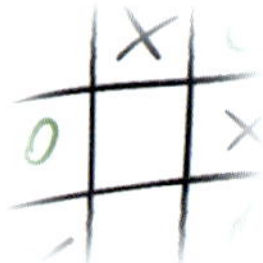

## 3×3 빙고 게임

게임규칙은 간단하다.

예로, 크기가 3×3인 바둑판으로 빙고 게임을 해보면 다음과 같다. 보는 바와 같이 한가지의 정답을 찾는 것은 그리 어렵지 않다. 하지만 정답이 한 개만 있는 것은 아니다.

그렇다면, 모두 몇 가지의 빙고를 완성할 수 있을까?

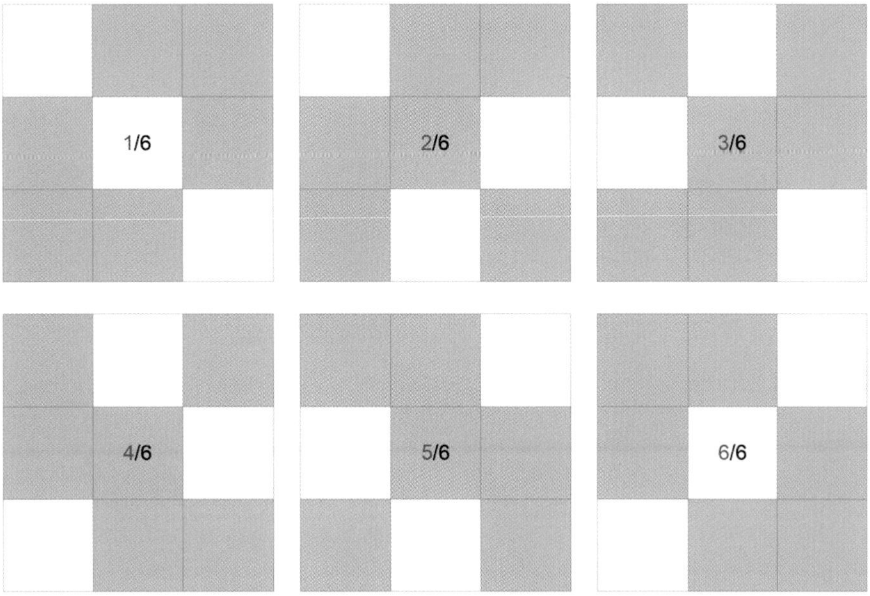


## 4×4 빙고 게임

이번에는 크기가 4×4인 빙고를 찾아보자.
모두 몇 가지 종류의 빙고를 완성할 수 있을까?

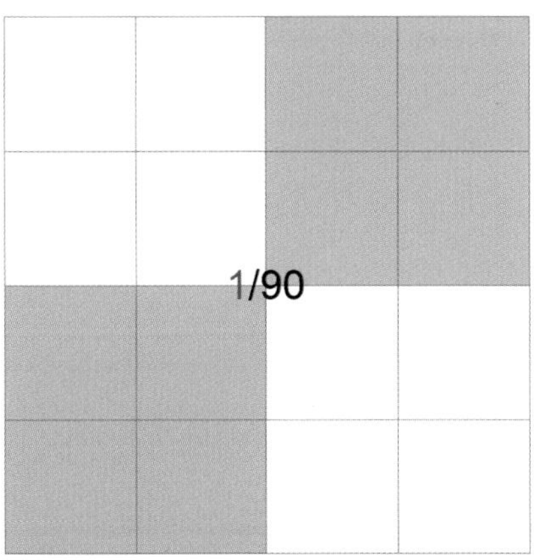


동영상_26.2.1

크기가 3×3인 빙고의 개수는 불과 6개인데 반하여, 4×4인 빙고의 개수는 무려 90개로 늘어난다.

어떻게 이 많은 개수를 다 셀 수 있었을까?

이 문제는 '경우의 수'로 계산하기가 결코 쉽지 않다. 가로와 세로가 모두 2칸씩만 유지되어야 하기에 가로나 세로 한 측면으로만 생각할 수 없기 때문이다. 따라서 아래와 같이 방정식으로 풀어야 한다.

| $a_{11}$ | $a_{12}$ | $a_{13}$ | $a_{14}$ |
|---|---|---|---|
| $a_{21}$ | $a_{22}$ | $a_{23}$ | $a_{24}$ |
| $a_{31}$ | $a_{32}$ | $a_{33}$ | $a_{34}$ |
| $a_{41}$ | $a_{42}$ | $a_{43}$ | $a_{44}$ |

크기가 4×4인 빙고의 각 성분을 $a_{11} \sim a_{44}$라고 하면, 이 값은 0일 때 흰색, 1일 때 회색으로 대응시킬 수 있다. 즉, $a_{ij}$는 0과 1만을 가질 수 있다.

이제, 각 행의 색을 2개씩만 칠할 수 있다는 조건을 식으로 세워보면 아래와 같다.

$$a_{11} + a_{12} + a_{13} + a_{14} = 2$$
$$a_{21} + a_{22} + a_{23} + a_{24} = 2$$
$$a_{31} + a_{32} + a_{33} + a_{34} = 2$$
$$a_{41} + a_{42} + a_{43} + a_{44} = 2$$

다음, 각 열의 색을 2개씩만 칠할 수 있다는 조건을 식으로 세워보면 아래와 같다.

$$a_{11} + a_{21} + a_{31} + a_{41} = 2$$
$$a_{12} + a_{22} + a_{32} + a_{42} = 2$$
$$a_{13} + a_{23} + a_{33} + a_{43} = 2$$
$$a_{14} + a_{24} + a_{34} + a_{44} = 2$$

이렇게 16개의 미지수($a_{11}$~$a_{44}$)에 대하여, 총 8개의 연립방정식을 세울 수 있다. 하지만 이처럼 복잡한 연립방정식을 손으로 풀기에는 어려움이 따른다. 하여, 공학용 소프트웨어를 이용하여 풀어보면 아래와 같이 90개의 해를 모두 찾을 수 있다.

1/90

| a[1, 1] → 0 | a[1, 2] → 0 | a[1, 3] → 1 | a[1, 4] → 1 |
|---|---|---|---|
| a[2, 1] → 0 | a[2, 2] → 0 | a[2, 3] → 1 | a[2, 4] → 1 |
| a[3, 1] → 1 | a[3, 2] → 1 | a[3, 3] → 0 | a[3, 4] → 0 |
| a[4, 1] → 1 | a[4, 2] → 1 | a[4, 3] → 0 | a[4, 4] → 0 |

동영상_26.2.2

위의 결과에서 「a[1,2]→0」은 「$a_{12}$」에 해당하는 위치가 흰색, 「a[1,2]→1」은 「$a_{12}$」에 해당하는 위치가 회색을 의미한다. 이를 크기가 4×4인 빙고에 옮겨 90가지 종류의 해법을 모두 찾은 것이다.

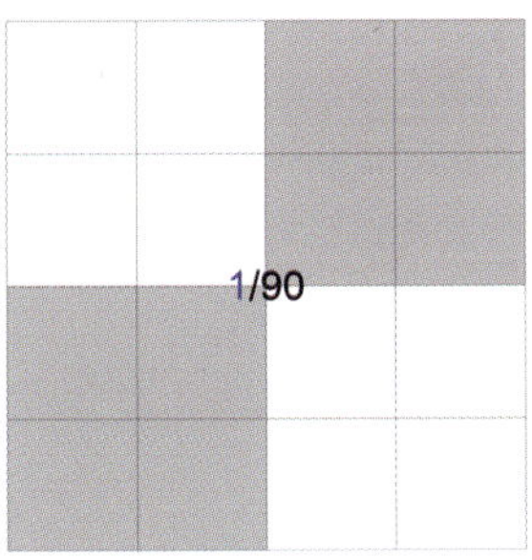


동영상_26.2.1

이처럼 크기가 N×N인 빙고의 개수는 N의 크기가 커질수록 더욱 많아진다. 예로, 공학용 소프트웨어를 이용하여 풀어본 5×5인 빙고는 2,040가지의 해법이 존재하고, 6×6인 빙고는 67,950가지의 해법이 존재하며, 7×7인 빙고는 무려 3,110,940가지의 해법이 존재한다. 특히, 7×7인 빙고의 모든 해법을 찾아내는데 약 20분의 시간이 소요되었다. 따라서 일반 PC로 크기가 10×10 이상인 빙고의 모든 해법을 찾기는 무리다. 현재까지 컴퓨터를 이용하여 모든 해법을 찾아낸 빙고의 크기는 52×52인 것으로 알려져 있다.

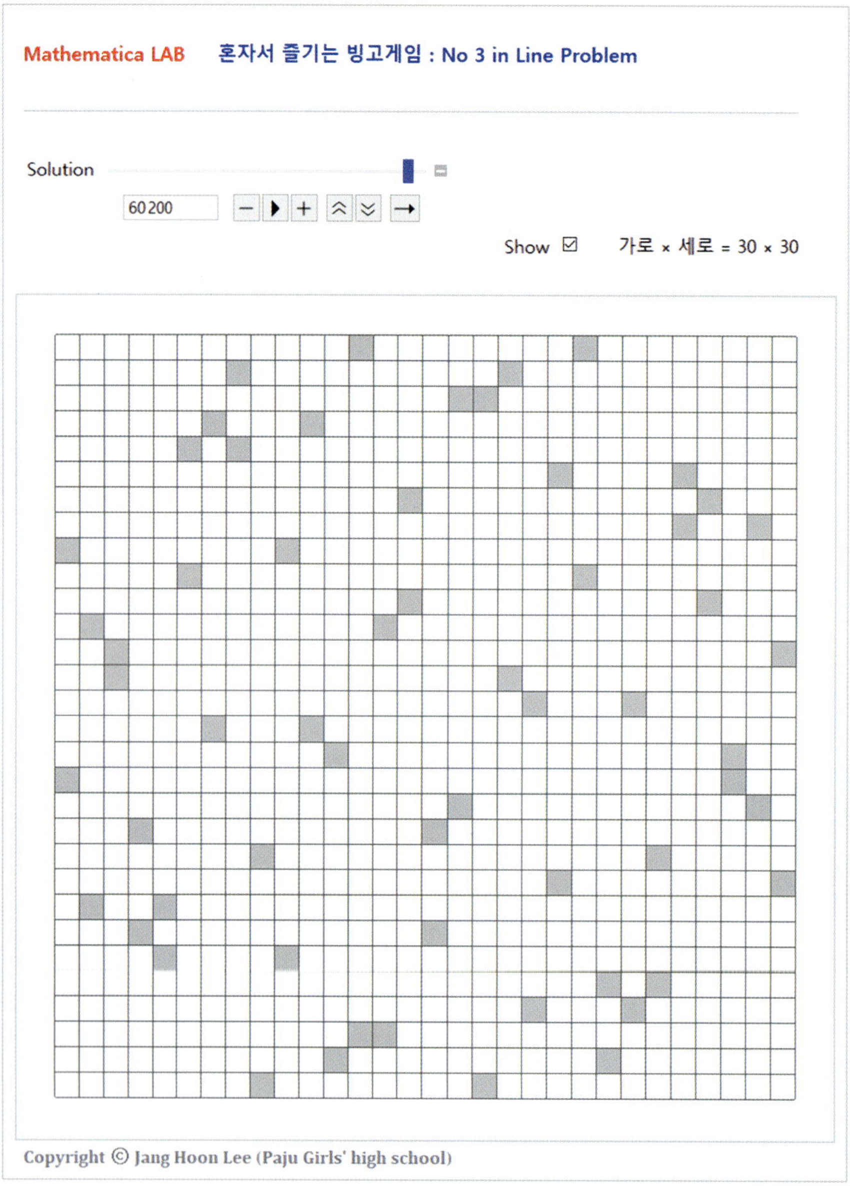


컴퓨터 계산으로 찾아낸 3×3부터 30×30까지의 빙고 게임 해법의 일부

동영상_26.3.0

# 27. 남아 있는 정육면체의 개수는 몇 개인가?

한번쯤 어디선가 본 듯한 문제를 소개한다.

**공간지각능력문제**

크기가 같은 정육면체 64개가 16개씩 4층으로 쌓여져 있다. 색칠된 부분을 모두 관통시킬 때, 남아 있는 정육면체는 몇 개인가?

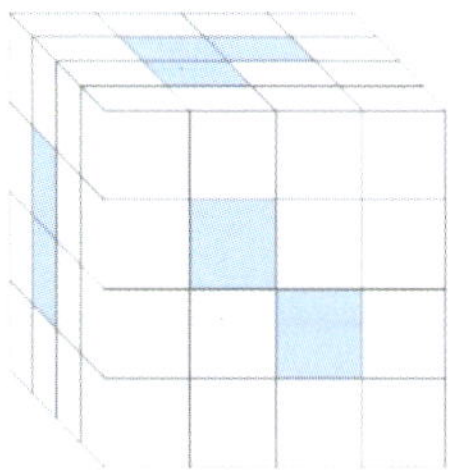

대부분의 입체도형 문제가 그러하듯이, 눈으로만 풀어내기는 정말 쉽지 않다. 그래서 필요한 것이 문제해결전략이다. 이 문제는 층별로 제거되는 것의 개수를 생각해보는 것이 좋다.

먼저 1층의 단면을 살펴보면, 상하의 관통에 의하여 3개가 제거된다.

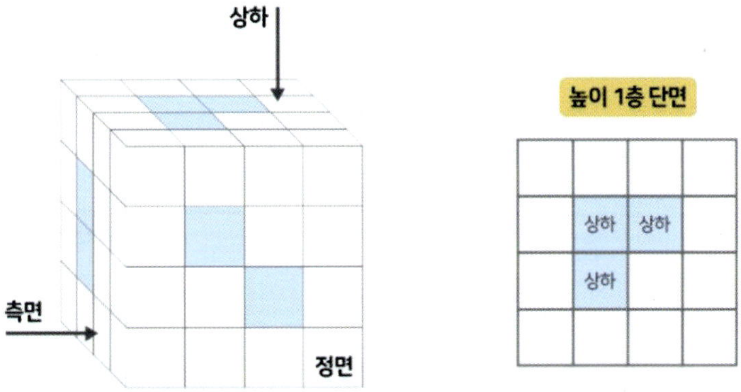


같은 방법으로 2층의 단면을 살펴보면, 정면 · 측면 · 상하의 관통으로 8개가 제거된다.

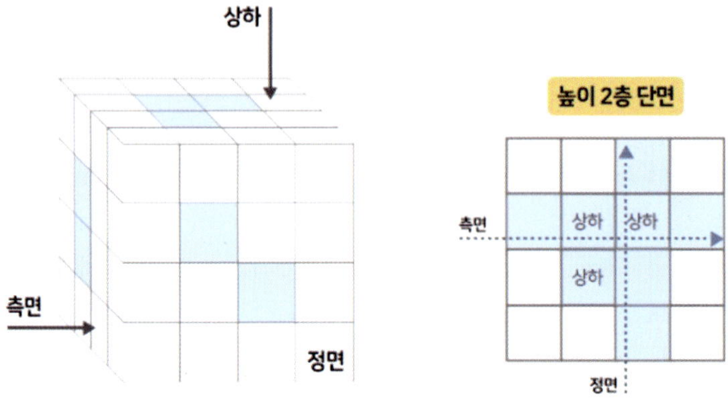


같은 방법으로 3층의 단면을 살펴보면, 정면 · 측면 · 상하의 관통으로 7개가 제거된다.

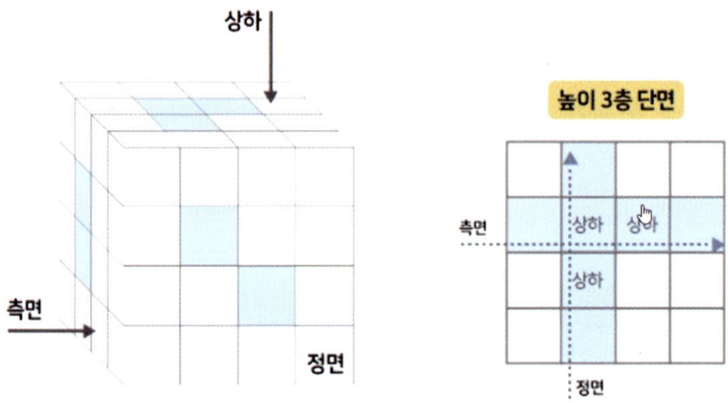


마지막으로 4층의 단면을 살펴보면, 상하의 관통에 의하여 3개가 제거된다.

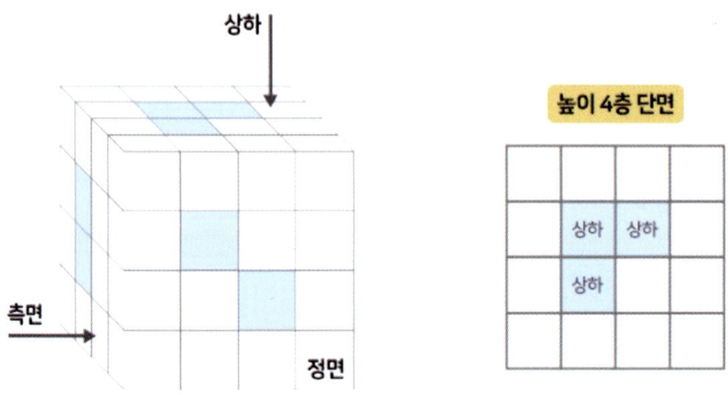

따라서 남아 있는 정육면체의 개수=전체개수(64개)−제거된 개수(3+8+7+3개)=43개다. 잘 이해가 되었는지, 다음의 연습문제를 풀어보도록 하자!!

### 4×4 연습문제

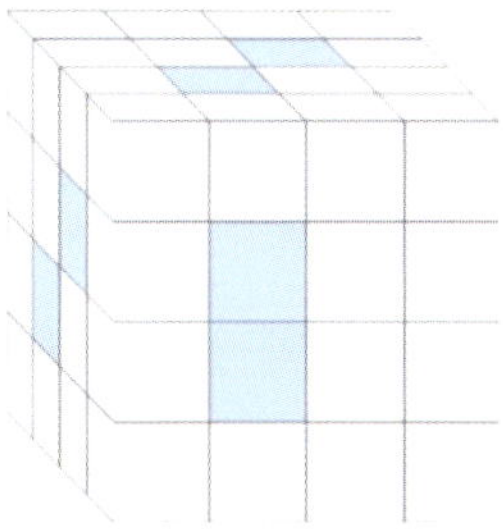

크기가 같은 정육면체 64개가 16개씩 4층으로 쌓여져 있다. 색칠된 부분을 모두 관통시킬 때, 남아 있는 정육면체는 몇 개인가?

각 층별 관통부분(하늘색)을 살펴보면 아래와 같다.

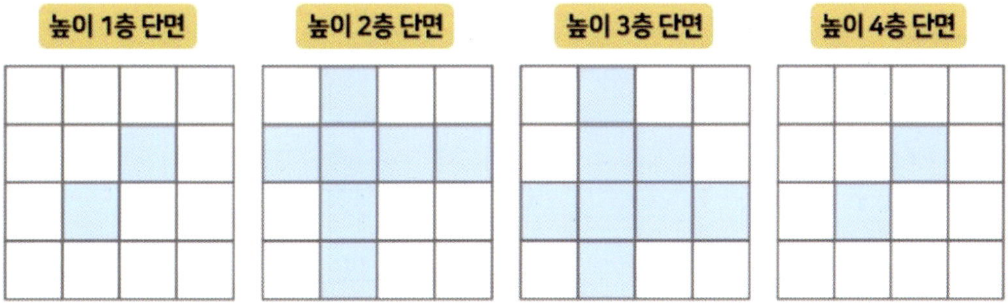


따라서 남아 있는 정육면체의 개수=전체개수(64개)−제거된 개수(2+7+8+2개)=45개다.

마지막으로, 좀 더 복잡한 문제를 제시해본다. 하지만 문제해결의 아이디어를 이해하였다면 이 역시 쉽게 풀릴 수 있을 것이다.

### 5×5 연습문제

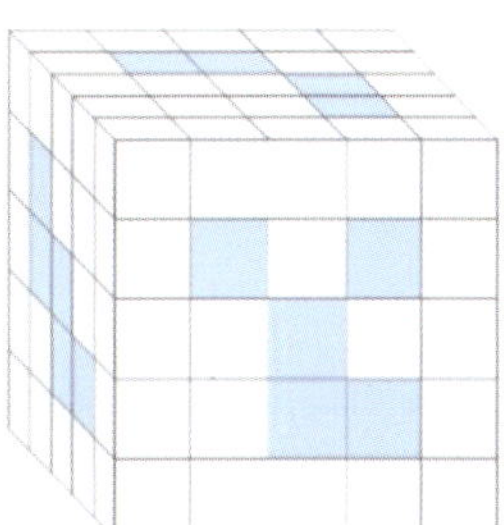

크기가 같은 정육면체 125개가 25개씩 5층으로 쌓여져 있다. 색칠된 부분을 모두 관통시킬 때, 남아 있는 정육면체는 몇 개인가?

각 층별 관통부분(회색)을 살펴보면 아래와 같다.

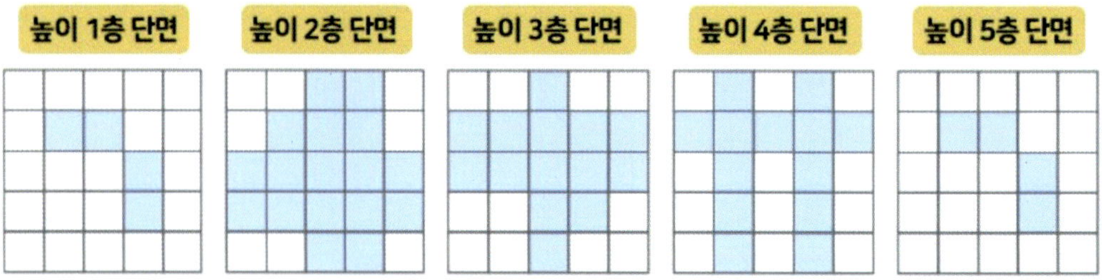


따라서 남아 있는 정육면체의 개수=전체개수(125개)−제거된 개수(4+17+14+13+4)=73개다.

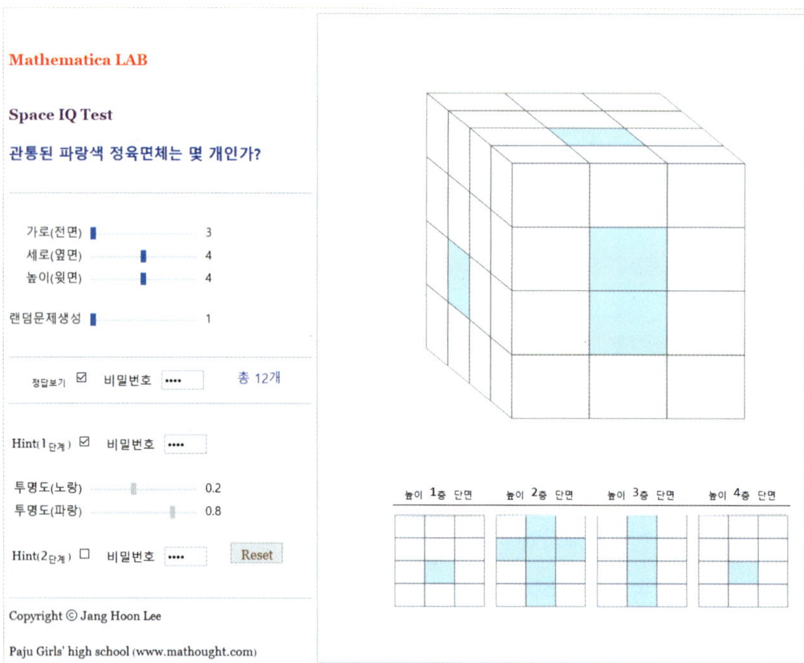


실험실_27.1.0

# 28. 굴러간 정육면체 밑면의 마지막 색상은?

움직이는 입체도형의 자취에 대한 문제를 소개한다. 정육면체의 각 면에 서로 다른 색을 아래와 같이 칠해놓았다.

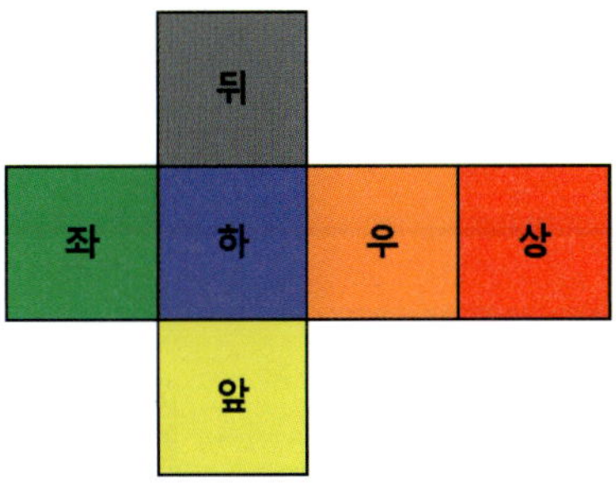


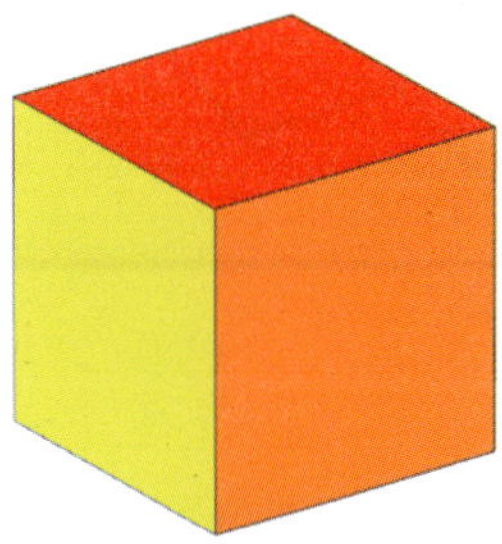

동영상_28.1.0

## 문제1

아래와 같이 6×6 크기의 평면상에 정육면체를 내려놓았다. 화살표 방향으로 정육면체를 굴릴 때, 마지막 위치에서 밑면은 어떤 색일까? (정답은 동영상 참고)

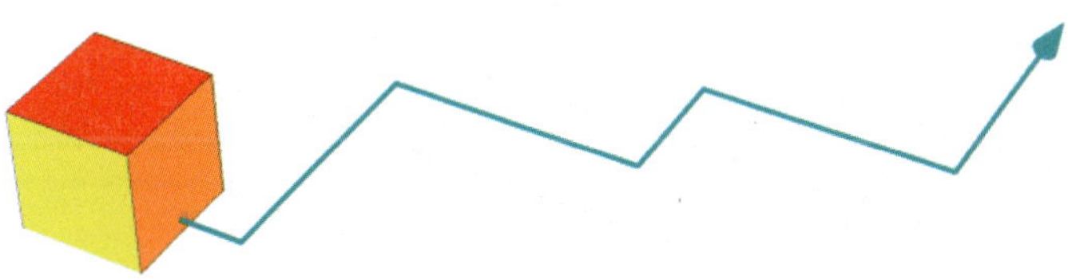

동영상_28.2.0

## 문제2

화살표 방향으로 정육면체를 굴릴 때, 마지막 위치에서 밑면은 어떤 색일까?

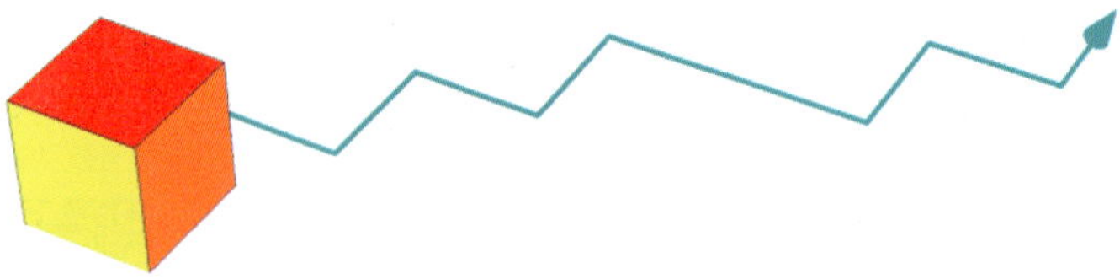

동영상_28.3.0

## 문제3

화살표 방향으로 정육면체를 굴릴 때, 마지막 위치에서 밑면은 어떤 색일까?

동영상_28.4.0

QR코드로 연결된 페이지 안에는 다양한 크기에 대한 무작위 문제를 생성하여 주는 실험문서가 있습니다.

# 29. 원판을 관통하는 8개 막대의 비밀

오래전 명절 연휴기간에는 TV프로그램 편성에 '마술쇼'가 빠지지 않았다. 진짜 같지만 진짜일 수 없는 상황을 보면서 속임수를 찾아보려고 눈을 부릅뜨고 본 기억이 생생하다. 당시의 추억을 꺼내, 3D프린터로 만든 흥미로운 마술도구를 소개해본다.

## 원판을 관통하는 8개 막대

① 8개의 작은 구멍이 뚫린 원통과 뚜껑이 있다.
② 이 원통 안에 원판을 넣고, 뚜껑을 닿는다. 따라서 원통과 뚜껑은 서로 막혀있다.
③ 이제 원통에 뚫린 8개의 작은 구멍에 막대를 넣어 원판을 관통시켜본다.

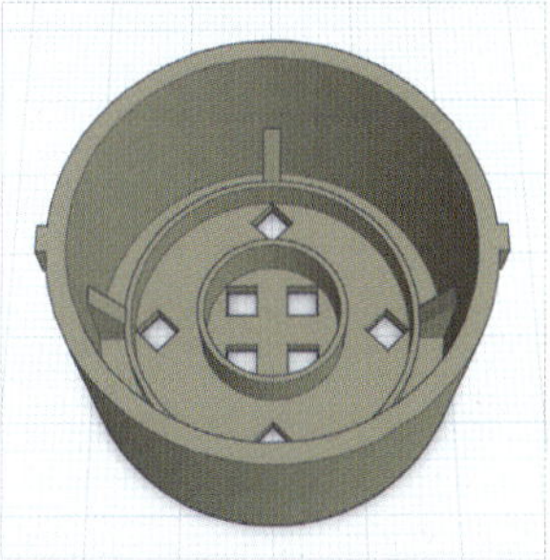
8개의 구멍이 뚫린 원통과 밑면

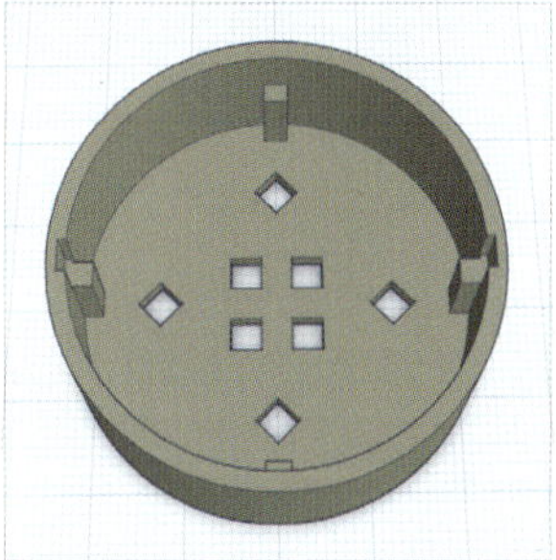
8개의 구멍이 뚫린 원통의 뚜껑

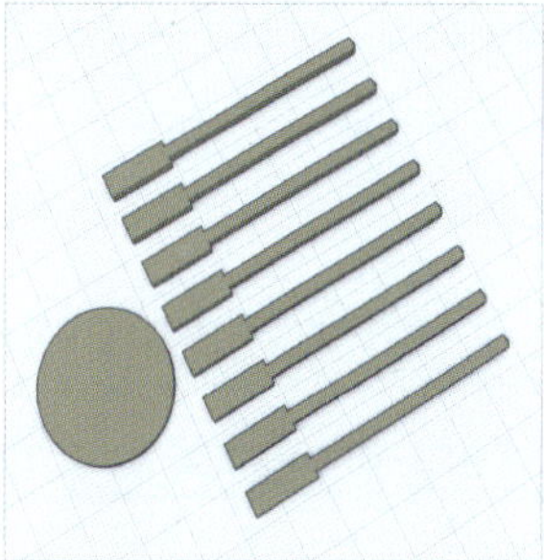
원통 안에 넣을 원판과 8개의 막대

가능할까? 다음의 영상을 보면 가능하다!!

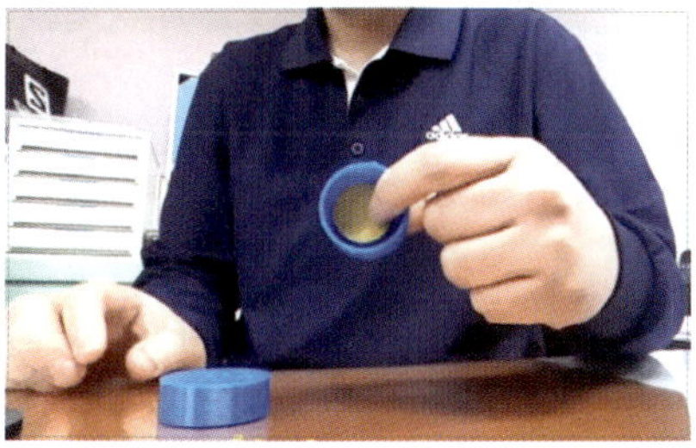

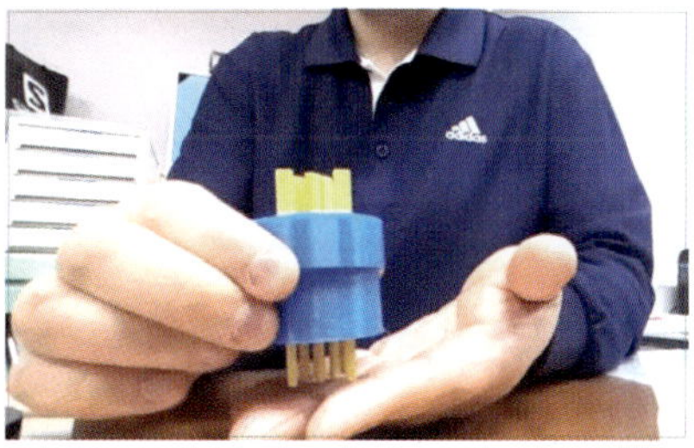

동영상_29.1.0

어떻게 이것이 가능할까? 분명히 어딘가에 속임수가 있을 것이다.
우선, 마술도구의 형태를 관찰해보자.

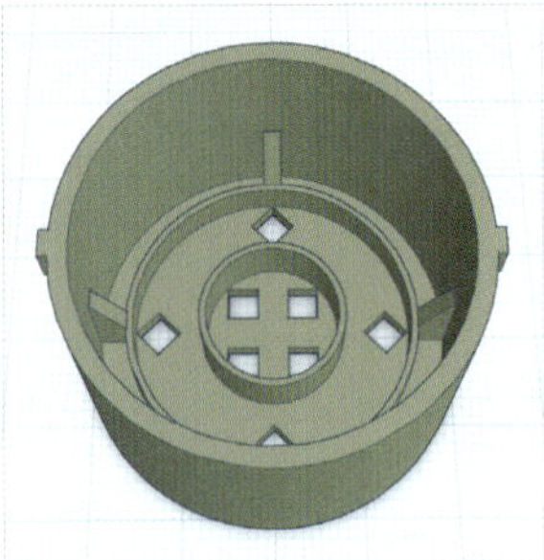
8개의 구멍이 뚫린 원통과 밑면

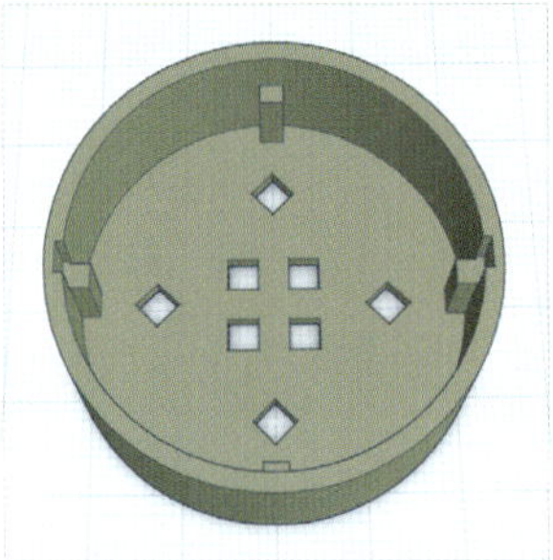
8개의 구멍이 뚫린 원통의 뚜껑

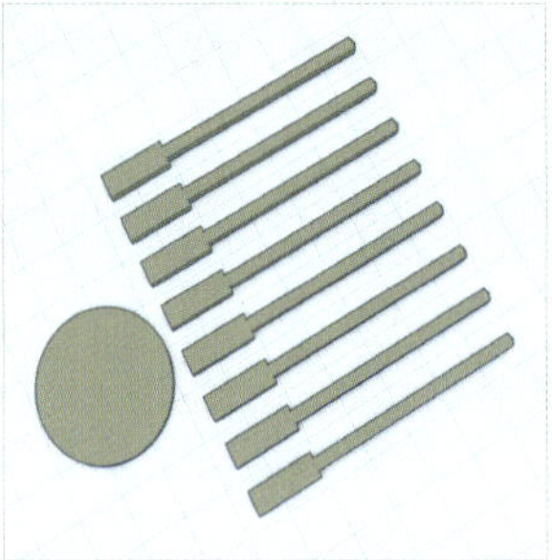
원통 안에 넣을 원판과 8개의 막대

속임수를 찾았는가?

이 마술의 트릭은 원통의 밑면에 있다!!

동영상_29.2.0

따라서 원판이 막대에 의하여 눌렸을 때, 바닥으로부터 떠서 세워지려면 첫 번째 막대는 무조건 네 모퉁이 중 한곳에 넣어야 한다. 이후부터는 원판이 세워져있기에 아무데나 막대를 꽂아도 모두 들어가게 된다.

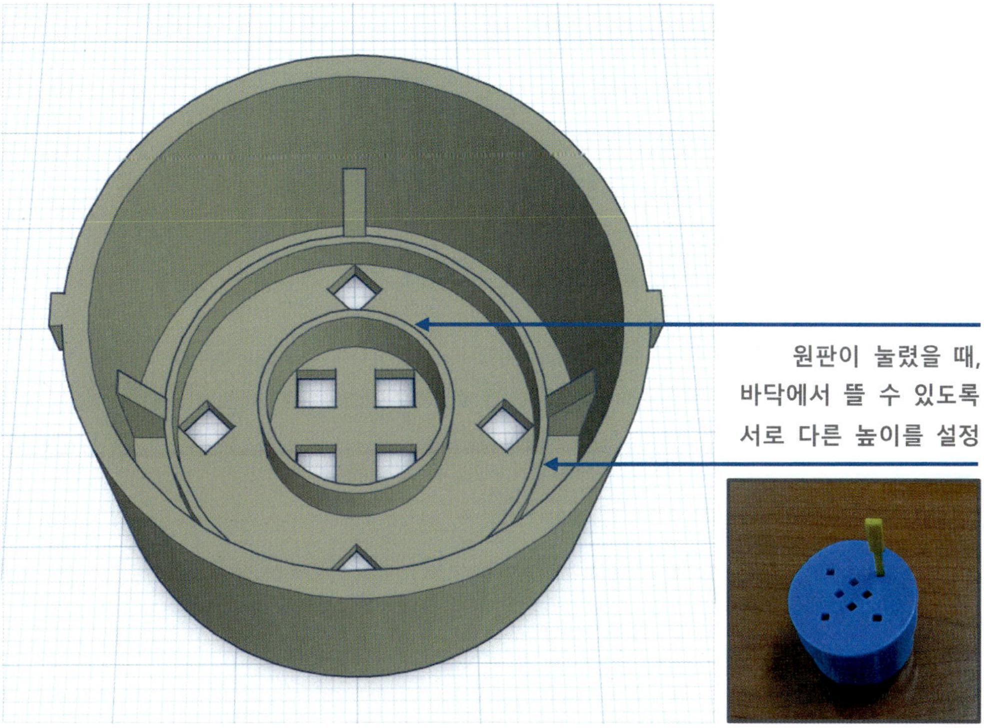


알고 나면 별것 아닌 것이 바로 마술이다!! 다시 한 번 마술의 영상을 보며, 마술 속 숨어 있는 원리를 생각해보자.

# 30. 수직으로 만나는 원기둥의 공통부분은 어떤 모양일까?

3차원은 우리가 살고 있는 공간으로 매우 친숙하기도 하지만, 이 공간을 잘 이해하고 구성하여 바라볼 수 있는 사람은 생각보다 그리 많지 않다. 다음은 '스타인메츠 다면체'라고 불리는 입체도형에 대한 질문이다.

**수직인 두 원기둥의 공통부분**

크기가 같은 원기둥 두 개를 서로 수직이 되도록 교차시킬 때, 만들어지는 공통부분은 어떤 모양일까?

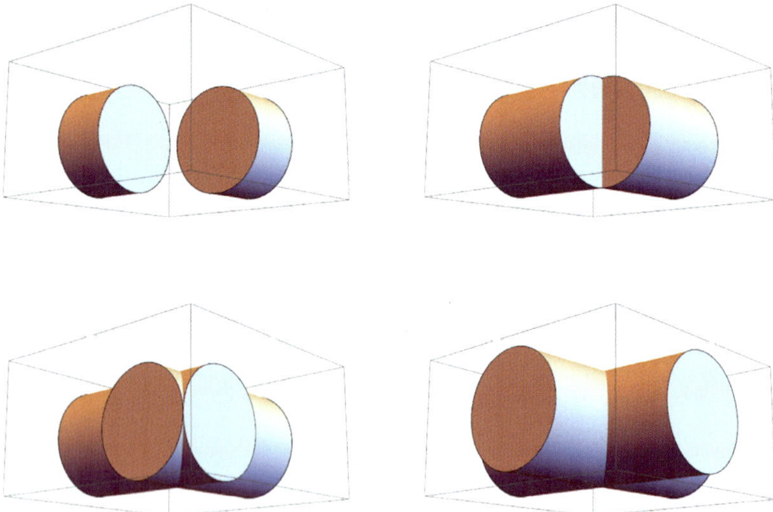

동영상_30.1.0

위의 그림으로 문제에 대한 이해는 되었으리라 생각한다. 가운데 겹치는 부분의 형태를 그려보거나 설명할 수 있겠는가?

**❙ 첫 번째, 직접 그려본다.**

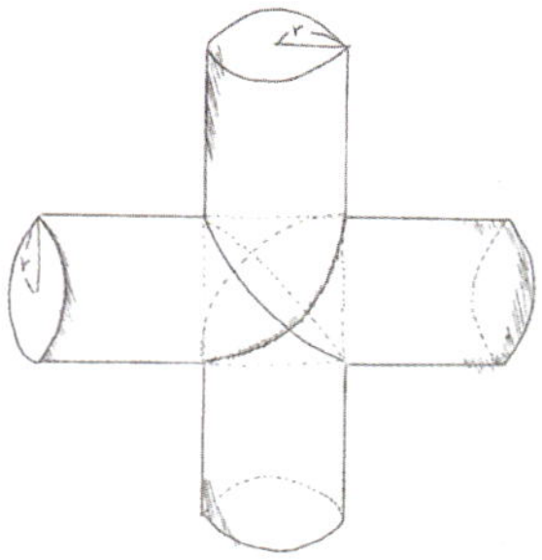

**❙ 두 번째, 직접 만들어본다.**

**❙ 세 번째, 소프트웨어로 설계해본다.**

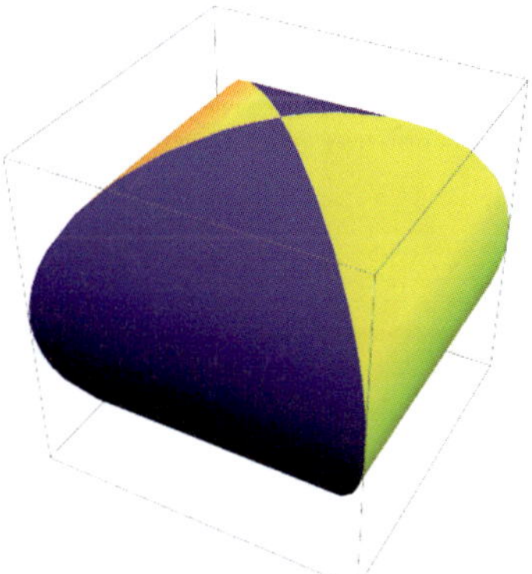

동영상_30.2.0

## 네 번째, 3D프린터로 만들어본다.

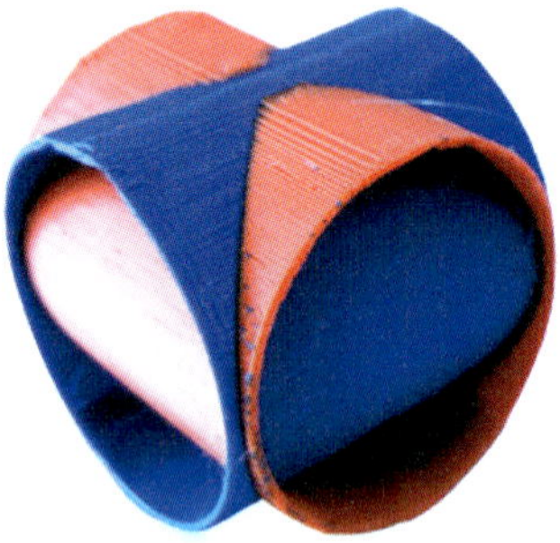

3D모델링과정

## 다섯 번째, 두부(?)를 이용하여 만들어 볼 수도 있다!!

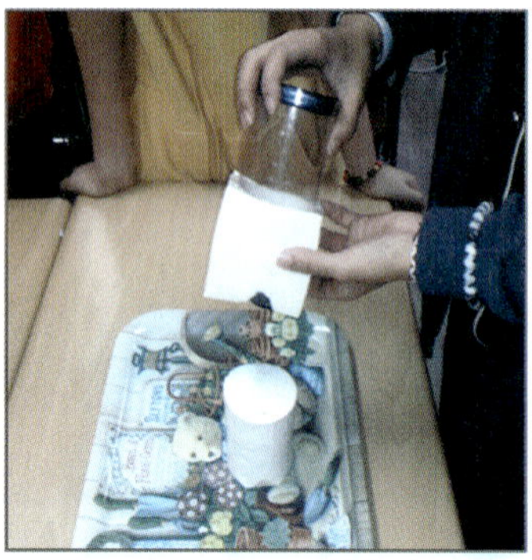

이렇게 다양한 방법으로 '스타인메츠 다면체'를 관찰하였으니, 계속해서 질문을 이어 나가보겠다.

**수직인 세 원기둥의 공통부분**

크기가 같은 원기둥 세 개를 서로 수직이 되도록 교차시킬 때, 만들어지는 공통부분은 어떤 모양일까?

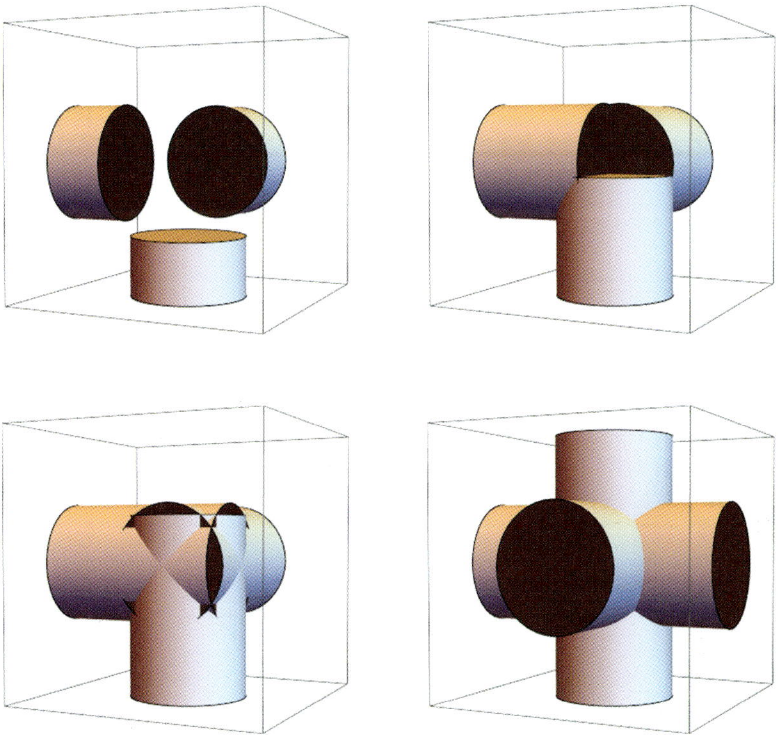

동영상_30.3.0

위의 그림으로 문제에 대한 이해는 되었으리라 생각한다. 이 역시 가운데 겹치는 부분의 형태를 그려보거나 설명할 수 있겠는가?

소프트웨어로 설계해보면 다음과 같다.

동영상_30.4.0

이번에도 역시 3D프린터를 이용하여 직접 만들어 보았다.

3D모델링과정

PART

# 2 아름다운 수학

## Beautiful ΣATH

# 31. 그래프로 디자인한 아름다운 기하예술

무엇으로 그린 작품일까?

손으로 직접 그렸다고 하기에는 스케치의 흔적 없이 매끄러운 것이 언뜻 디자인 프로그램인 일러스트를 이용하여 그린 작품이라고 생각할 만하다.

하지만, 이 그림은 그래프로 그린 작품이다. 그것도 고등학교 학생이 학교에서 배운 다양한 함수와 방정식, 부등식 영역의 그래프 72개를 이용하여 부분의 형태를 표현하고 연결하며 창조한 예술작품이다. 이와 같이 그래프를 이용하여 어떠한 형상을 그려낸 것을 '픽토그래프(Pictograph)'라고 한다.

학교에서 배운 그래프의 형태는 어떤 것들이 있을까?

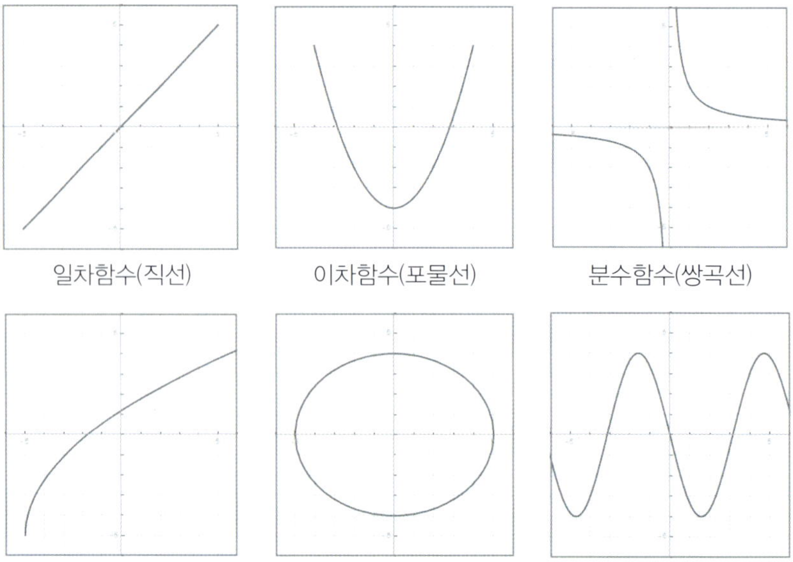

일차함수(직선) 이차함수(포물선) 분수함수(쌍곡선)

무리함수(난초) 이차곡선(원 · 타원) 삼각함수(물결 · 파동)

이외에도 3차 이상의 다항함수, 지수함수, 로그함수 등이 있으며, 함수 y=f(x)에서 등호를 부등식 y≥f(x) 또는 y≤f(x)으로 바꾸면 그래프의 영역을 나타내어 예쁜 색상을 입힐 수도 있다. 모든 과정은 저자가 개발한 '그래프스케치북' 프로그램을 이용하여 누구나 쉽게 그래프를 원하는 형태로 그려낼 수 있다. 다음은 그래프스케치북으로 일차함수와 원 그리고 삼각함수를 이용하여 '스마일 턱돌이'라는 주제의 간단한 픽토그래프가 제작되는 과정이다.

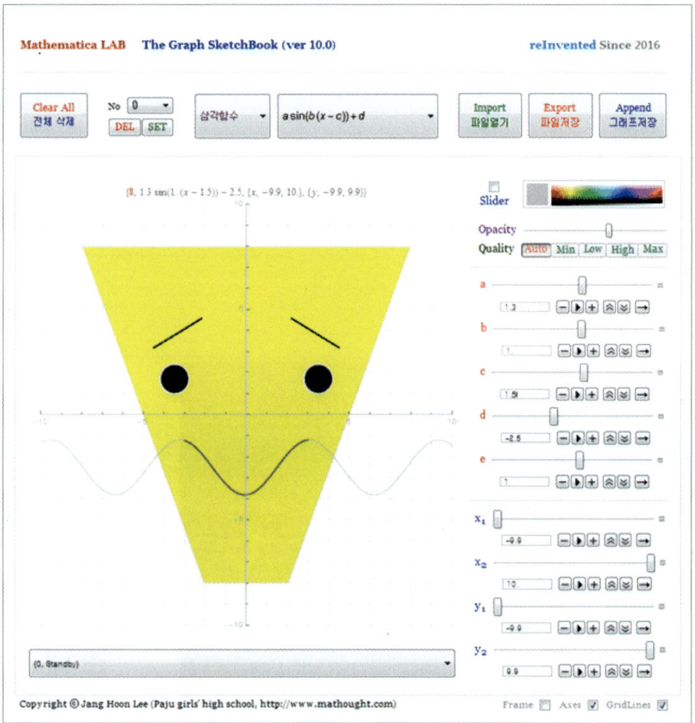


삼각함수 $y=1.3\sin(x-1.5)-2.5$ 의
$-9.9\le x\le 9.9$, $-9.9\le y\le 9.9$ 까지 범위에 대한 전체 그래프

동영상_31.1.0

이처럼 픽토그래프는 자신이 구현하고자 하는 작품 전체의 밑그림을 구상한 뒤, 각 부분의 형태를 함수·방정식·부등식에서 그래프로 찾아내고 x, y값의 범위를 조절하여 원하는 부분만큼을 표현하는 것이다. 이와같은 방법으로 '근하신년(謹賀新年)'이라는 주제의 예술적인 학생작품도 완성된 것이다.

동영상_31.2.0

처음 소개한 학생작품이 너무 대단해서 '쉽지 않겠는데?'라고 생각할 수도 있겠으나, 하나의 함수만을 이용해서도 충분한 예술작품이 완성된다. 다음은 이차함수로 중력 효과를 적용한 불꽃놀이를 다양한 색상으로 연출한 것이다.

동영상_31.3.0

이와 같이 그래프를 활용하여
우리 사회의 아름다운 모습들을 담은 기하예술 작품을 창조할 수 있다.

작품주제 : 체온을 나누는 아름다운 동행

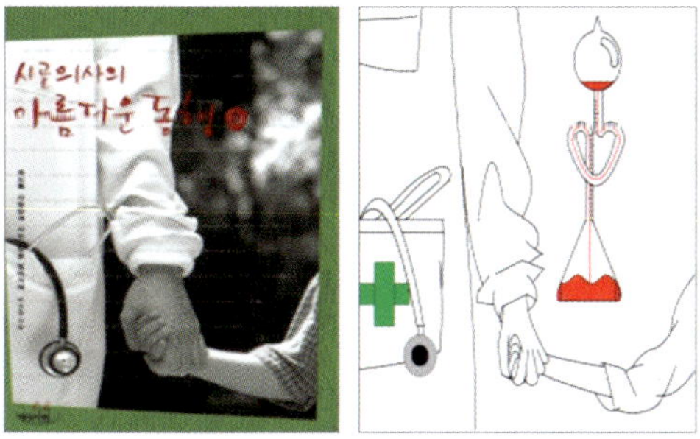

박경철 의사의 자서전을 읽고 의사의 꿈을 품은 학생작품

작품주제 : 위안부 소녀상

위안부집회 1,000회를 맞아 그들의 아픔을 추모하는 학생작품

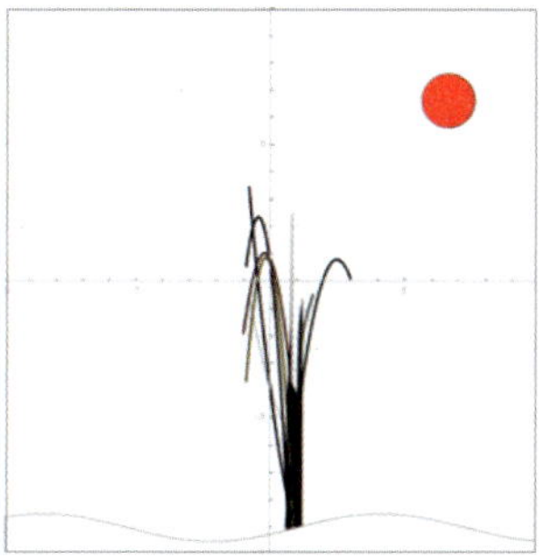

이차함수의 자유로운 영혼, 난초

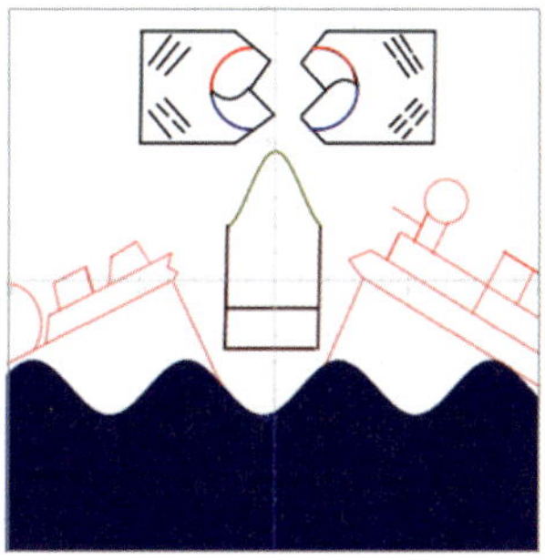

천안함, 그 아픔의 기억

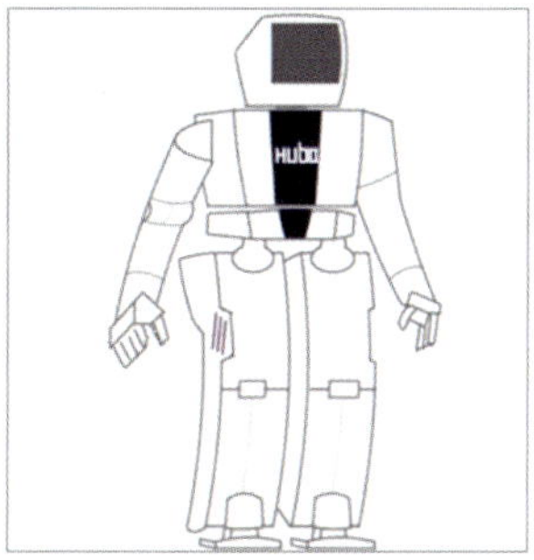

휴보이즘, 인공지능 로봇

캡틴 아메리카 시빌워 포스터

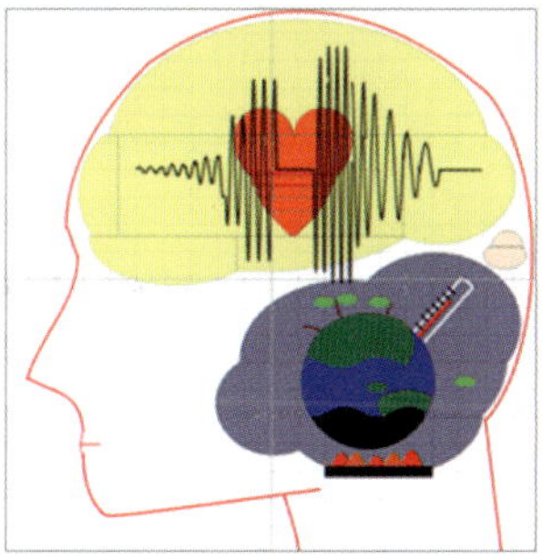

푸른 지구를 담은 과학자의 뇌

2018, 다시 태어난 페르마!!

그래프갤러리

QR코드로 그래프 갤러리 페이지를 열면,
더욱 다양하고 아름다운 픽토그래프 작품들을 감상할 수 있다.

마지막 작품은 대한민국 광복 70주년을 맞은 지난 2015년 8월 15일, 학생들이 제작한 '태극기', '위안부 소녀상', '우리 땅 독도'를 3차원 삼각함수 그래프의 곡면위로 올려서 대한민국 미래 100년을 힘찬 펄럭임으로 구현한 모습이다.

동영상_31.4.0

## 32. 원주율(π)의 숫자배열에서 나의 생일을 찾아보자!

매년 3월 14일은 'White day'로 지난 'Valentine day(2월 14일)'에 초콜릿을 받은 남성이 그 답례로 여성에게 사탕 등을 선물하는 날로 알려져 있다. 하지만 이 날을 또 다른 기념일로 즐기는 이들이 있다. 바로 수학을 좋아하는 사람들이다. 이들은 원주율 값인 π(파이)의 근삿값 3.14를 본 따서 3월 14일을 'π day'라고 부르며 원주율 자릿수(3.141592653…) 외우기, 스톱워치로 3.14초 정확히 맞추기 등의 이벤트를 하며 파이(pie)와 같은 음식을 함께 즐긴다. 요즘은 우리나라 수학 수업시간에서도 이날엔 수학교사가 학생들에게 초코파이를 나눠주며 조촐한 'π day' 행사를 가지곤 한다.

많은 이들이 원주율(π)을 3.14 정도로 알고 있지만,
실제는 3.14159265358979323846264…처럼 무한하게 끝없이 나열되며, 숫자의 배열에 규칙 또한 없는 무리수이다.

원주율(π)은 무엇을 의미하며 언제, 어떻게 발견되었을까?

한 점(중심)으로부터 일정한 거리(반지름)를 갖는 도형을 '원'이라 하는데 원주율은 바로 이 '원'에 대하여 지름과 둘레의 길이에 대한 관계를 궁금해 하는 인간의 기질적 호기심으로부터 발견된 값이다.

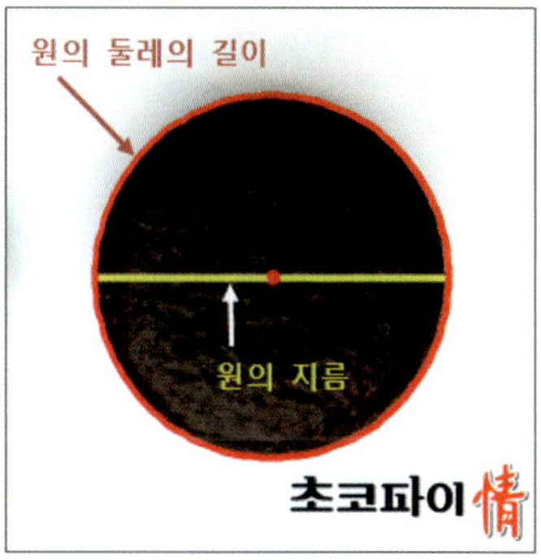


$$원주율(\pi) = \frac{원의\ 둘레의\ 길이}{원의\ 지름}$$

원의 크기와 관계없이 항상 일정한 값을 갖는다는 원주율에 대한 역사는 기원전 2000년경 고대 이집트 시대로 추측하고 있다. 그 당시 이집트인들은 '기둥'과 '실'과 같은 도구를 이용하여 측정하였다.

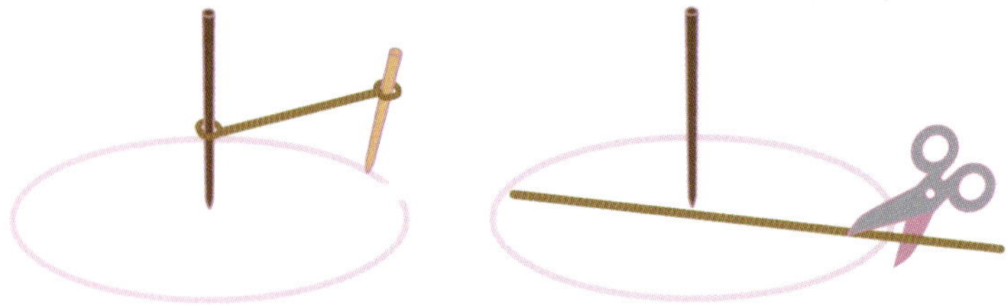

**01** 기둥을 세우고 일정한 길이의 끈으로 한 바퀴 그린다.

**02** 또 다른 끈을 이용하여 원의 지름의 길이를 잰다.

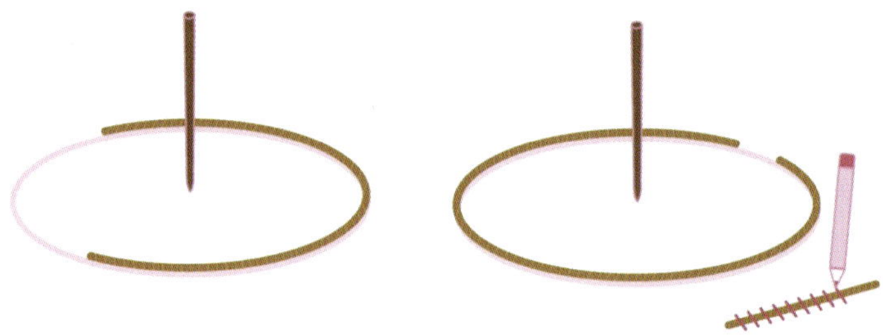

**03** 또 다른 끈을 이용하여 원의 둘레의 길이를 잰다.

**04** 원의 지름에 대한 둘레의 길이의 비를 계산한다.

이와 같은 측정의 방법으로 이들이 얻은 원주율 π의 값은 3.142857… 정도로 상당히 근접하였다. 그러다 기원전 250년경 고대 그리스 수학자 '아르키메데스'는 원에 내접하는 다각형을 이용하여 측정이 아닌 수학적 계산의 방법으로 π의 근삿값을 구하였다. 정4각형, 정8각형, 정12각형, … 정96각형, 정192각형과 같이 원에 내접하는 다각형의 둘레의 길이를 구하면 이 값이 점점 원의 둘레의 길이에 가까워진다는 것을 이용하여 계산해 낸 것이다.

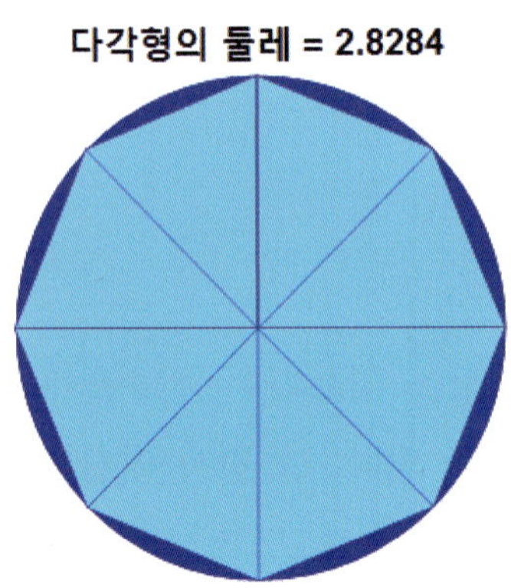


동영상_32.1.0

실제, 지름이 1인 원에 내접하는 정192각형의 둘레의 길이는 약 3.141로 더욱 정확한 π의 근삿값을 얻게 된다. 아르키메데스의 방법은 이후에도 약 1800년 이상 원주율을 구하는 가장 좋은 방법으로 사용되었으며, 1596년 독일의 수학자 '루돌프'는 변의 개수가 $2^{62} \fallingdotseq 46$ 억 개인 다각형을 사용하여 π의 근삿값을 무려 35자리까지 구해낸다. 루돌프는 이 값을 계산하기 위해 일생을 바쳤으며, 그의 묘비에는 이 업적을 기리며 3.14159265358979323846264338327950288을 새겨놓았다고 한다. 이후, 수학의 발전은 π의 값을 더욱 효율적으로 정확하게 구해내는 방법들을 찾아내기 시작하였다. 1706년 영국의 천문학자 '존 마친'은 100자리까지 발견하였고, 1761년 독일의 수학자 '람베르트'는 π가 무리수(무한하게 끝없이 나열되며, 숫자의 배열에 규칙 또한 없는 수)임을 수학적으로 증명하기에 이른다. 그럼에도 불구하고 수학자들은 더욱 큰 자릿수의 π값을 찾기 위하여 도전하였다. 1844년 독일의 '요한 다제'는 200자리까지의 π값을 계산하였으며, 20세기에 이르면서는 컴퓨터의 등장으로 폭발적인 π값 계산에 이르게 된다.

그렇다면, 우리가 사용하고 있는 컴퓨터로는 얼마만큼의 π값 계산이 가능할까?

평범한 노트북으로 세계적인 공학프로그램(Wolfram Mathematica)을 이용하여 구하여 본 결과 단 1초도 안되어 1,000자리까지를 계산해낸다.

```
3.1415926535897932384626433832795028841971693993751058209749445923078164062862089986280348253\
42117067982148086513282306647093844609550582231725359408128481117450284102701938521105559\
64462294895493038196442881097566593344612847564823378678316527120190914564856692346034861045\
43266482133936072602491412737245870066063155881748815209209628292540917153643678925903600113\
30530548820466521384146951941511609433057270365759591953092186117381932611793105118548074\
46237996274956735188575272489122793818301194912983367336244065664308602139494639522473719070\
21798609437027705392171762931767523846748184676694051320005681271452635608277857713427577896\
09173637178721468440901224953430146549585371050792279689258923542019956112129021960864034\
41815981362977477130996051870721134999999837297804995105973173281609631859502445945534690830\
26425223082533446850352619311881710100031378387528865875332083814206171776691473035982534904\
2875546873115956286388235378759375195778185778053217122680661300192787661119590921642019 9
```

간이 오래 걸린다. 그럴 만도 한 것이, π의 천만자리 계산결과는 A4용지로 빼곡하게 2,165페이지에 이르며 저장용량도 8Mbyte나 된다.

이렇게 찾은 천만자리의 원주율 π값으로 의미 있는 시도를 해보자. 규칙성 없이 무한히 나열되는 무리수 π의 천만자리 숫자배열에 나의 생일이 존재할까?

가장 쉽게 찾는 방법은 천만자리 π계산의 PDF파일을 이용해볼 수 있다. 다운받은 PDF을 열어 아래의 그림과 같이 텍스트 찾기로 생년월일(예로, 74년 09월 12일)을 입력해본다.

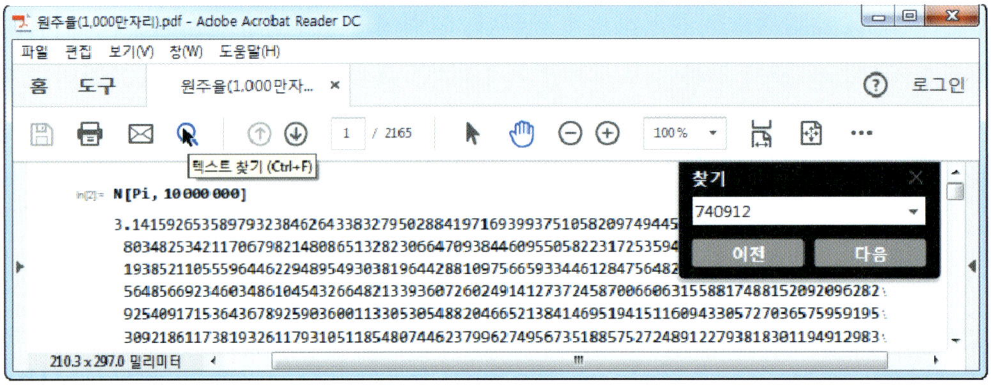


자료실_32.2.0

QR코드로 페이지를 열면,
1천만자리 원주율의 숫자배열에 대한 PDF 파일을 다운받을 수 있다.

텍스트의 밋밋함에 즐거움을 더하는 두 번째 방법으로 작가의 사이트를 이용해본다.

'원주율이 품은 나의 생일'이라는 수학실험실에서 자신의 생년월일(예로, 74년 09월 12일)을 입력하면, π의 천만자리 수에서 자신의 생년월일이 최초로 몇 번째 나타나는지를 계산(1,137,374번째)하여 π의 형태로 디자인 되도록 프로그래밍해 놓았다.

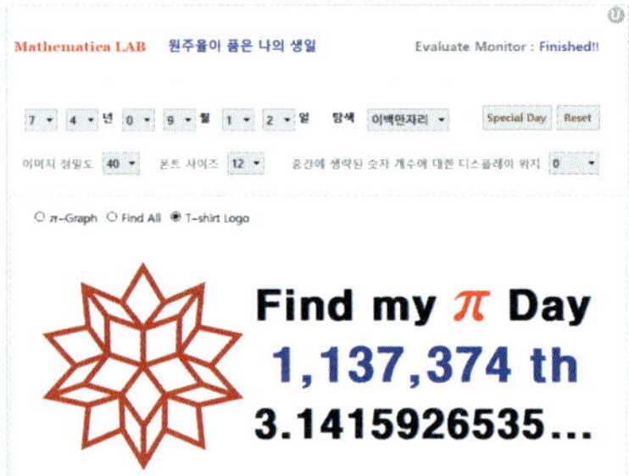

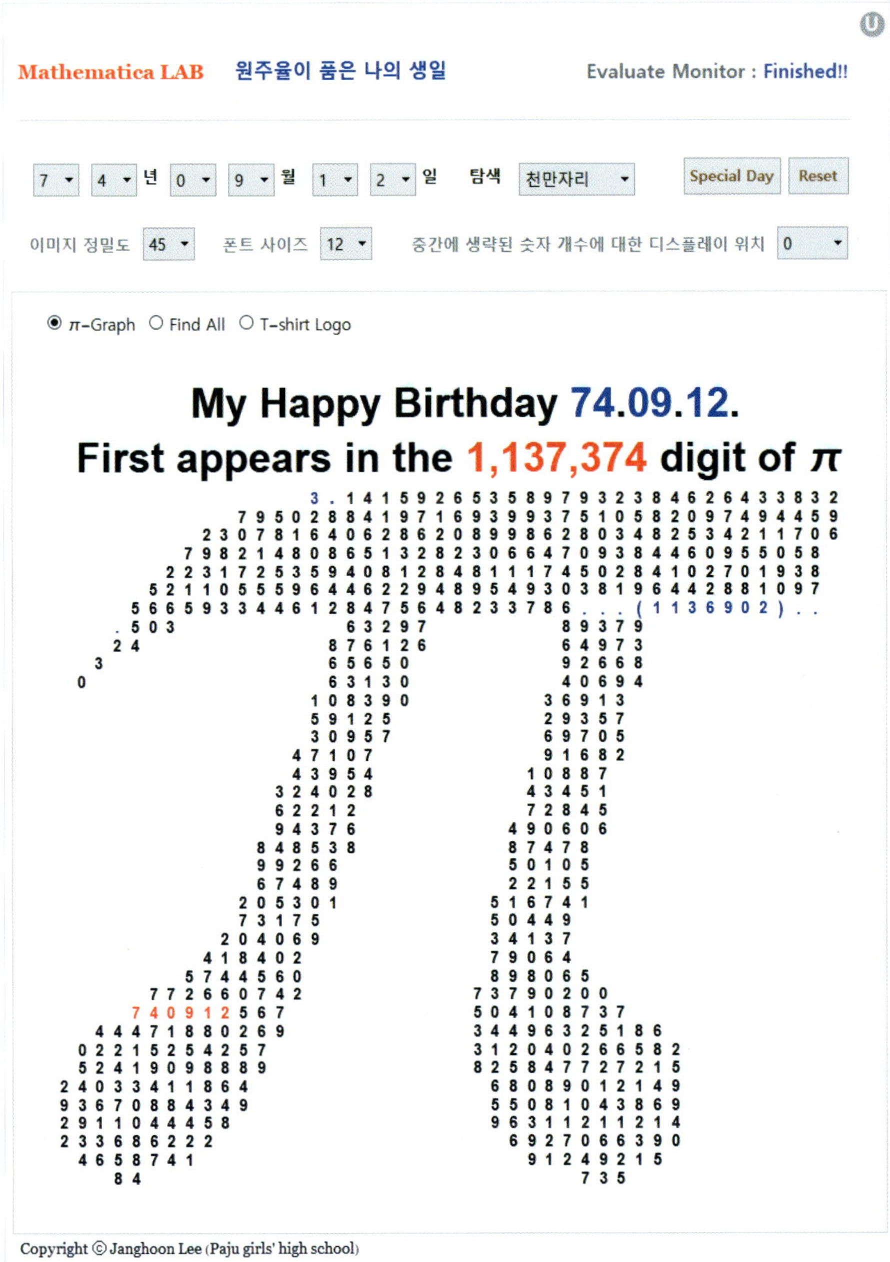


실험실_32.2.0

QR코드로 페이지를 열면, 위의 그림과 같이
1천만~3억자리 원주율의 숫자배열에서 생일을 탐색할 수 있는 실험문서가 있다.

평생을 바치며 π의 35번째 값(3.14159265358979323846264338327950288)까지 계산한 독일의 수학자 '루돌프'가 이렇게 멋진 이미지를 보았다면 얼마나 감격스러웠을까!

원주율 π의 천만자리까지가 과연 필요할까?

요즘에도 원주율 π의 자릿수 계산은 계속하여 시도되고 있다. 주로 슈퍼컴퓨터의 성능을 측정하는 방법으로 활용되며, 현재까지 슈퍼컴퓨터로 계산된 π의 값은 약 1조 2천억 자릿수 이상이다. 하지만, 실제 생활 · 예술품, 건축, 과학기술 등에서 필요로 하는 π의 값은 10자리(3.1415926535) 수준에 불과하다. 이정도 값으로 우리는 지구의 둘레를 1mm 이하의 오차까지 계산할 수 있으니 말이다. 설령, 천문학과 같이 우주의 반경에 대한 둘레를 계산한다하여도 40자리(3.1415926535897932384626433832795028841971)로 충분하다. 그럼에도 불구하고 수학자들은 한없이 뻗어나가고 있는 원주율 π를 무슨 연유로 추적하고 있는 것일까? 그것은 아마도 인간 본연의 특성인 학문적 호기심이 아닐까 싶다. 지금도 계속하여 팽창하고 있는 무한한 우주의 대자연처럼 원주율 π에서 끝없이 펼쳐지는 무한세계에 조금이라도 더 깊숙이 들어가 바라보고 싶은 갈망이며 로망일 것이다. 수학은 그렇게 지금까지 발전해 왔고, 이후에도 그렇게 발전해 나갈 것이다.

# 33. 천만 자리 원주율(π)에서 찾은 특별한 생일들

원주율(π=3.141592…)을 천만 자리까지 구하면 그 분량은 A4용지로 2,165페이지에 이르며 저장용량도 7Mbyte가 넘는다. 그렇다면, 천만 자리 원주율(π)의 숫자 배열 속에 나의 생년월일은 언제쯤, 몇 번이나 나타날까?

저자의 생년월일 74년 09월 12일.
즉, 숫자 배열 740912가 최초로 나타나는 위치는 1,137,374번째다.

저자의 생년월일 74년 09월 12일.
즉, 숫자 배열 740912는 원주율 천만 자리 숫자 배열에서 총 12번 출현한다.

1번째 출현 위치 : $\pi$ 의 1,137,374 번째 자리 ~ 1,137,379 번째 자리

3.14159265358979323846264338327...42737902007409125675041087...

2번째 출현 위치 : $\pi$ 의 1,877,906 번째 자리 ~ 1,877,911 번째 자리

3.14159265358979323846264338327...5008566249740912209040912...

3번째 출현 위치 : $\pi$ 의 2,538,421 번째 자리 ~ 2,538,426 번째 자리

3.14159265358979323846264338327...0744270038740912898173167 4...

4번째 출현 위치 : $\pi$ 의 3,126,451 번째 자리 ~ 3,126,456 번째 자리

3.14159265358979323846264338327...8072313751740912504993877 6...

5번째 출현 위치 : $\pi$ 의 4,295,547 번째 자리 ~ 4,295,552 번째 자리

3.14159265358979323846264338327...0010660715740912954452577 6...

6번째 출현 위치 : $\pi$ 의 4,668,072 번째 자리 ~ 4,668,077 번째 자리

3.14159265358979323846264338327...4259038845740912894599299 1...

7번째 출현 위치 : $\pi$ 의 4,922,785 번째 자리 ~ 4,922,790 번째 자리

3.14159265358979323846264338327...4315495271740912660424082 7...

8번째 출현 위치 : $\pi$ 의 5,146,860 번째 자리 ~ 5,146,865 번째 자리

3.14159265358979323846264338327...5935396543740912798931040 4...

9번째 출현 위치 : $\pi$ 의 5,525,315 번째 자리 ~ 5,525,320 번째 자리

3.14159265358979323846264338327...6703667139740912231902821 3...

10번째 출현 위치 : $\pi$ 의 6,218,582 번째 자리 ~ 6,218,587 번째 자리

3.14159265358979323846264338327...7126085677740912433075684 3...

11번째 출현 위치 : $\pi$ 의 7,807,851 번째 자리 ~ 7,807,856 번째 자리

3.14159265358979323846264338327...0517023053740912349238062 1...

12번째 출현 위치 : $\pi$ 의 9,367,814 번째 자리 ~ 9,367,819 번째 자리

3.14159265358979323846264338327...5195761658740912312113810 8...

실험실_32.2.0

QR코드로 페이지를 열면, 위의 그림과 같이
1천만~3억자리 원주율의 숫자배열에서 생일을 탐색할 수 있는 실험문서가 있다.

이제, 천만 자리 원주율의 숫자 배열이 품은 모든 생년월일 속에서의 진귀한 기록들을 찾아보자!! 생년월일의 범위는 00년 01월 01일(=000101)부터 99년 12월 31일(=991231)까지 총 37,200개에 대해서 탐색하는 것으로 일반 PC를 이용하여 약 2시간에 걸쳐 얻어진 결과다.

## 가장 빠르게 출현하는 생년월일은?

64년 06월 28일생이다. 즉, 숫자 배열 640628로 최초의 출현 위치는 70번째 숫자 배열부터 나타난다.

```
N[Pi, 100]
3.141592653589793238462643383279502884197169399375105820974944\
 59230781640 6286 208 998 628 034 825 342 117 067
```

또한, 천만 자리 숫자 배열 속에서 총 2번에 걸쳐 나타난다.

**1번째 출현 위치 : π 의 70 번째 자리 ~ 75 번째 자리**

3.14159265358979323846264338327...44592307816406286208998628...

**2번째 출현 위치 : π 의 9,822,140 번째 자리 ~ 9,822,145 번째 자리**

3.14159265358979323846264338327...12688969546406286868103854...

## 가장 늦게 출현하는 생년월일은?

26년 11월 02일생이다. 즉, 숫자 배열 261102로 최초의 출현 위치는 9,873,256번째 숫자 배열부터 나타나며, 그것이 최초이자 마지막이다.

**1번째 출현 위치 : π 의 9,873,256 번째 자리 ~ 9,873,261 번째 자리**

3.14159265358979323846264338327...98295542632611024296835468...

## 가장 많이 출현하는 생년월일은?

51년 07월 03일생 및 96년 09월 24일생이다. 즉, 숫자 배열 510703, 960924로 원주율의 천만 자리 숫자 배열에서 총 25번 출현하였다.

1번째 출현 위치 : π 의 366,657 번째 자리 ~ 366,662 번째 자리

3.14159265358979323846264338327...8909069762**510703**0489202794...

2번째 출현 위치 : π 의 718,782 번째 자리 ~ 718,787 번째 자리

3.14159265358979323846264338327...4088710161**510703**6746824529...

3번째 출현 위치 : π 의 2,817,095 번째 자리 ~ 2,817,100 번째 자리

3.14159265358979323846264338327...6945164921**510703**0361021602...

4번째 출현 위치 : π 의 2,827,792 번째 자리 ~ 2,827,797 번째 자리

3.14159265358979323846264338327...1982020578**510703**3620866763...

5번째 출현 위치 : π 의 2,964,488 번째 자리 ~ 2,964,493 번째 자리

3.14159265358979323846264338327...4030517666**510703**5438612351...

51년 07월 03일생 (510703)

동영상_33.1.0

1번째 출현 위치 : π 의 68,472 번째 자리 ~ 68,477 번째 자리

3.14159265358979323846264338327...9851056891**960924**3988415692...

2번째 출현 위치 : π 의 306,315 번째 자리 ~ 306,320 번째 자리

3.14159265358979323846264338327...3688509215**960924**9345461701...

3번째 출현 위치 : π 의 1,137,623 번째 자리 ~ 1,137,628 번째 자리

3.14159265358979323846264338327...6230781033**960924**0679808604...

4번째 출현 위치 : π 의 1,170,213 번째 자리 ~ 1,170,218 번째 자리

3.14159265358979323846264338327...9238820611**960924**0108921940...

5번째 출현 위치 : π 의 1,972,784 번째 자리 ~ 1,972,789 번째 자리

3.14159265358979323846264338327...7892011053**960924**2823645591...

96년 09월 24일생 (960924)

동영상_33.1.0

## 유일하게 한 번만 출현하는 생년월일은?

원주율의 천만 자리 숫자 배열에서 단 한 번만 출현하는 생년월일은 모두 18개 존재한다.

| 12년 04월 08일 (=120408)<br>최초로 2,080,933번째 출현 | 42년 11월 19일 (=421119)<br>최초로 6,106,601번째 출현 | 71년 06월 10일 (=710610)<br>최초로 8,394,986번째 출현 |
|---|---|---|
| 24년 06월 10일 (=240610)<br>최초로 1,472,374번째 출현 | 44년 09월 08일 (=440908)<br>최초로 8,171,655번째 출현 | 81년 05월 05일 (=810505)<br>최초로 9,726,112번째 출현 |
| 26년 11월 02일 (=261102)<br>최초로 9,873,256번째 출현 | 48년 02월 06일 (=440206)<br>최초로 1,491,841번째 출현 | 82년 06월 19일 (=820619)<br>최초로 5,818,095번째 출현 |
| 33년 05월 10일 (=330510)<br>최초로 239,665번째 출현 | 53년 04월 04일 (=530404)<br>최초로 3,094,937번째 출현 | 83년 01월 22일 (=830122)<br>최초로 6,018,724번째 출현 |
| 35년 09월 27일 (=350927)<br>최초로 7,270,448번째 출현 | 62년 12월 11일 (=621211)<br>최초로 7,182,258번째 출현 | 87년 02월 04일 (=870204)<br>최초로 5,529,109번째 출현 |
| 41년 10월 08일 (=411008)<br>최초로 6,084,032번째 출현 | 66년 11월 09일 (=661109)<br>최초로 2,436,367번째 출현 | 87년 09월 24일 (=870924)<br>최초로 7,296,138번째 출현 |

## 단 한 번도 출현하지 않은 생년월일은?

그렇다면 원주율의 천만 자리 숫자 배열에서 단 한 번도 출현하지 않은 생년월일이 존재할까?

존재한다!!

단 하나의 생일. 바로 46년 01월 19일생이다. 즉, 숫자 배열 460119로 원주율의 천만 자리 숫자 배열에서 단 한 번도 출현하지 않았다. 그렇다면 이 생일의 숫자 배열은 언제 최초로 나타날까? 원주율의 숫자 배열을 이천 만 자리까지 확장하여 탐색해본 결과, 46년 01월 19일(=460119)은 10,847,855번째에서 최초로 출현하였으며, 이천만 자리까지 총 11번 나타났다.

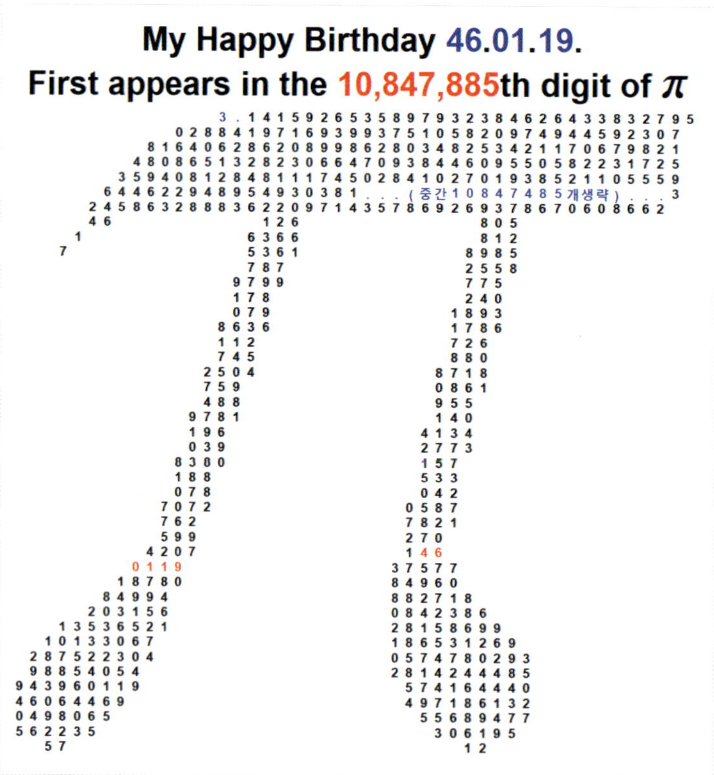


실험실_32.2.0

QR코드로 페이지를 열면, 위의 그림과 같이
1천만~3억자리 원주율의 숫자배열에서 생일을 탐색할 수 있는 실험문서가 있다.

1번째 출현 위치 : π 의 10,847,885 번째 자리 ~ 10,847,890 번째 자리

3.14159265358979323846264338327...99270420714601193757718780...

2번째 출현 위치 : π 의 11,551,168 번째 자리 ~ 11,551,173 번째 자리

3.14159265358979323846264338327...83397735534601191186865186...

3번째 출현 위치 : π 의 12,717,016 번째 자리 ~ 12,717,021 번째 자리

3.14159265358979323846264338327...87882806014601196211684398...

4번째 출현 위치 : π 의 12,954,455 번째 자리 ~ 12,954,460 번째 자리

3.14159265358979323846264338327...95400444994601194839890747...

동영상_33.1.0

46년 01월 19일생 (460119)

이 글을 읽는 독자분들도 원주율(π=3.141592⋯)의 천만 자리 숫자 배열 속에 숨어 있는 자신의 생년월일을 찾아보기 바란다.

# 34. 세상 유일한 π-티셔츠를 디자인해보자!

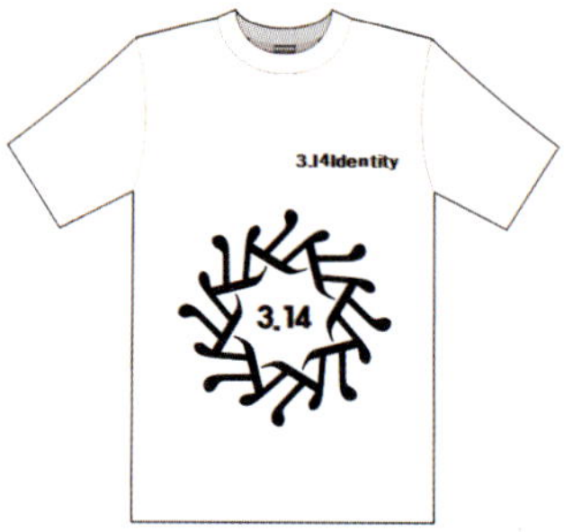


인터넷에서 원주율(π) 티셔츠를 검색하면 여러 가지 디자인의 티셔츠를 볼 수 있다. 그만큼 많은 이들에게 원주율은 수학에 대한 상징적인 의미이기도 하다.

똑같은 건 싫어!
나만의 특별한 「π-티셔츠」를 만들어볼까?

원주율 π≒3.141592…을 1억 자리까지 구하여, 나의 생일이 최초로 나타나는 위치를 찾아 세상 유일한 π-티셔츠를 만들어보자!! 저자가 개발한 '원주율 π가 품은 나의 생일' 파일을 이용하여 자신의 생년월일 8자리가 최초로 나타나는 위치를 탐색하여 π 형태의 디자인을 얻는다. 여기서는 2020년의 π-day인 2020년 03월 14일. 즉, 숫자 배열 '20200314'로 탐색해본다.

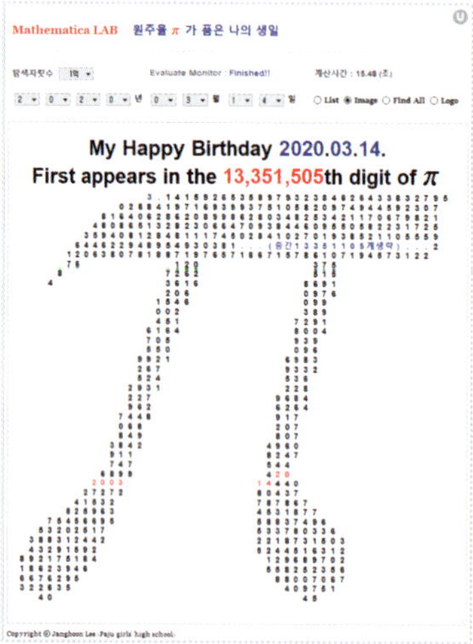


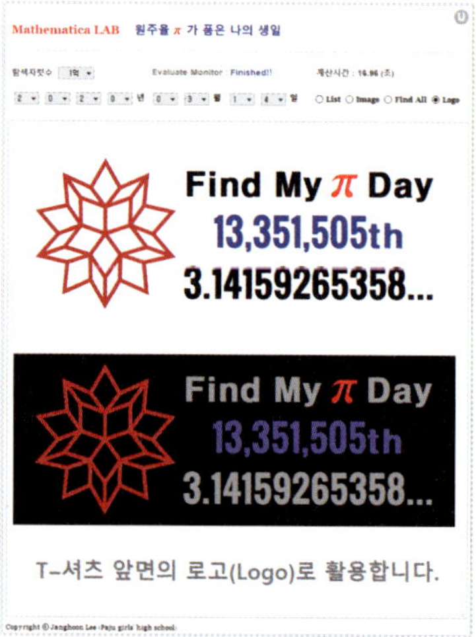


실험실_32.2.0

QR코드로 페이지를 열면, 위의 그림과 같이
1천만~3억자리 원주율의 숫자배열에서 생일을 탐색할 수 있는 실험문서가 있다.

## $\pi$ 디자인 속에 숨어 있는 수학원리

이렇게 많은 숫자들을 어떻게 π 형태로 나열했을까?

먼저, 텍스트 π를 적당한 크기의 디지털 이미지로 변환한다. 디지털로 나타낸 이미지는 가로×세로의 크기를 픽셀(pixel)로 나타내는데, 이 픽셀의 위치를 순서쌍 (x,y)로 나타내면 각 픽셀의 고유 위치가 결정된다. 아래는 글자 크기 12인 텍스트 π를 디지털 이미지로 변환한 것을 확대하여 보여준 것으로 가로×세로의 크기는 50(pixel)×50(pixel)이며 픽셀의 개수는 총 2500개다.

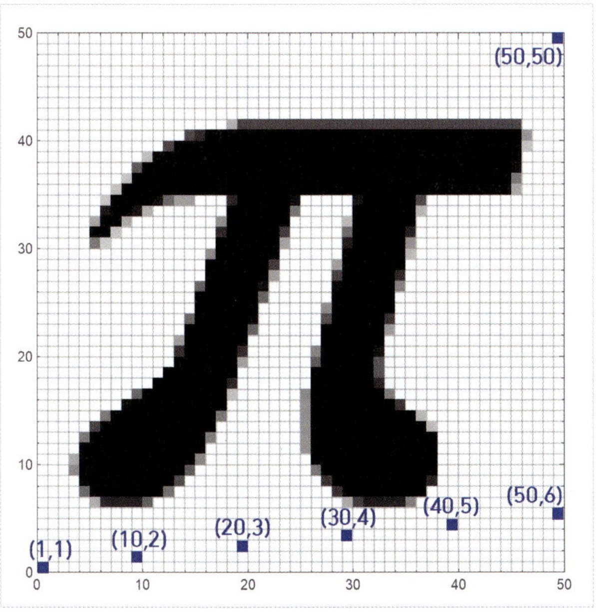


동영상_34.1.0

2500개의 픽셀에는 음영의 값이 0(흰색)~1(검정색) 사이의 값으로 표현되는데 0이 아닌 픽셀의 순서쌍 (x,y)를 모두 찾아서 위 · 왼쪽에서부터 아래 · 오른쪽으로 원주율의 숫자 배열 3.141592653589793…을 배치하여주면 된다. 이와같이 디지털로 나타낸 이미지의 픽셀을 이용하여 그 형태나 색상을 조작하는 과정을 이미지프로세싱(Image Processing)이라고 한다. 가장 대중적인 이미지 편집 프로그램인 포토샵의 모든 효과들도 이미지프로세싱을 통하여 구현되는 것이다.

이렇게 만들어진 이미지는 파일로 저장하여 아래와 같은 멋진 π-티셔츠 디자인의 주문제작이 가능하다.

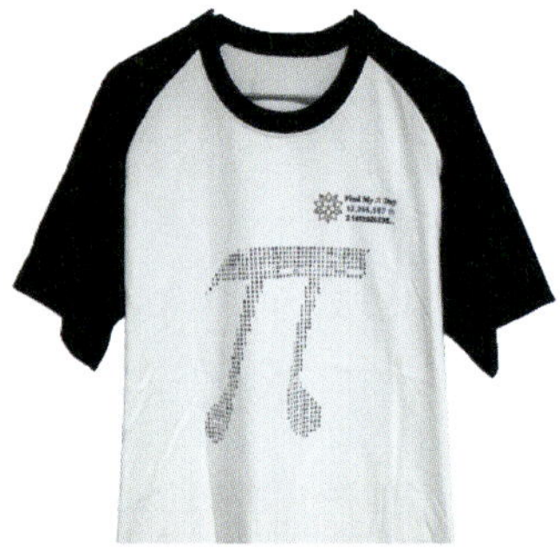

동영상_34.1.0

이번에는 http://mypiday.com 사이트를 이용하여 다른 형태의 π-티셔츠 디자인을 해보자. 해당 사이트에 접속하여 자신의 생년월일 6자리. 예를 들어 74년 09월 12일. 즉, 740912를 입력하면 최초로 나타나는 위치를 탐색하여 아래와 같은 디자인으로 출력된다.

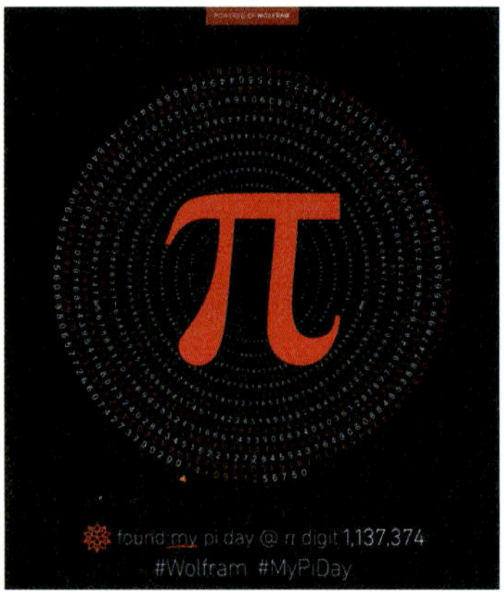


동영상_34.2.0

이 역시, 이미지를 파일로 저장하여 아래와 같은 멋진 π-티셔츠 디자인이 가능하다.

동영상_34.2.0

## π–Identity

원주율 π에서 찾은 특별한 나의 생일을 세상 유일한 π–티셔츠로 만들어봄은 어떨까?

# 35. 기하학적인 회전도형, 디자인상을 수상하다!

2012년 개관한 미국의 '국립수학박물관'의 입구에는 박물관을 상징하는 특별한 형태의 로고가 장식되어 있다. 모든 그림들은 규칙적이고 균형적으로 그려져 있어 보는이들로 하여금 시각적인 안정감을 주지만 기하학적인 화려함마저 놓치지 않고 있다.

## 심볼 아트(Symbol ART)

하나의 기호 또는 도형을 적당히 회전하고 복제하면 어느 순간 상당히 인상적이고 강렬한 로고의 작품이 탄생한다. 다음은 미국 국립수학박물관의 로고 'MOMATH'의 디자인 생성 과정이다.

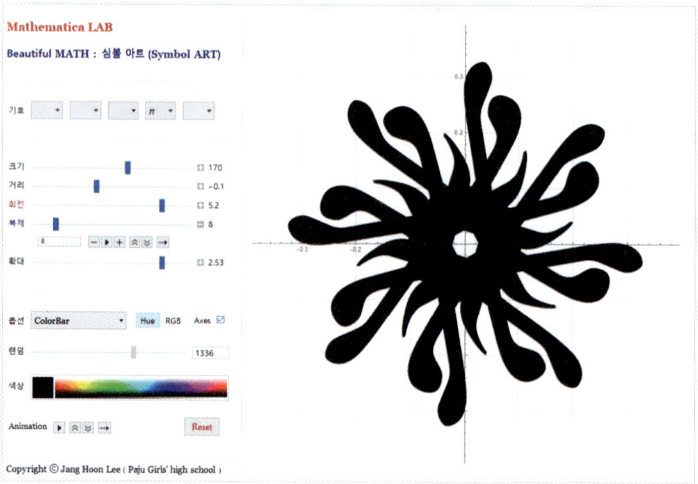


동영상_35.1.0

단순히 원주율 기호「π」만을 이용하여 그것을 적당한 크기로 회전 · 복제하고 있는데, 그 과정들이 디자인 작품을 다이나믹하게 탄생시키는 순간이기도 하다. 다음 작품들은 하나의 기호를 선택하고 이를 회전 · 복제하면서 만든 'MOMATH' 컬렉션으로 GDUSA 그래픽 디자인 수상작(2013)이다.

누가 디자인했을까?

바로 박물관을 찾은 관객들이다. 관객들은 전시장 내에 설치된 체험 부스에서 직접 자신만의 로고를 디자인해보고, 그것을 즉석에서 티셔츠에 전사 프린팅까지 하여 입고 갈 수도 있다.

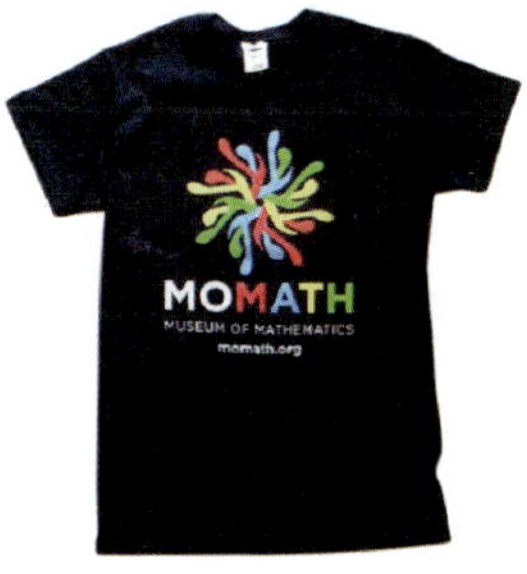

여러분들도 체험해보고 싶다면?

아래의 QR코드 페이지를 열고 「심볼 아트(Symbol ART)」 파일을 다운받아 체험이 가능하다. 다음은 심볼아트를 이용하여, 수학(ΣATH)을 상징하는 「Σ」로 다양한 조작 하는 모습이다. 전혀 예상하지 못했던 디자인이 창조되는 멋진 순간을 경험해보자!!

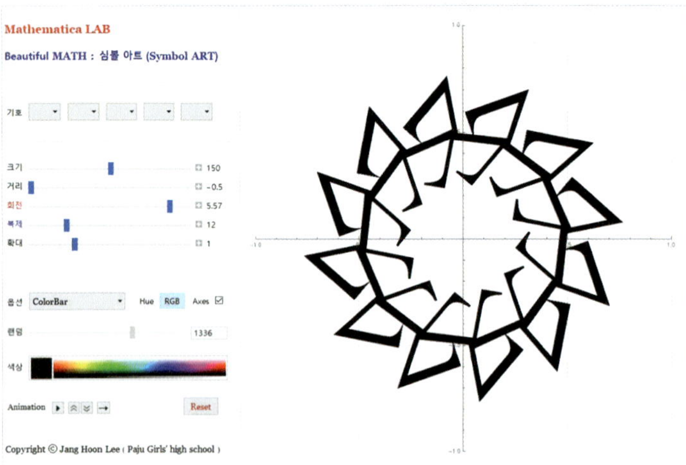


동영상_35.2.0

## 기호 「Σ」를 이용한 심볼 아트

복제(1)

복제(3)

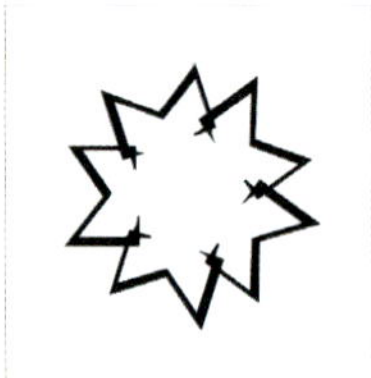

복제(5)

복제(7)

복제(12)

복제(21)

기호(Σ), 크기(150), 거리(−0.5), 회전(0)하고, 복제 값을 변화시킨 결과

거리(−0.35), 회전(0.85), 복제(8)

거리(−0.35), 회전(2.91), 복제(8)

거리(−0.35), 회전(4.14), 복제(8)

거리(0.27), 회전(0.65), 복제(13)

거리(0.27), 회전(1.31), 복제(13)

거리(0.27), 회전(2.61), 복제(13)

기호(Σ), 크기(100)을 고정하고, 거리, 회전, 복제 값을 변화시키며 만들어낸 다양한 결과

## 기호 「ψ」를 이용한 심볼 아트

회전(0)

회전(1.61)

회전(3.17)

회전(4.21)

회전(5.00)

회전(5.54)

기호(ψ), 크기(157), 거리(0.306), 복제(8) 값을 고정하고 회전값을 변화시킨 다양한 결과

## 기호「라」를 이용한 심볼 아트

복제(13), 회전(0)

복제(13), 회전(0.62)

복제(13), 회전(2.08)

복제(8), 회전(0)

복제(8), 회전(1.68)

복제(8), 회전(2.24)

기호(라), 크기(212), 거리(0.306) 값을 고정하고 복제, 회전값을 변화시킨 다양한 결과

# 36. 아름답고 기상천외한 그래프를 찾아서

컴퓨터와 공학소프트웨어의 등장은 수학자(특히 기하학자)들에게 진보된 연구도구로의 쓰임에 더하여 또 하나의 즐거움을 안겨주었다. 바로 손 계산으로는 쉽게 예측할 수 없는 아름답고 기상천외한 방정식의 그래프를 발견하는 기쁨(?)이다.

## 사랑 방정식

오래전 드라마의 주인공이 '사랑방정식'의 그래프를 그려서 짝사랑에게 고백의 메시지를 넌지시 건넨 그래프이다.

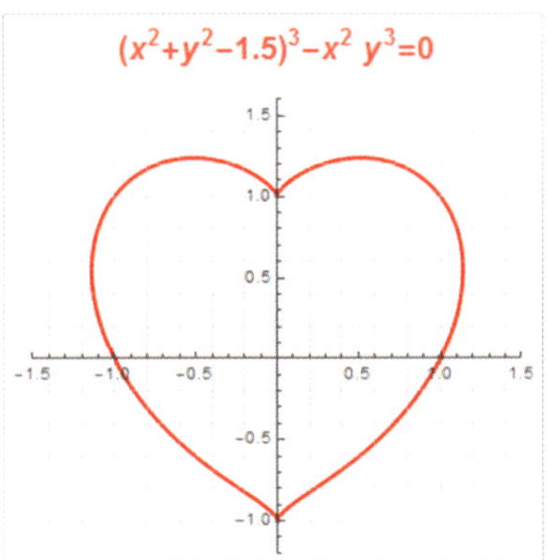

동영상_36.1.0

방정식의 그래프란?

방정식 f(x,y)=0을 만족하는 값 x,y를 찾아서 이를 순서쌍 (x,y)으로 엮어 좌표평면상에 나타낸 것이다. 그런데 식이 복잡할수록 손으로 그려내기가 불가능해진다. 이를 대신하여 빠르게 계산하고 좌표평면상에 출력해주는 것이 컴퓨터와 공학소프트웨어의 역할이다. 방정식을 f(x,y,z)=0과 같이 공간으로 확장하면 입체로 그려지는 '사랑방정식'도 존재한다. 물론, 이렇게 만든 하트는 3D프린팅도 가능하다.

$$320\left(-x^2 z^3 - \frac{9y^2 z^3}{80} + \left(-1 + x^2 + \frac{9y^2}{4} + z^2\right)^3\right) = 0$$

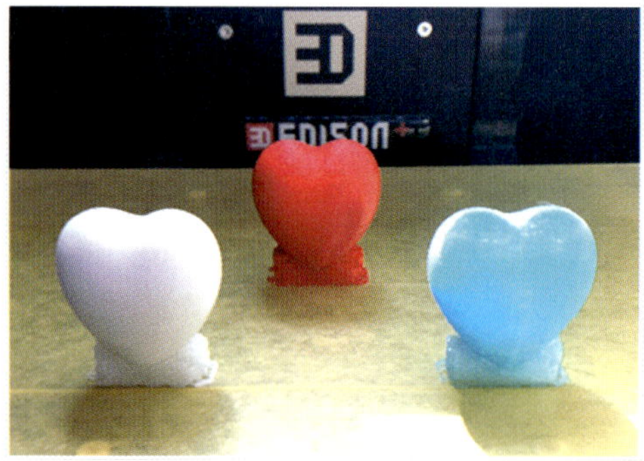

## 별 그대... 방정식

그래프가 그려지는 좌표 (x,y)를 각각 식 x(t), y(t)로 나타내는 방법을 매개변수 방정식이라고 부른다. 매개변수 방정식은 훨씬 더 복잡하고 다양하며 신기한 그래프를 만들어 나갈 수 있다. 다음은 부드럽게 그려지는 별 그래프의 모습이다.

$$x(t) = 5\cos(2t) + 2\cos(3t)$$
$$y(t) = 2\sin(3t) - 5\sin(2t)$$

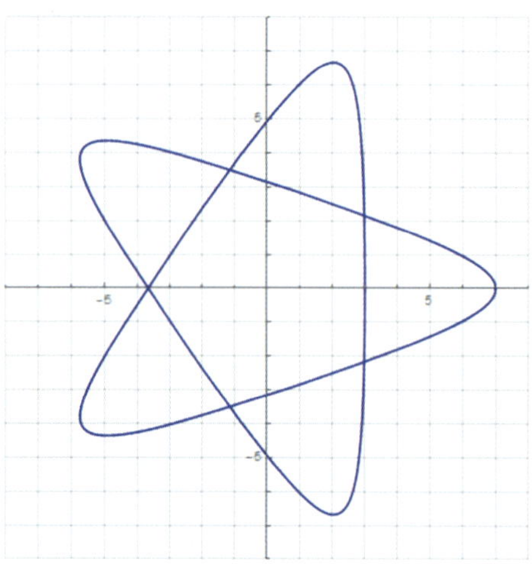


동영상_36.2.0

## 장미(Rose) 방정식

매개변수 방정식 역시 식을 x(s,t), y(s,t), z(s,t)로 확장하여 입체그래프를 만들어 낼 수 있다. 그것도 훨씬 더 기묘한(?) 그래프를 말이다. 다음은 그 형태가 무엇인지 가늠할 수조차 없는 복잡한 매개변수 방정식인데, 이 방정식의 그래프가 바로 장미의 모습과 매우 흡사하다.

$$x(s,t) = s\left(1 - 0.008\,(7.9 + \mathrm{Mod}[3.5\,t,\, 6.3]\,(-6.3 + 1.\,\mathrm{Mod}[3.5\,t,\, 6.3]))^2\right)\left(\mathrm{Sin}\left[\tfrac{1}{2}\,e^{-\frac{t}{8\pi}}\,\pi\right] + 1.6\,(0.78 - 1.\,s)^2\,s\,\mathrm{Sin}\left[e^{-\frac{t}{8\pi}}\,\pi\right]\right)\mathrm{Sin}[t]$$

$$y(s,t) = \tfrac{1}{2}\,s\,\mathrm{Csc}[t]\left(1 - 0.008\,(7.9 + \mathrm{Mod}[3.5\,t,\, 6.3]\,(-6.3 + 1.\,\mathrm{Mod}[3.5\,t,\, 6.3]))^2\right)\left(\mathrm{Sin}\left[\tfrac{1}{2}\,e^{-\frac{t}{8\pi}}\,\pi\right] + 1.6\,(0.78 - 1.\,s)^2\,s\,\mathrm{Sin}\left[e^{-\frac{t}{8\pi}}\,\pi\right]\right)\mathrm{Sin}[2\,t]$$

$$z(s,t) = s\left(1 - 0.008\,(7.9 + \mathrm{Mod}[3.5\,t,\, 6.3]\,(-6.3 + 1.\,\mathrm{Mod}[3.5\,t,\, 6.3]))^2\right)\left(\mathrm{Cos}\left[\tfrac{1}{2}\,e^{-\frac{t}{8\pi}}\,\pi\right] - 3.2\,(0.78 - 1.\,s)^2\,s\,\mathrm{Sin}\left[\tfrac{1}{2}\,e^{-\frac{t}{8\pi}}\,\pi\right]^2\right)$$

이 역시 3D프린팅으로 사물화 시키고 싶은 것이 기하학자들의 마음일 것이다. 꽃잎이 너무 얇고 허공에서 만들어지는 복잡성은 매우 정교한 3D프린터의 성능을 요구한다. 이에 광경화성수지조형방식(SLA)의 레이저 가공으로 출력해보았다.

동영상_36.3.0

이외에도 나비방정식, 소라방정식 등 자연이 품고 있는 아름다운 평면 · 입체방정식이 꽤 많이 알려져 있다.

물론, 자연 그대로의 모습과 비교할 수 없겠지만, 수학에서 이러한 모습이 발견되다니… 이 얼마나 신기한 일인가?

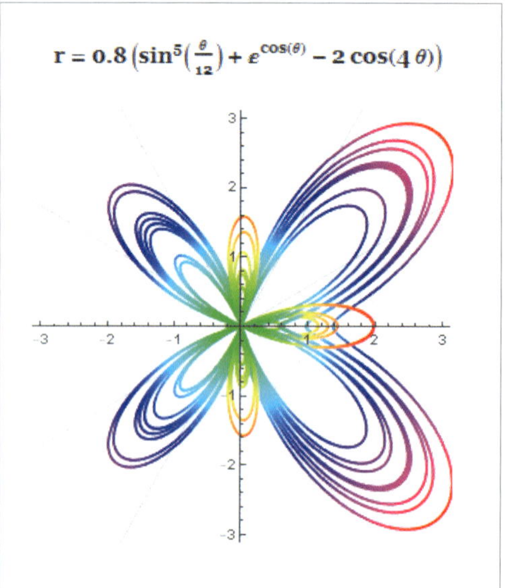


나비 방정식

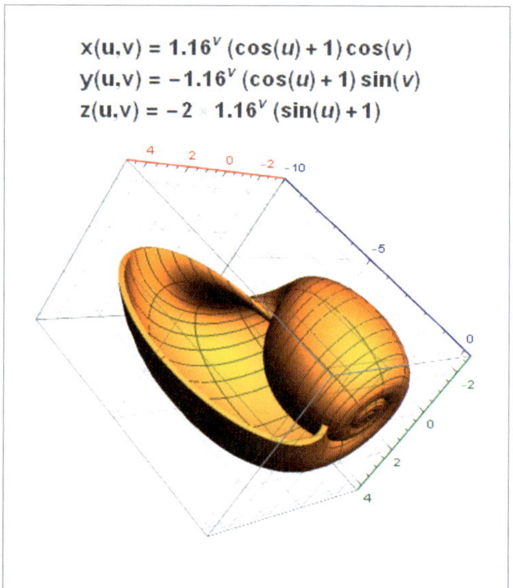


소라 방정식

실험실_36.4.0

QR코드로 페이지를 열면,
극좌표, 구면좌표에 대한 방정식의 그래프를 출력할 수 있는 실험문서가 있다.

# 37. 특별한 방법으로 만들어 본 별의별 ★모양

책을 읽거나 필기를 할 때, 특별하고 중요한 내용에 사람들은 ★모양의 표시를 해 둔다. 그만큼 ★모양은 많은 이들이 즐겨 쓰고 좋아하는 표현이다.

손으로만 그려봤을 법한 ★모양을
수학적인 방법으로 만들어 볼 수 있을까?

## 파스칼 삼각형에서 만든 ★계산

파스칼 삼각형에서는 여러 가지 계산 규칙을 만들어 낼 수 있다. 이 중에서 하나의 수를 중심으로 두 개의 정삼각형을 겹치면 별 모양이 만들어진다. 이때, 각각의 정삼각형 꼭짓점에 해당하는 세 개의 수를 모두 곱하면 그 값은 서로 같다.

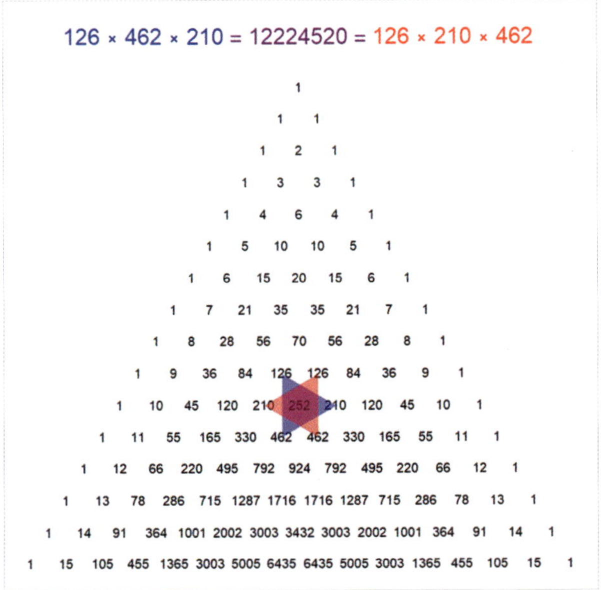


동영상_37.1.0

## 작도를 이용하여 만든 ★그래프

큰 원에 작은 원을 내접시킨다. 작은 원의 중심으로부터 적당한 거리 만큼 선분을 긋고, 작은 원을 큰 원의 둘레를 따라 회전시킬 때, 선분의 한 끝점이 만들어내는 자취는 별 모양이다.

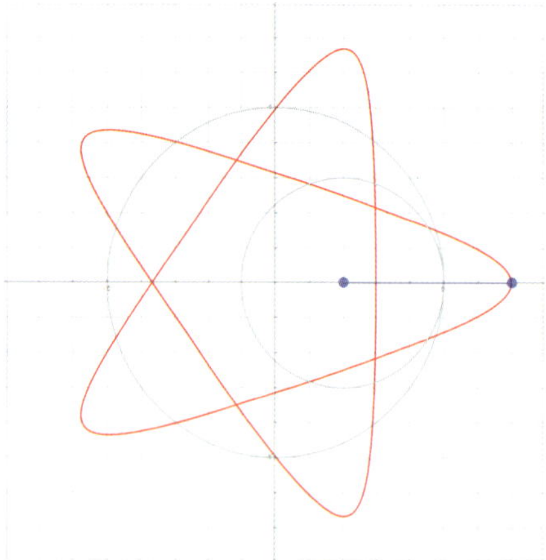

동영상_37.2.0

## 입체도형의 절단면으로 만든 ★모양

프랙털(Fractal) 도형으로 유명한 '맹거스폰지(Menger Sponge)'를 비스듬하게 잘라 보면, 그 절단면의 형태는 어떤 모양일까? 쉽게 떠오르지 않음에 컴퓨터를 이용해서 구현해 보았다. 신기하게도 그 형태는 별 모양이다!!

동영상_37.3.0

보는 것보다 만져보는 즐거움! 3D프린터로 만들어 보았다!!

# 38. 특별한 방법으로 ★다면체를 디자인하다!

예쁜「★모양」의 다면체를 수학적으로 디자인할 수 있을까?

다면체(Polyhedron)란? 삼각형, 사각형, 오각형 등과 같은 다각형을 면으로 하는 입체도형을 말하며, 플라톤의 입체라고 부르는 정다면체는 정사면체, 정육면체, 정팔면체, 정십이면체, 정이십면체가 있다.

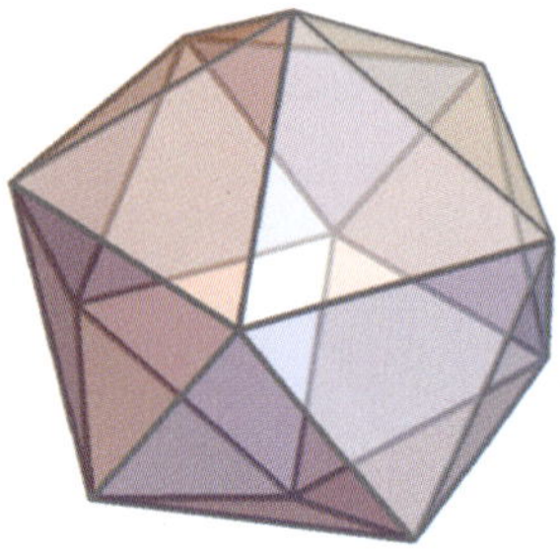

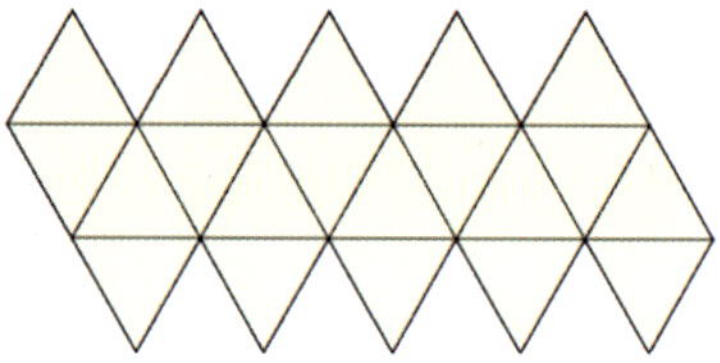

동영상_38.1.0

## 별 다면체 만들기

다각형을 수학적으로 연결하면 여러 가지 형태의 다면체를 만들 수 있다. 다음은 ★모양의 다면체를 만들기 위하여 디자인한 평면도형이다. 마름모 형태의 정다각형 5개로「★다면체」의 한 방향을 구성하고, 이를 정십이면체의 각 면에 붙인다. 따라서 이때 사용된 마름모의 개수는 총 60개(5개×12면=60개)가 된다.

60개의 마름모를 이용하여 구성한「★다면체」의 모습과 전개도는 아래와 같다.

입체도형의 성격상 한 방향에서 「★다면체」 전체의 모습을 바라보기가 어려움에 면을 제거하고 모서리만으로 뼈대를 만들어 본다.

동영상_38.2.0

이렇게 아름답고 예쁜 「★다면체」를 눈으로만 보기에 아까워서 3D프린터로 출력해 보았다.

「★다면체」를 차례로 쌓아 올리면 「★탑」, 그 안에 병을 넣어서 「★꽃병」을 만들어 보았다.

# 39. 수학을 3D프린팅 하다!

수학으로 그려낸 그래프를 3D프린팅 할 수 있을까?

3D프린터로 생산할 수 있는 디자인 제작으로 대부분의 사람들은 Autodesk123D, AutoCAD 등 3D모델링 전용 프로그램을 사용한다. 하지만 수학소프트웨어를 이용해서도 아주 멋지고 기하학적인 3D작품을 모델링할 수 있다. 바로 '함수의 그래프'를 이용하는 것이다.

함수의 그래프를 이용하여 예쁜 회전체 꽃병을 만들어보자!

## ▌평면그래프로 디자인 하기

공학용 프로그램을 이용하여 함수 y=sin(0.8x)+2의 그래프를 그린다. 이 그래프를 x축으로 한바퀴 회전시켰을 때, 예쁜 꽃병의 모양이 나오는 x값의 범위는 $-0.5 \le x \le 7$이다.

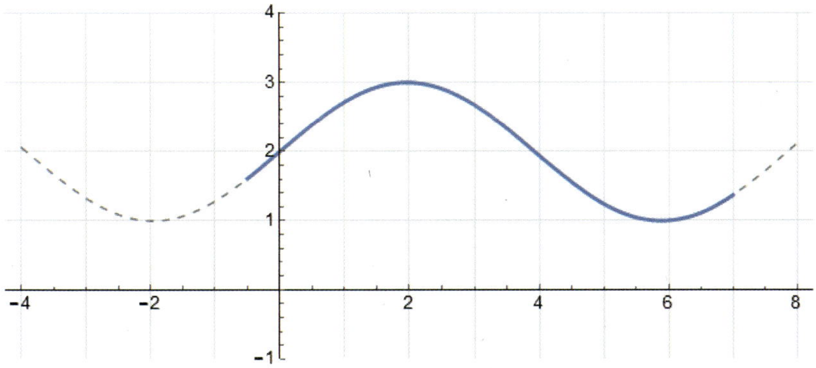


동영상_39.1.0

## 그래프의 x축 회전체 만들기

함수 y=sin(0.8x)+2 그래프의 일부인 $-0.5 \le x \le 7$에 대한 그래프만 x축으로 한바퀴 회전시켜보자. 이후 회전체 입체도형에 적당한 두께를 입히고, 원기둥으로 밑뚜껑을 맞붙이면 '회전체 꽃병'이 완성된다.

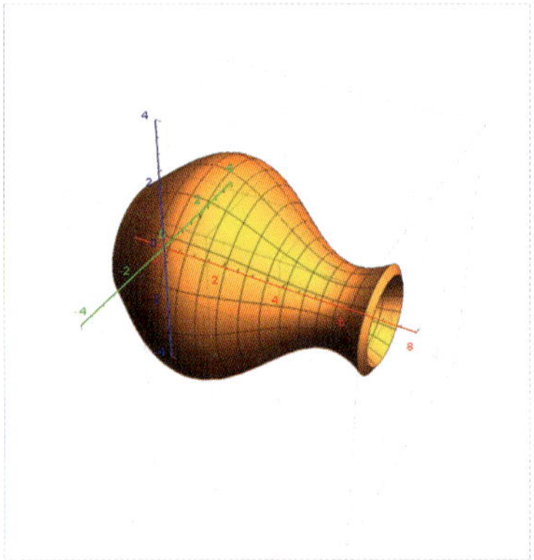

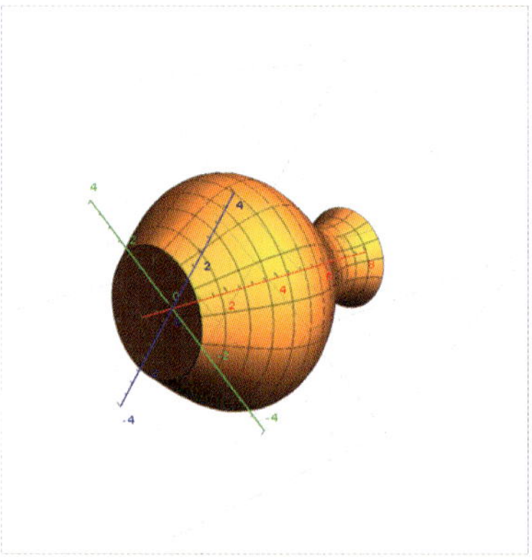

동영상_39.1.0

## 회전체 꽃병의 3D프린팅

완성된 입체도형의 그래프는 3D프린팅이 가능한 파일규격(*.stl)으로 저장하여 바로 출력이 가능하다. '삼각함수'로 만든 '회전체 꽃병'이 3D프린터로 출력된 모습은 옛사람들이 손으로 빚어낸 도자기의 부드러운 곡면처럼 느껴짐에 더욱 아름답다.

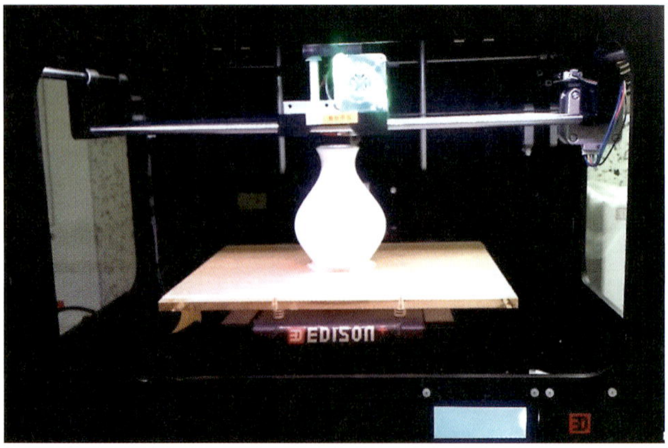


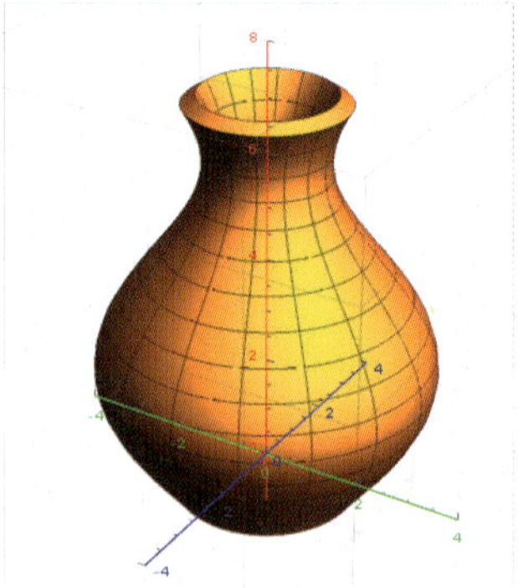

y=sin(0.8x)+2 의 x축 회전체

## 회전체 꽃병의 기하학적인 변환

회전체 꽃병의 곡면에 좀 더 기하학적인 변환으로 '보로노이 꽃병'을 만들어 본다. '보로노이 다이어그램(voronoi diagram)'이란, 각 점들로부터 가장 가까운 거리를 영역으로 평면을 분할시킨 그림을 의미하며 소방서와 같은 중요 공공기관의 관할구역에 대한 분할 문제를 해결하는 중요한 역할을 한다. 여기서는 '보로노이 다이어그램'을 예술적 표현으로도 활용해보려고 한다. 즉, '보로노이' 변환을 3차원 공간으로 확장하여 '회전체 꽃병'의 각 곡면위에 임의의 점을 생성하고, 이 점들로부터 가장 가까운 거리를 영역으로 표현하였을 때 만들어지는 경계선으로 '보로노이 꽃병'을 만들어 보는것이다.

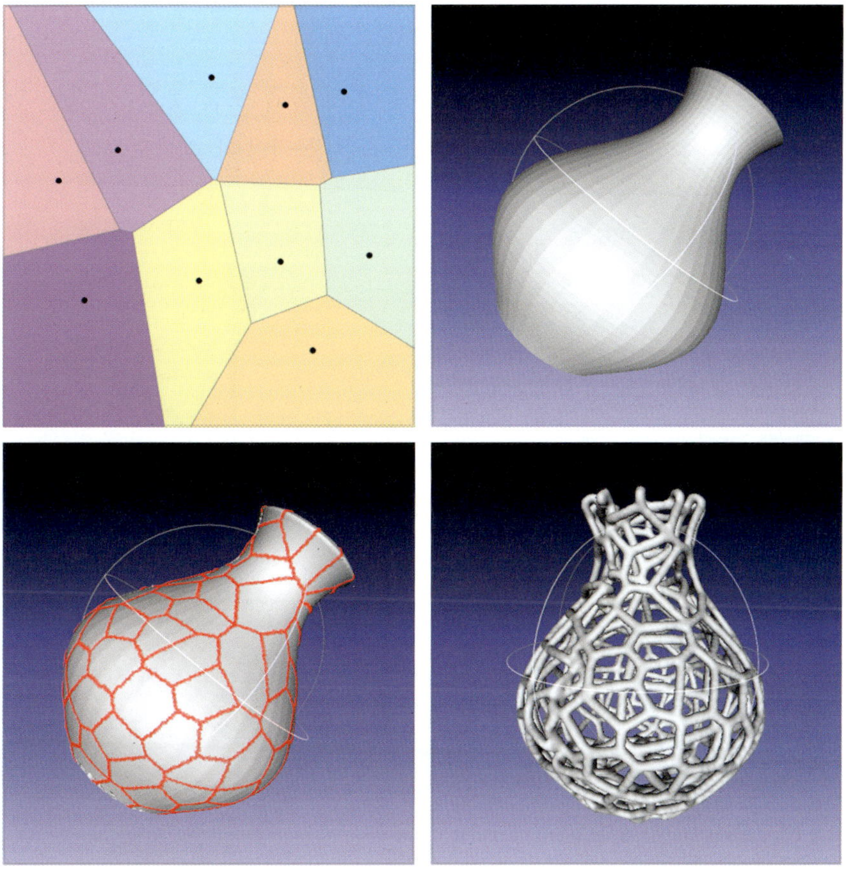

동영상_39.2.0

이와같이 변환된 입체도형에 '받침대'과 '물받이' 부분을 추가하여 파일(*.stl)로 저장하고 3D프린팅하면 '보로노이 꽃병'이라는 기하학적인 예술작품이 완성된다.

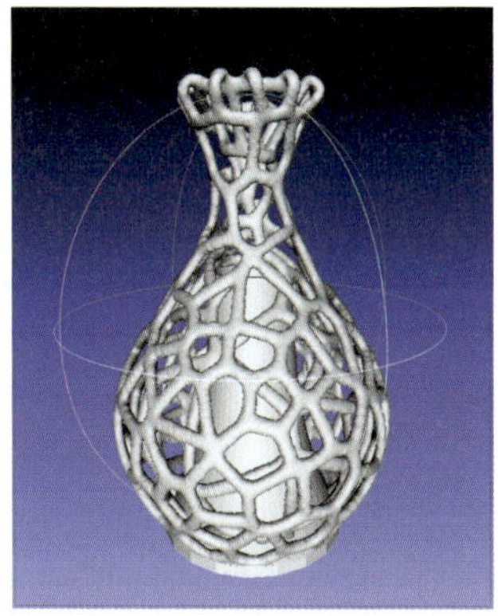

약 8시간의 오랜 3D프린팅으로 완성된 '보로노이 꽃병'에 물을 조금 붓고, 망울만 맺힌 꽃을 담아 집에 가져다놓았다. 그리고 며칠 후... 작은 꽃망울이 피어오른다.

# 40. 안녕하세요? 다면체 코알라입니다!

"안녕하세요? 저는 다면체로 만들어진 코알라입니다.
지금부터 제가 어떻게 태어났는지 설명해드릴게요."

## 다면체(Polyhedron)

다면체란 다각형의 면으로 둘러싸인 입체도형을 말하며, 면의 개수에 사면체, 육면체 등과 같이 이름을 붙인다. 특히, 각 면이 서로 합동인 정다각형이고 각 꼭짓점에 모인 면의 개수가 같은 다면체를 '정다면체'라고 부른다. 플라톤의 다면체라고 부르는 '정다면체'는 정사면체, 정육면체, 정팔면체, 정십이면체, 정이십면체가 전부다.

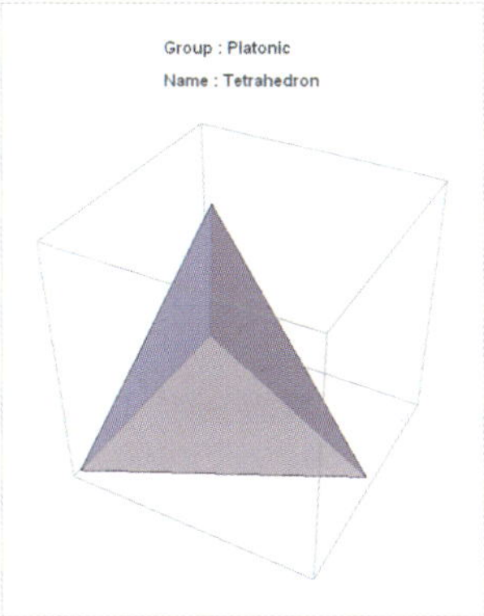


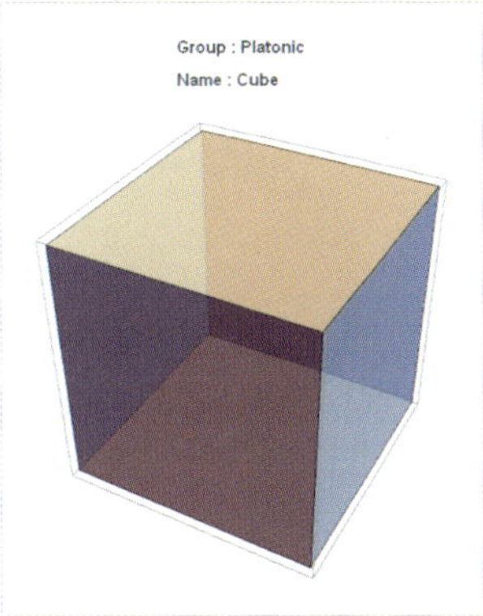


동영상_38.1.0

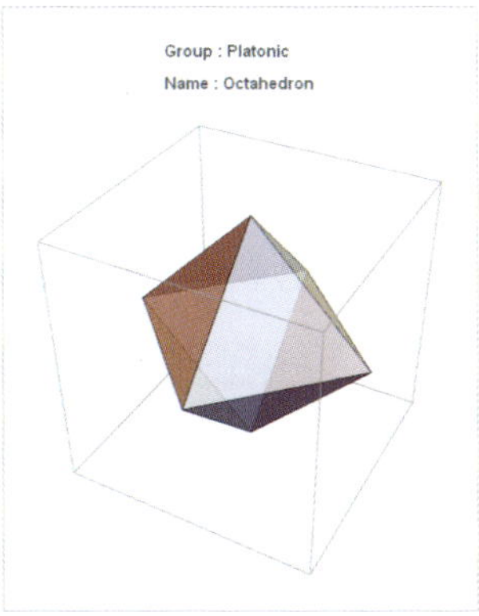


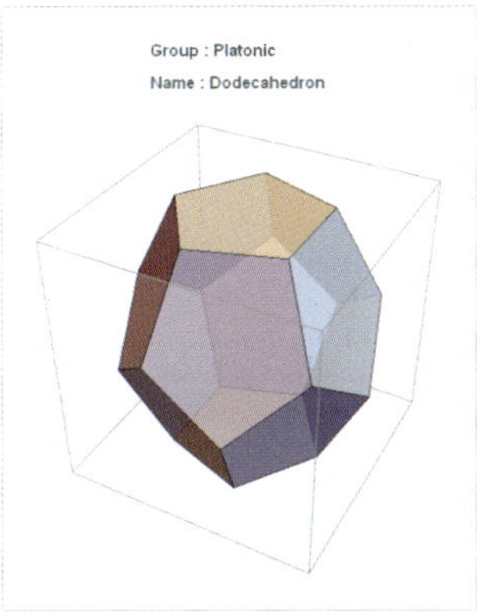


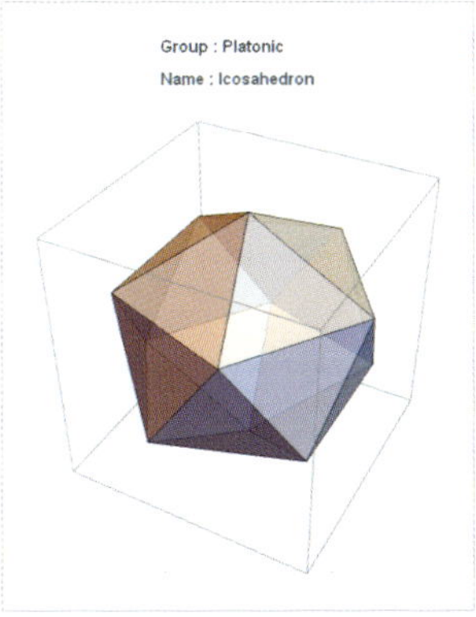

하지만, 정다면체가 아닌 다면체는 그 수가 더욱 많고 다양하다. 다음은 아르키메데스(Archimedean), 케플러 · 푸앵소(Kepler · Poinsot), 존슨(Johnson) 등과 같이 부르고 있는 150가지의 다양한 다면체 모습이다.

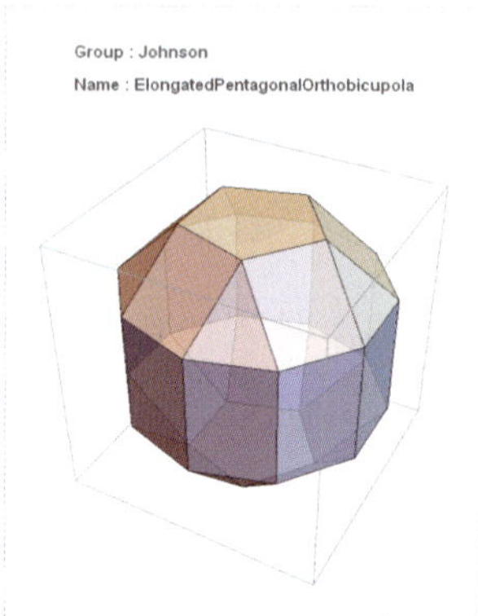


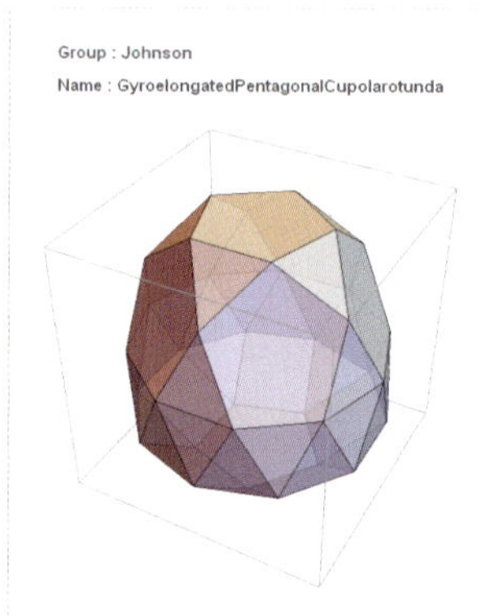


동영상_40.1.0

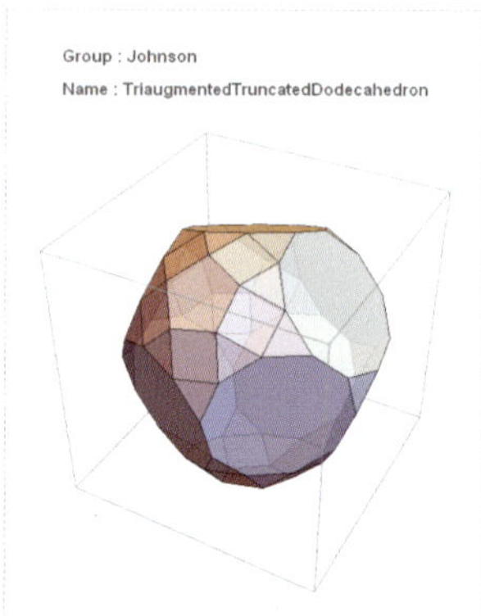


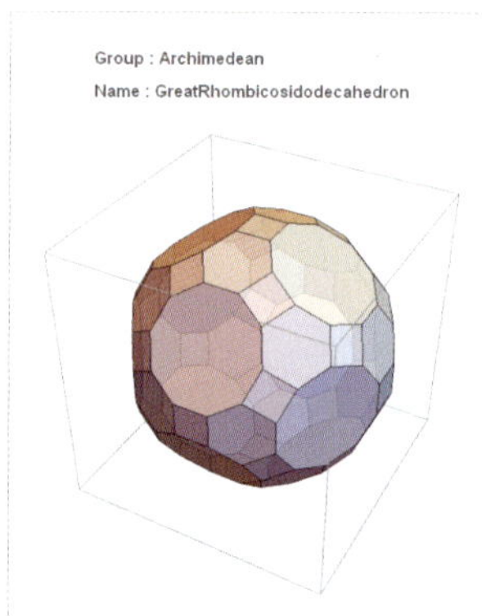


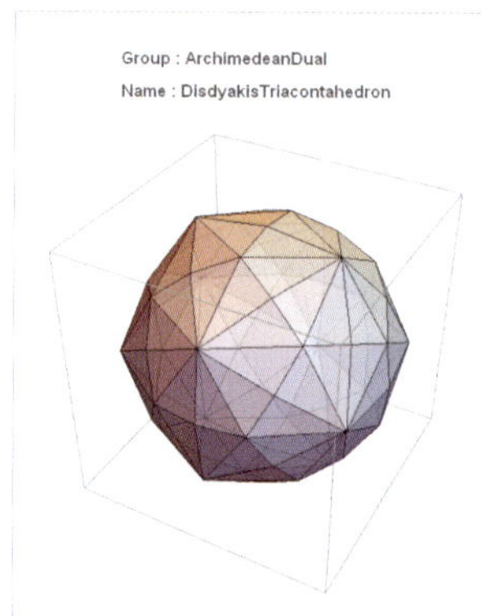


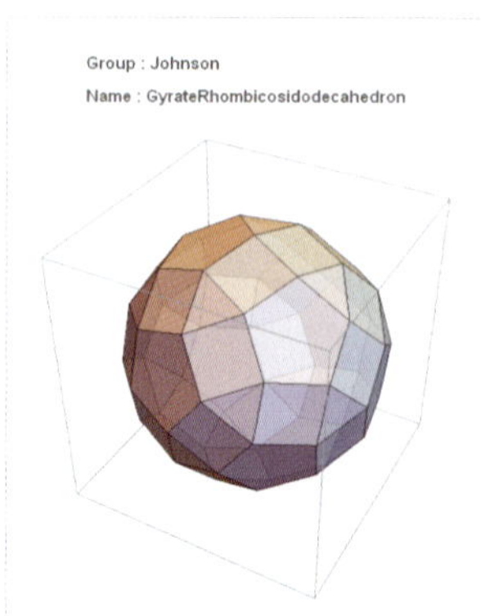


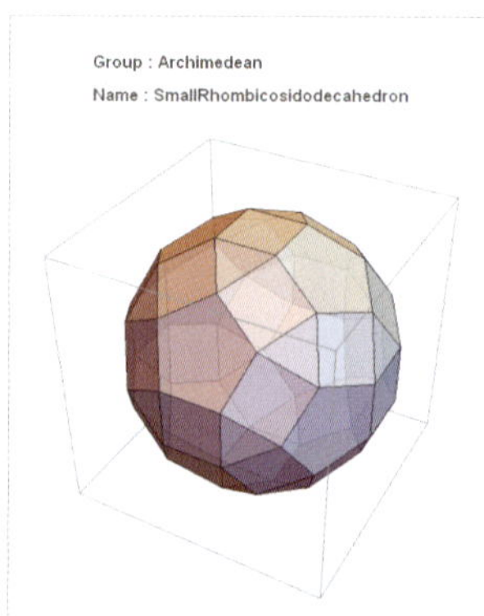


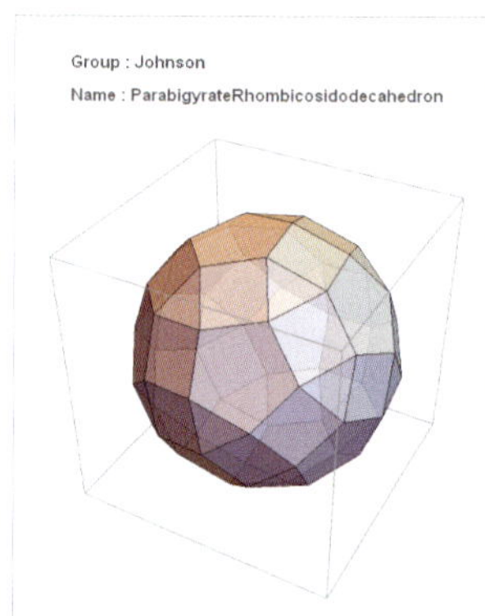

## 다면체로 만든 코알라

이제 다면체를 이용하여 코알라 캐릭터를 작도해보자. 공간좌표상에 놓인 다면체의 꼭짓점 좌표를 이용하면 원하는 곳으로 위치를 옮기거나 크기를 조절(확대 · 축소)할 수 있다. 아래의 표는 공학프로그램을 이용하여 얻은 정십이면체의 꼭짓점 20개에 대한 (x, y, z) 좌표값이다.

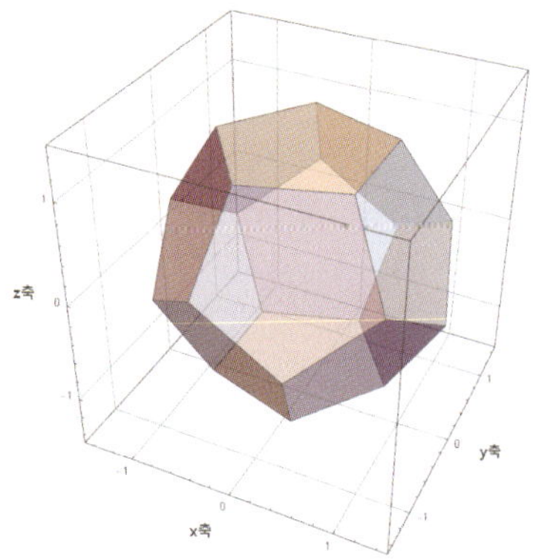


| | | |
|---|---|---|
| (-1.37638, 0, 0.26286) | (1.37638, 0, -0.262866) | (-0.42532, -1.3090, 0.26286) |
| (-0.42532, 1.30902, 0.26286) | (1.11352, -0.80901, 0.26286) | (1.11352, 0.80901, 0.26286) |
| (-0.26286, -0.80901, 1.11352) | (-0.26286, 0.80901, 1.11352) | (-0.68819, -0.5, -1.11352) |
| (-0.68819, 0.5, -1.11352) | (0.68819, -0.5, 1.11352) | (0.68819, 0.5, 1.11352) |
| (0.85065, 0, -1.11352) | (-1.11352, -0.80901, -0.26286) | (-1.11352, 0.80901, -0.26286) |
| (-0.85065, 0, 1.11352) | (0.26286, -0.80901, -1.11352) | (0.26286, 0.80901, -1.11352) |
| (0.42532, -1.30902, -0.26286) | (0.42532, 1.3090, -0.26286) | |

다면체의 크기를 조절(확대 · 축소)하는 방법은 좌표 (x, y, z)에 일정한 값 k를 모두 곱하면 된다. 즉, k · (x, y, z)과 같이 나타낼 수 있으며 k〉1이면 확대되고, k〈1이면 축소된다. 다면체의 위치를 이동하는 방법은 x, y, z축과 평행하게 이동하고 싶은 만큼의 값 p, q, r을 모두 더해주면 된다. 즉, 좌표 (x, y, z)+(p, q, r) 같이 나타낼 수 있다. 이를 종합하면 아래와 같다.

| | | |
|---|---|---|
| 다면체의 꼭짓점 (x, y, z)를 k배 확대 · 축소하고,<br>x축으로 p, y축으로 q, z축으로 r 만큼 이동하는 좌표식 | ⇔ | k · (x, y, z)+(p, q, r) |

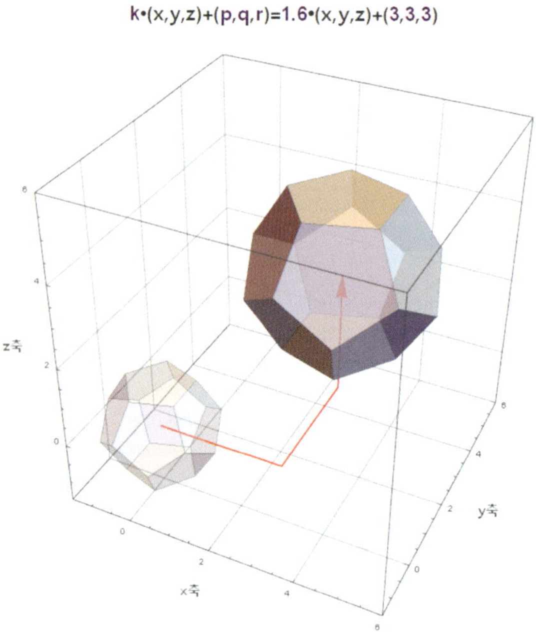


동영상_40.2.0

이와같은 방법으로 공간좌표상에 다면체의 크기와 위치를 조절하면 코알라 모습을 연출할 수 있다. 아래의 화면은 이를 좀 더 쉽게 조작하여 구현하도록 설계해놓은 템플릿이다.

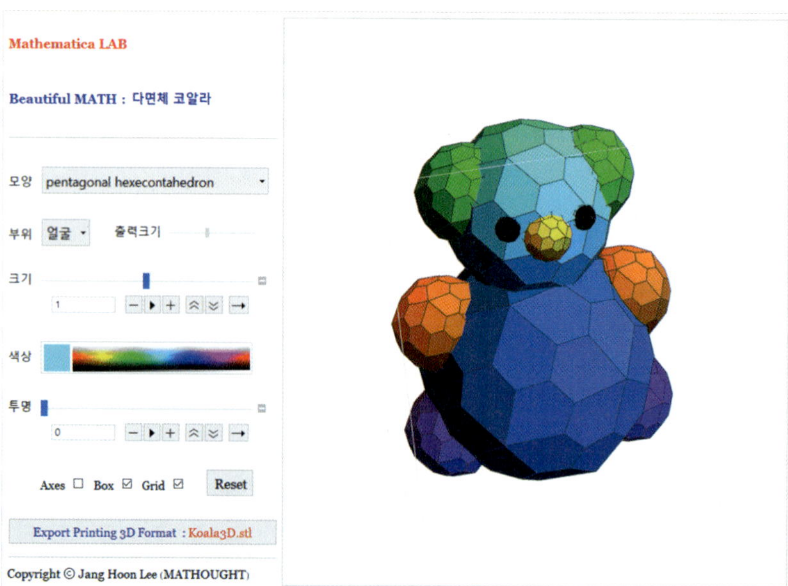


동영상_40.3.0

이중에서 「Great Rhombicosidodecahedron」과 「Pentagonal Hexecontahedron」 형태의 다면체로 만든 코알라를 3D프린터로 출력해보았다.

Great Rhombicosidodecahedron

Pentagonal Hexecontahedron

3D프린터는 2010년대까지 단색 출력만 가능했지만, 2020년대 들어오면서 멀티컬러 출력이 가능한 제품이 보급되고 있다. 다음은 4가지 색상의 필라멘트를 이용하여 「Pentagonal Hexecontahedron」 형태의 다면체 코알라를 3D프린팅 한 모습이다. 여기서는 국내에서 개발한 보급형 3D프린터 제품으로 여러 색상의 필라멘트를 교체해가며 피규어의 각 부분을 3D프린팅 하였다. 해외에서는 종이를 인쇄하는 컬러 잉크젯 프린터처럼 CMYK 카트리지를 이용하여 색상을 조합하고 이를 표면에 분사하는 진정한 풀컬러 3D프린터도 개발되어 사용하고 있다.

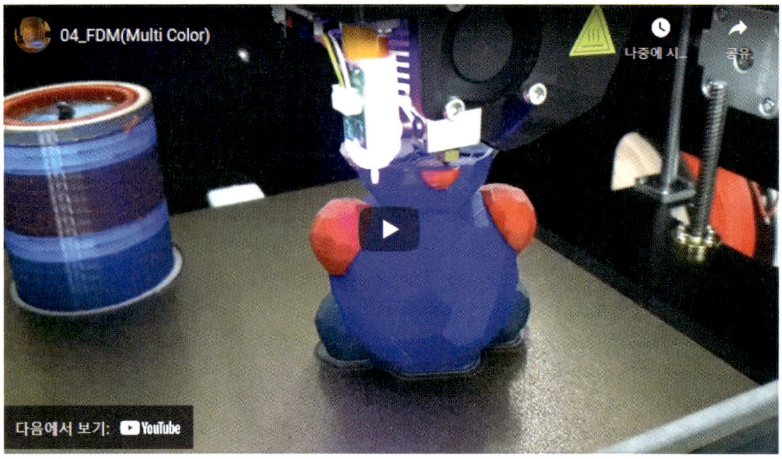


동영상_40.3.0

# 41. 세상에 단 하나뿐인 나만의 음식을 3D프린팅 하자!

2010년대 들어와서 3D프린터는 오픈된 소스를 기반으로 많은 제품들이 생산되며 저렴한 가격에 보급되어왔다. 3D프린터로 피규어를 만들고, 쥬얼리를 제작하며, 해외에서는 집을 며칠 만에 지어내기도 한다. 특히 NASA에서는 우주정거장에 상주하고 있는 우주인을 위해 피자를 만들어 먹을 수 있는 푸드프린터를 제공하기도 하였다.

동영상_41.1.0

3차원 입체도면을 공간상에 인쇄하여 주는 장치인 3D프린터는 작동방식에 따라 몇 가지 종류로 구분되는데, 적층형(FDM)과 광경화성수지조형방식(SLA)이 가장 대표적이며 산업용으로 쓰이는 절삭형 3D프린터도 있다.

### 적층형(FDM) 3D프린터

적층형 3D프린터는 ABS, PLA 등과 같은 플라스틱 재료를 고온으로 녹여 입체도형의 바닥 면부터 한 층씩 쌓아 올리는 방식이다. 다음은 Brain MRI 데이터로 만든 두개골과 사진 데이터로 만든 파주여고 로고를 적층형 3D프린터로 출력한 모습이다.

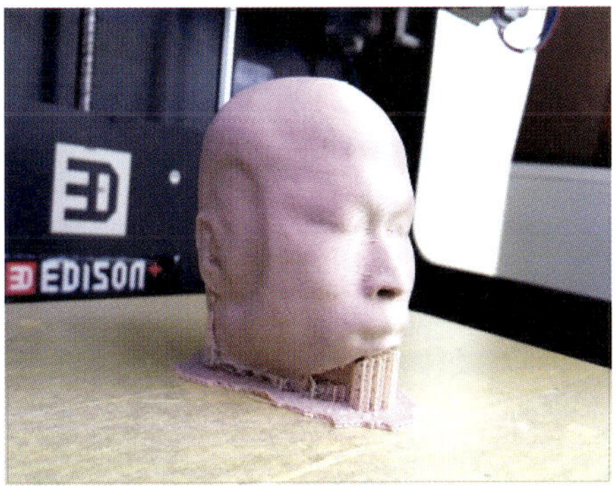

### 광경화성수지조형방식(SLA) 3D프린터

광경화성수지조형방식 3D프린터는 레진이라는 액체에 레이저를 가하여 입체도형의 위치를 응고시키는 방식이다. 다음은 MRI 두개골과 파주여고 로고를 광경화성수지조형방식 3D프린터로 출력한 모습이다.

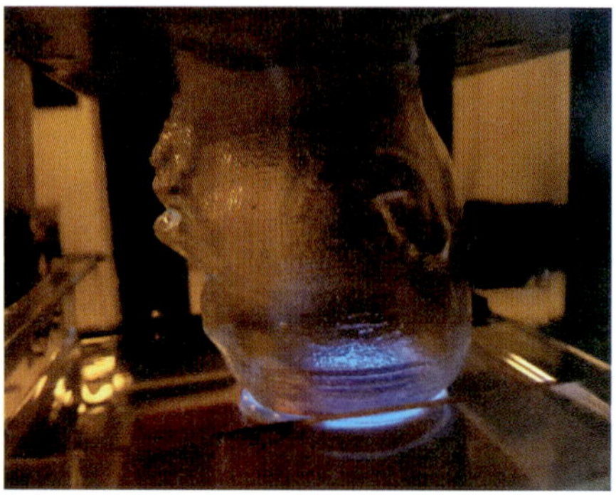

### 푸드(Food) 3D프린터

적층형 3D프린터 중에는 음식물을 재료로 하여 출력해주는 3D프린터도 있다. 푸드 프린터라고 부르는 이 제품은 초콜릿을 녹여서 입체도형을 한 층씩 쌓아 올리는 방식이다. 이를 응용하면 밀가루나 겨자, 고추장 등 적당한 점성을 가진 상태로 반죽하여 재료로 쓰기도 한다. 다음은 MRI로 촬영한 두개골과 파주여고 로고를 초콜릿으로 3D프린팅 한 모습이다.

초콜릿프린팅

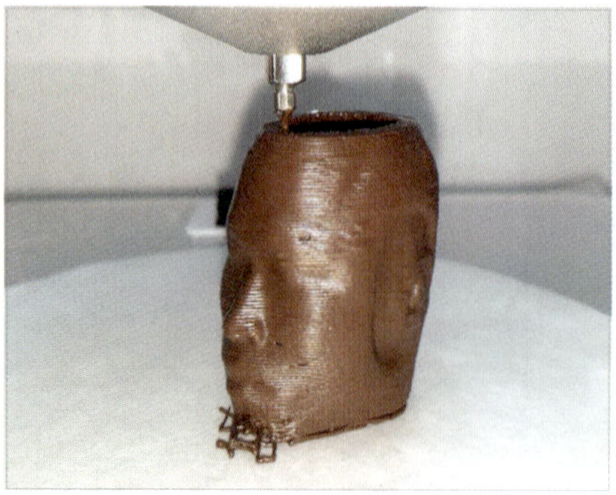

먹어도 될까? 당연히 먹어도 된다. 푸드프린터는 식품용 제품군이다. 따라서 국내 식품안전처의 승인을 받아야 사용될 수 있는 제품으로 위생적인 설계가 되어 있다. 아래의 사진은 가로×세로×높이가 2×2.5×3(cm)과 같이 초소형으로 제작한 초콜릿 출력물을 맛보는 모습이다. 음식의 형태가 두개골이라 보기에는 많이 어색하기만 하다.

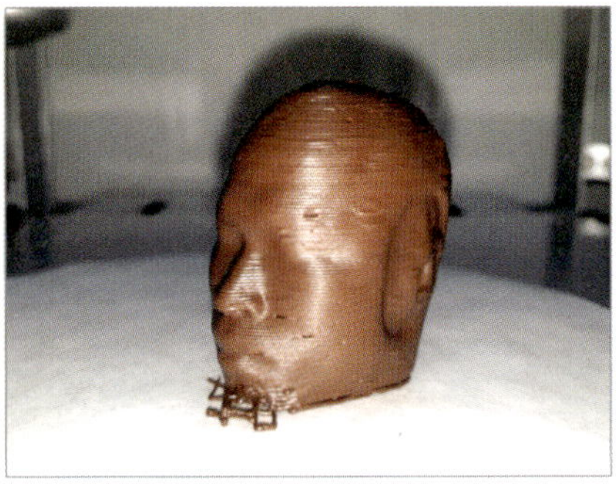

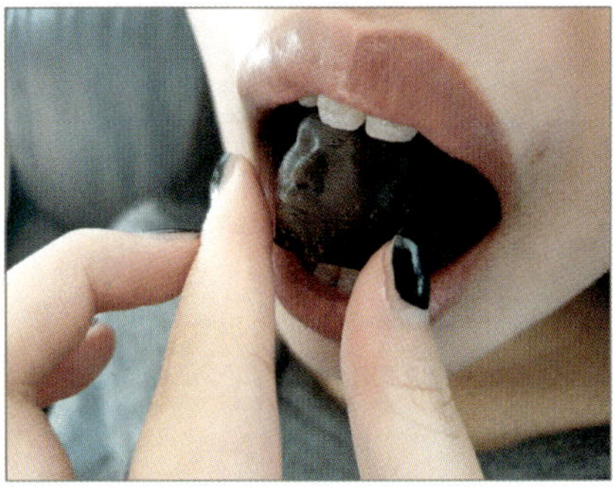

푸드(Food) 3D프린터, 특별한 날을 기념하다!

음식은 미각과 후각 그리고 시각으로 그 맛을 결정한다. 하여, 요즘에는 음식도 보기 좋게 디자인하여 하나의 작품을 고객의 식탁 위에 올려놓아 그 마음 까지 사로잡는다. 다음은 저자의 '특별한 날'을 기념하기 위해 케이크를 장식한 모습이다. 우선, 기념 메시지를 인쇄체로 만들고 이를 3D모델링 하여 초콜릿으로 출력하였다.

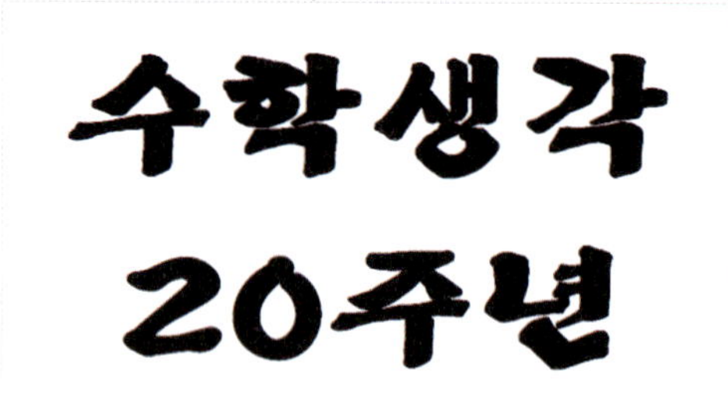

다음, 저자의 이름을 캘리그라피(손글씨체)로 만들고 이를 3D모델링하여 초콜릿으로 출력하였다.

이렇게 만든 베시시와 앞서 출력해놓은 학교로고를 기념 케이크 위에 장식하여, 기념일의 의미를 더욱 뜻있게 함께 나누어 보기도 하였다.

동영상_41.2.0

저자의 디자인 감각이 부족하여 다소 촌스러운 모습이지만, 그러함에도 남다른 의미가 있는 기념 케이크임은 분명하다. 요즘은 카페, 베이커리 등과 같은 업소에서도 고객들에게 소소한 행복을 담아드리기 위하여 이와 같은 서비스를 해주는 곳도 있다. 여러분들도 소중한 가족, 사랑하는 사람의 특별한 날에 이러한 마음을 세상에 단 하나뿐인 나만의 음식으로 3D프린팅 해보면 어떨까?

# 42. 목소리로 빚어낸 '사랑합니다' 초콜릿

3D프린터의 매력은 세상에 단 하나밖에 없는 나만의 제품을 생산하는 것이다. 기술의 발달로 이제는 먹을 수 있는 초콜릿과 같은 재료를 이용하여 출력할 수도 있다. '특별한 의미를 담은 음식으로 무엇이 있을까?'라는 생각을 해보다가 메시지를 담고 있는 내 목소리를 만들어보기로 했다.

별초코프린팅

## 목소리의 파동 그래프

전자기기를 이용하여 '사랑합니다' 라는 목소리를 녹음하고 이를 mp3 파일로 저장한다. 다음 공학프로그램을 이용하여 사운드 데이터를 불러와서 이를 그래프로 나타내면 아래와 같이 파동 그래프가 출력된다.

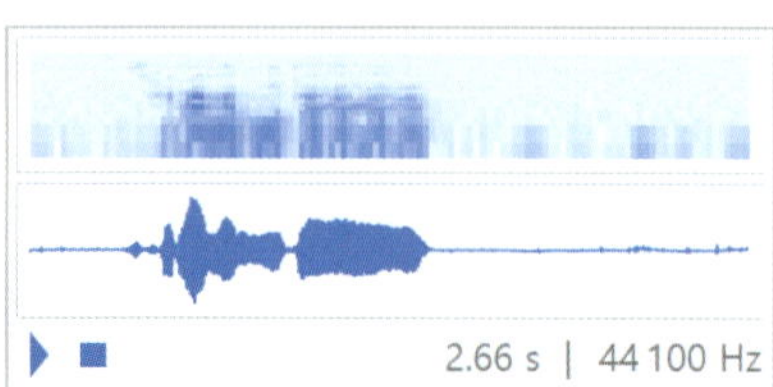


'사랑합니다' 녹음파일

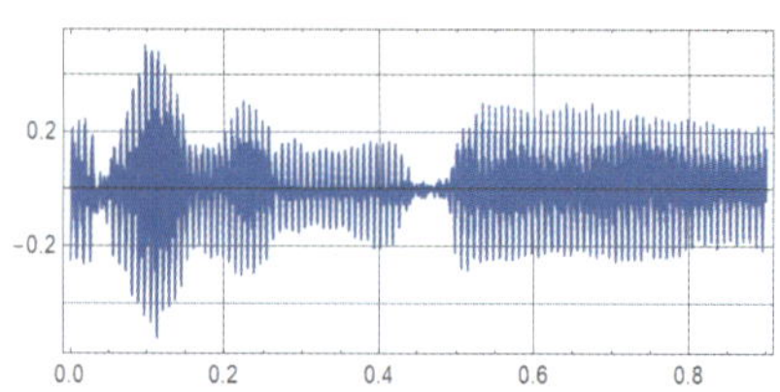


'사랑합니다' 파동그래프

사운드_42.1.0

## 스플라인 곡선으로 시각화

조밀하게 출력되는 파동 그래프에서 일정한 시간의 간격에 대한 데이터를 추출하여 이를 부드럽게 연결해주는 스플라인 곡선으로 만들자. 다음의 그래프는 0.02초 간격으로 데이터를 추출하여 100배를 한 결과다.

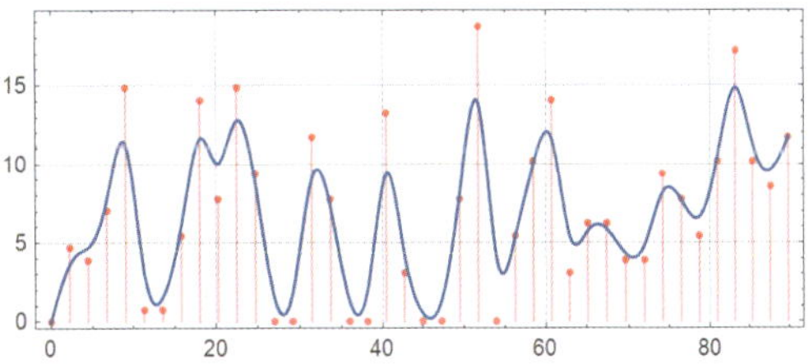


## 스플라인 곡선의 x축 회전체

'사랑합니다' 목소리로부터 얻어진 스플라인 곡선을 3D프린터로 출력하기 위해 선택한 방법은 x축 회전체다.

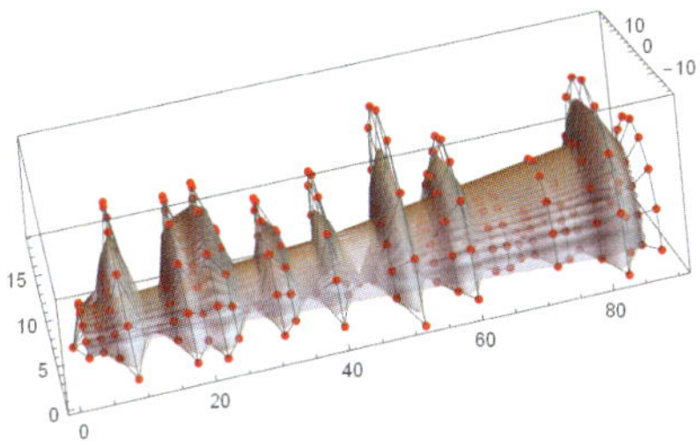


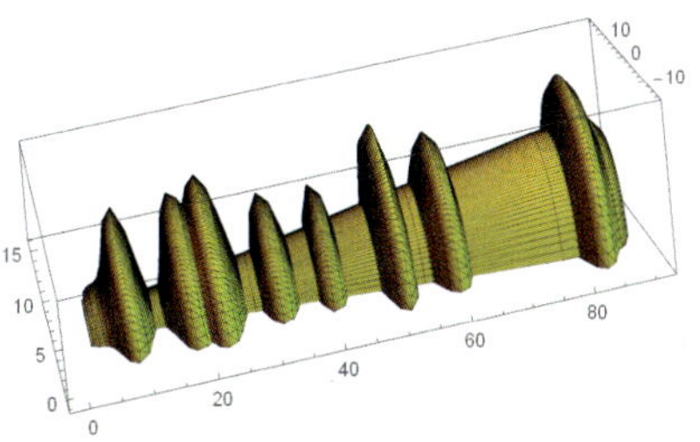


프로그램코드

## 푸드(Food) 3D프린팅

이제, 3D파일(*.stl)로 저장하고 '푸드(초콜릿) 3D프린터'를 이용해서 출력해보자.

같은 방법으로 '발렌타인(Valentine)'이라는 단어를 녹음하여 출력해보았다.

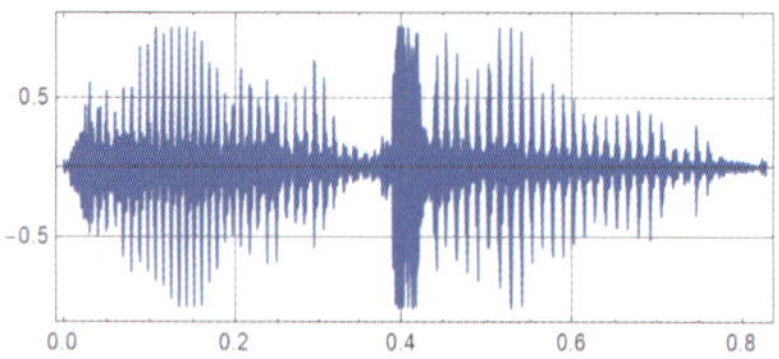

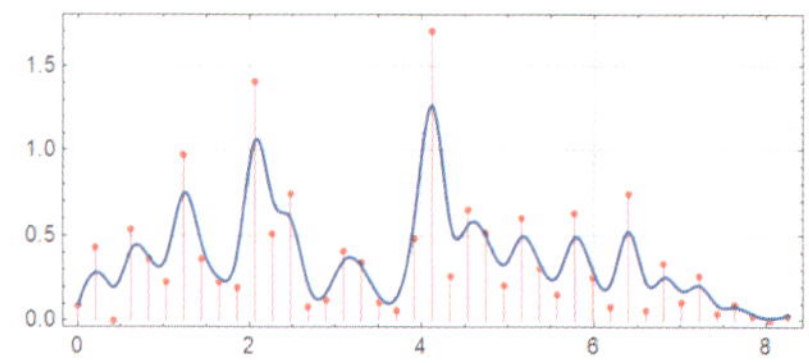

사운드_42.2.0

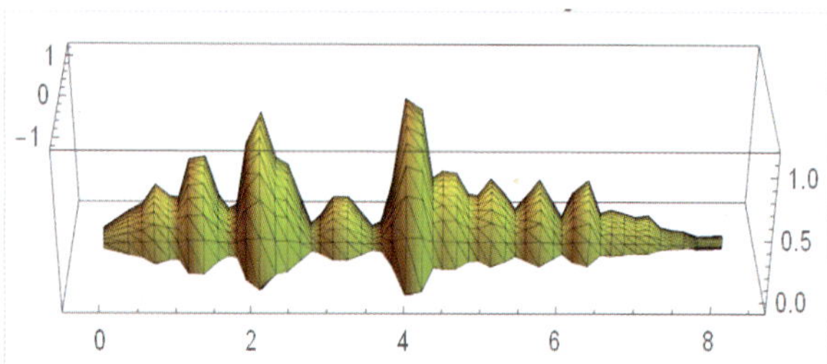

나의 목소리로 빚은 초콜릿이라는 것엔 의미가 크지만, 기대했던 것과는 다르게 생각보다 아름다움의 느낌은 덜하다. 오히려 아래의 사진처럼 크기를 작게 출력하여 '팬던트(Pendant)'로 만드는 것이 더욱 어울려 보인다. 요즘은 3D프린터로도 정교한 출력이 가능하기에 액세서리(Jewellery) 제작으로도 많이 활용되고 있다.

## 43. 평창올림픽 드론쇼, 공간을 어떻게 디자인 했을까?

2018년 평창동계올림픽의 개막식에서 보여준 '드론쇼'는 무려 1218대의 드론을 이용하여 '올림픽 오륜기' 및 '마스코트 수호랑' 등을 하늘위에 수놓으며 많은 관객들의 탄성을 자아냈다. 이는 지난 2016년 독일에서 펼쳐진 500대의 드론 공연을 갱신한 세계최고 기록이라고 한다. 말이쉽지, 이를 위해서는 드론의 상당한 안전성과 통신 · 제어 등의 기술들이 필요하다.

드론으로 연출된 공간 디자인은 어떻게 하였을까?

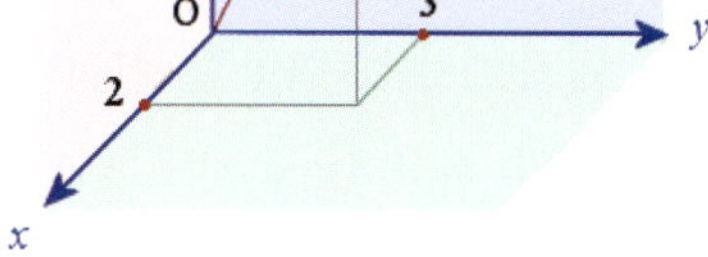


드론이 공간상에 비행할 때, 우리는 드론 한 대당 한 개의 고유위치를 대응시킬 수 있다. 위치를 측정하는 기준점(원점O)으로부터 앞 · 뒤(x축), 좌 · 우(y축), 상 · 하(z축)까지 이르는 거리를 순서쌍 (x,y,z)로 나타내는 것이다. 이와같은 표현을 직교좌표라 하며, 공간상에서 물체의 위치를 나타내는 가장 일반적인 방법으로 사용한다. 따라서 드론 1218대를 띄우려면 총 1218개의 좌표를 활용해야 하며, 구현하고자 하는 이미지에 대한 드론의 위치좌표가 서로 충돌(좌표값의 일치)이 일어나지 않도록 설계해야 한다.

평면 디자인의 공간 스케치 아이디어

### 평면 디자인에서 적당한 개수의 '점'을 추출한다.

이 작업은 공학프로그램으로 손쉽게 처리할 수 있다. 우선, 평면상에 디자인을 흑백으로 스케치 한다. 디지털로 나타낸 그림은 가로×세로의 크기를 픽셀(pixel)로 나타내는데, 이 픽셀의 위치를 순서쌍 (x,y)로 나타내면 각 픽셀의 고유위치가 결정된다. 다음의 평면디자인은 가로×세로=230×200(픽셀)의 이미지로 총 46,000개 (=230×200)의 순서쌍이 존재한다. 각 픽셀에는 음영의 값이 0(흰색)~1(검정색) 사이의 값으로 표현되는데 0이 아닌 픽셀의 순서쌍중에 적당한 개수만큼 균등한 간격으로 순서쌍을 추출하면 된다. 여기서 점의 개수가 많아질수록 더욱 정교한 구현이 가능하다. 하지만 '점의개수=드론의 개수'임도 함께 생각해야한다.

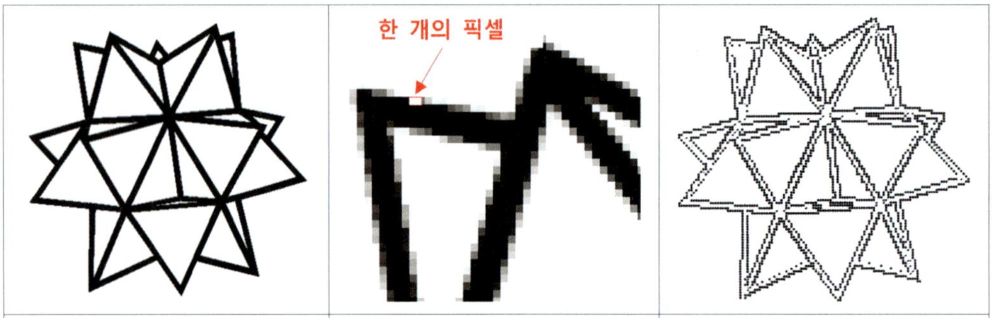


| 평면디자인 | 평면디자인의 10배 확대 | 3200개 점으로 추출한 모습 |
|---|---|---|

### 평면상의 '점'을 서로 다른 높이가 되도록 올린다.

평면디자인에서 추출한 점들의 좌표 (x,y)를 상 · 하(z축)의 수직방향으로 들어올리면 공간상의 좌표 (x,y,z)로 나타낼 수 있으며, 이때 평면의 수직방향에서 관찰되는 공간상의 점들의 형상은 평면디자인과 같다. 역으로 생각하여 공간상의 좌표 (x,y,z)를 평면으로 떨어뜨리면 (x,y)가 되기 때문이다. 이는 어떠한 물체에 수직으로 빛을 비출 때 바닥에서 그려지는 그림자의 원리와 같다. 수학에서는 이를 정사영(projection)이라 부른다. 여기서 공간상에 붙어있는 '점'은 '드론'의 충돌과도 같은 의미이다. 따라서 서로 인접한 점들에 대해서는 높이(z) 값을 다르게 주어야 한다.

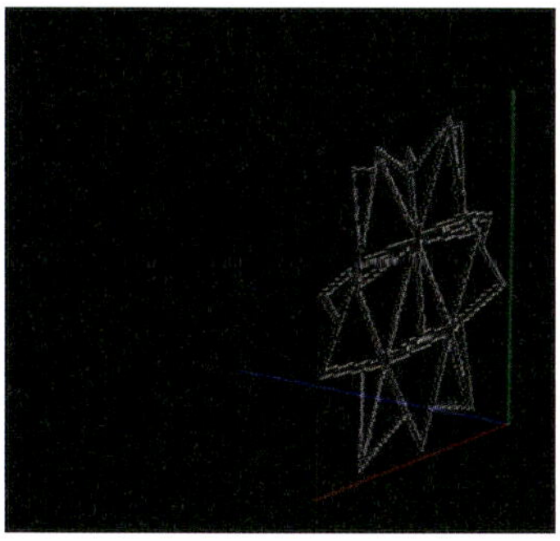

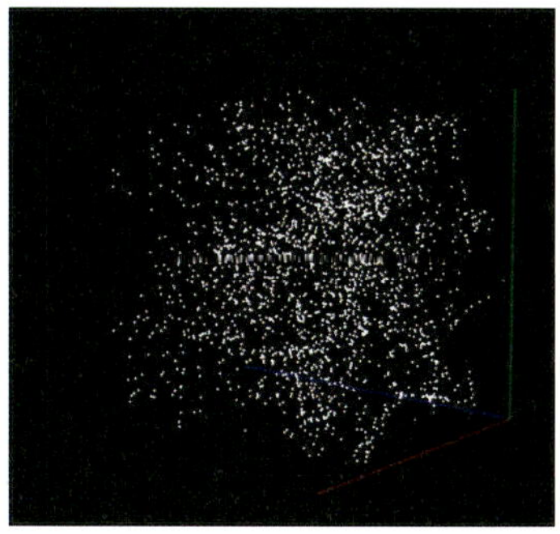

동영상_43.1.0

바로 이렇게 만들어진 '점(드론)'들의 '고유좌표 (x,y,z)' 값들이 바로 드론쇼의 퍼포먼스를 보여줄 최종 목적지가 되는 것이다.

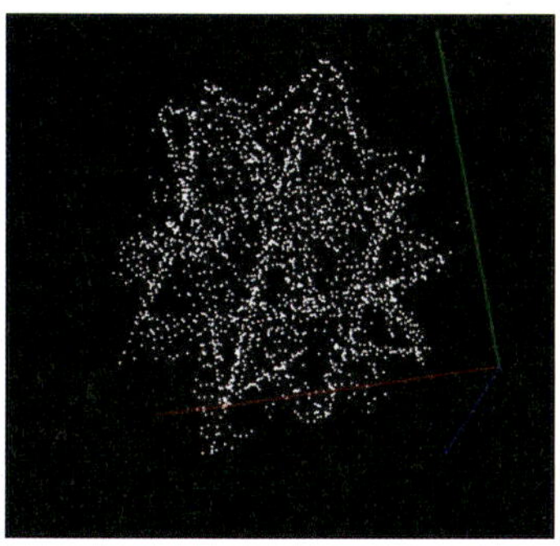

동영상_43.1.0

이와 같은 방법을 이용하면 그림, 문자 등 얼마든지 쉽게 공간 디자인이 가능하다.

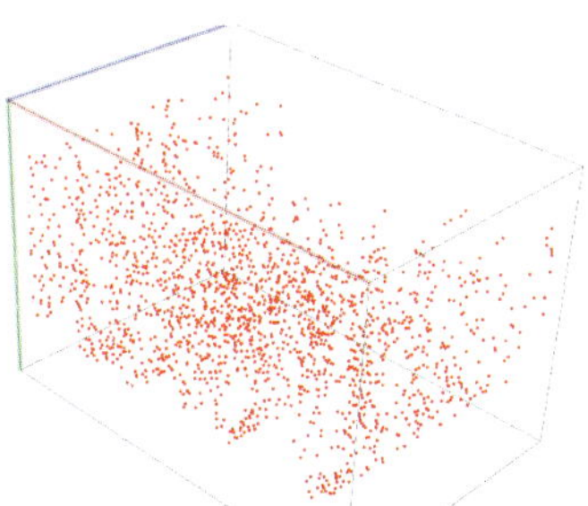

동영상_43.2.0

여기서 좀 더 수학적인 욕심(?)을 내면, 아래와 같이 관찰자의 위치에 따라서 그 모습이 다르게 보이도록 소프트웨어를 이용하여 각 점들의 (x,y,z) 좌표값을 정교하게 계산하여 연출할 수도 있다.

동영상_43.3.0

물론, 이렇게 공간상에 나타낸 '드론(점)'의 위치설계는 시작에 불과하다. 지상에서부터 목적지까지 수천대의 드론이 충돌없이 도달하는 경로를 각각 계산해야 하며, 이를 위해서는 실시각 드론의 위치를 관제센터에서 파악하며 제어할 수 있는 빠르고 정확한 통신기술이 필요하다. 이에 이번 평창동계올림픽의 드론쇼는 최신의 GPS 센서 및 5G 통신기술이 적용되어 사방으로 1~2m 수준을 항상 유지할 수 있도록 설계되었다고 한다. 이외에도 강풍과 같은 외부적 요인, 수천대의 드론을 한 명이 비행시키는 군집제어 등 반영되야 할 기술적 요소가 많다. 다음번 드론쇼에서는 기술의 발전으로 얼마나 더 장관인 퍼포먼스가 연출될지 기대가 된다.

# 44. 술주정뱅이의 발자취, 자연을 그려내다!

불규칙한 점들의 자취는 의미가 있을까'?

동전이나 주사위 던지기는 모두 시행의 결과를 예측할 수 없는 불규칙한 특성을 가지고 있다. 이를 프로그램 언어에서는 '난수추출(랜덤함수를 이용한 불규칙한 수의 생성)'로 만들어 낼 수 있다.

어떤 한 점으로부터 임의의 난수추출로 얻은 값으로 상 · 하 · 좌 · 우로 점들을 이동시키면 그 점들의 자취는 어떤 모양을 만들어낼까?

다음의 랜덤워크(Random Walk) 실험을 해보자.

아래의 실험은 좌표평면상의 한 점 (0,1)에서 출발하여 난수추출(random)로 '상 · 하 · 좌 · 우'를 선택하여 500번 이동한 랜덤워크의 발자취이다.

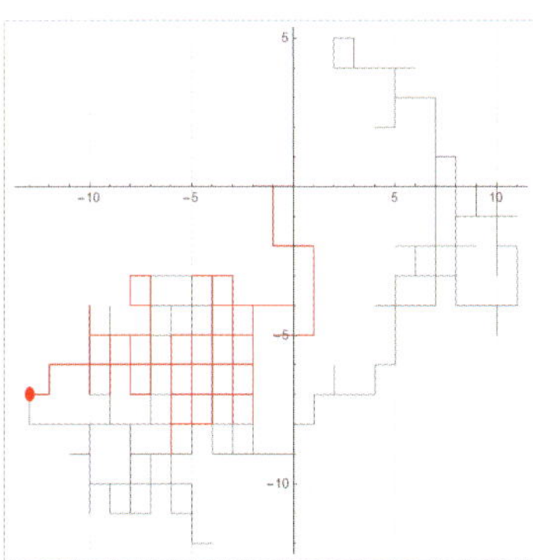


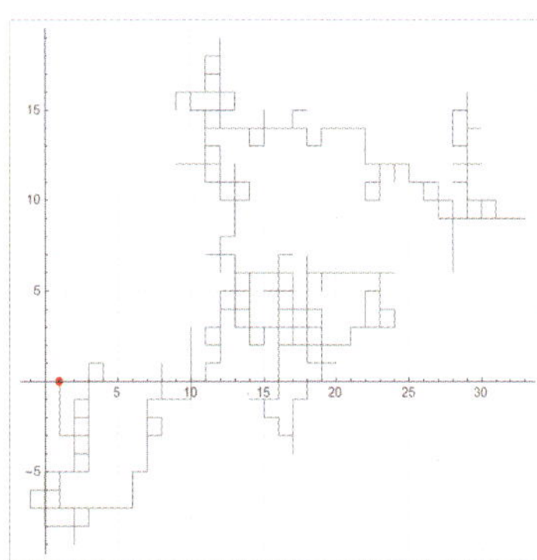


동영상_44.1.0

이와 같은 랜덤워크는 매번 실행할 때마다 그 자취가 불규칙하게 그려진다. 그래서 사람들은 이 불규칙한 랜덤워크를 술주정뱅이의 발자취라고 비유하기도 한다.

## 술주정뱅이의 발자취가 그려내는 자연의 모습

불규칙으로 만들어지는 술주정뱅이의 발자취가 무슨 의미가 있겠는가 싶은데, 여기에 약간의 계산을 추가하면 의미 있는 형상이 연출된다!!

다음의 계산 규칙에 따라 술주정뱅이의 발자취를 만들어 보자.

### 술주정뱅이의 발자취

1단계. 구간 [0,1]에서 임의의 실수(난수)를 추출한다. 이 값을 x1 이라고 하자.
2단계. 구간 [0,1]에서 임의의 실수(난수)를 다시 추출하여 0.5를 빼고 x1을 더한다. 이 값을 x2라고 하자.
3단계. 구간 [0,1]에서 임의의 실수(난수)를 다시 추출하여 0.5를 빼고 x2을 더한다. 이 값을 x3이라고 하자.
4단계. 위와 같은 과정을 계속 반복하여 x1, x2, x3, x4, … 을 계속해서 만들어 간다.
5단계. 이렇게 만들어진 점들의 값을 원점으로부터의 거리로 하는 위치에 균등하게 배치한다.

예를 들어 8번의 실행에 대한 과정을 살펴보며, 이에 대한 이해를 구해보자.

| | 구간[0,1] 난수추출 | 계산식 | 술주정뱅이 발자취 생성 |
|---|---|---|---|
| 1단계 | 0.950035 | | $x_1$ = 0.950035 |
| 2단계 | 0.447070 | 0.447070-0.5+0.950035=0.897105 | $x_2$ = 0.897105 |
| 3단계 | 0.472812 | 0.472812-0.5+0.897105=0.869917 | $x_3$ = 0.869917 |
| 4단계 | 0.753111 | 0.753111-0.5+0.869917=1.123030 | $x_4$ = 1.123030 |
| 5단계 | 0.0237295 | 0.0237295-0.5+1.12303=0.646759 | $x_5$ = 0.646759 |
| 6단계 | 0.638239 | 0.638239-0.5+0.646759=0.784998 | $x_6$ = 0.784998 |
| 7단계 | 0.164325 | 0.164325-0.5+0.784998=0.449323 | $x_7$ = 0.449323 |
| 8단계 | 0.494318 | 0.494318-0.5+0.449323=0.443641 | $x_8$ = 0.443641 |

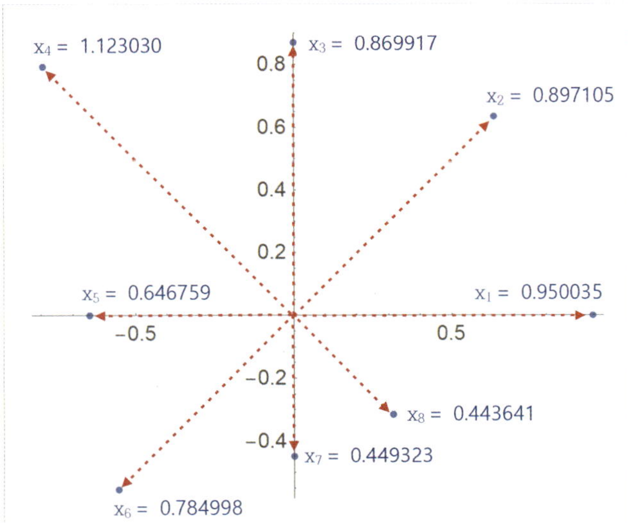


8번의 실행에 대한 결과는 별 의미가 없는 발자취로 보인다. 그러나 실행의 횟수를 100번, 500번, 1000번, 5,000번, 그리고 10,000번까지 반복해서 그 결과를 살펴보면 뜻밖의 형상을 바라볼 수 있다.

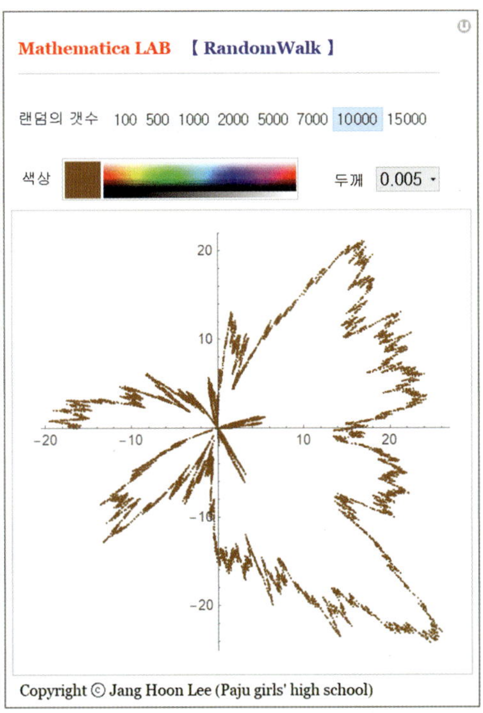


동영상_44.2.0

술주정뱅이의 발자취는 실행횟수가 많아질수록 무엇으로 보이는가? 좀 더 많은 관찰을 위하여 10,000번의 실행결과에 대한 다양한 형상들을 보여주도록 하겠다.

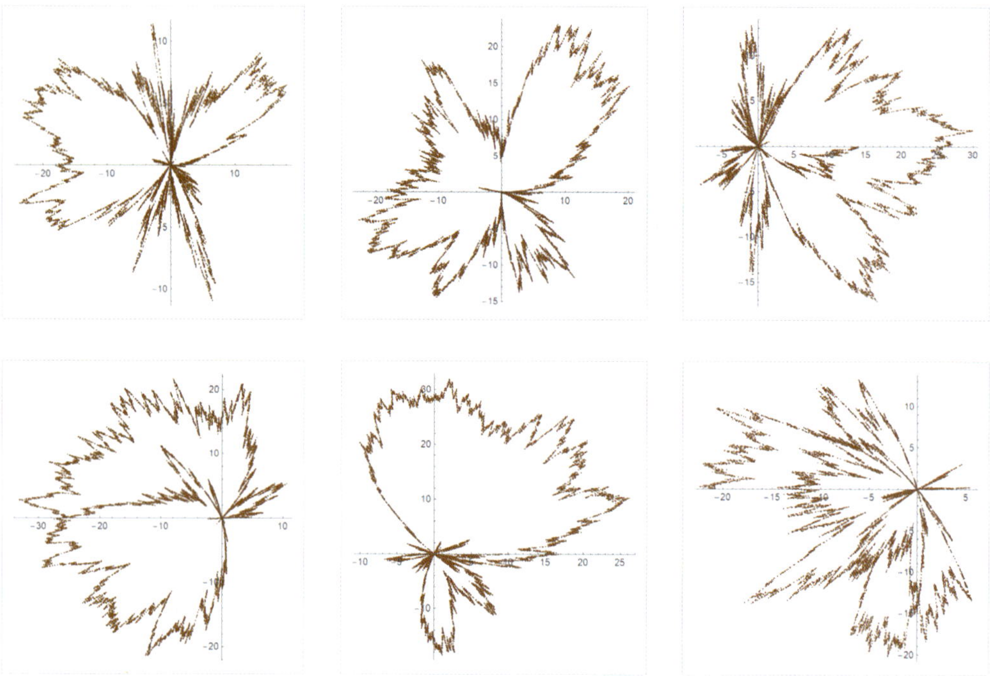

나뭇잎!
랜덤워크(술주정뱅이 발사취)가 만들어 낸 형상은 바로 자연의 모습인 나뭇잎이었다!

우리가 바라보는 자연의 현상들은 규칙적일까? 불규칙적일까?
계절과 같이 때로는 규칙적인 현상들도 있고,
날씨와 같이 때로는 불규칙적인 현상들도 있으리라.
인간은 자연의 모습을 규칙과 불규칙을 분리해서 생각하곤 한다.
그러나 자연은 그것의 경계가 없어 보인다.
불규칙함속에서 규칙적인 현상을 창조하는 모습이 그저 아름답기만 하다.

PART

# 3 어메이징한 수학

## Amazing ΣATH

# 45. 종이 한 장으로 태양까지 도달하는 방법

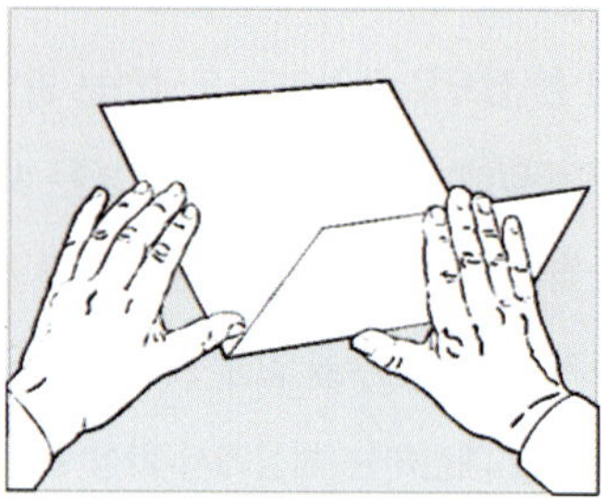

사무실에서 쉽게 접할 수 있는 복사용지(A4)로 많은 이들이 한번 쯤 경험해봤을 법한 '종이접기' 게임을 소개해본다.

"A4 용지 한 장을 절반씩 계속하여 접으면
몇 번이나 접을 수 있을까?"

아무 생각 없이 이 질문을 처음 접할 때는 제법 자신 있게 8번? 9번? 10번? 까지도 할 수 있을 것 같지만 실제는 고작 6번에 그치고 만다. 손의 악력이 높은 사람들도 7번이 한계다. 이와 같이 많은 이들은 경험을 통하여 그것이 힘으로 불가능하다는 것을 알게 되며 다음과 같이 이야기 한다.

"종이 크기가 너무 작아서 힘으로 접을 수가 없잖아~?"

정말 마땅한 이유라 생각하기에, 다음과 같은 파격적인 제안을 해본다.

"그럼 원하는 만큼의 종이 크기를 줄께, 대신 50번 접어볼래?"

A4 용지 한 장을 만져보고 대략 '50번은 접을 수 있겠다' 생각되는 만큼의 크기를 말해보자. 예를 들어, 축구장 크기의 큰 종이 정도라면 흡족할까? 물론, 그보다 훨씬 더 큰 종이도 원한다면 가능하다.

그럼, 이제 계산으로 그 가능성을 접어보자.
일반적으로 A4용지 한 장의 두께는 약 0.14mm이다. 그런데 종이는 한번 접을 때마다 2배씩 장수가 늘어나므로 두께 역시 2배씩 높아진다.

| 처음두께 | 1번 접기 | 2번 접기 | 3번 접기 | 4번 접기 | | 50번 접기 |
|---|---|---|---|---|---|---|
| 0.14mm | 2배($=2^1$) | 4배($=2^2$) | 8배($=2^3$) | 16배($=2^4$) | … | 몇 배? ($=2^{50}$) |

따라서 우리가 50번을 모두 접었다고 가정하면, 접힌 종이의 누께(높이)는 $0.14\times 2^{50}$ mm가 된다. 이제, 계산기를 이용하여 $2^{50}$을 계산해보자.

동영상_45.1.0

$$2^{50} = 1,125,899,906,842,624$$

믿기지 않지만, $2^{50}$의 계산 결과가 예사롭지 않다.
A4용지 한 장 두께의 종이를 그저 50번 접었을 뿐 인데,
높이가 $0.14\times 1,125,899,906,842,624$mm 라는 것이다. 이를 km로 환산하면 무려 $157,625,987 \fallingdotseq 1.576\times 10^8$km가 된다.

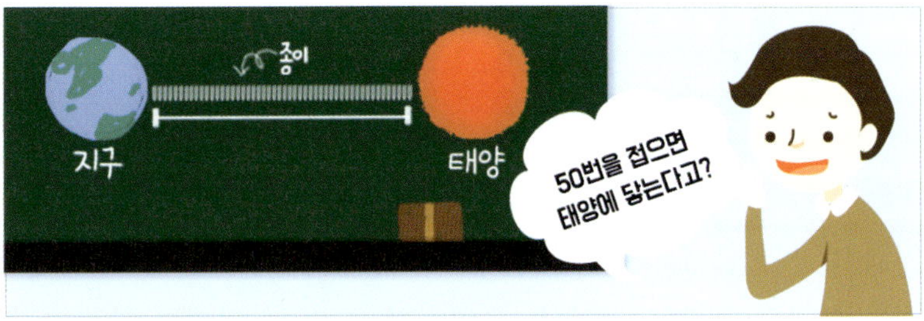


지구에서 달까지의 거리가 $370,487 \fallingdotseq 3.705\times 10^5$km이고, 지구에서 태양까지의 거리가 $1.506\times 10^8$km이니 종이 한 장을 50번만 접으면 그 높이가 태양에 이르고도 충분하다는 말이 된다.

이와 같이 거듭제곱의 형태로 표현되는 $2^n = \underbrace{2\times 2\times 2\times\cdots\times 2}_{n\text{개}}$는 곱해지는 횟수가 1번 늘어날 때마다, 그 값은 2배씩 커지므로 어느 순간부터는 폭발적인 증가를 한다. 실제, 위의 '종이접기'에서 단 한 번만 더 접으면 지구에서 태양까지 넉넉하게 왕복할 수 있는 거리가 된다.

이에 대한 실생활에서의 대표적인 사례로는 '세균 증식'이 있다. 대장균과 같은 세균은 일정 시각마다 그 개체가 2배씩 이분법적으로 증식하며 실제로 대장균은 무더운 여름(30 ~ 35℃)의 경우, 20분마다 약 2배씩 증가한다. 일반적으로 판매되는 음식에서 발견되는 일반세균은 허용되는 기준치가 있지만, 대장균은 단 한 마리도 검출되어서는 안 된다. 만약, 아침 8시에 구입한 김밥에 1마리의 대장균이 있었다고 하자. 이를 30℃ 이상에서 보관하고 있다가 오후 12시에 먹게 된다면 이 김밥 속에는 약 4,096마리의 대장균이 번식되어 있는 것이다. 우리가 여름철 냉장보관 상태가 아닐 경우, 구입한 음식을 가급적 빨리 섭취해야 하는 이유가 바로 여기에 있다.

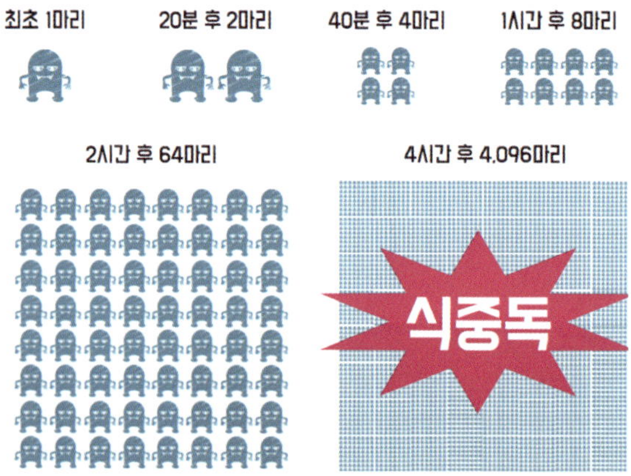


이처럼 종이접기, 세균증식과 같은 '이분법적인 증가'의 현상은 사람들에게 직관적인 판단의 착시를 불러오곤 한다. 현실성은 없지만, 다음의 넌센스 문제로 당신의 직관적 판단을 테스트해보자.

두 회사 A, B가 당신에게 한 달(31일)간의 단기계약으로 다음과 같은 급여조건을 제시하였다.

| | |
|---|---|
| A회사 | 아주 잘 나가는 회사이다.<br>첫째 날은 1천만 원, 둘째 날은 2천만 원, 셋째 날은 3천만 원, … 과 같이 매일 1천만 원씩 일당을 올려주며 한 달 31일간 급여를 지급한다. |
| B회사 | 이제 갓 창업한 중소기업이다.<br>첫째 날은 10원, 둘째 날은 20원, 셋째 날은 40원, 넷째 날은 80원, … 과 같이 매일 2배로 일당을 올려주며 한 달 31일간 급여를 지급한다. |

회사를 선택하는 시간이 그리 많지는 않다. 당신은 어느 회사를 선택할 것인가? 언뜻 직관으로 판단하면 당연히 A회사라는 생각이 가득하다. 선택에 대한 조금의 시간적 여유가 있다면 다음과 같이 빠른 계산으로 이 값을 어림해보는 것도 좋은 방법이다.

**A 회사**

| | | | | | | | | | | | | | | | | | | | | |
|---|---|---|---|---|---|---|---|---|---|---|---|---|---|---|---|---|---|---|---|---|
| S = | 1 | + | 2 | + | 3 | + | 4 | + | 5 | … | … | + | 29 | + | 30 | + | 31 |
| S = | 31 | + | 30 | + | 29 | + | 28 | + | 27 | … | … | + | 3 | + | 2 | + | 1 |
| 2S = | 32 | + | 32 | + | 32 | + | 32 | + | 32 | … | … | + | 32 | + | 32 | + | 32 |

2S=32×31(일)=992(천만원) 이므로 S=496(천만원) 즉, 49억 6천만원이 된다.

역시 A회사는 기대한 만큼의 높은 한 달 급여총액이다. 이번에는 B회사의 급여를 빠른 계산으로 어림해보자.

**B 회사**

| 1일차 | 2일차 | 3일차 | 4일차 | 5일차 | 6일차 | 7일차 | 8일차 | 9일차 | 10일차 |
|---|---|---|---|---|---|---|---|---|---|
| 10(원) | 20 | 40 | 80 | 160 | 320 | 640 | 1,280 | 2,560 | 5,120 |
| 11일차 | 12일차 | 13일차 | 14일차 | 15일차 | 16일차 | 17일차 | 18일차 | 19일차 | 20일차 |
| 약 1(만원) | 2 | 4 | 8 | 16 | 32 | 64 | 128 | 256 | 512 |
| 21일차 | 22일차 | 23일차 | 24일차 | 25일차 | 26일차 | 27일차 | 28일차 | 29일차 | 30일차 |
| 약 1(천만원) | 2 | 4 | 8 | 16 | 32 | 64 | 128 | 256 | 512 |
| 31일차 | | | | | | | | | |
| 약 100(억원) | | | | | | | | | |

11, 21, 31일차의 일당을 근삿값으로 더 작게 계산하였음에도 불구하고 B회사의 마지막 31일째 하루 일당이 이미 A회사의 한 달간 급여총액을 훌쩍 넘어가버렸다. 굳이 B회사의 한 달 급여총액을 계산할 필요도 없이 B회사의 급여조건이 더욱 파격적임을 알 수 있다. 이는 두 회사의 일당과 급여총액을 계산기로 구해보면, 그 차이를 더욱 실감할 수 있다.

| 일수 | 업체 A | 업체 B |
|---|---|---|
| 1일째 | 10,000,000(원) | 10(원) |
| 2일째 | 20,000,000(원) | 20(원) |
| 3일째 | 30,000,000(원) | 40(원) |
| 4일째 | 40,000,000(원) | 80(원) |
| 5일째 | 50,000,000(원) | 160(원) |
| 6일째 | 60,000,000(원) | 320(원) |
| 7일째 | 70,000,000(원) | 640(원) |
| 8일째 | 80,000,000(원) | 1,280(원) |
| 9일째 | 90,000,000(원) | 2,560(원) |
| 10일째 | 100,000,000(원) | 5,120(원) |
| 11일째 | 110,000,000(원) | 10,240(원) |
| 12일째 | 120,000,000(원) | 20,480(원) |
| 13일째 | 130,000,000(원) | 40,960(원) |
| 14일째 | 140,000,000(원) | 81,920(원) |
| 15일째 | 150,000,000(원) | 163,840(원) |
| 16일째 | 160,000,000(원) | 327,680(원) |
| 17일째 | 170,000,000(원) | 655,360(원) |
| 18일째 | 180,000,000(원) | 1,310,720(원) |
| 19일째 | 190,000,000(원) | 2,621,440(원) |
| 20일째 | 200,000,000(원) | 5,242,880(원) |
| 21일째 | 210,000,000(원) | 10,485,760(원) |
| 22일째 | 220,000,000(원) | 20,971,520(원) |
| 23일째 | 230,000,000(원) | 41,943,040(원) |
| 24일째 | 240,000,000(원) | 83,886,080(원) |
| 25일째 | 250,000,000(원) | 167,772,160(원) |
| 26일째 | 260,000,000(원) | 335,544,320(원) |
| 27일째 | 270,000,000(원) | 671,088,640(원) |
| 28일째 | 280,000,000(원) | 1,342,177,280(원) |
| 29일째 | 290,000,000(원) | 2,684,354,560(원) |
| 30일째 | 300,000,000(원) | 5,368,709,120(원) |
| 31일째 | 310,000,000(원) | 10,737,418,240(원) |
| **총합계** | **4,960,000,000(원)** | **21,474,836,470(원)** |

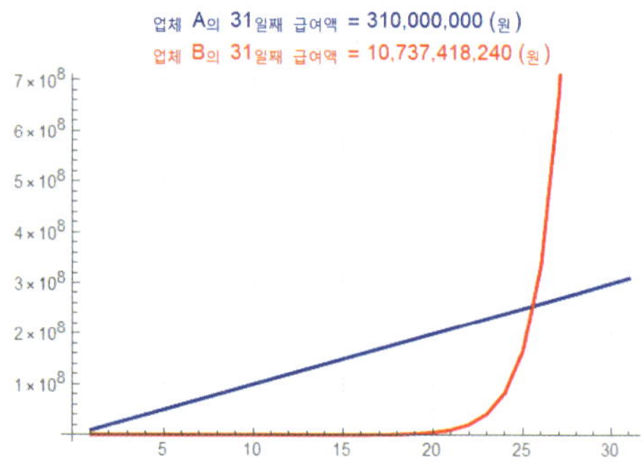


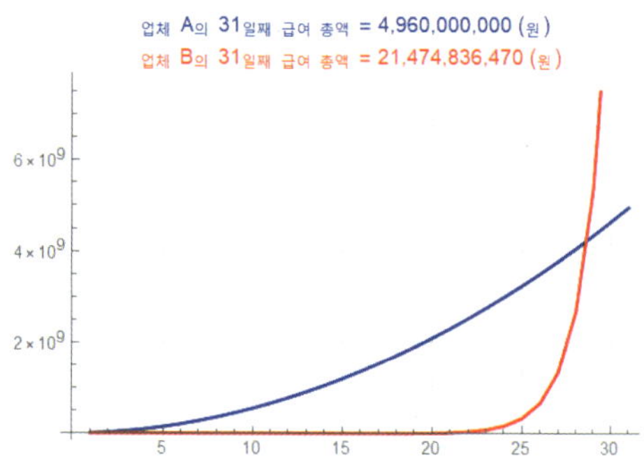


동영상_45.2.0

QR코드로 페이지를 열면, 위의 그림과 같이
날짜의 경과에 따른 급여 총액과 그래프의 변화를 관찰하는 실험문서가 있다.

# 46. 지구 종말에 대한 하노이 예언, 남은 시간은?

만약, 지구에 종말이 온다면 남은 시간동안 무엇을 할까?
다음은 베트남의 수도 하노이의 불교 사원에서 내려오는 지구 종말에 대한 '하노이 탑'의 예언이다.

**하노이 탑의 예언**

고대인도 베나레스(지금의 바라나시)의 한 사원에는 작은 구멍이 뚫린 64개의 순금 원판과 3개의 다이아몬드 기둥이 보관되어 있다고 한다. 이들 원판은 어느 것도 크기가 같지 않으며, 작은 원판이 큰 원판 위에 올라오도록 차례대로 1개의 기둥에 모두 쌓여 있다. 이 사원에서 유래되는 전설에 의하면, 수도승에게 64개의 원판을 하나씩 옮겨서 다른 기둥에 원래 상태로 부지런히 옮겨 놓으라고 명한다. (단, 원판의 이동시 작은 원판위에 큰 원판은 올려놓을 수 없다.) 그리고 모든 원판이 다른 기둥으로 모두 옮겨질 때, 사원과 승려 그리고 지구상의 모든 것들은 먼지가 되어 사라질 것이다.

위의 예언대로라면, 지구의 종말은 얼마나 남은 것일까?
먼저 하노이의 탑을 규칙에 맞게 이동해보자. n개 원판의 최소이동횟수를 a(n)이라고 하면, 원판 1개에서 6개까지 최소이동의 방법과 횟수는 아래와 같다.

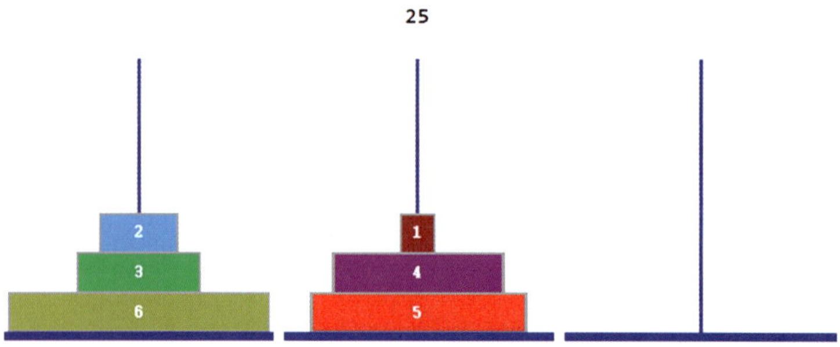


동영상_46.1.0

| 원판의 개수 | n | 1 | 2 | 3 | 4 | 5 | 6 | 7 | … | 64 |
|---|---|---|---|---|---|---|---|---|---|---|
| 최소이동횟수 | a(n) | 1 | 3 | 7 | 15 | 31 | 63 | ? | … | ? |

이때, 최소이동횟수에 대한 계산 규칙은 다음과 같음을 예상할 수 있다.

| 원판의 개수 | n | 1 | 2 | 3 | 4 | 5 | 6 | 7 | … | 64 |
|---|---|---|---|---|---|---|---|---|---|---|
| 최소이동횟수 | a(n) | 1 | 3 | 7 | 15 | 31 | 63 | ? | … | ? |
| 계산규칙 | a(n) | $2^1-1$ | $2^2-1$ | $2^3-1$ | $2^4-1$ | $2^5-1$ | $2^6-1$ | ? | … | ? |

따라서 64개의 원판에 대한 최소이동횟수는 $a(64)=2^{64}-1$이다. 1개의 원판을 이동하는데 1초가 걸린다고 가정하면, 64개의 원판에 대한 최소이동횟수에 소요되는 시간은 $a(64)=2^{64}-1$(초)이다. 이 값은 얼마나 큰 수일까?

$$
\begin{aligned}
2^{64}-1 &= 18,446,744,073,709,551,615 \text{ 초} \\
&\fallingdotseq 307,746,000,000,000,000 \text{ 분} \\
&\fallingdotseq 5,124,100,000,000,000 \text{ 시간} \\
&\fallingdotseq 213,504,000,000,000 \text{ 일} \\
&\fallingdotseq 584,942,000,000 \text{ 년} \\
&\fallingdotseq 5,849 \text{ 억년}
\end{aligned}
$$

5,849억년!!

하노이 탑의 지구 종말에 대한 예언은 5,849억년 후에나 일어날 이야기 인 것이다. 참고로 지구의 나이는 약 46억년, 우주의 나이는 120억년임을 감안하면 5,849억년이라는 시간의 느낌이 조금 더 실감이 날 수 있을까 싶다.

그런데 만약... '하노이 탑'의 예언에서 기둥이 4개였다면, 지구 종말까지 남은 시간은 얼마로 줄어들까?

**기둥이 4개인 하노이 탑의 예언**

하노이 탑의 이동 규칙과 동일하게 64개 원판을 이동하는데 소요되는 시간은?

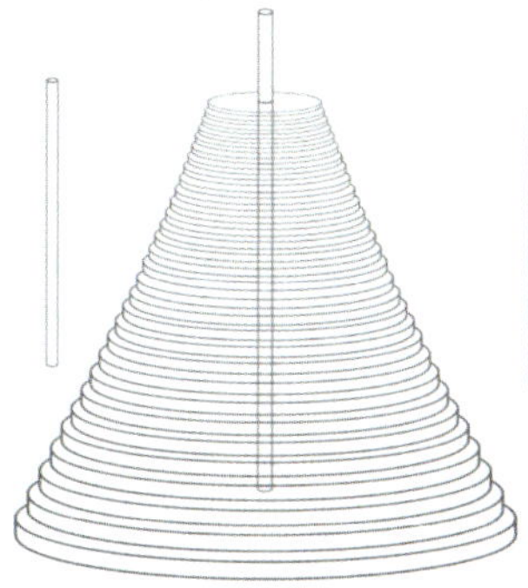

① 약5시간 ② 약50일 ③ 약5년 ④ 약50년 ⑤ 약5000년 ⑥ 약5억년

기둥이 4개인 하노이의 탑에서 n개 원판의 최소이동횟수를 b(n)이라고 하면, 원판 10개에 대한 최소이동의 방법과 횟수는 아래와 같다.

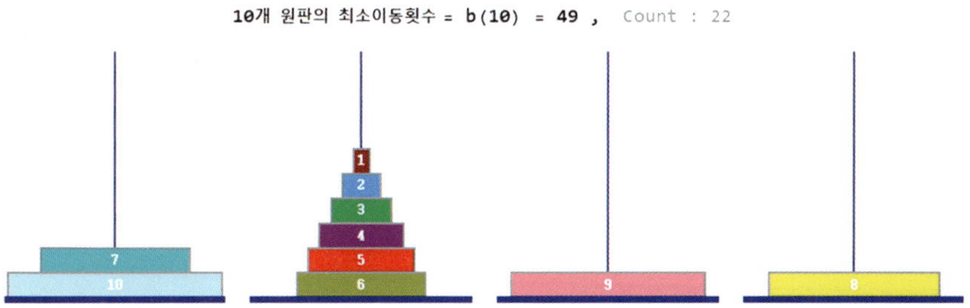


동영상_46.2.0

| 원판의 개수 | n | 1 | 2 | 3 | 4 | 5 | 6 | 7 | 8 | 9 | 10 |
|---|---|---|---|---|---|---|---|---|---|---|---|
| 최소이동횟수 | b(n) | 1 | 3 | 5 | 9 | 13 | 17 | 25 | 33 | 41 | 49 |
| 계산규칙 | b(n) | +2 | +2 | +4 | +4 | +4 | +8 | +8 | +8 | +8 | |

| 원판의 개수 | n | 10 | 11 | 12 | 13 | 14 | 15 | 16 | … | … | 64 |
|---|---|---|---|---|---|---|---|---|---|---|---|
| 최소이동횟수 | b(n) | 49 | 65 | 81 | 97 | 113 | 129 | 161 | … | … | ? |
| 계산규칙 | b(n) | +16 | +16 | +16 | +16 | +16 | +32 | +32 | … | … | |

## 기둥이 3개인 하노이의 탑 vs 기둥이 4개인 하노이의 탑

| 원판의 개수 | n | 1 | 2 | 3 | … | 10 | 11 | 12 | … | 64 |
|---|---|---|---|---|---|---|---|---|---|---|
| 기둥이 3개 | a(n) | 1 | 3 | 7 | … | 1023 | 2047 | 4095 | … | $2^{64}-1$ |
| 기둥이 4개 | b(n) | 1 | 3 | 5 | … | 49 | 65 | 81 | … | 18,433 |

기둥이 4개인 하노이의 탑에서 64개의 원판에 대한 최소이동횟수를 계산해보면 b(64)=18,433이다. 이때 1개의 원판을 이동하는데 1초가 걸린다고 가정하면, 64개의 원판에 대한 최소이동횟수에 소요되는 시간은

$$b(64) = 18{,}433(\text{초}) \fallingdotseq 5.12(\text{시간})$$

만약 지구 종말에 대한 '하노이 탑' 예언에서 기둥이 4개였다면, 우리는 불과 5시간 만에 종말을 맞게 되는 것이다.

# 47. 3색 벽돌쌓기, 마지막 색상을 어떻게 계산할 것인가?

똑같은 문제를 누군가는 기발한 방법으로 풀어낸다. 독일의 수학자 가우스(1777~1855)는 어릴 적, 1부터 100까지 합을 아래와 같이 기발한 방법으로 계산했던 일화로 유명하다.

1 + 2 + 3 + ··········· + 98 + 99 + 100

100 + 99 + 98 + ··········· + 3 + 2 + 1

101 + 101 + 101 + ··········· + 101 + 101 + 101

"101을 100개 더해서 2로 나누면 되겠군!" $101 \times 100 \div 2 = 5050$

그럼, 이제 여러분들이 기발한 방법으로 풀어야 할 '3색 벽돌쌓기' 문제를 소개한다.

**3색 벽돌쌓기, 마지막 색상은?**

바닥에 세 가지 색상, 빨강(R), 파랑(B), 노랑(Y)의 벽돌 n개가 놓여있다. 그리고 그 위에는 벽돌이 서로 겹치도록 n−1, n−2, ···, 3, 2, 1개를 쌓아 올리는데, 벽돌의 색상에 대한 규칙은 다음과 같다.

(1) 이웃한 두 벽돌의 색상이 같으면, 위에는 같은 색상의 벽돌을 쌓는다.
(2) 이웃한 두 벽돌의 색상이 다르면, 위에는 나머지 다른 색상의 벽돌을 쌓는다.

### 바닥의 벽돌이 n=2개일 때

1층 바닥에 파랑(B), 노랑(Y) 색상의 벽돌이 놓였을 경우, 그 위 2층에 올려진 마지막 벽돌은 빨강(Y)이다.

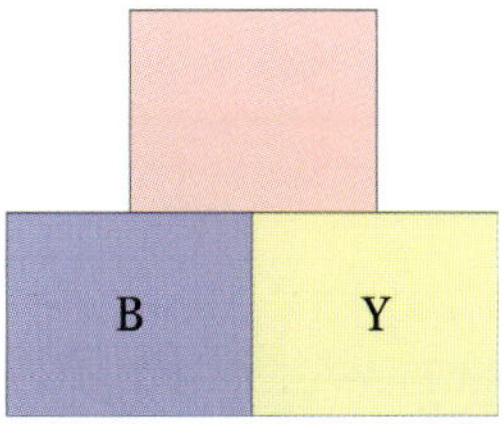

### 바닥의 벽돌이 n=3개일 때

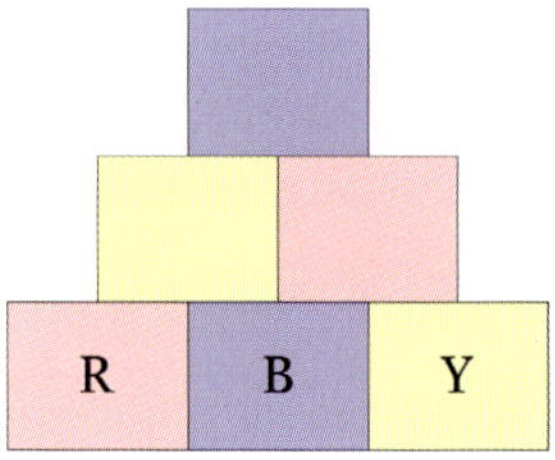


1층 바닥에 빨강(R), 파랑(B), 노랑(Y) 색상의 벽돌이 놓였을 경우, 그 위 2층에 올려진 벽돌은 노랑(Y), 빨강(R)이며, 다시 그 위 3층에 올려진 마지막 벽돌은 파랑(B)이다.

### 바닥의 벽돌이 n=4개일 때

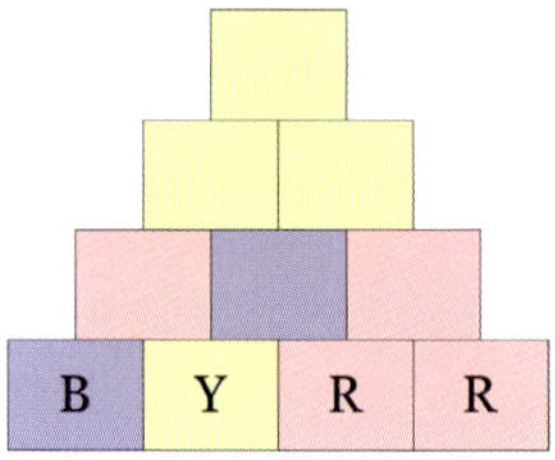


1층 바닥에 파랑(B), 노랑(Y), 빨강(R), 빨강(R) 색상의 벽돌이 놓였을 경우, 그 위 2층에 올려진 벽돌은 빨강(R), 파랑(B), 빨강(R)이며, 다시 그 위 3층에 올려진 벽돌은 노랑(Y), 노랑(Y)이다. 그리고 4층 마지막 벽돌은 노랑(Y)이 된다.

퍼즐의 규칙을 이해하였다면, 아래와 같이 1층 바닥에 n=28개의 벽돌이 주어진 '3색 벽돌쌓기'의 마지막 색상을 구해보자.

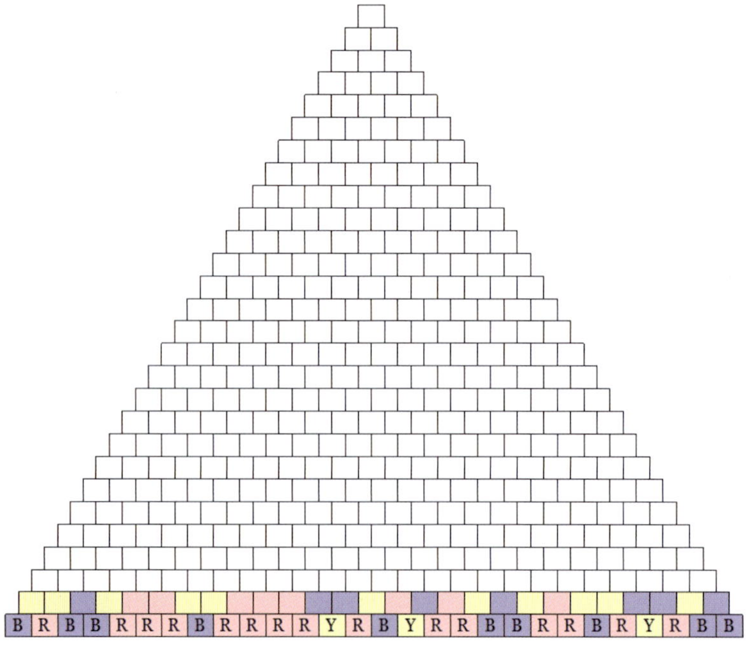

"설마, 이걸 다 해보라는 거야?"

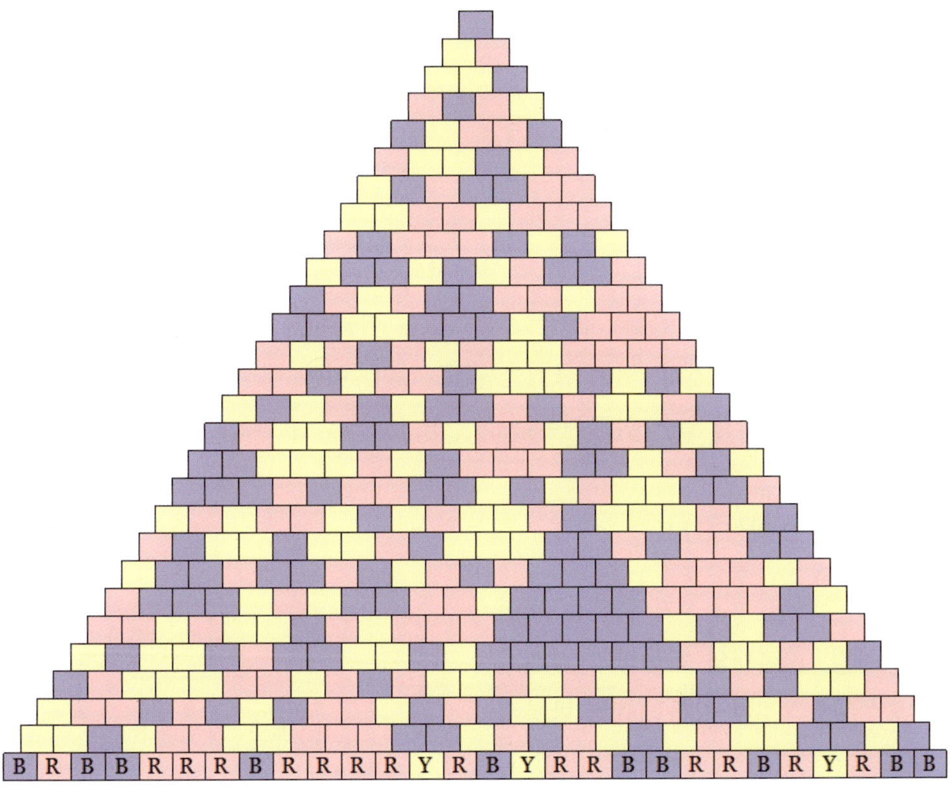


동영상_47.3.1

정답: 파랑(B)

QR코드로 페이지를 열면,

임의의 n×n 색상문제가 생성되고 계산과정을 관찰할 수 있는 실험문서가 있다.

이제부터는 기발한 방법으로 이 문제를 풀어보자!!

## 규칙의 발견

'3색 벽돌쌓기' 문제의 핵심은 1층 바닥에 n=4개가 놓인 벽돌의 규칙에 있다.

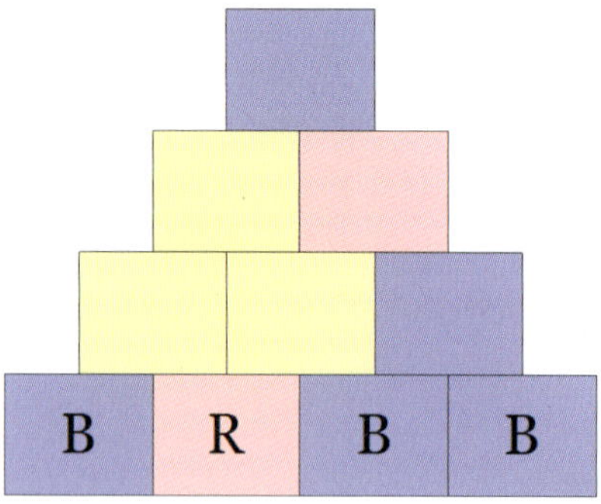


동영상_47.1.1

증명_47.1.2

위의 QR코드(47.1.1)를 열어 다양한 색상에서의 결과를 관찰해보자. n=4개로 주어진 벽돌쌓기 문제는 1층 바닥의 양 끝에 놓여있는 벽돌의 색상을 계산한 결과가 최상단의 마지막 벽돌의 색상이 되는 규칙을 갖고 있다. 이에 대한 수학적 증명은 QR코드(47.1.2)로 페이지를 열어 참고해본다.

## 규칙의 유연한 확장 (1)

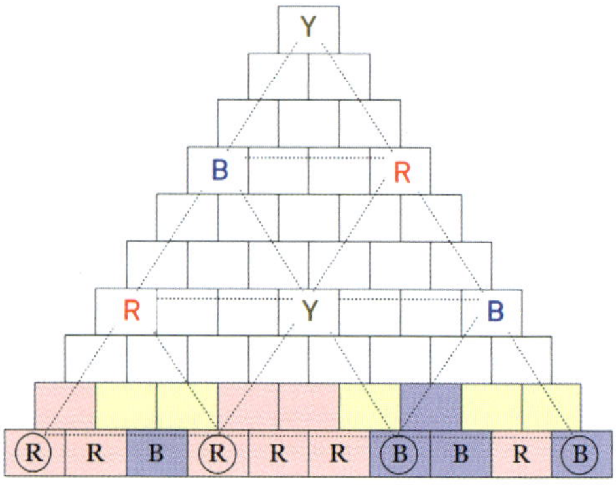


n=10개로 주어진 벽돌쌓기 문제는 그림의 점선처럼, n=4개의 벽돌쌓기 형태가 바닥에서부터 각 3개, 2개, 1개씩 반복하여 적용되는 확장된 형태를 가지고 있다. 따라서 n=10개로 주어진 벽돌쌓기 문제 역시 바닥의 양 끝에 놓여있는 벽돌의 색상을 계산한 결과가 최상단의 마지막 벽돌의 색상이 되는 규칙을 갖게 되며, 바

닥 면의 양 끝인 빨강(R), 파랑(B)을 계산한 노랑(Y)이 마지막 벽돌의 색상이 된다. 실제, n=10개로 주어진 벽돌쌓기 문제의 결과를 보아도 성립함을 알 수 있다.

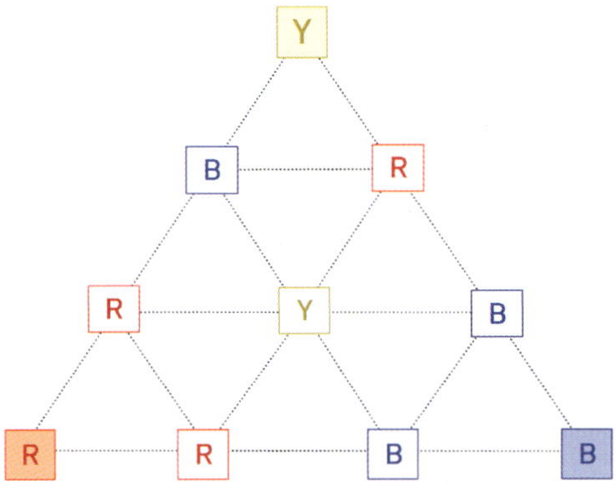


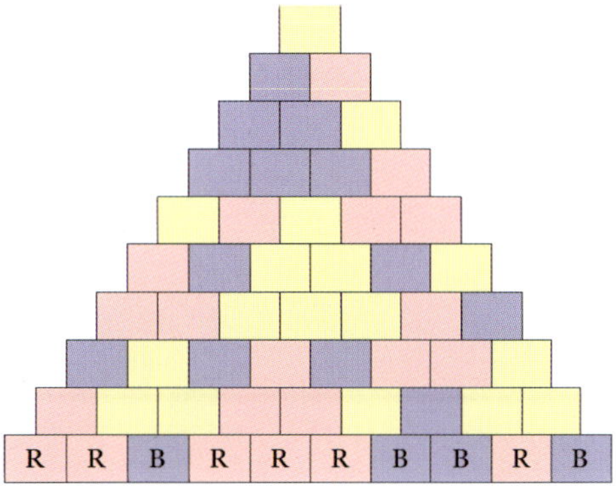


동영상_47.2.0

QR코드로 페이지를 열면,
10×10에 대한 다양한 색상문제와 계산규칙을 관찰할 수 있는 동영상이 있다.

따라서 n=10개로 주어진 벽돌쌓기 문제 역시 바닥의 양 끝에 놓여있는 벽돌 색상을 계산한 결과가 최상단의 마지막 벽돌 색상이 되는 규칙을 갖게 된다. 즉, 바닥 면의 양 끝인 빨강(R), 파랑(B)을 계산한 노랑(Y)이 마지막 벽돌의 색상이다. 실제, 위의 QR코드(47.2.0)를 열어서 n=10개로 주어진 다양한 벽돌쌓기 문제의 결과를 보아도 이러한 규칙이 성립함을 확인할 수 있다.

## 규칙의 유연한 확장 (2)

$n=4=3^1+1$개의 벽돌쌓기 규칙은 $n=10=3^2+1$개에서 $n=28=3^3+1$, $n=82=3^4+1$, …, $n=3^n+1$로 계속하여 확장할 수 있다. 바닥에 주어진 벽돌의 개수가 4개, 10개, 28개, 82개, …, $3^n+1$개면, 마지막 행의 벽돌 색상은 첫 행의 양 끝에 있는 벽돌의 색상을 계산한 결과가 된다. 실제, n=28개로 주어진 벽돌쌓기 문제의 결과를 보아도 성립함을 알 수 있다.

이처럼 원리를 발견하고 사고를 확장하여 복잡한 문제를 손쉽게 풀어내는 맛. 그것이 수학의 매력 아닐까?

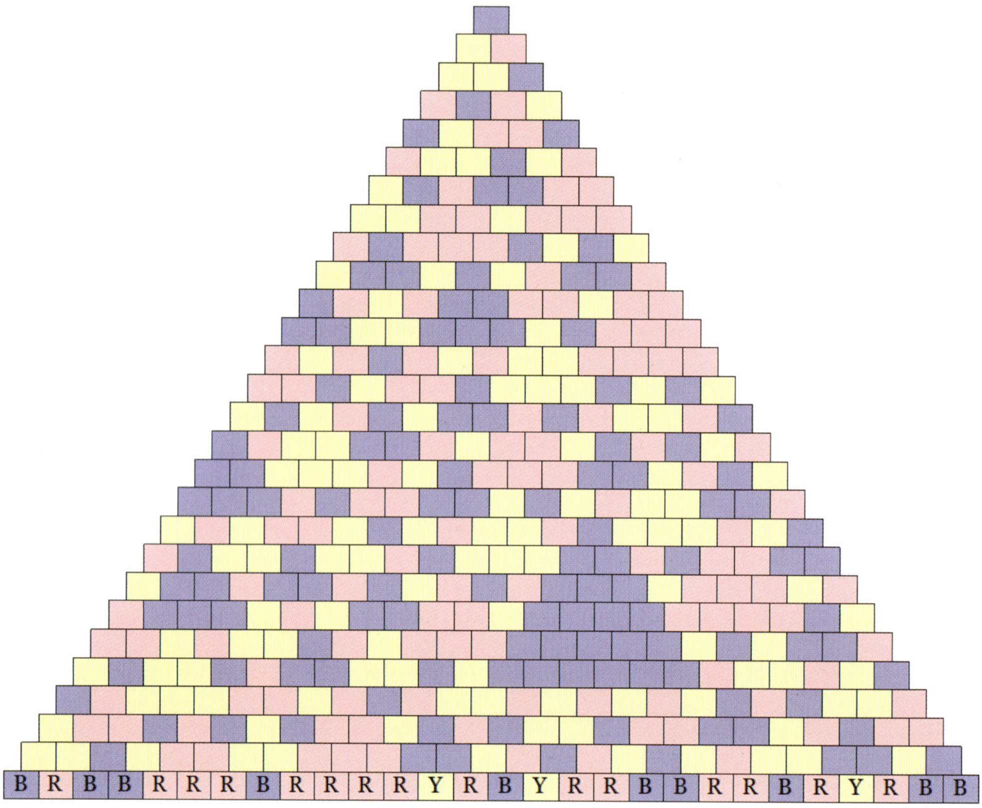


동영상_47.3.2

QR코드로 페이지를 열면,
28×28에 대한 다양한 색상문제와 계산규칙을 관찰할 수 있는 동영상과
임의의 n×n 색상문제가 생성되고 계산과정을 관찰할 수 있는 실험문서가 있다.

# 48. 다트게임으로 원주율 값을 계산해보자.

원주율을 계산하는 방법은 원시적인 측정 방법, 전통적인 계산 방법, 그리고 슈퍼컴퓨터를 활용한 현대적인 방법 등 무수히 많은 방법들이 알려져 있다.

**원주율($\pi$)**

한 점(중심)으로부터 일정한 거리(반지름)를 갖는 도형을 '원'이라 하는데 원주율은 바로 이 '원'에 대하여 지름과 둘레의 길이에 대한 관계를 궁금해 하는 인간의 기질적 호기심으로부터 발견된 값이다.

$$\text{원주율}(\pi) = \frac{\text{원의 둘레의 길이}}{\text{원의 지름}}$$

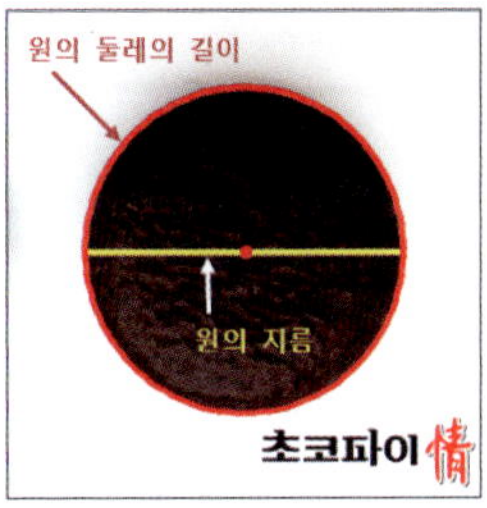


## 원시적인 측정 방법

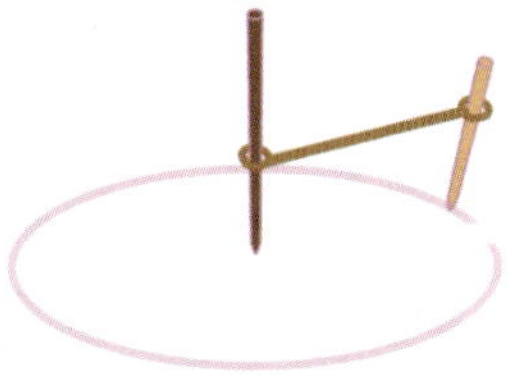

01 기둥을 세우고 일정한 길이의 끈으로 한 바퀴 그린다.

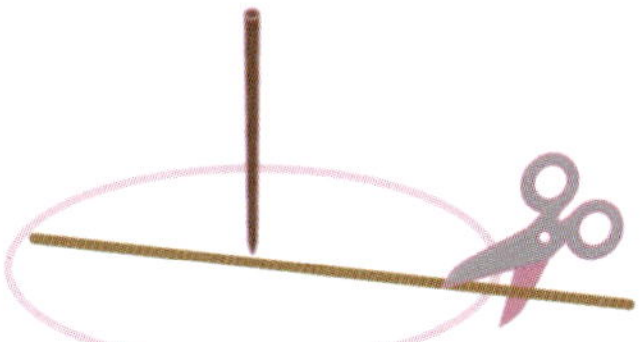

02 또 다른 끈을 이용하여 원의 지름의 길이를 잰다.

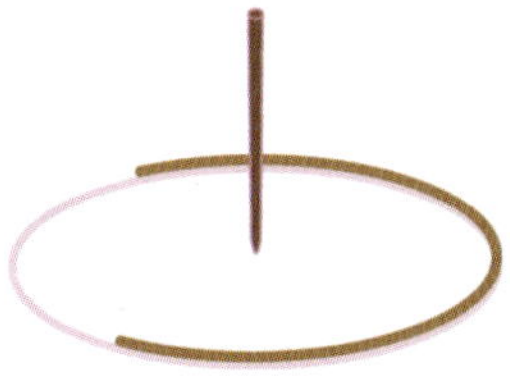

03 또 다른 끈을 이용하여 원의 둘레의 길이를 잰다.

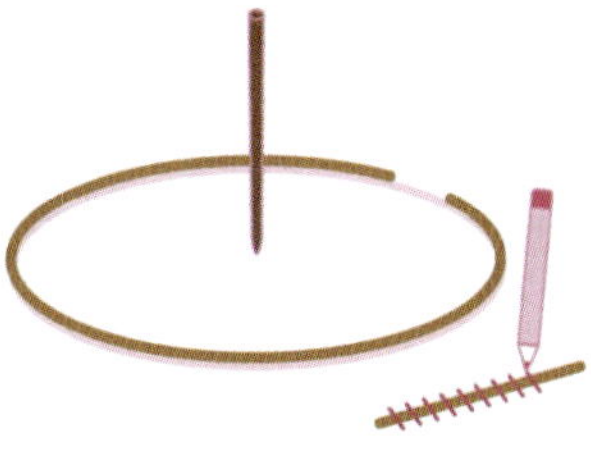

04 원의 지름에 대한 둘레의 길이의 비를 계산한다.

## 전통적인 계산 방법

반지름이 r인 원의 둘레는 2πr이므로, 지름이 1인 원의 둘레는 π가 된다. 따라서 지름이 1인 원에 내접하는 다각형은 변의 개수가 많아질수록 그 다각형의 둘레의 길이는 원의 둘레 π에 가까워지는 성질을 이용하여 π의 근삿값을 계산할 수 있다.

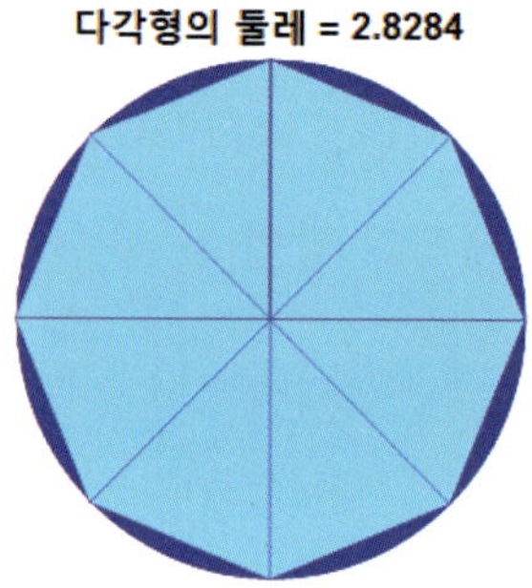


동영상_32.1.0

이중에 원주율을 계산하는 색다른 방법으로, 다트게임을 통하여 확률적으로 원주율 π=3.141592… 값을 구하는 과정을 소개해본다.

한 변의 길이가 2인 정사각형에 반지름이 1인 원이 내접하도록 그린다.

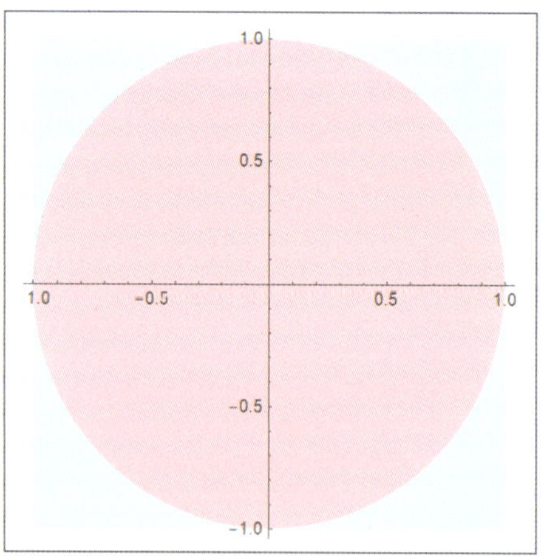

바로 이 정사각형 안으로 임의의 다트를 아래의 조건에 따라 n개 던진다.

(1) 다트는 무조건 정사각형 내에 들어간다.

(2) 다트는 의도하지 않은 무작위 시행이다.

이 경우, 원의 내부에 들어간 다트의 개수를 r개 라고 하면 다음의 확률적인 관계가 성립한다.

$$\text{다트가 원의 내부에 들어갈 확률}\left(\frac{r}{n}\right) \fallingdotseq \frac{\text{원의 넓이}(\pi)}{\text{정사각형의 넓이}(4)}$$

$$\Leftrightarrow \text{원의 넓이}(\pi) \fallingdotseq \text{정사각형의 넓이}(4) \times \text{다트가 원의 내부에 들어갈 확률}\left(\frac{r}{n}\right)$$

### 실험(1) 다트 n=100개를 던진 경우

n=100개의 다트를 던지는 실험으로 계산된 원주율(π)의 근삿값은 2.92~3.28로 실제의 값과 다소의 차이를 보인다. 그러나 시행의 횟수(n)가 커질수록 이 값은 점차 원주율(π=3.141592⋯)의 값에 상당히 가까워진다.

동영상_48.1.0

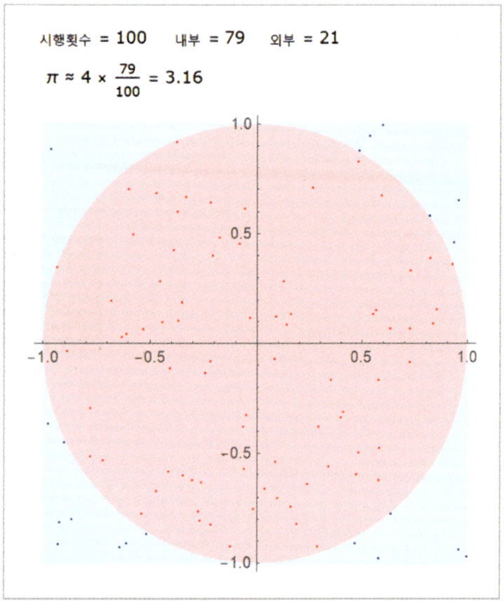


### 실험(2) 다트 n=1만개를 던진 경우

n=1만개의 다트를 던지는 실험으로 계산된 원주율(π)의 근삿값은 3.1312~3.1472로 n=100개의 다트를 던져 계산된 결과보다 더욱 원주율(π=3.141592⋯)의 값에 가까워졌다.

동영상_48.2.0

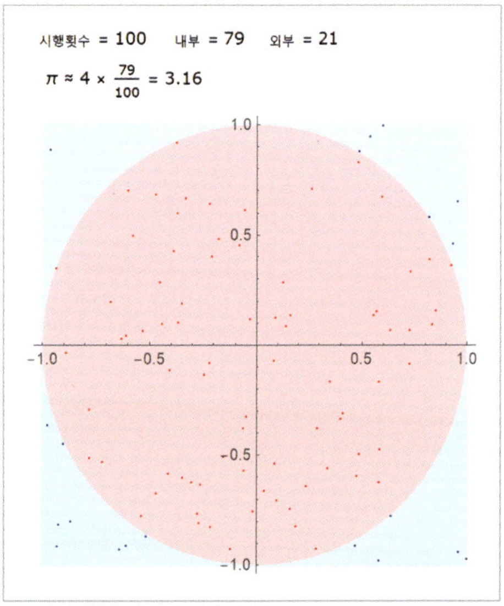

## 실험⑶ 다트 n=1백만개를 던진 경우

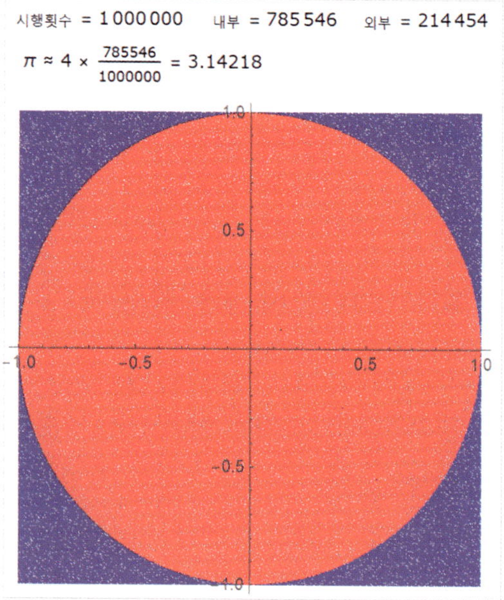


n=1백만개의 다트를 던지는 실험으로 계산된 원주율(π)의 근삿값은 3.14058~3.14268로 앞선 실험의 계산된 결과보다 훨씬 더 원주율(π=3.141592⋯)의 값에 가까워졌다. 이처럼 던지는 다트의 개수가 많아질수록 더욱 정확한 원주율을 계산할 수 있다.

동영상_48.3.0

# 49. 원주율을 계산하는 세상에서 가장 위대한 방법

이천년이 넘는 수학의 역사 속에서 원주율($\pi \fallingdotseq 3.141592\cdots$)을 계산하는 수많은 방법 중에서 가장 위대한 방법은 무엇일까? 적지 않은 수학 · 과학자들은 「물체의 충돌모델」에서 계산된 원주율을 최고로 꼽는다.

**충돌모델에서 발견한 원주율**

질량이 1kg과 $100^n$kg인 두 물체 A, B가 있다.
한쪽을 벽면으로 하는 일직선상에서 B가 A와 에너지 소실이 없는 완전탄성충돌을 하게되면, A가 벽면 또는 B와 충돌하는 총 횟수는 원주율의 숫자배열 n+1 자리까지 일치한다!
(단, 공기저항이나 마찰, 충돌시 발생하는 소리 등과 같은 외부요인은 고려하지 않는다.)

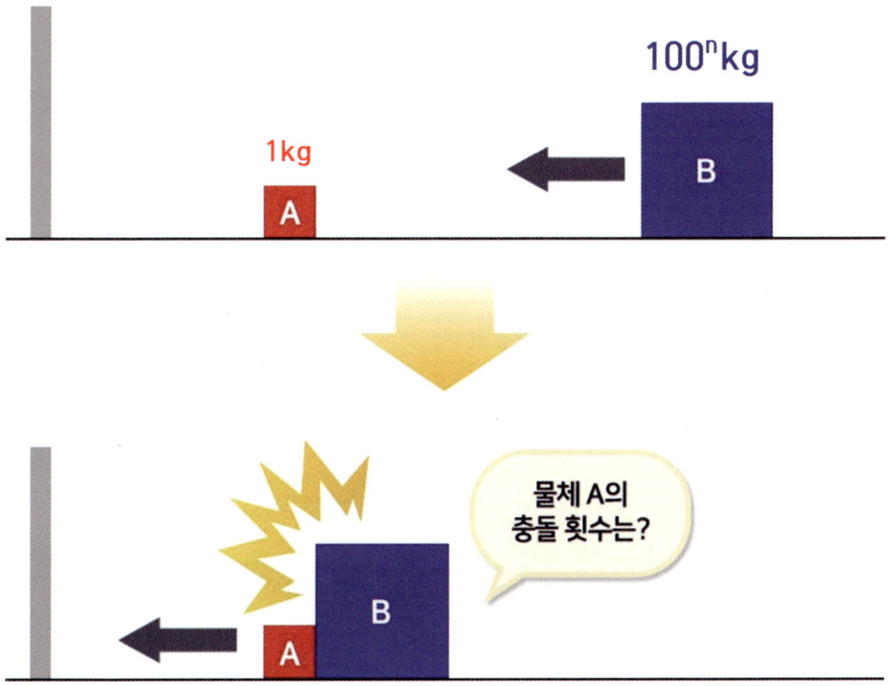

### 완전탄성충돌

두 물체가 충돌할 때 충돌 전의 운동에너지의 합과 충돌 후의 운동에너지의 합이 보존되는 충돌을 완전탄성충돌이라고 한다. 예로, 두 물체의 질량을 $m_1$, $m_2$라고 하고, 충돌 전 두 물체의 속도를 $v_1$과 $v_2$, 충돌 후 두 물체의 속도를 $v_1'$과 $v_2'$라고 할 때, 운동량 보존법칙에 의해 다음 식이 성립한다.

$$m_1v_1 + m_2v_2 = m_1v_1' + m_2v_2'$$

그리고 충돌 전 후의 각각의 물체의 운동에너지가 같아야 한다. 이를 식으로 표현하면 다음과 같다.

$$\tfrac{1}{2}m_1v_1^2 + \tfrac{1}{2}m_2v_2^2 = \tfrac{1}{2}m_1v_1'^2 + \tfrac{1}{2}m_2v_2'^2$$

두 물체의 질량 $m_1$과 $m_2$ 및 처음 속도 $v_1$과 $v_2$를 알고 있을 때, 위 두 식을 연립하면 충돌 후 각각의 물체 속도 $v_1'$과 $v_2'$를 알아낼 수 있다.

본 상황에 대한 이해를 위해 단계별로 실험을 해보자.

#### 실험(1) n=0 즉, B=1kg인 경우

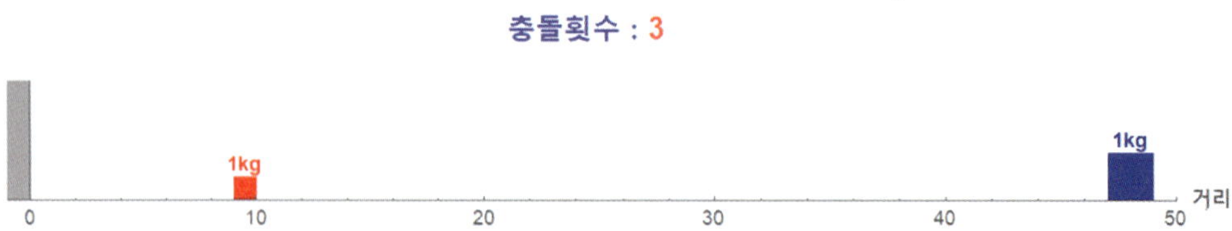


두 물체 A, B의 질량이 1kg과 $100^n=100^0=1$kg일 때, 운동량 · 운동에너지 보존법칙에 따라 계산해보면 B는 A와 충돌하면서 자신의 모든 운동에너지를 A에 전달하므로 B는 정지상태가 된다. 이후, 벽면에 부딪힌 A 역시 B와 충돌하면서 같은 이유로 A는 정지한다.

동영상_49.1.0

이 과정에서 A가 벽면 또는 B와 충돌하는 총 횟수는 원주율의 숫자배열 n+1=0+1=1자리와 일치한다!! 원주율(π≒3.141592…)의 1번째까지 숫자배열의 값은 3이므로, A의 충돌횟수는 3번 이다.

### ▌실험(2) n=1 즉, B=100kg인 경우

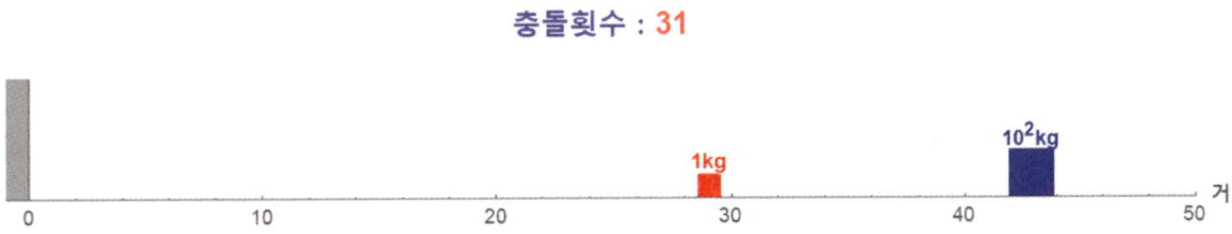


동영상_49.2.0

두 물체 A, B의 질량이 1kg과 $100^n=100^1$=100kg일 때, 운동량 · 운동에너지 보존법칙에 따라 계산해보면 B는 A와 충돌하면서 자신의 운동에너지 일부가 A에 전달되어 A, B는 벽면쪽으로 같이 움직인다. 이후, 벽면에 부딪힌 A는 B와 여러번 충돌하면서 운동에너지를 주고받게 된다. 이 과정에서 A가 벽면 또는 B와 충돌하는 총 횟수는 원주율의 숫자배열 n+1=1+1=2자리와 일치한다!! 원주율(π≒3.141592…)의 2번째까지 숫자배열의 값은 3.1이므로, A의 충돌횟수는 31번 이다. 물체가 충돌하는 과정이 순식간에 지나가버리기에 QR코드(49.2.0) 안에 재생속도를 조절한 느린 화면으로 동영상을 담아보았다.

이제, 시간의 흐름에 따른 두 물체의 위치를 그래프로 그려서 물체 A가 충돌하는 횟수(31번)를 살펴보자.

(1) A가 B와 충돌하는 순간
물체 A의 그래프가 물체 B의 그래프와 만나는 교점의 개수

(2) A가 벽면과 충돌하는 순간
물체 A의 그래프가 x축(벽면)의 그래프와 만나는 교점의 개수

보는바와 같이, 물체 A의 그래프가 물체 B 또는 x축(벽면)의 그래프와 만나는 교점의 개수를 세어보면 31개 임을 알 수 있다. 바로 이 값이 A가 벽면 또는 B와 충돌하는 총 횟수다.

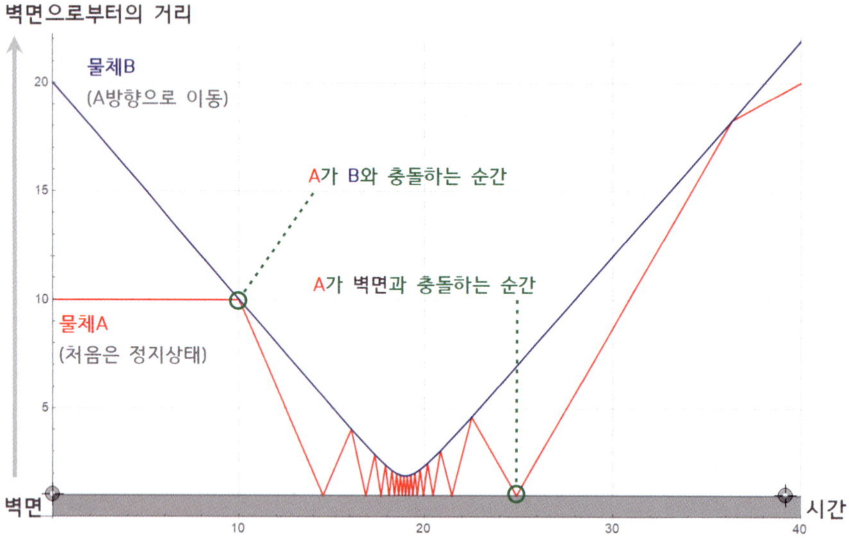


이와 같이 물체 B의 질량 $100^n$kg을 n=0,1,2,3,4,⋯ 와 같이 키우면, A의 충돌횟수는 원주율의 숫자배열과 일치하는 규칙을 보인다.

| n | 물체 B의 질량($100^n$kg) | 물체 A의 충돌횟수 | 원주율의 값 |
|---|---|---|---|
| 0 | $100^0=10^0=1$kg | 3 | 3.141592⋯ |
| 1 | $100^1=10^2=100$kg | 31 | 3.141592⋯ |
| 2 | $100^2=10^4=10,000$kg | 314 | 3.141592⋯ |
| 3 | $100^3=10^6=1,000,000$kg | 3,141 | 3.141592⋯ |
| 4 | $100^4=10^8=100,000,000$kg | 31,415 | 3.141592⋯ |
| 5 | $100^5=10^{10}=10,000,000,000$kg | 314,159 | 3.141592⋯ |
| 6 | $100^6=10^{12}=1,000,000,000,000$kg | 3,141,592 | 3.141592⋯ |

## 실험(3) n=4 즉, B=100,000,000kg인 경우

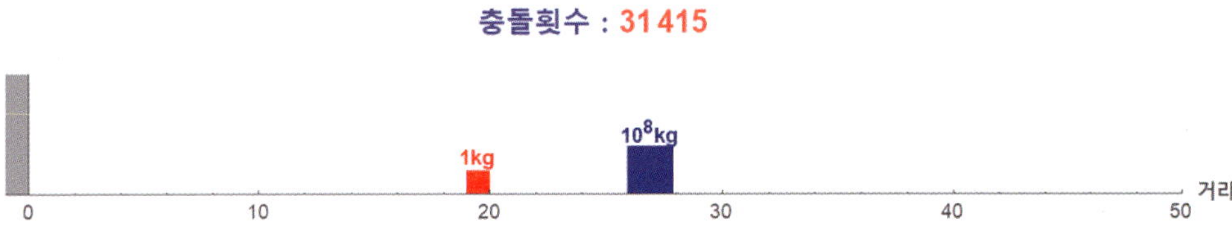


두 물체 A, B의 질량이 1kg과 $100^n=100^4=10^8$=100,000,000kg일 때, 운동량 · 운동에너지 보존법칙에 따라 계산해보면 A가 벽면 또는 B와 충돌하는 총 횟수는 원주율의 숫자배열 n+1=4+1=5자리와 일치한다!! 원주율(π≒3.141592…)의 5번째까지 숫자배열의 값은 3.1415이므로, A의 충돌횟수는 31,415번 이다.

동영상_49.3.0

이 경우, A가 B와 충돌하는 상당한 횟수는 벽면과 거의 밀착되는 상황에서 엄청난 진동상태를 보이며 이루어진다. 이 상황은 물체 A의 그래프가 물체 B의 그래프 및 벽면의 그래프와 만나는 교점의 개수가 31,415개 임을 의미한다. 특히, 벽면에 초근접한 상태에서의 교점들을 관찰해보고자 그래프를 확대해 보면, 거의 모든 교점(충돌)들이 이 근방에서 이루어지고 있음을 알 수 있다.

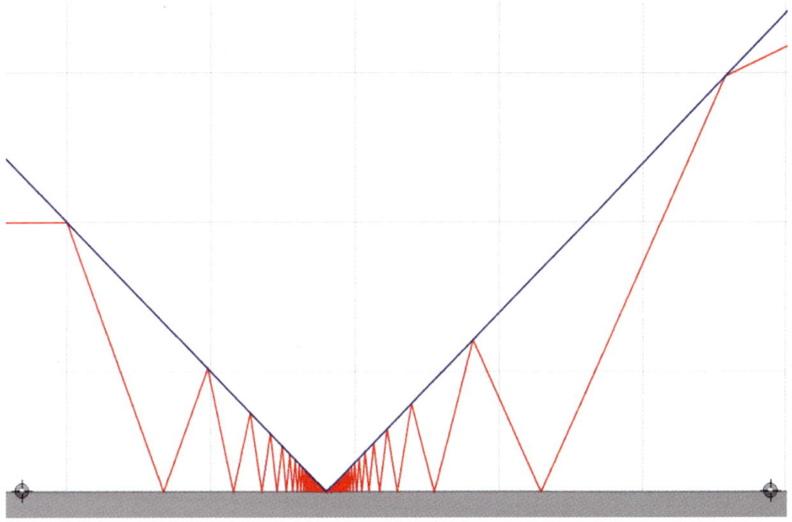

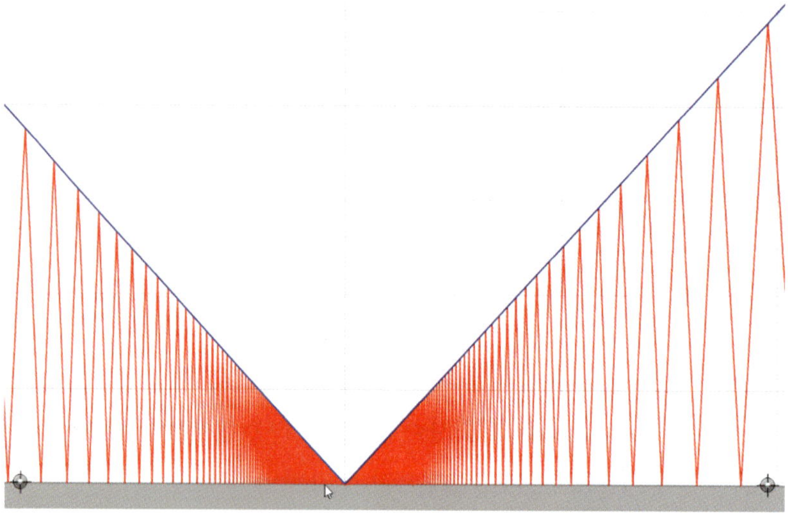

원주율을 계산하는 이 엄청난 방법은 '3Blue1Brown'이라는 Youtube 채널에서 이 문제를 소개하고 이에 대한 수학적 원리를 보여주며 세계적으로 신선한 탐구의 즐거움을 주었다. 당시, 시청자들은 저자에게 '이 방법은 세상에서 가장 비효율적이나 가장 위대한 원주율의 계산방법'이라는 찬사를 보내주었다.

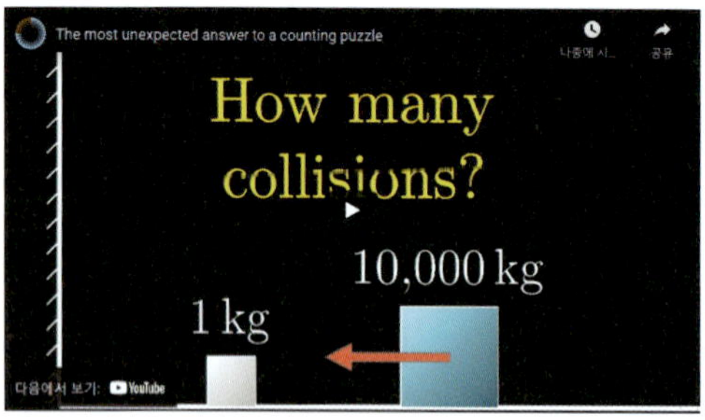


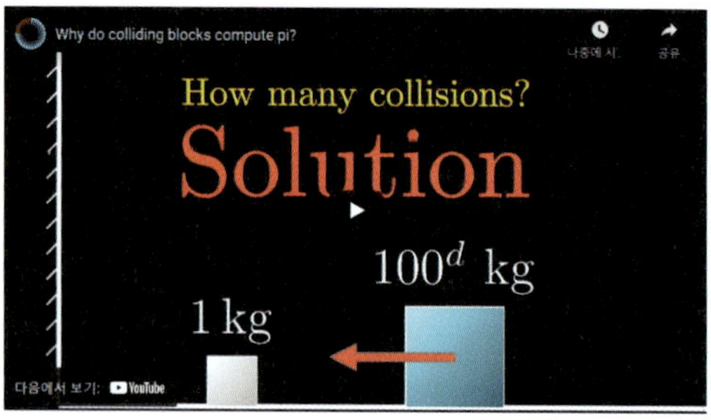


동영상_49.4.0

QR코드로 페이지를 열면,
'충돌모델과 원주율'에 대한 자세한 설명 영상과 수학적 증명을 시청할 수 있다.

# 50. 꾸불꾸불한 도형의 넓이, 울퉁불퉁한 입체의 부피는 어떻게 구할까?

도형의 크기를 측정하는 방법으로 '넓이' 또는 '부피'를 계산한다. 하지만 다각형이나 다면체, 원이나 구가 아니면 그 값을 계산하기가 쉽지 않다. 물론, '적분'이라는 넓이와 부피를 계산하는 아주 좋은 수학적인 방법이 있기는 하지만 이것도 도형의 형태에 대한 방정식이 주어졌을 때 가능하다.

그렇다면 비정형적인 도형. 즉, 꾸불꾸불한 도형의 넓이나 울퉁불퉁한 입체의 부피는 어떻게 구할 수 있을까?

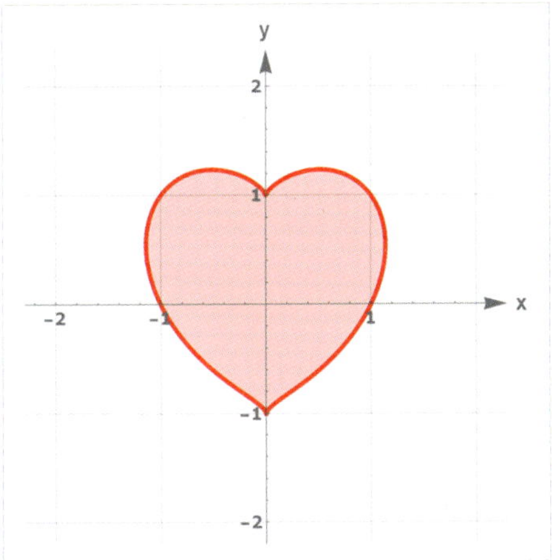


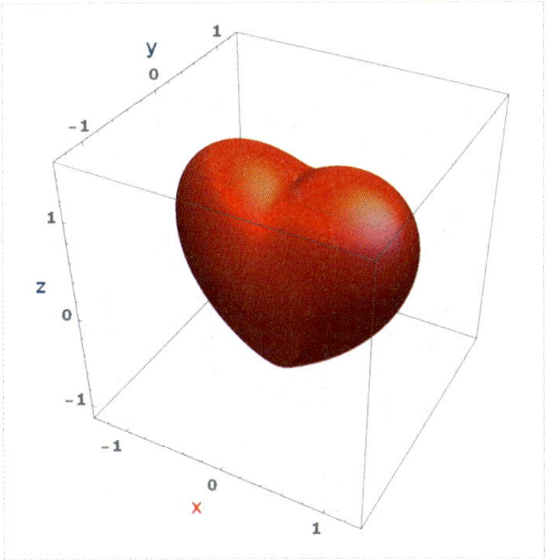


**몬테카를로 방법**

임의성(난수추출)을 이용하여 구하고자 하는 값을 확률적으로 계산하는 알고리즘을 몬테카를로 방법(Monte-Calro Method)이라고 한다. 실제, 몬테카를로 방법은 수학이나 물리학 등에서 구하고자 하는 값이 정확한 식으로 표현되지 못하는 복잡한 경우에 근사적으로 계산할 때 사용된다.

## 꾸불꾸불한 도형의 넓이

사랑방정식 이라고 부르는 평면도형, '하트'의 넓이를 구해보자.

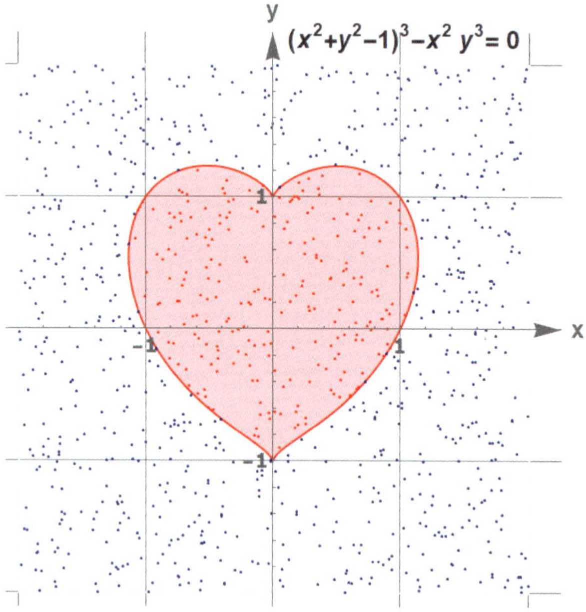


① 하트를 포함하는 직사각형(가로×세로=4×4)을 만든다.
② 직사각형 내부에 n개의 점을 임의(난수추출)로 찍는다.
③ n개의 점 중에서 하트 내부에 들어 있는 점의 개수(r개)를 센다.

이때, 하트의 넓이는 다음과 같은 확률적인 방법으로 근삿값을 얻을 수 있다. 바로 이 방법이 넓이를 구하는 몬테카를로 방법이다.

하나의 점이 하트 내부에 존재할 확률$(\frac{r}{n})$ ≒ 하트 넓이(S) ÷ 직사각형 넓이(16)

⇔ 하트 넓이(S) ≒ 직사각형 넓이(16) × 하나의 점이 하트 내부에 들어갈 확률$(\frac{r}{n})$

이것을 공학프로그램으로 설계하여 구해보았다. 총 백, 천, 만, 십만, 백만 개의 점을 임의로 생성하여 계산한 하트의 근사넓이는 다음과 같다.

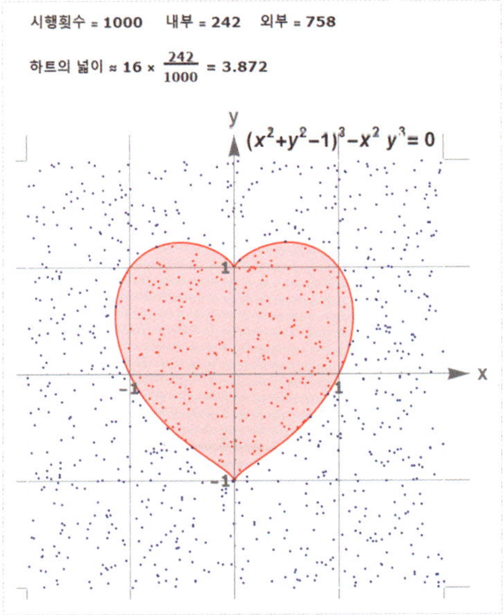


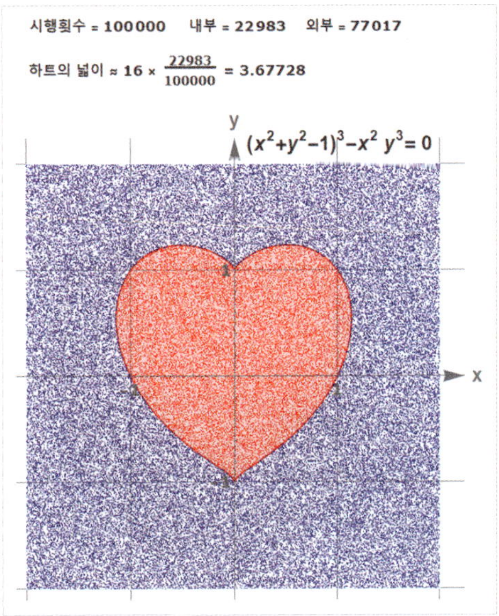


동영상_50.1.0

QR코드로 페이지를 열면,
시행횟수가 커짐에 따른 시뮬레이션 결과를 확인할 수 있으며,
다양한 도형의 몬테카를로 시뮬레이션을 실험할 수 있는 문서가 탑재되어 있다.

점의 개수에 따라 계산된 하트의 근사넓이는 3.2, 3.872, 3.8176, 3.67728, 3.6705와 같다. 이중에서 가장 많은 점의 개수로 계산된 약 3.6705가 하트의 실제 넓이와 상당히 근접한 수준의 값이라고 할 수 있다. 이정도로도 충분하겠지만, 만약 좀 더 정확한 넓이를 구하고자 한다면 점의 개수를 더욱 많이 늘리면 된다.

## 울퉁불퉁한 입체의 부피

이번에는 입체적으로 표현된 사랑방정식의 공간도형, '하트3D'의 부피를 구해보자.

① 하트를 포함하는 직육면체를 만든다. 이때, 직육면체의 크기는 가로×세로×높이 =[−1.3,1.3]×[−1.3,1.3]×[−1.1,1.5]으로 부피는 2.6×2.6×2.6=17.576이다.
② 직육면체 내부에 n개의 점을 임의(난수추출)로 찍는다.
③ n개의 점 중에서 하트 내부에 들어 있는 점의 개수(r개)를 센다.

$$320\left(\left(1.25x^2+\frac{9y^2}{4}+z^2-1\right)^3-x^2z^3-\frac{9y^2z^3}{80}\right)=0$$

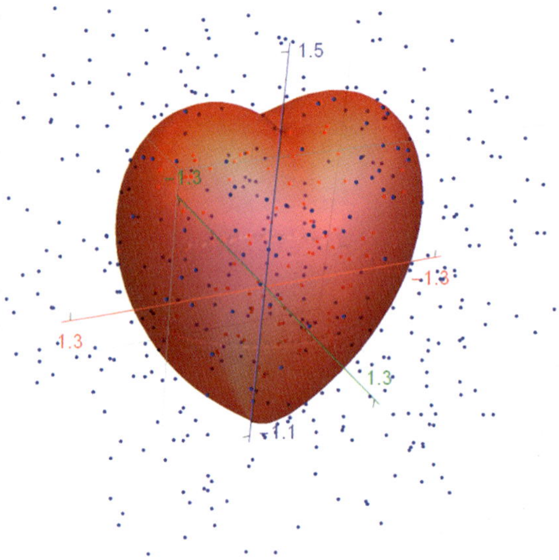


이때, 하트의 부피는 다음과 같은 확률적인 방법으로 근삿값을 얻을 수 있다. 바로 이 방법이 입체의 부피를 구하는 몬테카를로 방법이다.

점이 하트 내부에 존재할 확률($\frac{r}{n}$) ≒ 하트 부피(V) ÷ 직육면체 부피(17.576)
⇔ 하트 부피(V) ≒ 직육면체 부피(17.576) × 점이 하트 내부에 들어갈 확률($\frac{r}{n}$)

이 역시 공학프로그램으로 설계하여 구해보았다. 총 백, 천, 만, 십만, 백만 개의 점을 임의로 생성하여 계산한 하트의 근사부피는 다음과 같다. 점의 개수에 따라 계산된 하트의 근사부피는 2.6364, 3.0055, 2.9018, 2.92236, 2.91626과 같다. 이중에서 가장 많은 점의 개수로 계산된 약 2.91626이 하트의 실제 부피와 상당히 근접한 수준의 값이라고 할 수 있다. 마찬가지로 좀 더 정확한 부피를 구하고자 한다면 점의 개수를 더욱 많이 늘리면 된다.

| 전체 | 개수(IN) | 확률(IN) | 전체부피 | 근사부피 |
|---|---|---|---|---|
| 1000 | 171 | 0.171 | 17.576 | 3.0055 |

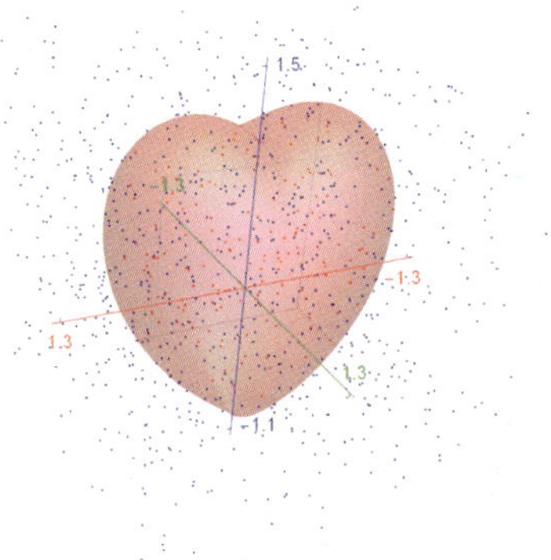

| 전체 | 개수(IN) | 확률(IN) | 전체부피 | 근사부피 |
|---|---|---|---|---|
| 100000 | 16627 | 0.166 | 17.576 | 2.92236 |

동영상_50.2.0

QR코드로 페이지를 열면,
시행횟수가 커짐에 따른 시뮬레이션 결과를 확인할 수 있으며,
다양한 입체의 몬테카를로 시뮬레이션을 실험할 수 있는 문서가 탑재되어 있다.

## 인공지능에도 쓰이는 몬테카를로 방법

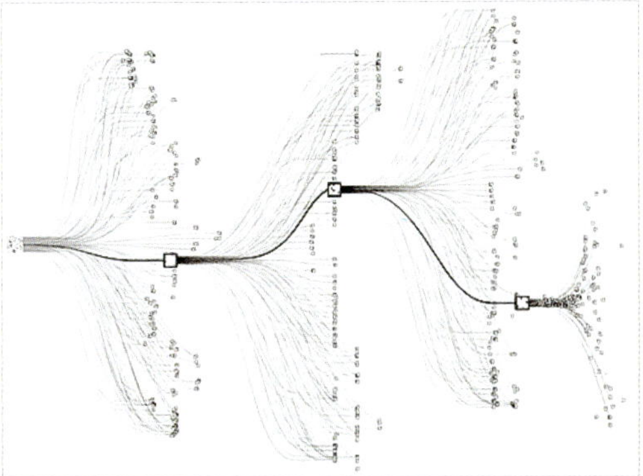

도형의 넓이나 입체의 부피 계산에 사용된 몬테카를로 방법은 그다지 효율적이지 못하다. 다만, 대수적인 계산으로 얻기 어려운 비정형적인 형태를 확률적인 방법을 통하여 근사 측정할 수 있다는 것에 의미가 있다. 하지만 엄청나게 많은 경우를 포함하고 있는 대상에서 어떻게 선택하는 것이 가장 유망한 것인가를 시뮬레이션 하는 과정의 몬테카를로 활용은 상당한 효율적 가치를 보인다. 예를들어, 아래의 그림과 같이 방대한 트리에서 가장 유리한 선택을 해야 하는데 그것을 모두 검토하여 판단(계산)하기가 어려울 때가 있다. 이럴

때, 임의(난수추출)로 표본을 선택해서 그것이 유리한 가치를 주는지의 여부를 확인해보는 방식으로 탐색하는 것을 '몬테카를로 트리 탐색(Monte-Calro Tree Search)'이라고 한다. 이는 바둑처럼 천문학적인 경우의 수(약 $361! \fallingdotseq 1.4 \times 10^{768}$개)를 가진 트리구조에서 제한된 시간 내 최선의 선택이 필요할 때 유용하다. 이런 연유로 오래전 이세돌과 바둑 대결을 펼친 인공지능 '알파고'에도 승리를 위한 선택을 찾아 나가는 과정으로 '몬테카를로 트리 탐색' 알고리즘이 중요하게 활용되었다.

# 51. 머리가 띵~해지는 삼각형의 넓이 문제

학창시절, 시험을 좋아하는 학생은 없었을 것이다. 그중에 수학시험을 가장 많이 싫어하며, 특히 함정문제를 내는 수학 선생님은 더욱 싫었던 기억이다.

만약 다음의 문제가 시험에 출제되었다면, 정답률은 얼마나 될까?

**알쏭달쏭 삼각형 넓이 문제**

길이가 1인 격자 선에 다음과 같은 도형이 있다. 다음 중 틀린 것은?

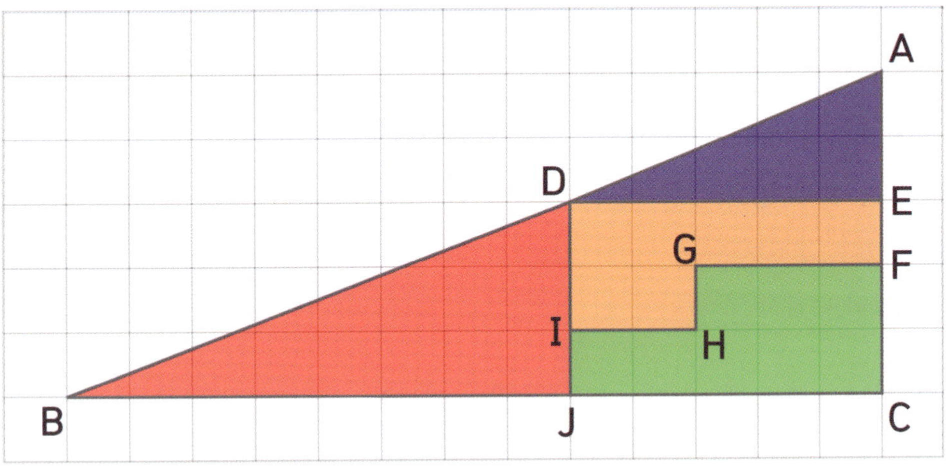


① 삼각형 A-D-E 넓이는 5이다.
② 삼각형 B-D-J 넓이는 12이다.
③ 다각형 C-F-G-H-I-J 넓이는 8이다.
④ 다각형 D-E-F-G-H-I 넓이는 7이다.
⑤ 삼각형 A-B-C 넓이는 32(=5+12+7+8)이다.

**참고** 삼각형의 넓이는 「½ × 밑변의 길이 × 높이의 길이」 이다.

## 정답 및 풀이

① 삼각형 A-D-E 넓이는 $\frac{1}{2} \times 5 \times 2=5$

② 삼각형 B-D-J 넓이는 $\frac{1}{2} \times 8 \times 3=12$

③ 다각형 C-F-G-H-I-J 넓이는 7 (넓이가 1인 정사각형이 7개다.)

④ 다각형 D-E-F-G-H-I 넓이는 8 (넓이가 1인 정사각형이 8개다.)

그렇다면, 정답은 ⑤라는 것인데?

언뜻 보기에는 ⑤도 맞는 듯하다.
삼각형 A-B-C 넓이는 위의 네 개의 도형의 합 5+12+7+8=32 아닌가?

그런데 다시 살펴보니 이상하다.
삼각형 A-B-C 넓이는 $\frac{1}{2}$×밑변×높이로 계산하면 $\frac{1}{2} \times 13 \times 5=32.5$ 아닌가?

왜 두 값이 다를까??

분명, 하나는 틀린 계산이다. 다시 도형을 살펴보자.

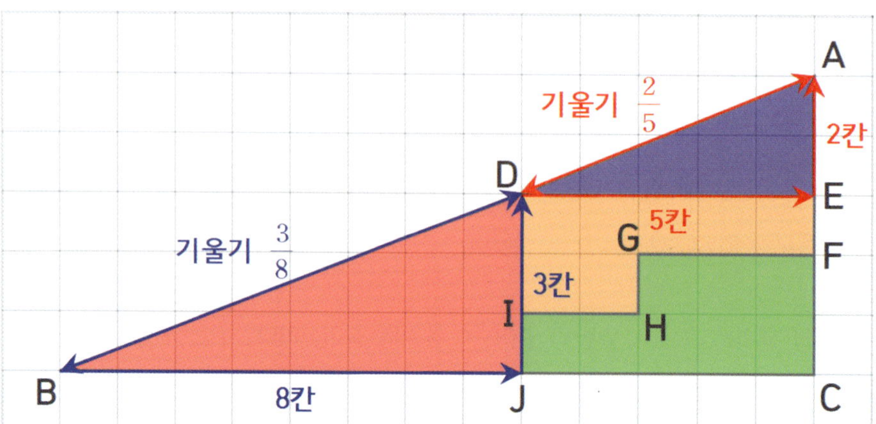

위의 그림에서 선분 BD와 선분 AD는 기울기가 서로 다르다. 따라서 점 A, D, B를 이은 선분은 일직선이 될 수 없다. 즉, 점 D에서 미세하게 꺾인 꺾은 선이라는 얘기다.

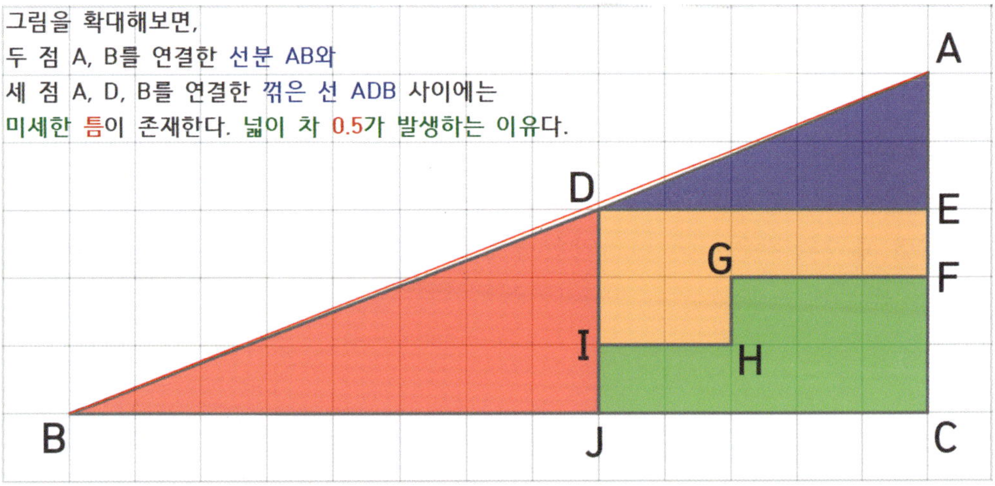


결국, 네 개의 도형을 결합한 것은 삼각형 A-B-C가 아닌 사각형인 것이다. 이러한 이유로 네 개의 도형의 합은 32(=5+12+7+8)로 계산하는 것이 맞으며, 삼각형 A-B-C의 넓이는 32.5(=½×13×5)로 계산하는 것이 맞다. 겉으로 보기에는 미세한 차이로 볼 수 없음에 혼란스러웠던 부분을 수학적인 원리와 계산을 통하여 명확하게 파악하고 해결하였다.

실험실_51.1.0

# 52. 홀수, 짝수, 자연수 중 어떤 수의 개수가 가장 많을까?

자연수는 1, 2, 3, 4, 5, 6, 7, 8, 9, 10, … 과 같은 수를 말한다. 이중에 홀수는 1, 3, 5, 7, 9, … 이고, 짝수는 2, 4, 6, 8, 10, … 이다.

| 자연수 | |
|---|---|
| 1, 3, 5, 7, 9, 11, 13, 15, 17, 19, 21, 23, 25, 27, … | 2, 4, 6, 8, 10, 12, 14, 16, 18, 20, 22, 24, 26, 28, … |

그렇다면, 홀수와 짝수. 그리고 자연수 중에서 어떤 수의 개수가 가장 많다고 말할 수 있을까?

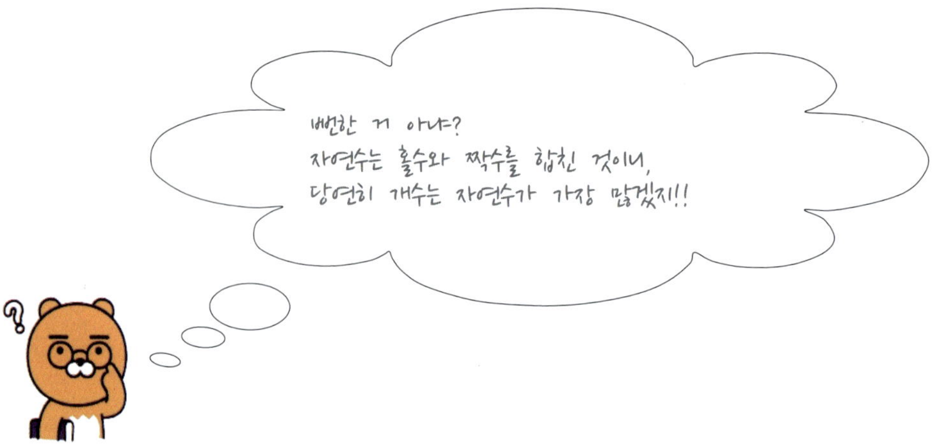


당연히 그렇게 생각할 법하다. 허나, 그렇지 않다!!
실제로는「홀수의 개수 = 짝수의 개수 = 자연수의 개수」이다. 이는 일대일 대응관계로 설명이 가능하다. 홀수와 짝수가 자연수와 하나씩 대응하여 엮을 수 있다면 그것의 개수는 같다고 할 수 있다.

| 자연수 | 1 | 2 | 3 | 4 | 5 | 6 | 7 | 8 | 9 | … |
|---|---|---|---|---|---|---|---|---|---|---|
| 홀 수 | 1 | 3 | 5 | 7 | 9 | 11 | 13 | 15 | 17 | … |
| | 2×1-1 | 2×2-1 | 2×3-1 | 2×4-1 | 2×5-1 | 2×6-1 | 2×7-1 | 2×8-1 | 2×9-1 | … |

보는바와 같이 자연수 n에 대하여 홀수는 $2n-1$로 표현될 수 있으므로,

자연수 n=1이면, 홀수 1(=2n−1=2 · 1−1)로 대응되고,
자연수 n=2이면, 홀수 3(=2n−1=2 · 2−1)로 대응되며,
자연수 n=3이면, 홀수 5(=2n−1=2 · 3−1)로 대응된다. 이와 같이 모든 자연수와 홀수는 일대일 대응관계를 형성할 수 있으므로 자연수의 개수와 홀수의 개수는 같다.

같은 방법으로 자연수와 짝수도 일대일 대응관계를 형성할 수 있으므로 자연수의 개수와 짝수의 개수도 같다.

| 자연수 | 1 | 2 | 3 | 4 | 5 | 6 | 7 | 8 | 9 | … |
|---|---|---|---|---|---|---|---|---|---|---|
| 짝 수 | 2 | 4 | 6 | 8 | 10 | 12 | 14 | 16 | 18 | … |
| | 2×1 | 2×2 | 2×3 | 2×4 | 2×5 | 2×6 | 2×7 | 2×8 | 2×9 | … |

실제, 짝수와 홀수, 그리고 자연수의 개수는 모두 무한대(∞)다.

무한대란? 수가 아닌, '한없이 커져가고 있는 상태'라고 정의되어 있다. 따라서 우리가 갖고 있는 수에 대한 관념으로 접근하면 오류를 범하기 쉽다.

다음 문제를 생각해보자.

**길이가 다른 선분의 점의 개수**

길이가 1인 선분이 포함하고 있는 점의 개수와
길이가 2인 선분이 포함하고 있는 점의 개수 중, 어느 곳의 점의 개수가 더 많을까?

**길이 1인 선분**

**길이 2인 선분**

이 역시 언뜻 생각해보면, 길이가 2인 선분이 포함하고 있는 점의 개수가 당연히 더 많을 것 같지만 실제로는 서로 같다. 이 또한 일대일 대응으로 확인해 볼 수 있다.

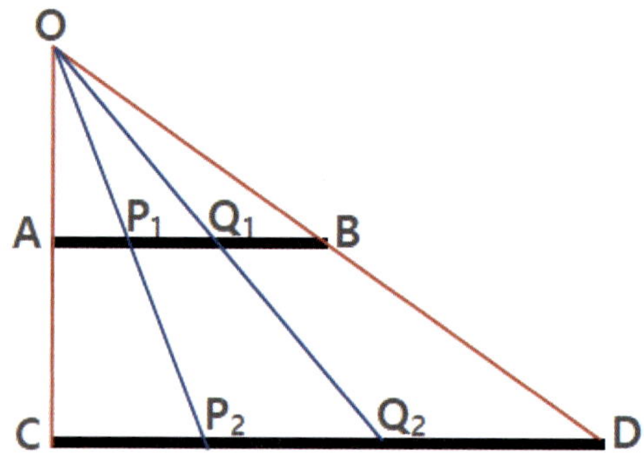


길이가 1인 선분 AB와 2인 선분 CD의 양 끝점을 연결하여 만나는 선분의 교점을 O라고 하면, 삼각형 OAB와 OCD는 닮음이며, 점 O는 닮음의 중심이다. 이때, 점 O에서 선분 AB와 CD까지  선분을 그으면 선분 AB 위의 모든 점들을 선분 CD 위의 점으로 일대일 대응시킬 수 있다. 예를 들어, 점 A는 점 C로 대응되고, 점 $P_1$은 점 $P_2$로 대응되며, 점 $Q_1$은 점 $Q_2$로 대응된다. 이와 같이 계속 대응을 해나가면 마지막에는 점 B가 점 D로 대응되며 두 선분위의 모든 점들이 각각 하나씩 일대일 대응관계가 이루어진다. 결국 길이가 다른 두 선분이라도 그 안에 포함되어 있는 점들의 개수는 같다.

# 53. 「2는 1과 같다?」는 첫 번째 이야기

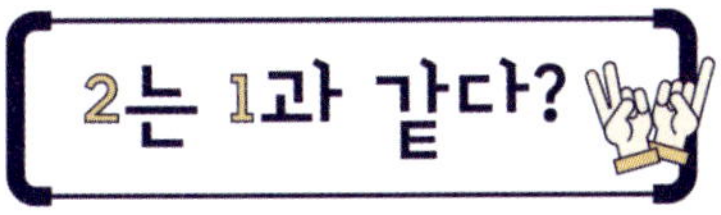


2는 1과 같다?
만약 이 주장이 옳다면 무슨 일이 벌어질까?
우선, 모든 자연수들이 다 같은 수가 되어버린다.

3=2+1인데, 2=1이므로 3=2+1=1+1=2=1 따라서 3=1
4=3+1인데, 3=1이므로 4=3+1=1+1=2=1 따라서 4=1
5=4+1인데, 4=1이므로 5=4+1=1+1=2=1 따라서 5=1

이와 같은 논리를 계속 반복하면 결국 1=2=3=4=5=6=…과 같이 모든 자연수가 같게 된다.

큰 일 났다!!
모든 자연수가 같으므로 '나의 나이(45살)와 딸의 나이(15살)가 같아져 버린다.' '내가 갖고 싶은 노트북(200만원)을 단 1원에 살 수도 있다.' 이처럼 「2와 1이 같다면?」 상상만 해도 즐거운 일과 끔직한 일들이 우리의 삶 모두에서 일어난다.

말도 안 되는 일이다. 그런데 '2=1' 이라는 주장이 있다. 다음의 논리를 살펴보자.

한 변의 길이가 1인 정삼각형 △ABC가 있다. 이때 △ABC를 이루고 있는 꺾은 선의 길이는 AB+BC=2이고, 밑변의 길이는 AC=1이다.

### 1단계

△ABC의 각 변의 중점 $P_1$, $P_2$, $P_3$을 찍고,
이를 꺾은 선으로 연결하면 그 길이의 합은

$AP_1+P_1P_2+P_2P_3+P_3C$
$=\frac{1}{2}+\frac{1}{2}+\frac{1}{2}+\frac{1}{2}=2$이다.

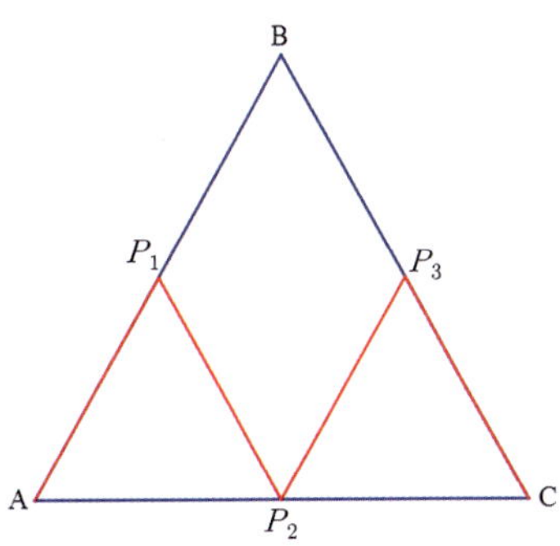

### 2단계

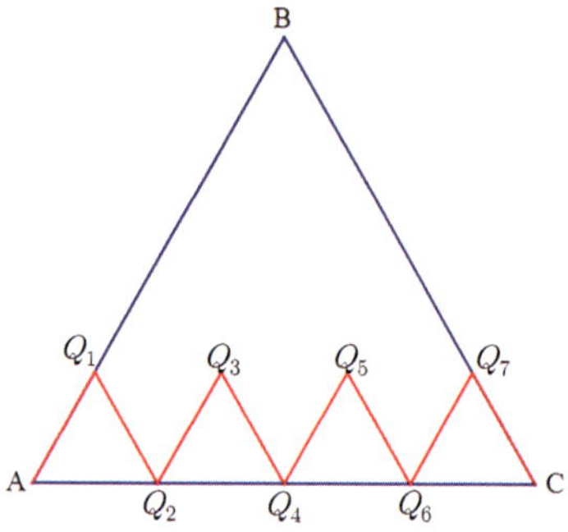


같은 방법으로 1단계에서 만들어진 두 개의 정삼각형에 대하여,
$\triangle AP_1P_2$, $\triangle P_2P_3C$의 각 변의 중점 $Q_1$, $Q_2$, $Q_3$, $Q_4$, $Q_5$, $Q_6$, $Q_7$을 찍고, 이를 꺾은 선으로 연결하면 그 길이의 합은

$$AQ_1+Q_1Q_2+Q_2Q_3+Q_3Q_4+Q_4Q_5+Q_5Q_6+Q_6Q_7+Q_7C$$
$$=\frac{1}{4}+\frac{1}{4}+\frac{1}{4}+\frac{1}{4}+\frac{1}{4}+\frac{1}{4}+\frac{1}{4}+\frac{1}{4}=2\text{이다.}$$

이와 같이 꺾은 선의 길이는 1단계, 2단계처럼 같은 과정을 계속 반복하여도 여전히 처음 정삼각형인 △ABC의 꺾은 선의 길이 AB+BC=2와 같다.

이제 이 과정으로「2는 1과 같다?」라는 허무맹랑한 주장을 해 보겠다.

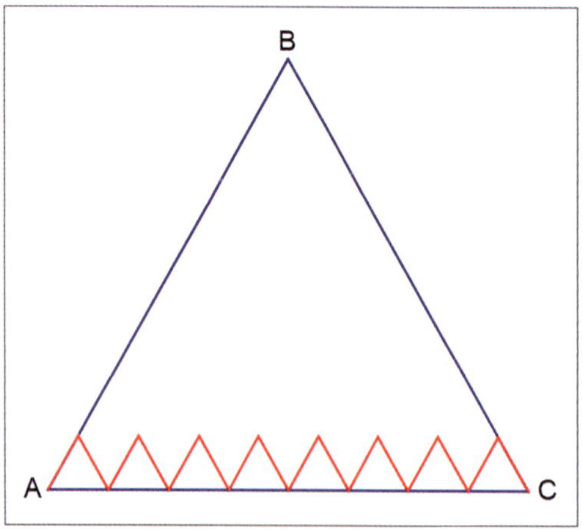


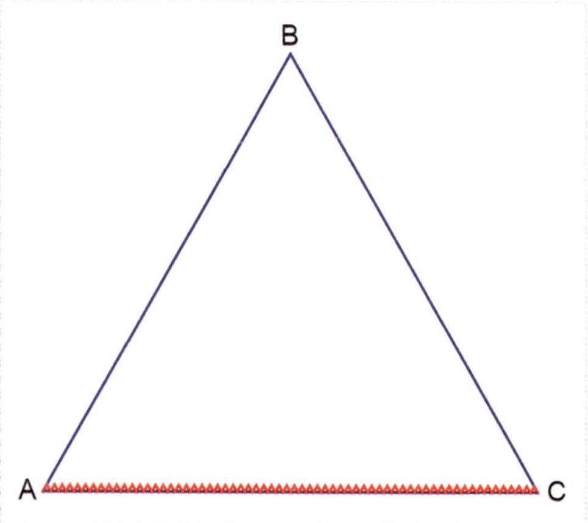


동영상_53.1.0

QR코드로 페이지를 열면,
단계를 거듭할수록 AC에 가까워지는 꺾은 선의 동영상과 실험문서가 제공된다.

위의 그림은 1단계부터 10단계까지 계속하여 꺾은 선을 만들어 가는 과정이다. 보는 바와 같이 꺾은 선은 단계가 거듭될수록 밑변 AC에 점점 가까워지고 있다. 따라서 이와 같은 과정을 무한히 반복하면, '꺾은 선의 길이=밑변 AC의 길이'가 된다. 그런데 처음에서도 말했듯이 꺾은 선의 길이는 항상 2이고, 밑변 AC의 길이는 1이다. 그러므로 「2는 1과 같다.」

무엇이 어디서부터 잘못된 것일까? 위의 「2는 1과 같다.」라는 논리의 모순은 '꺾은 선은 단계가 거듭될수록 밑변 AC에 점점 가까워진다.'라는 표현을 '꺾은 선의 길이=밑변 AC의 길이'로 잘못 해석한 부분에 있다.

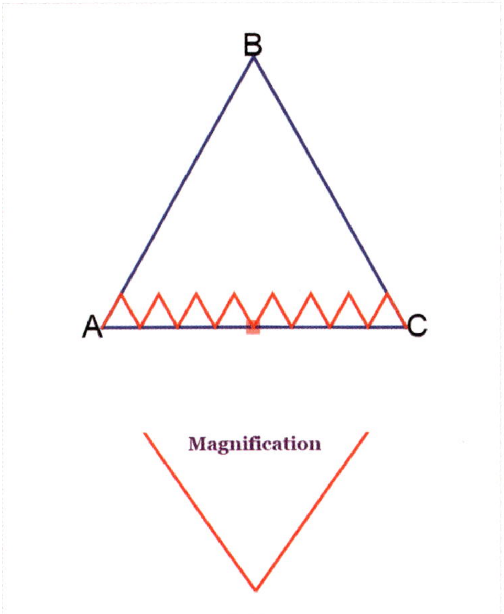


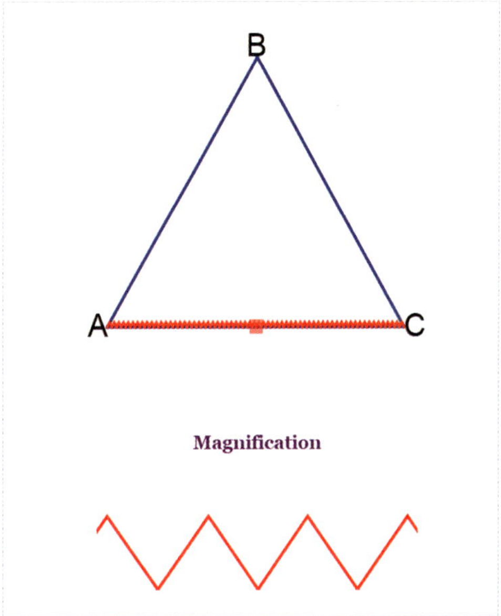


동영상_53.2.0

QR코드로 페이지를 열면,
AC에 가까워지는 꺾은 선을 확대한 모습의 관찰 동영상과 실험문서가 제공된다.

아무리 단계가 8, 9, 10단계로 거듭되어 꺾은 선이 밑변 AC와 일치하는 것처럼 우리 눈엔 보일지라도 꺾은 선은 절대 직선이 될 수 없다!! 위 그림은 △ABC의 밑변의 중

점인 ■ 부분의 꺽은 선을 20배로 확대한 모습이다. 8단계부터 꺽은 선은 선분인 밑변 AC와 같아 보이지만, 20배로 확대해서 본 모습은 여전히 꺽은 선이다. 이는 단계가 아무리 수없이 반복하여도 변할 수 없다. 엄청나게 초미세한 꺽은 선일뿐이다. 따라서 '꺽은 선의 길이=밑변 AC의 길이'로 부터 얻어진「2는 1과 같다.」는 잘못된 결론이다.

# 54. 「2는 1과 같다?」는 두 번째 이야기

2는 1과 같다?

이번에는 고대 그리스 철학자이며 수학자였던 '아리스토텔레스'가 제시한 원에 대한 패러독스다.

### 아리스토텔레스의 원

동영상_54.1.0

반지름의 길이가 2인 큰 원과 1인 작은 원이 있다. 이때 두 원의 중심을 일치시킨 후, 한 바퀴 굴려보자. 분명, 큰 원이 한 바퀴 구를 때 작은 원도 한 바퀴 구른다.

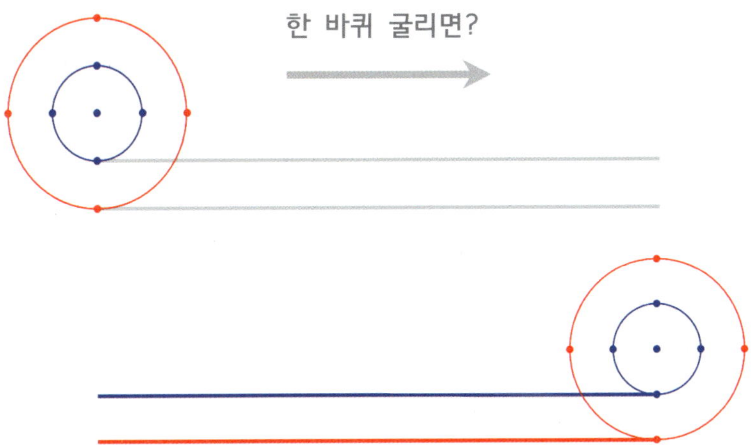


즉, 큰 원(R=2)과 작은 원(r=1)이 굴러간 길이는 같다. 이를 계산식으로 표현하면 다음과 같다.

큰 원이 굴러간 길이 = 큰 원의 둘레의 길이 = $2\pi R = 4\pi$

작은 원이 굴러간 길이 = 작은 원의 둘레의 길이 = $2\pi r = 2\pi$

$4\pi = 2\pi \quad \therefore\ 2=1$

그러므로「2는 1과 같다.」

어디에 모순이 있는 것일까?

어디서부터 모순을 찾아야 할지 막막하기도 하며, 궁금한 부분들에 대한 질문도 있을 법하다.

### 궁금증(1) 큰 원이 한 바퀴 구를 때, 작은 원도 한 바퀴 구른 것이 맞을까?

맞다. 중심을 일치시킨다면 분명한 사실이다. 이는 주변에 있는 도구로 확인해 볼 수 있다. 가장 쉬운 방법으로 원의 모양을 가진 접시로 실험해보자. 접시에 중심을 찍고, 그 안에 접시의 반지름의 절반만큼의 원을 그려놓자. 그리고 접시(큰 원)를 한 바퀴 굴려보면, 그 안에 그려놓은 작은 원도 한 바퀴 굴렀음을 확인할 수 있다.

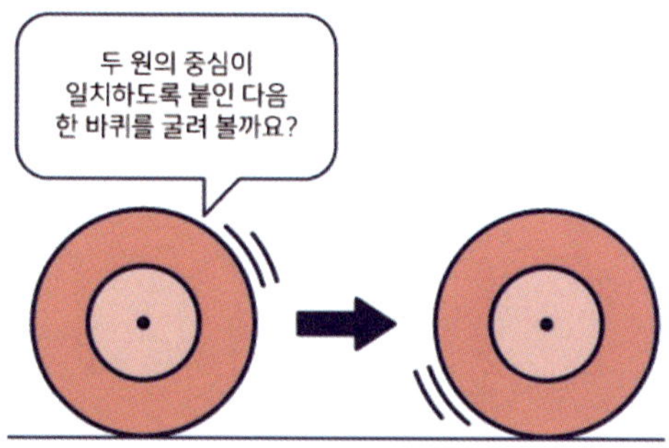


### 궁금증(2) 큰 원의 중심에 묶여 함께 구른 작은 원이 한 바퀴 굴러간 길이는 4π인가? 2π인가?

4π가 맞다. 하지만, 이 부분에 여전히 의구심(?)이 생길 것이다. 차근차근 생각해보자. 일반적으로「반지름이 r인 하나의 독립된 원이 한 바퀴 구른 길이 = 원의 둘레의 길이 = 2πr」이다. 따라서 만약, 두 원의 중심을 함께 고정시키지 않고 각각 한 바퀴씩 굴렸다면, 두 원이 구른 길이는 아래의 계산이 맞다.

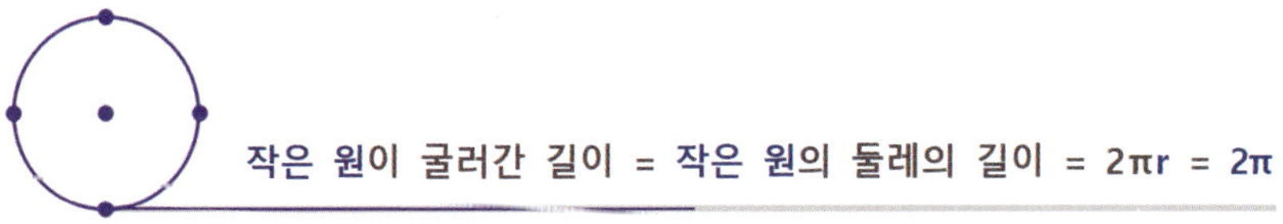


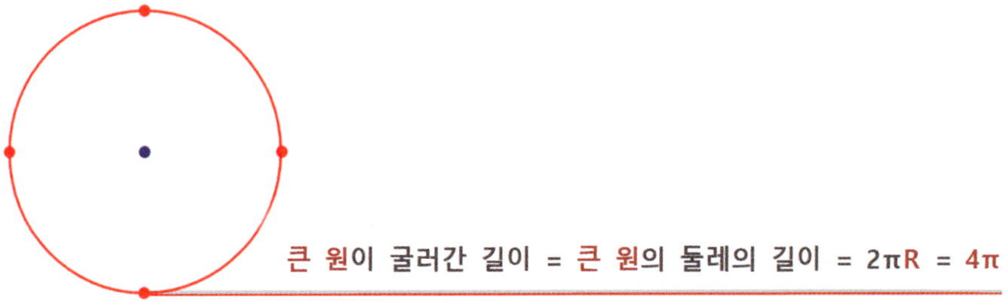


그러나 두 원의 중심을 고정시켜 놓으면 상황이 달라진다. 만약, 두 원의 중심을 함께 고정시켜 놓고 큰 원을 한 바퀴씩 굴렸다면, 작은 원은 큰 원에 종속되어 똑같이 한 바퀴 굴러가게 되며, 이 경우 작은 원이 굴러간 길이는 $2\pi$가 아닌 $4\pi$다.

### ▌궁금증(3) 작은 원이 한 바퀴 구를 때 굴러가는 길이는 2π인데, 어떻게 4π로 늘어날 수 있을까?

중심이 같은 큰 원과 작은 원 위의 모든 점들은 일대일 대응관계를 갖고 있기 때문에 가능하다.

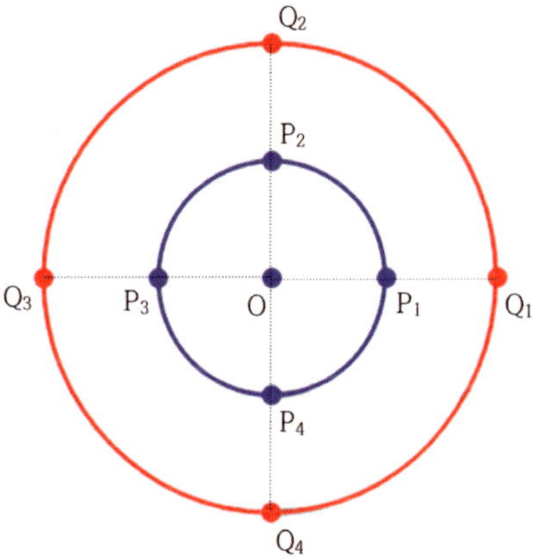


두 원의 중심 O로부터 그은 선분은 작은 원과 큰 원에 각각 교점 $P_1-Q_1$, …, $P_2-Q_2$, …, $P_3-Q_3$, …, $P_4-Q_4$, … 을 만들며, 일대일 대응관계를 형성한다. 따라서 작은 원을 구성하고 있는 모든 점들은 길이가 $2\pi$이기는 하지만, 길이가 $4\pi$인 큰 원 위로 옮겨갈 수 있다.

아래의 그림은 작은 원과 큰 원을 펼쳐놓은 두 선분 위의 모든 점들이 서로 일대일 대응관계를 형성하는 모습이다.

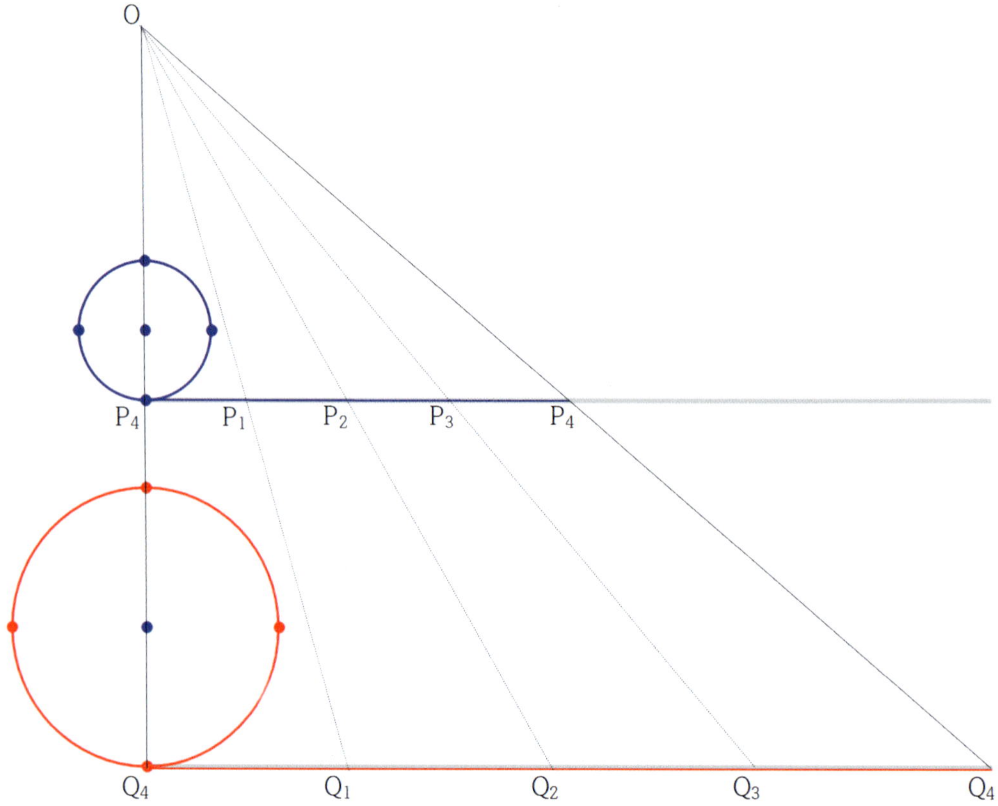


두 선분의 양 끝점을 연결하여 만나는 점을 O라 하고, 이 점으로부터 길이가 2π인 선분 위의 모든 점들을 길이가 4π인 선분 위의 점으로 하나씩 대응시켜갈 수 있나. 즉, $P_1-Q_1$, ⋯, $P_2-Q_2$, ⋯, $P_3-Q_3$, ⋯, $P_4-Q_4$, ⋯ 등과 같이 길이가 다른 두 선분 위의 모든 점들은 서로 일대일 대응된다. 즉, 작은 원은 홀로 구르면 $P_4-P_1-P_2-P_3-P_4$까지만 굴러간다. 하지만, 큰 원에 중심이 묶여 함께 구른 작은 원은 $Q_4-Q_1-Q_2-Q_3-Q_4$까지 확장되어 굴러가게 된다.

이와 같은 이유로, 작은 원은 큰 원과 함께 똑같이 한 바퀴를 굴러가며 길이가 4π인 자취를 만들어 낸다. 아리스토텔레스 원 「2는 1과 같다?」의 모순은 작은 원은 어떠한 경우라도 한 바퀴 구를 때의 길이가 2π라는 생각에서 발생한 잘못된 결론이다.

# 55. 어제 떨어뜨린 공, 오늘은 멈추었을까?

쓩~! 떨어뜨린 공은 바닥에 부딪히고 다시 튀어 오른다. 하지만 중력과 반발력 등으로 인하여 처음의 높이만큼은 도달하지 못하고 다시 떨어지고 튀어 오르기를 반복한다. 그리고 어느 순간 우리 시야에서는 그것이 정지된 듯 보이는데... 이 공은 정말 정지해 있을까?

동영상_55.1.0

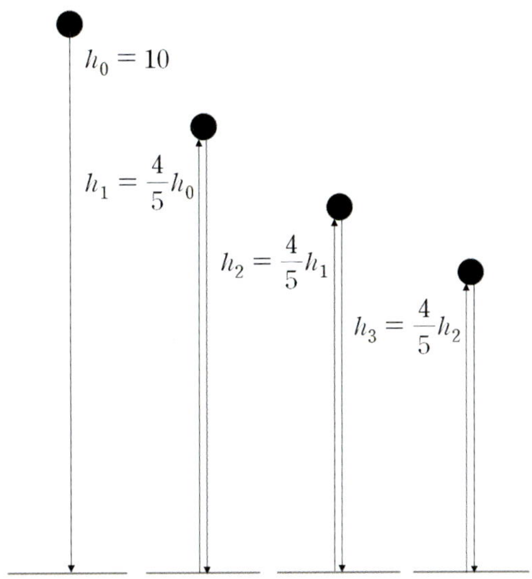

## 먼저, 수학적인 모델로 살펴보자.

지면으로부터 10m 높이에 있는 공을 그대로 떨어뜨렸을 때, 이 공이 지면에 부딪힌 후 처음 높이의 $\frac{4}{5}$까지 다시 튀어 오른다고 하면, 이 공이 움직이는 거리는 아래와 같다. (이 경우, 공이 다른 외부적인 영향은 받지 않는것으로 가정한다.)

$h_0=10$

$h_1=\frac{4}{5}\cdot h_0=\frac{4}{5}\cdot 10 \fallingdotseq 8m$

$h_2=\frac{4}{5}\cdot h_1=(\frac{4}{5})^2\cdot 10 \fallingdotseq 6.4m$

$h_3=\frac{4}{5}\cdot h_2=(\frac{4}{5})^3\cdot 10 \fallingdotseq 5.12m$

$h_4=\frac{4}{5}\cdot h_3=(\frac{4}{5})^4\cdot 10 \fallingdotseq 4.096m$, $h_5$, $h_6$, $h_7$, … 등과 같이 미세하게나마 반복해서 튀어 오르는 과정이 무한히 반복되게 된다. 따라서 충분히 많은 시간이 흘러 10억 번째 튀어 오르는 공의 위치 $h_{10억}=\frac{4}{5}\cdot h_{10억-1}=(\frac{4}{5})^{10억}\cdot 10$ 역시 극초미세한 값이기는 하나 0은 아니다.

0이 약 9천 7백만 개가 있을 정도의 아주 작은 값

$$0.00000000\cdots0001$$

언뜻 생각하기에는 이 공은 멈춤 없이 무한히 반복되는 과정이기에, 오늘도 내일도 계속해서 운동을 할 것 같지만 실제는 그렇지 않다.

## 이 공이 움직인 거리는?

극한의 개념을 적용한 등비급수 성질을 이용하면 단 몇 줄 계산으로 구할 수 있다.

**등비급수의 성질**

첫 항이 a이고 공비가 r(r≠1)인 등비수열의 n번째 항까지의 합(Sn)

$$S_n=a+ar+ar^2+ar^3+\cdots ar^{n-1}=\frac{a(1-r^n)}{1-r}$$

첫 항이 a이고 공비가 r(−1<r<1)인 등비급수(S)

$$S=a+ar+ar^2+ar^3+\cdots=\lim_{n\to\infty}S_n=\lim_{n\to\infty}\frac{a(1-r^n)}{1-r}=\frac{a}{1-r}$$

공의 움직인 거리의 총합을 H라고 하면,

$$H = h_0 + 2 ( h_1 + h_2 + h_3 + h_4 + \cdots )$$
$$= h_0 + 2 \{ \frac{4}{5} \cdot h_0 + (\frac{4}{5})^2 \cdot h_0 + (\frac{4}{5})^3 \cdot h_0 + (\frac{4}{5})^4 \cdot h_0 + \cdots \} = 9h_0$$

그런데 처음 공의 높이가 $h_0$=10m이므로 공이 움직인 거리의 총합 H=90m가 된다.

## 이 공이 움직인 시간은?

공이 바닥에 떨어질 때 까지의 시간은 지면으로부터의 높이에 비례하므로, 이 역시 극한의 개념을 적용한 등비급수의 성질을 이용하여 계산할 수 있다.

공이 바닥에 떨어지는 시간을 $t_0$, $t_1$, $t_2$, … 라고 할 때, 이 공이 움직인 시간의 총합을 T라고 하면,

$$T = t_0 + 2 ( t_1 + t_2 + t_3 + t_4 + \cdots )$$
$$= t_0 + 2 \{ \frac{4}{5} \cdot t_0 + (\frac{4}{5})^2 \cdot t_0 + (\frac{4}{5})^3 \cdot t_0 + (\frac{4}{5})^4 \cdot t_0 + \cdots \} = 9t_0$$

따라서 지면으로부터 10m 높이에서 공이 바닥에 떨어지는 시간 $t_0 \fallingdotseq 1.5$(초)라고 가정 한다면, 이 공이 움직이는 시간의 총합은 약 13.5초 수준이다. 즉, 수학적인 모델 상황에서 공이 무한히 반복해서 튀어 오르기는 하지만 그 시간은 13.5초 수준에 불과하다.

## 그렇다면, 현실적인 상황에서는 어떠할까?

자유낙하 하는 공은 바닥에 충돌하는 순간 공이 가지고 있는 에너지가 공을 변형시키고 이 변형이 복원되면서 다시 튀어 오르게 된다. 그런데 한 번 튀어 오를 때마다 높이가 $\frac{1}{5}$만큼 줄어든다는 것은 이 공이 갖게 되는 에너지도 바닥에 충돌할 때마다 $\frac{1}{5}$만큼씩 감소한다는 뜻이다. 이때 공이 잃어버리는 에너지는 보통 공의 탄성에너지, 소리, 공의 온도 등으로 전환된다. 따라서 공이 바닥에 부딪힐 때마다 갖게 되는 에너지를 $E_0$, $E_1$, $E_2$, $E_3$, … 라고 하면,

$E_1=\frac{4}{5}\cdot E_0 \fallingdotseq 0.8E_0$

$E_2=\frac{4}{5}\cdot E_1=(\frac{4}{5})^2\cdot E_0 \fallingdotseq 0.64E_0$

$E_3=\frac{4}{5}\cdot E_2=(\frac{4}{5})^3\cdot E_0 \fallingdotseq 0.512E_0$

$E_4=\frac{4}{5}\cdot E_3=(\frac{4}{5})^4\cdot E_0 \fallingdotseq 0.4096E_0$ …와 같이 점점 0에 가까워지게 되는데, 어느 순간 공이 잃어버리는 에너지의 크기가 물질을 구성하는 원자의 크기와 비슷하게 되는 상황에서 이 공의 운동은 멈추게 된다. 결국, 현실 속에서는 수학적인 모델의 상황처럼 공이 무한히 반복해서 튀어 오를 수는 없게 된다.

# 56. 4개 평면으로 공간을 최대 몇 개까지 나눌 수 있을까?

우리들은 3차원 공간속에서 살아가는 존재로 1차원 직선, 2차원 평면은 그 대상을 모두 내 시야에 놓고 관찰할 수 있으나 3차원 공간만하여도 관찰자 시점에서 모든 것(앞면·뒷면·내부·외부)을 다 바라볼 수 없다. 그래서 복잡한 3차원 공간도형의 관찰을 흔히 '장님 코끼리 만지기'와 같이 비유하곤 한다. 다음 문제로 여러분들의 공간사고능력을 테스트해보자.

**4개 평면에 대한 공간의 최대분할문제**

4개의 평면으로 공간을 최대 몇 개까지 나눌 수 있는가?

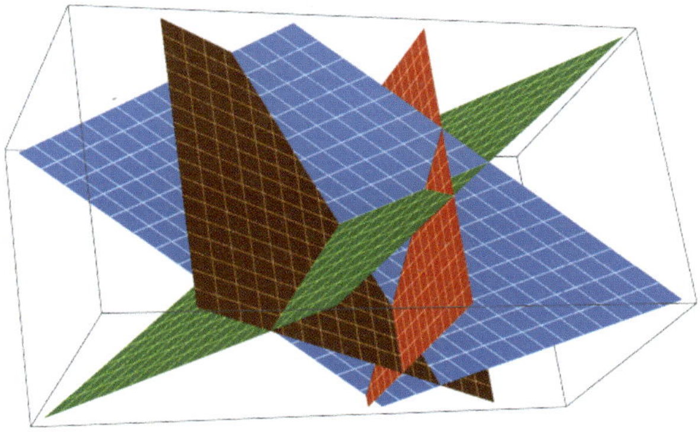

① 11개 ② 12개 ③ 13개 ④ 14개 ⑤ 15개

어떠한가? 정답을 찾았는가?

만약 정답을 찾아내었다면, 당신의 공간사고능력은 꽤나 훌륭한 편에 속한다!!

이제 단계별로 4개 평면의 최대분할영역에 대한 개수를 세어보자.

▌ 1단계 : 공간을 1개 평면으로 나눌 수 있는 영역의 최대 개수는 2개다.

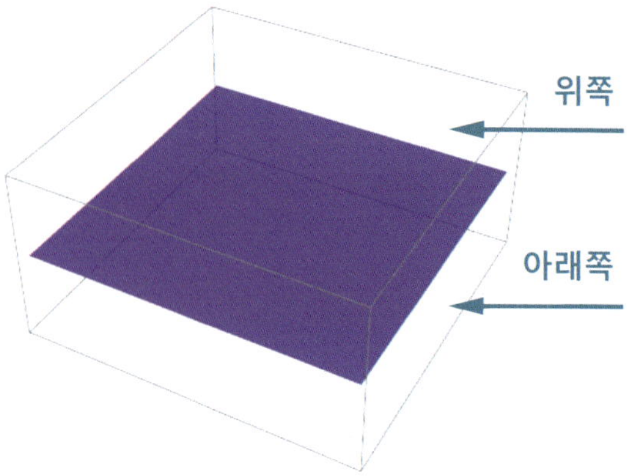


▌ 2단계 : 공간을 2개 평면으로 나눌 수 있는 영역의 최대 개수는 4개다.

만약, 여러분들이 3개로 잘못 세었다면 아래와 같은 형태를 생각했을 것이다.

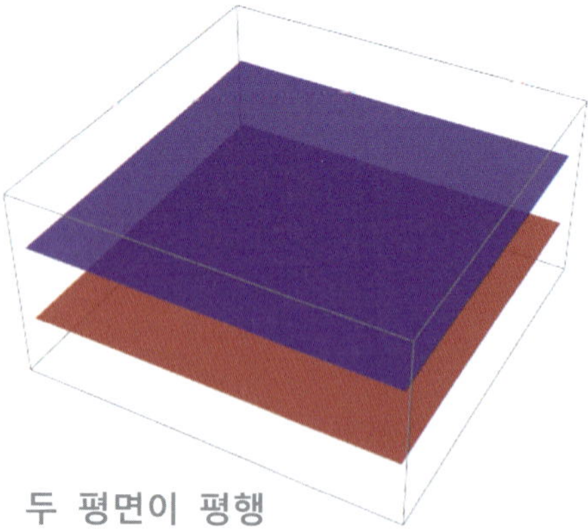

두 평면이 평행

이처럼 평면이 서로 평행하게 배치되면, 영역의 개수가 최대로 분할되어지지 않는다. 따라서 다음과 같이 서로 평행하지 않도록 배치해야 한다.

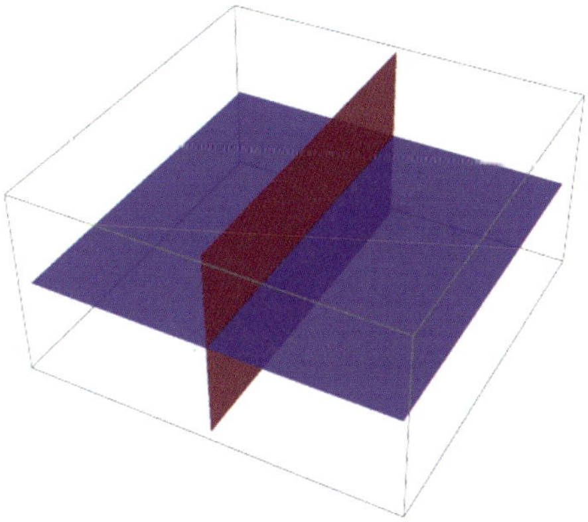

## 3단계 : 공간을 3개 평면으로 나눌 수 있는 영역의 최대 개수는?

① 6개? (오답)

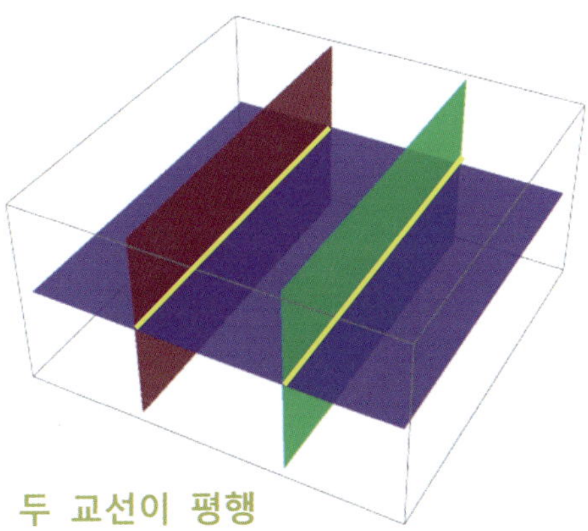

두 교선이 평행

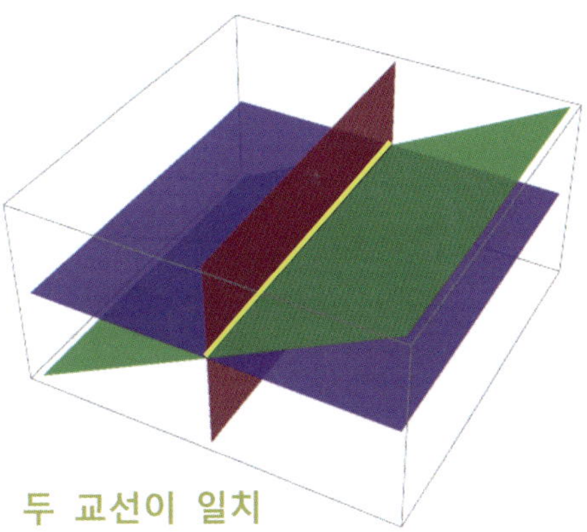

두 교선이 일치

② 7개? (오답)

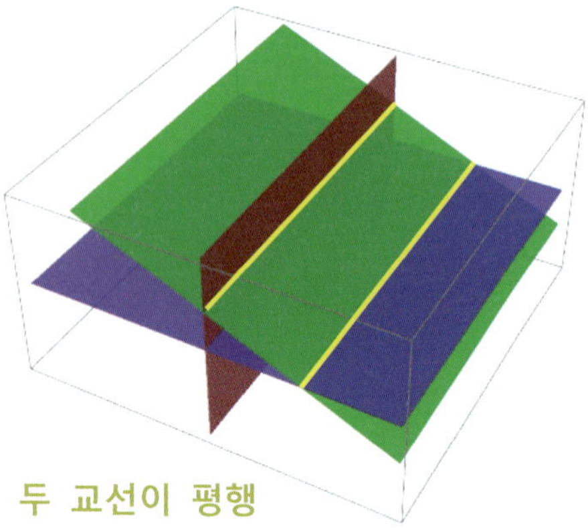


위쪽에서 바라본 모습

측면에서 바라본 모습

③ 8개? (정답)

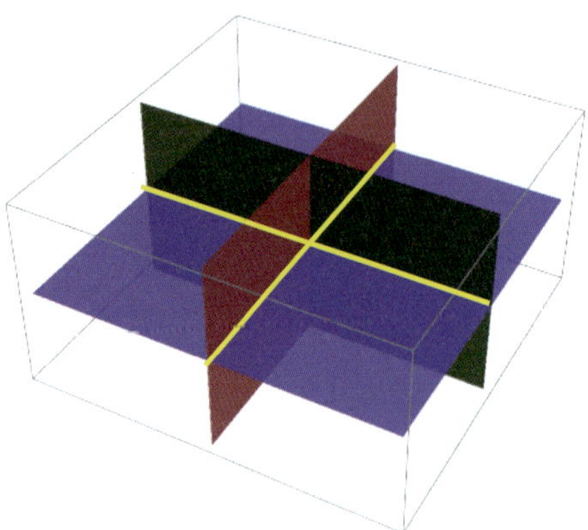

위쪽에서 바라본 모습

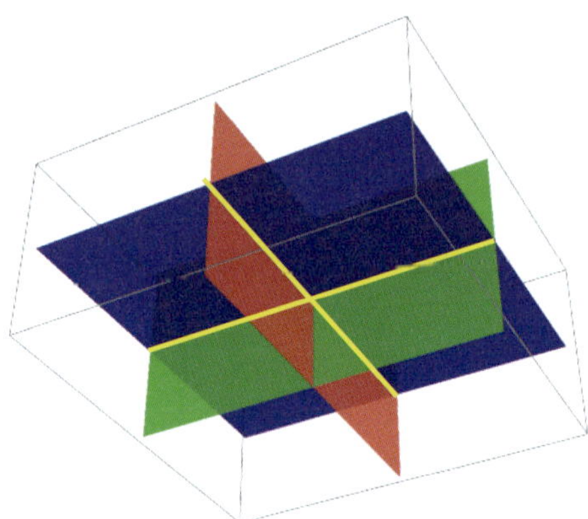

아래쪽에서 바라본 모습

그렇다면, 분할된 공간이 최대 개수가 되도록 하려면 평면을 어떻게 배치해야 할까? 공간이 평면에 의해 최대영역으로 분할되려면, 다음과 같은 다소 복잡한 조건들을 만족해야 한다.

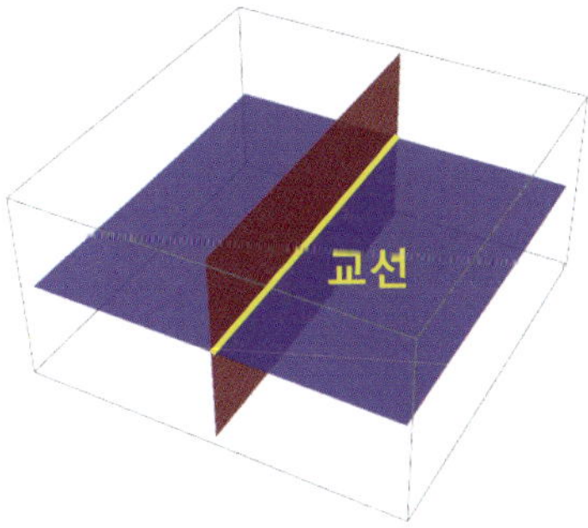


(1) 그 어떤 두 평면도 평행하면 안된다.

하나의 평면상에 만들어진 교선들에 대하여,

(2) 그 어떤 두 교선도 평행 또는 일치하면 안된다.

(3) 그 어떤 세 교선도 하나의 교점에서 만나면 안된다. (단, 여기서 교선은 평면이 서로 만나며 생기는 선분을 말한다.)

### 4단계 : 공간을 4개 평면으로 나눌 수 있는 영역의 최대 개수는?

분할되는 영역의 개수가 최대가 되도록 배치하는 방법 중 하나는 정사면체의 네 면 위에 평면을 올려놓으면 된다. 정사면체의 네 면은 그 어떤 두 면도 서로 평행하지 않고, 하나의 평면상에서 그 어떤 두 교선도 평행하지 않으며, 그 어떤 세 교선도 하나의 교점에서 만나지 않기 때문이다.

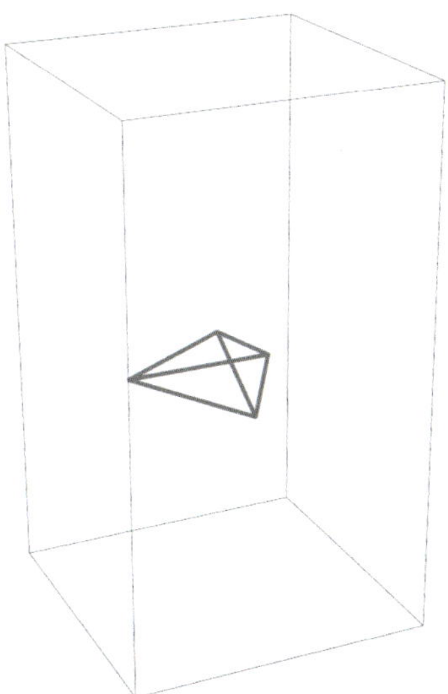

동영상_56.1.1

이제, 분할된 영역을 세어보자. 전면에서 볼 수 없는 후면의 관찰을 위해 QR코드(동영상_56.1.1)에는 입체도형의 동영상이 360도 회전을 하고, 0도 및 180도 회전시점에서는 영역을 셀 수 있는 시간의 확보를 위해 잠시 멈추도록 만들어 놓았다.

이제, 하나씩 세어보자!! 위의 애니메이션에서 0도 및 180도에서의 스냅사진으로 영역을 세어본다. 효율적으로 세기 위해, 하나의 기준 평면(파랑색)에 대하여 위쪽과 아래쪽으로 나누어 세어보자.

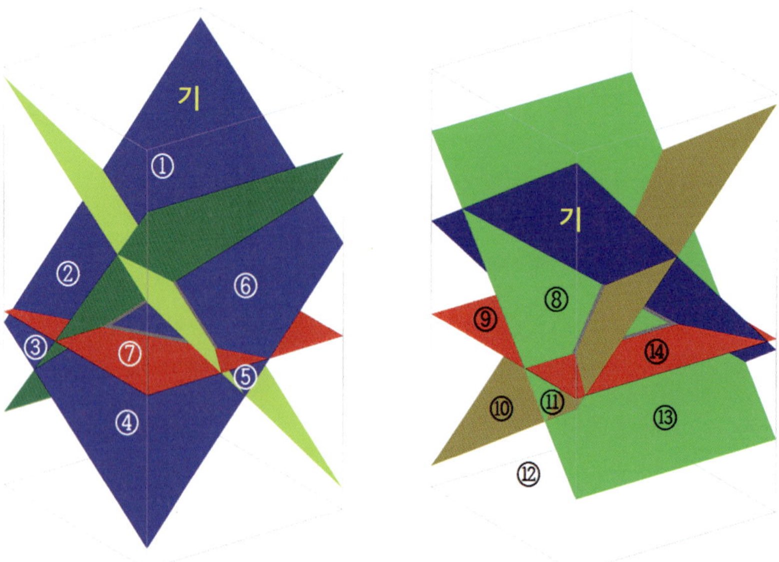


동영상_56.2.1

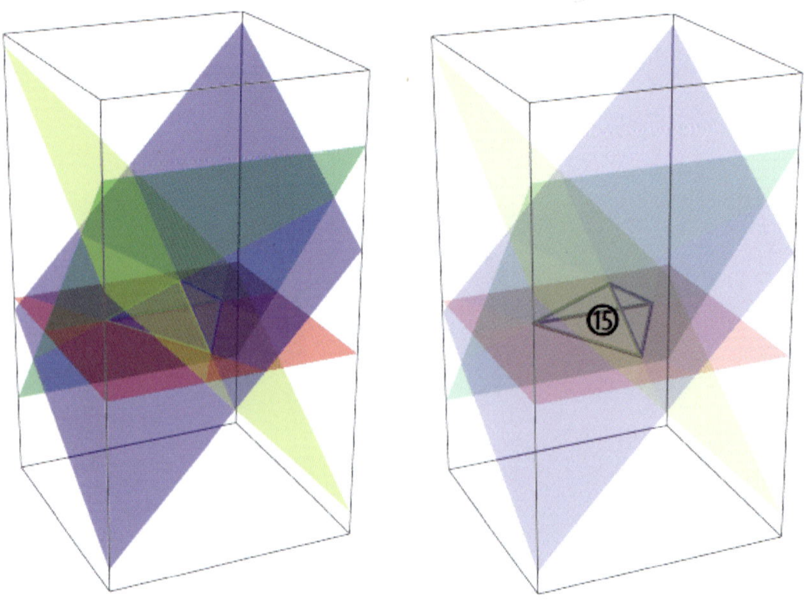


동영상_56.2.2

기준 평면(파랑색)의 위쪽 부분에서 7개(①~⑦), 아래쪽 부분에서 7개(⑧~⑭), 총 14개다. 그러나 아직 한 개가 더 남아있다! 바로 4개의 평면으로 만들어진 정사면체 내부의 닫힌 영역이 남은 1개(⑮)나. 결국, 4개 평면으로 공간은 최대 15개 영역으로 분할된다!!

그렇다면, 5개 이상의 평면으로 공간을 최대한 몇 개까지 나눌 수 있는가? 라는 생각을 안해볼 수 없다. 이제 부터는 정말 복잡해진다. 5개의 평면으로 최대분할공간이 만들어지도록 평면을 배치하면 아래와 같은데... 과연 이것을 눈으로 직접 셀 수 있을까 싶다. 여기서부터는 수학의 역할이 더욱 절실히 필요하게 된다. 평면으로 공간을 최대 분할하는 이 문제는 케이크를 n번의 컷팅으로 최대한 많이 조각내는 'Cake Number'로 알려져 있으며, n개 평면에 대한 최대분할영역의 개수는 $(n^3+5n+6) \div 6$과 같이 계산된다. 관심있는 독자들을 위하여 증명과정은 QR코드(증명_56.4.0)로 페이지를 연결해 놓았다. 이 공식으로 계산해보면 5개 평면의 최대분할영역의 개수는 $(5^3+5 \times 5+6) \div 6=26$개가 된다.

동영상_56.3.0

증명_56.4.0

# 57. 정팔면체와 정사면체를 결합한 다면체의 면의 개수는?

3차원은 우리가 살고 있는 공간으로 매우 친숙하기도 하지만, 이 공간을 잘 이해하고 구성하여 바라볼 수 있는 사람은 생각보다 그리 많지 않다. 그러함에 입체도형은 다양한 위치에서 관찰하는 과정이 필요하다. 다음 입체도형에 대한 단계별 문제로 여러분들의 공간지각능력에 대한 직관력을 테스트해보자.

**1단계. 「정4면체+정4면체」 면의 개수는?**

한 변의 길이가 같은 정사면체 두 개를 서로 맞붙일 때, 결합된 다면체의 면의 개수는 몇 개 일까?

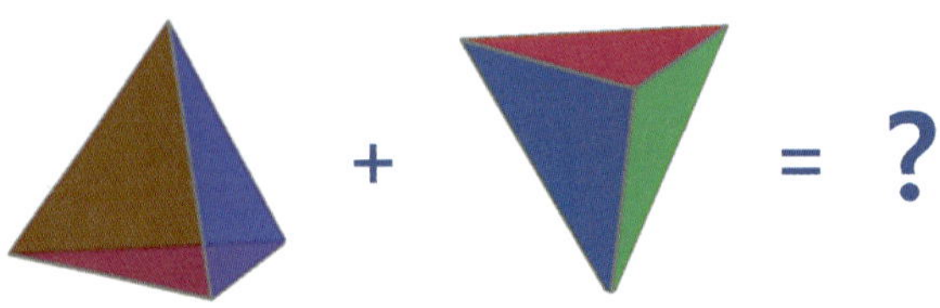


1단계 문제는 쉽게 풀었으리라 생각한다.

정사면체는 정삼각형 모양의 면이 4개로 구성되어 있다. 그런데 두 개의 정사면체를 서로 맞붙이면, 맞붙는 2개의 면으로 인하여 오히려 면의 개수는 줄어든다. 따라서 결합된 다면체의 면의 개수는 4+4−2=6개다.

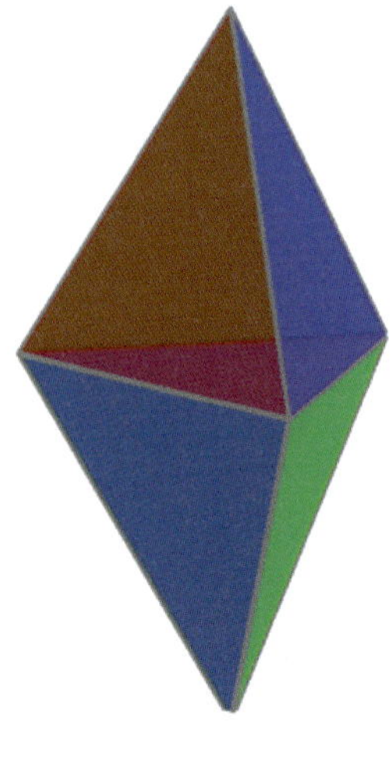

**2단계. 「정6면체+정6면체」 면의 개수는?**

한 변의 길이가 같은 정육면체 두 개를 서로 맞붙일 때, 결합된 다면체의 면의 개수는 몇 개 일까?

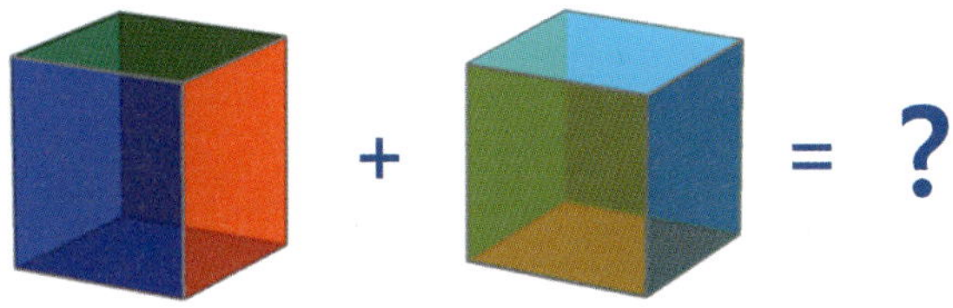

2단계 문제 역시 조금만 생각해보면 무난하게 풀었으리라 생각한다. 정육면체는 정사각형 모양의 면이 6개로 구성되어 있다. 여기서 두 개의 정육면체를 서로 맞붙일 때, 결합된 다면체의 면의 개수를 앞선 방법으로 6+6−2=10개로 세면 안 된다. 맞붙은 정육면체의 옆면들이 모두 평행한 하나의 면이기 때문이다. 따라서 정육면체 두 개를 결합한 다면체의 면의 개수는 여전히 6개다.

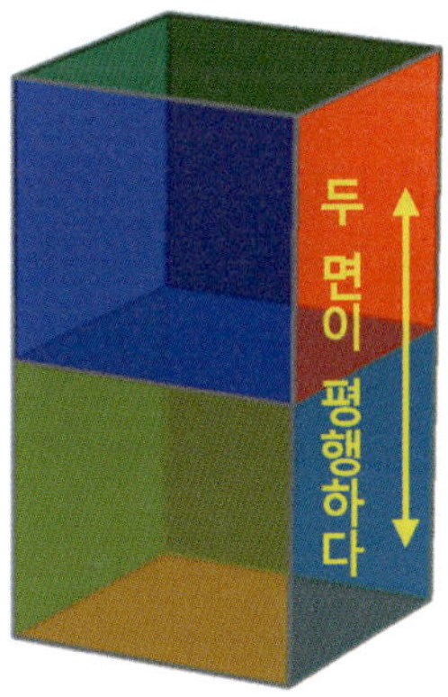


이제 본격적으로 어려운 문제에 도전해보자!!

**3단계. 「정4면체+정4각뿔」 면의 개수는?**

한 변의 길이가 같은 정사면체와 정사각뿔을 서로 맞붙일 때, 결합된 다면체의 면의 개수는 몇 개 일까?

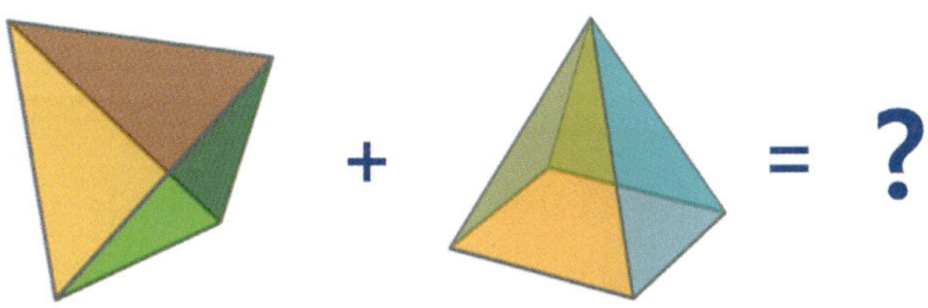

문제의 이미지 구성이 어려우면 다음 그림을 참고하여 풀어보자.

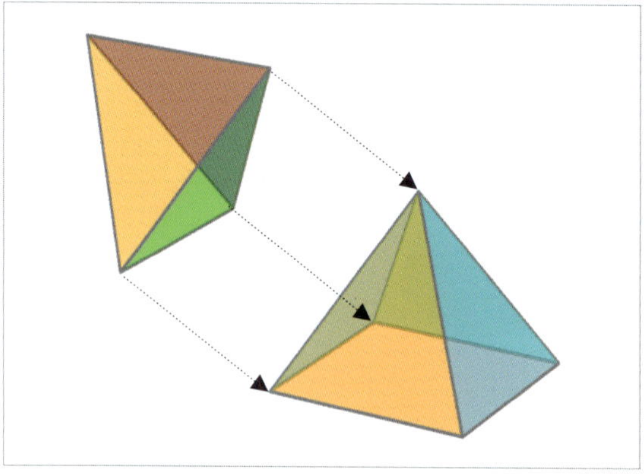

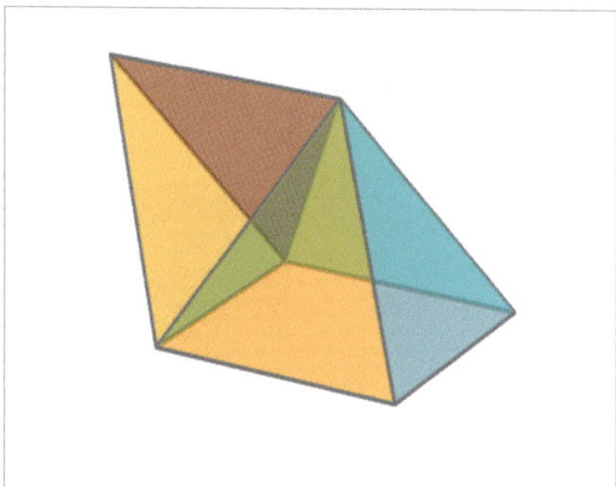

결합된 다면체의 모습

동영상_57.1.0

정사면체는 면의 개수가 4개(정삼각형), 정사각뿔은 면의 개수가 5개(정삼각형4개, 정사각형1개)로 구성되어 있다. 그렇다고, 위의 1단계 문제처럼 맞붙은 면의 개수 2개만 공제한 4+5−2=7개로 세면 안 된다. 여러 위치에서 살펴보면 2단계 문제와 같이 평행한 면이 있기 때문이다. 동영상(57.1.0)의 한 스냅 샷을 보면, 화살표 방향으로 서로 평행한 부분이 두 곳 보인다. 따라서 이 부분에 대한 면의 개수는 2개가 아닌 1개로 세어야 한다.

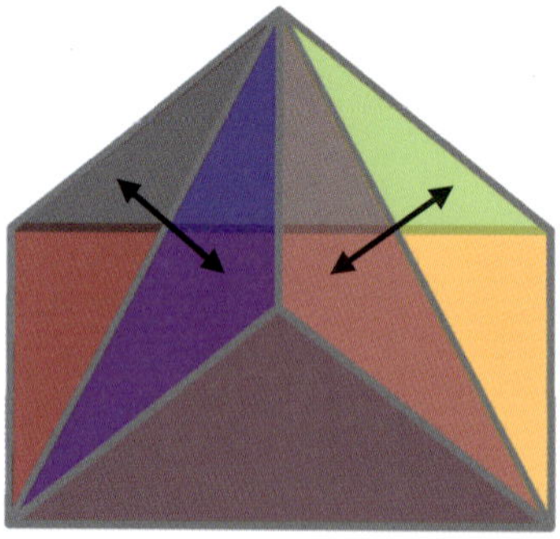

그러므로 정사면체와 정사각뿔을 결합한 다면체의 면의 개수는 4+5−2=7개가 아닌, 4+5−2−2=5개다. 이는 빨대를 이용하여 손쉽게 만들어 볼 수 있으며, 3D프린터로 제작하여 확인해 볼 수도 있다.

1단계부터 3단계 문제까지 잘 이해하였다면 마지막 4단계 문제도 충분히 풀어낼 수 있을 것이다.

**4단계. 「정8면체+정4면체」 면의 개수는?**

한 변의 길이가 같은 정팔면체와 정사면체를 서로 맞붙일 때, 결합된 다면체의 면의 개수는 몇 개 일까?

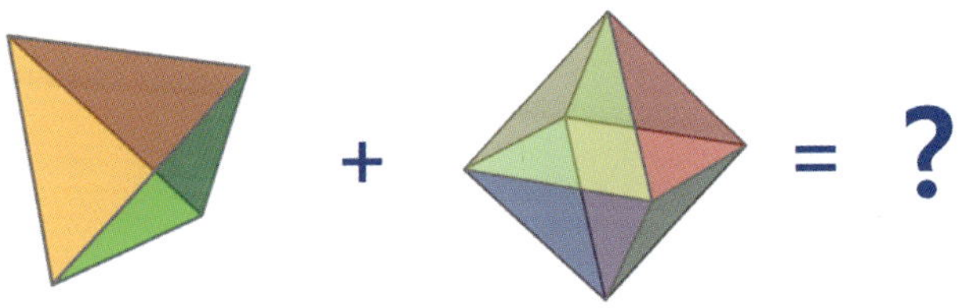


문제의 이미지 구성이 어려우면 다음 그림을 참고하여 풀어보자.

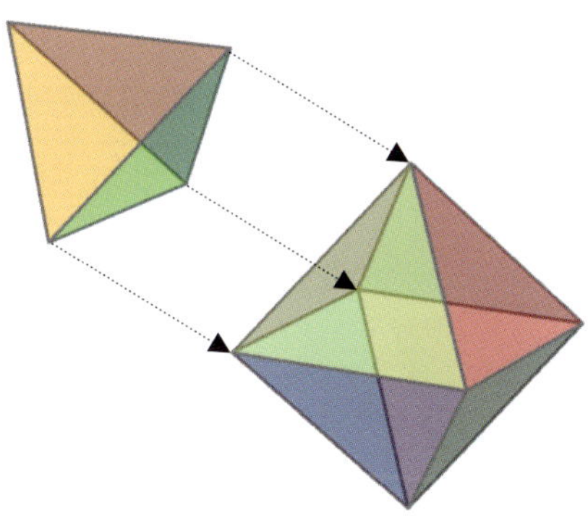

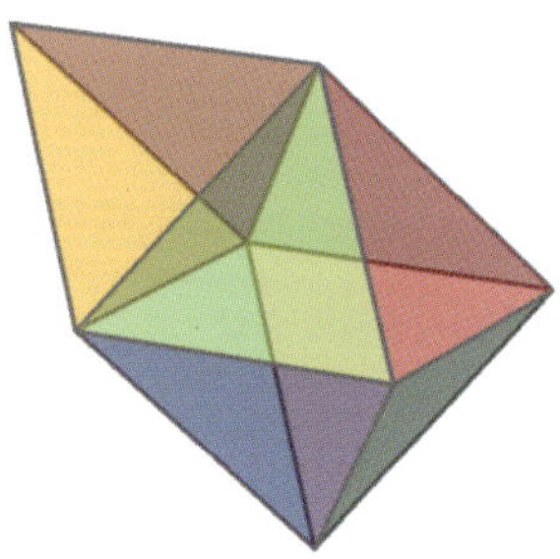

결합된 다면체의 모습

정사면체는 면의 개수가 8개(정삼각형), 정사면체는 면의 개수가 4개(정삼각형)로 구성되어 있다. 여기서 결합된 다면체의 개수는 총 12개에서 맞붙은 면의 개수 2개를 빼고, 서로 평행한 면의 개수를 추가로 빼주어야 한다.

그렇다면, 이번에는 평행한 부분이 몇 개가 있을까?

다음 그림은 동영상(57.2.0)의 한 스냅 샷이다. 보는바와 같이 화살표 방향으로 서로 평행한 부분이 세 곳 보인다. 따라서 이 부분에 대한 면의 개수는 2개가 아닌 1개로 세어야 한다. 그러므로 정팔면체와 정사면체를 결합한 다면체의 면의 개수는 8+4−2−3=7개다.

동영상_57.2.0

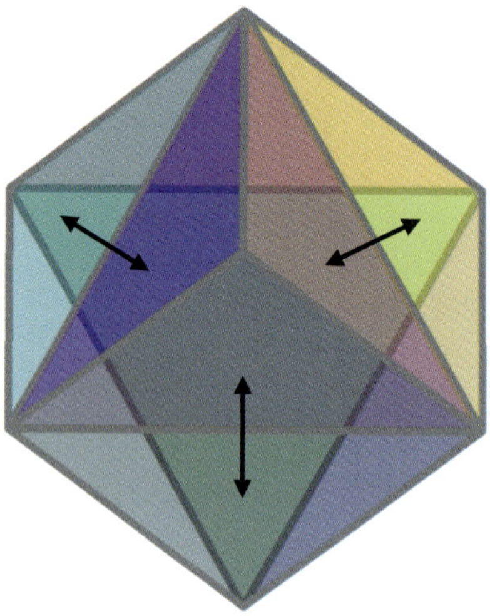

증명_57.3.0

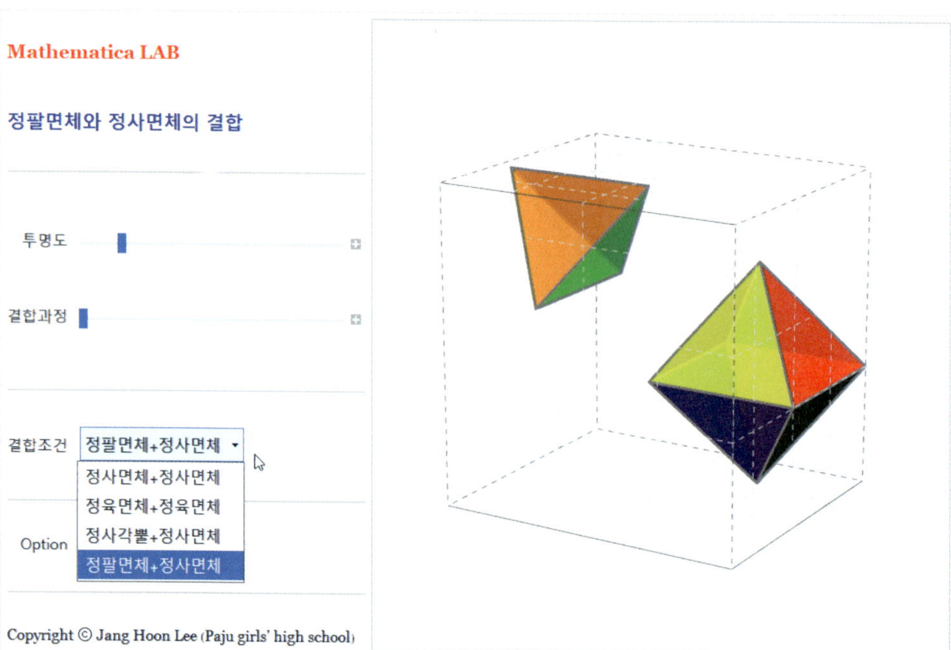

# 58. 타원의 두 초점에 갇힌 빛

어릴적 목욕탕에서 저 멀리 누군가가 말하는 소리가 유난히 크게 들리는 순간이 있었다. 그때 나는 SF 만화처럼 초능력자가 된 줄 알았다. 이후, 성장을 하고 타원을 배우며 그 이유를 알게 되었다. 그 당시 목욕탕의 벽면은 타원형이었고, 나와 상대방은 타원의 두 초점에 있었던 것이었다.

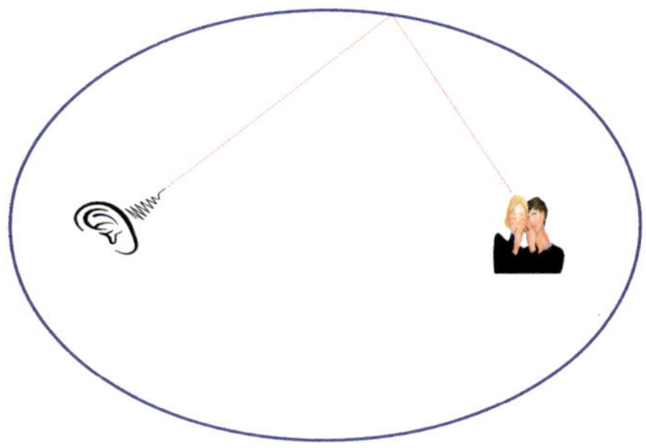

## 타원

타원이란, 고정된 두 점 $F_1$, $F_2$로부터 거리의 합이 일정한 점 P가 그려내는 자취를 말한다. 이를 쉽게 작도하는 방법은 다음과 같다.

(1) 압정 두 개를 바닥 면 $F_1$, $F_2$에 고정한다.
(2) 일정한 길이의 끈을 두 압정 $F_1$, $F_2$에 걸치고 연필로 탱탱하게 잡아당긴다.
(3) 이 상태에서 연필로 한 바퀴 굴리면서 만들어진 도형이 타원이며, 이때 고정된 두 점 $F_1$, $F_2$을 타원의 초점이라고 한다.

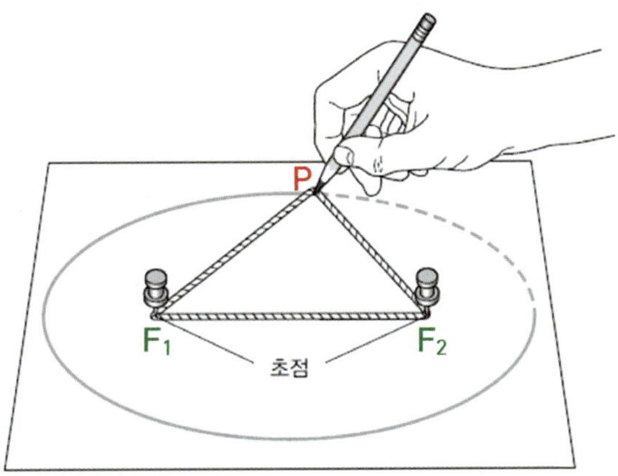

## 타원의 두 초점에 갇힌 빛

증명_58.2.0

이렇게 만들어진 타원에는 신기한 성질이 하나 있다. 바로 하나의 초점 $F_1$에서 출발한 빛은 그 방향이 어디든 타원의 벽면에 부딪힌 후 반사되어 다른 하나의 초점 $F_2$로 반드시 되돌아온다.

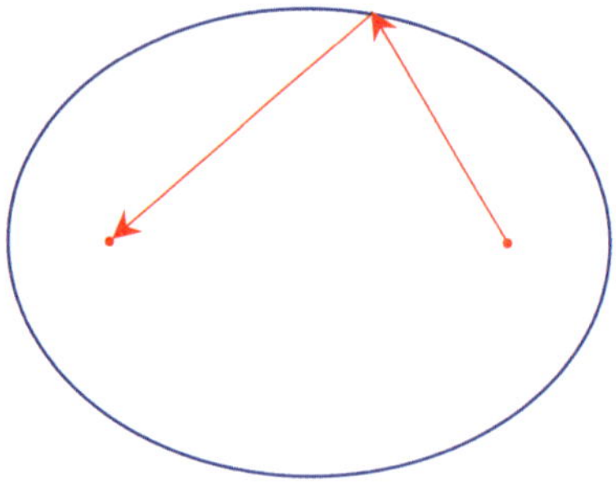

이는 한 번에 그치지 않는다. 초점 $F_2$로 돌아온 빛은 타원의 벽면에 부딪히고 반사되어 다시 반대편 초점 $F_1$으로 되돌아간다. 그리고 이 과정은 계속 되풀이되고 결국 빛은 타원의 두 초점에 갇혀버린다. 다음은 임의의 한 초점으로 쏘아 올린 빛에 대하여 2,000번의 반사 과정으로 얻은 자취의 모습이다.

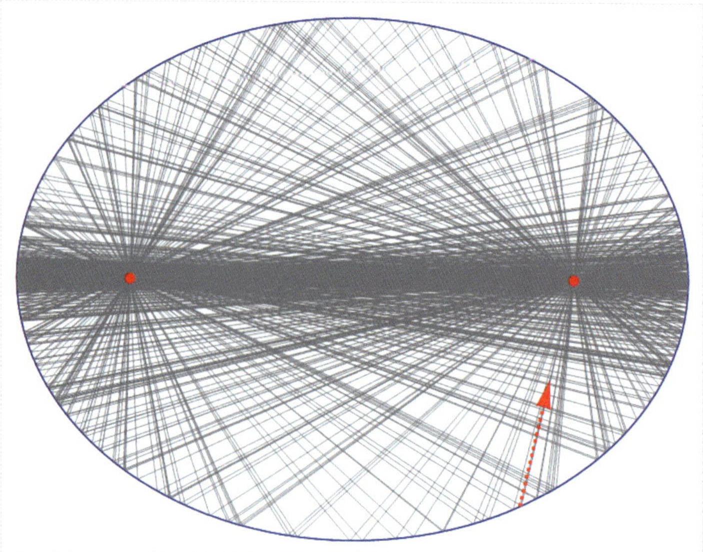

동영상_58.1.0

## 타원의 성질, 어디에 쓰일까?

타원의 초점에 대한 성질은 오래전부터 의료공학에 적용되어왔다. '신장결석 파쇄기'는 인체에 발생한 결석을 타원의 한 초점에 위치시켜 놓고, 다른 한 초점에서 충격파를 발생시킨다. 충격파는 끊임없이 타원 형태의 벽면에 반사되면서 결석에만 집중적으로 파쇄시키는 역할을 하게 된다.

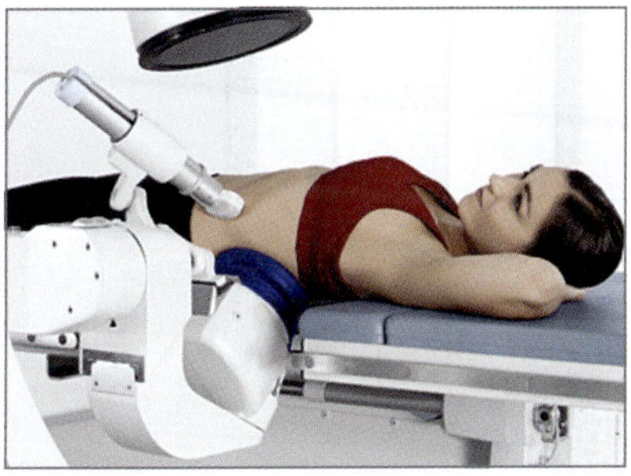

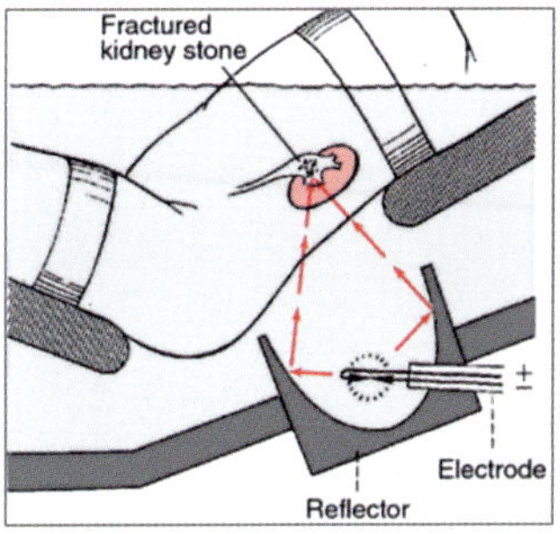


또 다른 타원의 초점에 대한 성질의 활용은 건축물에서 찾아볼 수 있다. 미국 뉴욕의 그랜드센트럴역은 연인들이 서로 속삭이는 데이트 장소로 유명하다. '돔' 형태로 설계된 이 역에서는 두 초점의 위치에 연인이 마주 서 있으면, 작은 속삭임도 비교적 크게 소리를 들을 수 있다. 이러한 타원의 성질과 기하학적인 곡선의 아름다움은 일반 주택의 설계에도 자주 등장한다. 타이완의 한 주택은 '타원형 돔'의 형태를 지붕으로 하여 구조와 기능 그리고 아름다움의 세 요소를 갖춘 인테리어로 유명하다. 타원형의 천장은 공기의 흐름과 조명의 반사 그리고 이 안에서 생활하는 사람들의 대화가 실내 전체로 퍼짐을 방지하고 그들만의 주요 생활공간 안으로 자연스럽게 집중될 수 있도록 디자인되어있다.

# 59. 타원당구대에서 나는 당구의 신이 된다?

타원은 하나의 초점에서 출발한 빛이 다른 하나의 초점으로 되돌아오는 성질이 있다. 이 성질을 계속 반복하게 되면, 빛은 타원의 두 초점에 갇혀버린다.

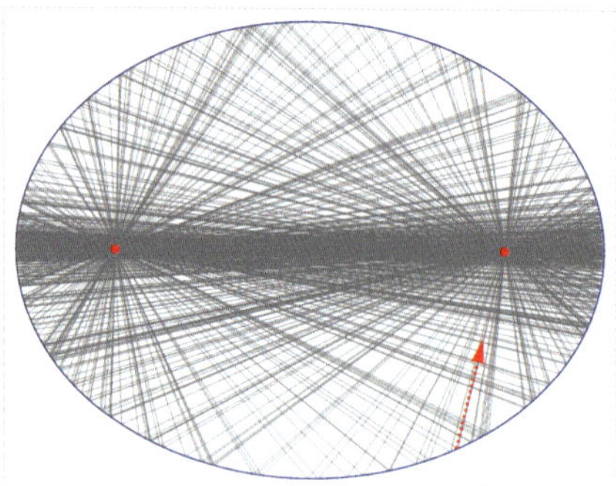

동영상_58.1.0

## 타원당구대

정말 그럴까? 라는 생각에 타원의 형태를 갖는 「타원당구대」를 만들어 실험해보기로 한다. 평면상에 장축의 길이가 160mm, 단축의 길이가 120mm인 타원의 방정식은 아래와 같은 형태를 갖는다.

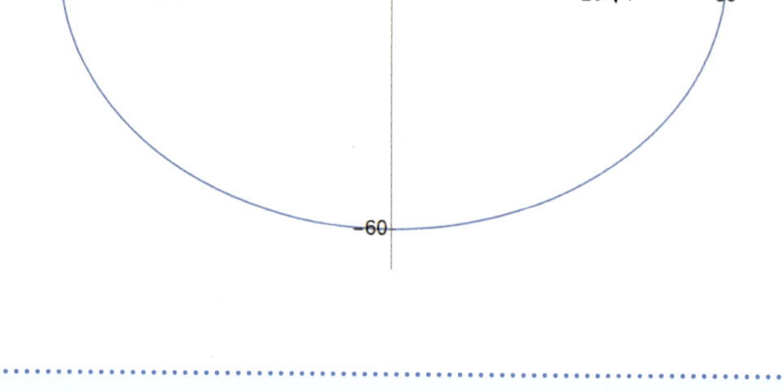

중요한 것은 이렇게 작도된 타원의 두 초점을 정확하게 계산하여 그 위치를 잡아주어야 한다. 타원의 두 초점은 아래와 같이 계산된다.

$$F_1 = (-\sqrt{80^2 - 60^2}, 0) = (-20\sqrt{7}, 0) \fallingdotseq (-52.9, 0)$$
$$F_2 = (\sqrt{80^2 - 60^2}, 0) = (20\sqrt{7}, 0) \fallingdotseq (52.9, 0)$$

이렇게 작도된 타원의 바닥을 면으로 채우고 옆면에 기둥을 세운 후, 초점의 위치를 표시하면 「타원당구대」가 완성된다. 이를 3D프린터로 출력해보았다.

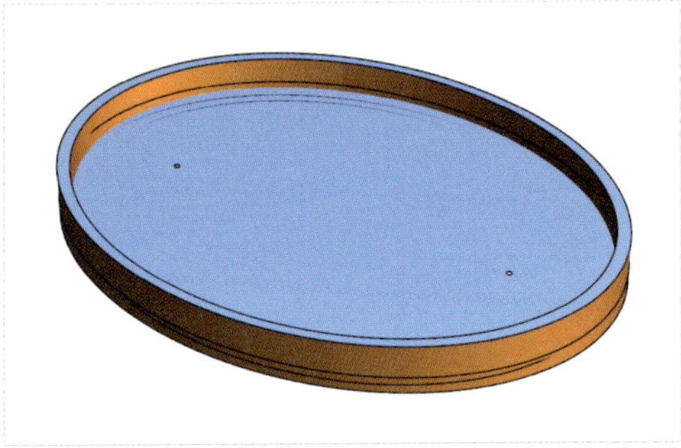

3D모델링코드

타원의 성질에 의하면, 타원의 두 초점 위에 구슬을 올려놓고 하나의 구슬을 정면으로 때리면 이 구슬은 벽면에 부딪힌 후, 반사되어 다른 초점에 놓여있는 구슬에 정확하게 부딪힌다.

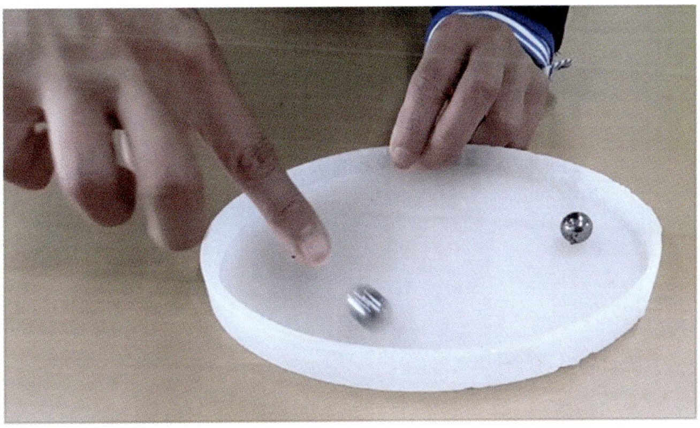

동영상_59.1.0

동영상에서 보이는 바와 같이, 두 구슬이 정확하게 정면으로 충돌하면 이 구슬 또한 타원의 벽면에 부딪힌 후, 반사되어 또 다른 초점으로 향하게 된다. 실제 공기저항이나 바닥면의 마찰 등과 같은 방해요소들만 없다면 두 구슬은 끊임없이 타원의 두 초점을 계속하여 지나게 될 것이다. 결국 '타원당구대'에서 당구공이 두 초점에만 놓여 있다면, 당구 초보자도 어렵지 않게 다른 공을 맞힐 수 있게 된다.

# 60. 우리가 사는 공간이 「뫼비우스의 띠」라면?

한 번쯤은 들어보거나 만들어봤을 법한 「뫼비우스의 띠」는 1858년 뫼비우스(August Ferdinand Möbius)가 발견한 도형으로, 직사각형 모양의 종이를 길게 잘라서 양 끝을 한번 꼬아 맞붙이면 뫼비우스의 띠가 완성된다.

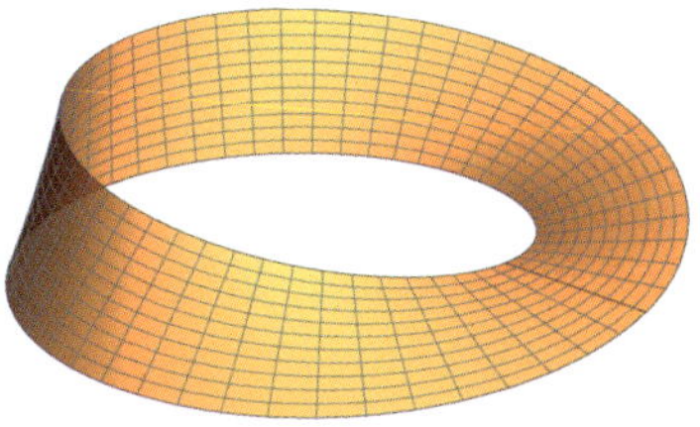

다음은 앞면이 빨강, 뒷면이 파랑으로 이루어진 색종이를 가지고 뫼비우스의 띠를 만드는 모습이다. 색종이의 양 끝을 같은 방향으로 맞붙이면 원기둥이 만들어지지만, 반대 방향으로 맞붙이면 뫼비우스의 띠가 만들어진다.

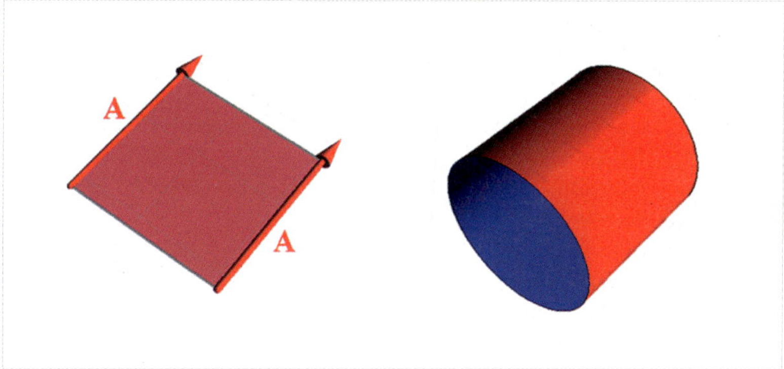


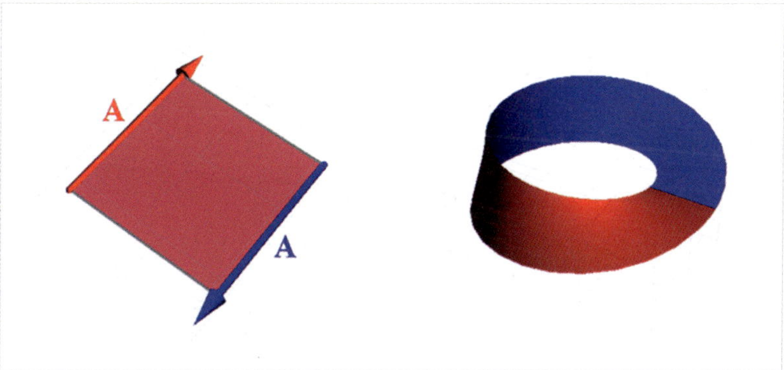


동영상_60.1.0

이렇게 만들어진 뫼비우스의 띠에는 독특한 성질이 있다. 바로 '안쪽'과 '바깥쪽'의 구별이 없이 경계를 단 하나만 가지고 있다는 점이다. 실제 위의 그림에서도 앞면(빨강)과 뒷면(파랑)이 하나의 면으로 서로 연결되어 있음을 알 수 있다.

### 뫼비우스의 공간에서는 무슨 일이 벌어질까?

뫼비우스 공간상에 오른손을 올려놓고, 뫼비우스의 길을 따라 한 바퀴 돌아서 제자리로 온 나의 손은 오른손에서 왼손으로 바뀐다.

동영상_60.2.0

### 우리가 사는 세상이 뫼비우스의 공간이라면?

"이 세상을 한 바퀴 돌아올 때
나의 오른쪽과 왼쪽이 서로 바뀌는 반전이 일어난다."

정말 그럴까 싶으면? 직접 만들어 실험해보는 것도 흥미롭다. 투명한 필름으로 뫼비우스의 띠를 만든 후, 그 위에 그림을 그려놓고 한쪽 면을 따라서 한 바퀴 돌면 그림의 형태가 뒤집혀서 반전되어 있음을 확인할 수 있다.

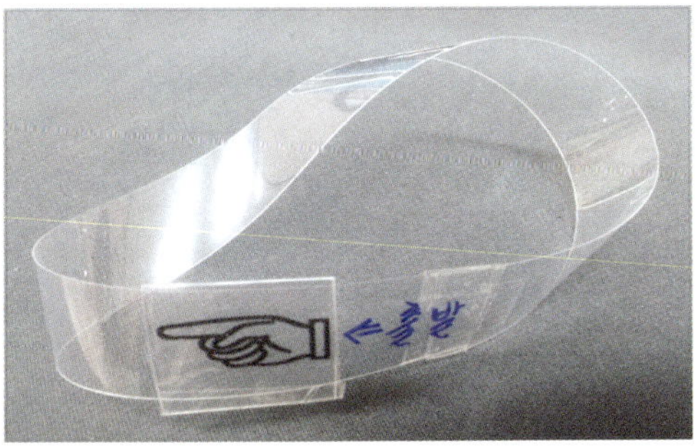


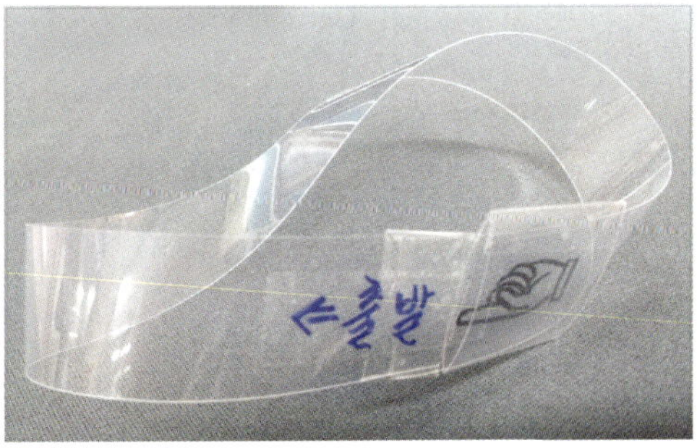


이러한 현상은 뫼비우스의 띠가 '안쪽'과 '바깥쪽'의 구별이 없이 경계를 단 하나만 가지고 있다는 성질로 인하여 발생 되는 것이다.

## 뫼비우스의 띠, 어느 곳에 쓰임새가 있을까?

### • 벨트

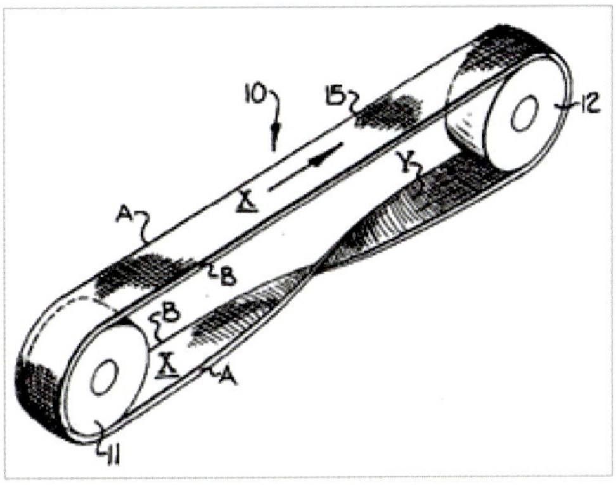


뫼비우스의 띠가 처음 발명품으로 쓰인 것은 1923년 미국에서 특허를 받은 양쪽 면에 소리를 녹음할 수 있는 뫼비우스의 띠 테이프였다. 안과 밖의 구별되지 않아 보통의 테이프보다 2배 많은 시간 동안 소리를 담을 수 있다. 1949년 '오웬 해리스'는 공업용 기계에 쓰이는 마찰 벨트를 발명했다. 보통의 벨트는 한쪽 면만 사용하지만, 뫼비우스의 띠로 만든 벨트는 양쪽 면을 사용해 효율이 2배로 높았다. 이처럼 뫼비우스의 띠가 갖는 성질은 발명에서 중요한 아이디어로 쓰여 이를 활용한 특허만도 수백 건이 넘는다.

### • 건축물 & 로고

뫼비우스의 띠는 앞면과 뒷면이 끝없이 하나로 연결된 곡면의 성질과 그 형태가 무한대(∞)를 상징한다. '뫼비우스 계단'은 사람들이 한 칸씩 오르고 내리면서 끝없이 반복됨을 느낄 수 있게 해주는 무한한 계단을 연출하였고, 가천대학교는 개교80주년을 기념하여 미래의 무한발전을 기원하는 조형물을 잔디광장에 설치하였다. 이외에도 '자원의 재활용'에 대한 로고 역시 유한한 자원의 재활용을 통한 무한한 순환을 의미하는 로고로 사용하는 등 뫼비우스는 보이는 모습 그 이상의 상징적인 의미가 있다.

# 61. 상상 속의 4차원 도형, 클라인 병

종이를 접는 방법이 있다고 모두 접을 수 있는 것은 아니다. 3차원 현실에서는 그것을 용납할 수 없는 길이 있기 때문이다. 다음은 '요술 항아리'라고도 부르는 「클라인 병(Klein Bottle)」을 접는 방법이다.

## 종이로 클라인 병을 접는 방법

빨강을 윗면, 파랑을 아랫면으로 하는 색종이가 있다. 이 종이의 양 끝 모서리 A를 같은 방향으로 맞붙인 후, 양 끝 모서리 B를 반대 방향으로 맞붙인다. 바로 이때 만들어지는 도형을 「클라인 병(Klein Bottle)」이라고 한다.

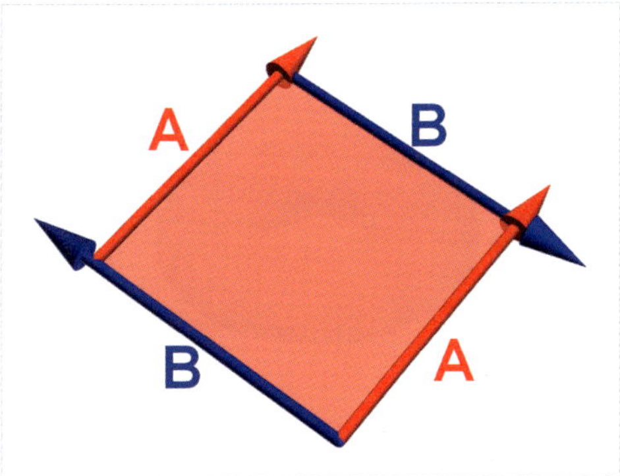


그런데, 머릿속으로 잘 그려지지 않는다.

단계별로 접어보자!!

• 1단계. 모서리 A를 같은 방향으로 맞붙이면? 원기둥이 된다.

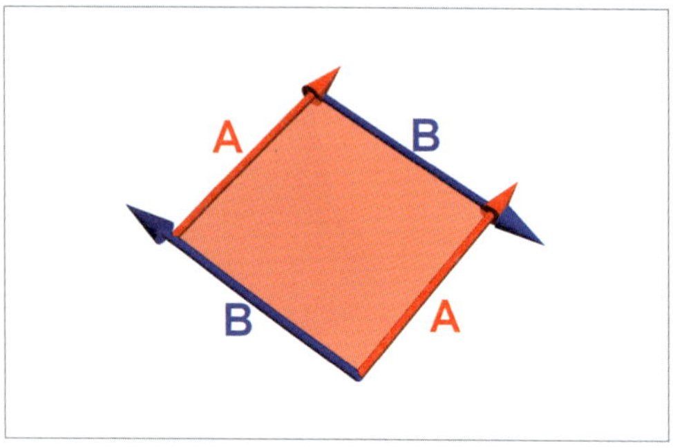


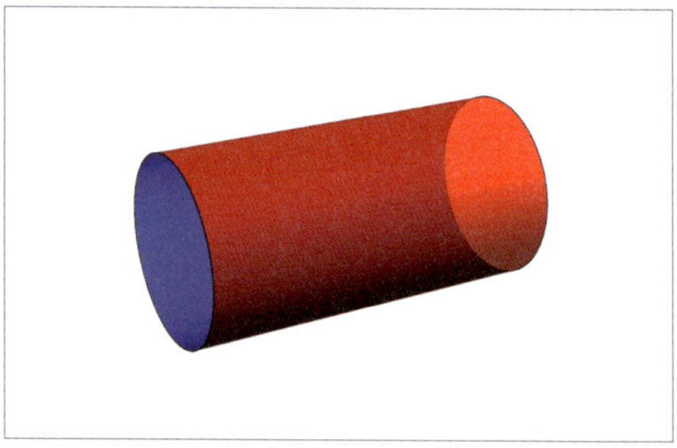

• 2단계. 원기둥 상태에서 B를 반대 방향으로 맞붙이면?

첫째, B를 같은 방향으로 맞붙이면 도넛 형태의 '토러스(torus)'가 만들어진다.

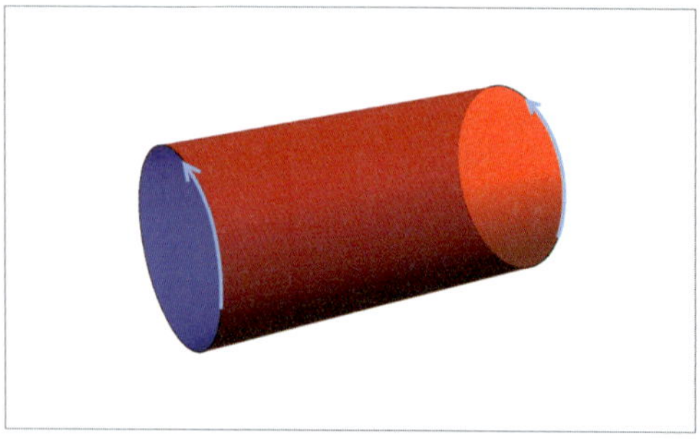

둘째, B를 반대 방향으로 맞붙이면 드디어 '클라인 병(Klein Bottle)'이 만들어진다.

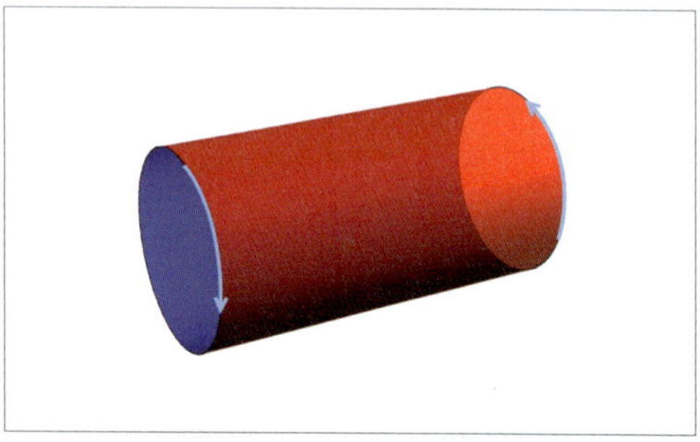

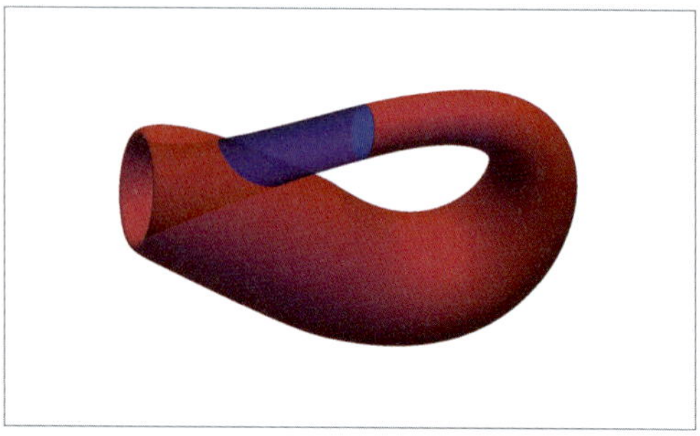

B를 반대 방향으로 맞붙이면 '클라인 병'의 형태가 만들어진다는 것에 대한 이해가 쉽지 않을 것이다. 양 끝의 원형 모서리가 서로 반대 방향으로 맞붙이기 위해서는 한 쪽의 원형 모서리를 뒤집어서 붙여야 하는데, 이것이 가능하기 위해서는 면을 뚫고 나와야 하기 때문이다. 따라서 '클라인 병'은 3차원 현실 공간에 존재할 수 없다!

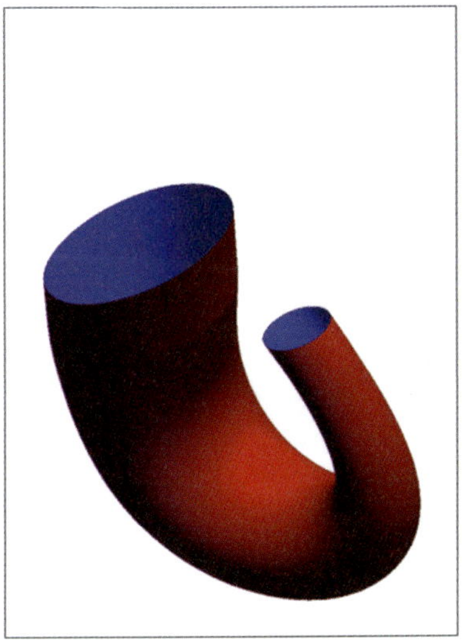

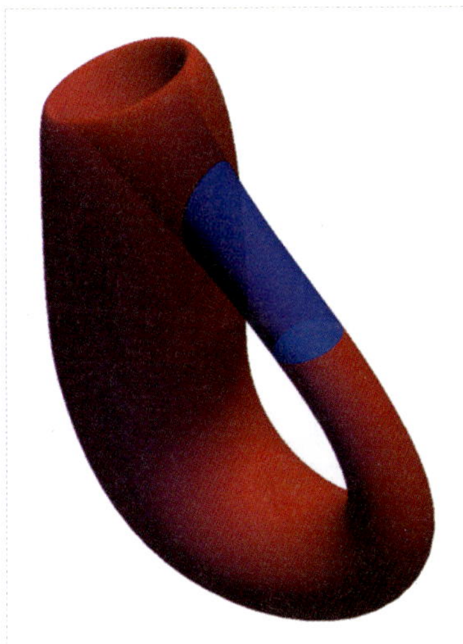

동영상_61.1.0

## 클라인 병, 너는 대체 누구니?

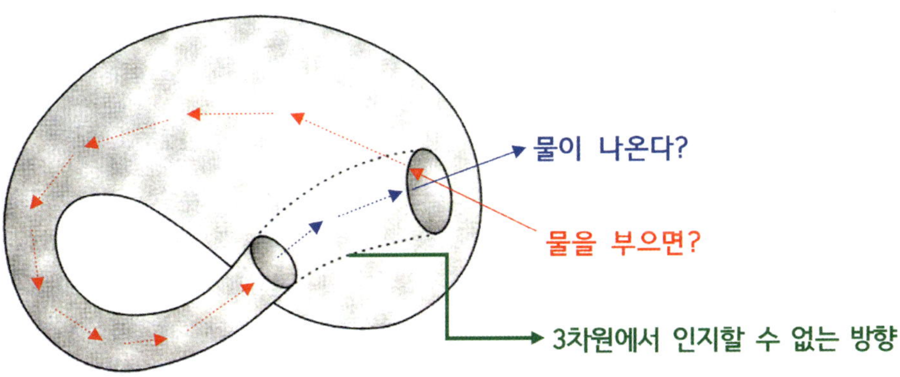


생성과정에서 볼 수 있듯이, 클라인 병은 안쪽 면(파랑)이 뒤집혀서 바깥 면(빨강)과 만난다. 즉, 이 도형은 내부와 외부의 구분이 없다. 하여, 이 도형이 제대로 만들어질 수 있는 차원의 공간에서는 물을 부으면, 다시 물이 흘러서 나온다.

사실, '클라인 병'은 3차원 공간에서 존재하는 '뫼비우스의 띠' 2개를 서로 맞붙여도 만들어 낼 수 있다. 하지만 이 경우에도 2개의 뫼비우스를 맞붙이려면, '띠가 자신의 표면을 뚫고 나오는' 3차원에서 인지할 수 없는 방향이 여전히 필요하다.

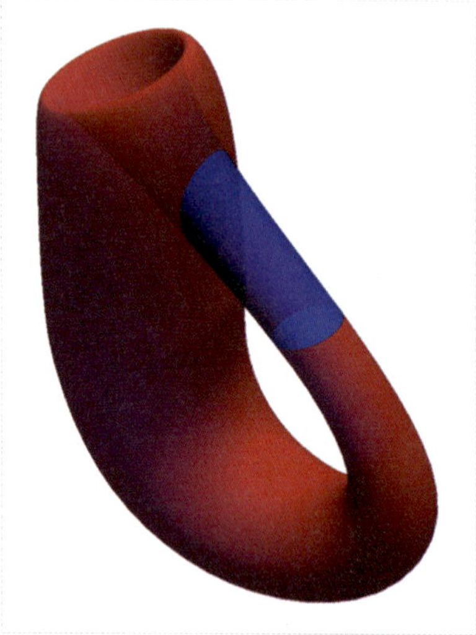

동영상_61.2.0

## 만약, 클라인 병의 제4방향을 우리가 찾아낸다면?

클라인 병 입구로 들어간 개미가 한 마리 있다고 생각하자. 이때 들어간 통로의 길을 틀어막으면 이 개미는 갇혀있을까? 3차원 공간에서는 당연히 그러하겠지만, 클라인 병에서는 3차원에서 인지할 수 없는 제4의 방향으로 다시 빠져 나올 수 있다. 즉, 닫힌 문을 열지 않고 벽을 통과하는 길이 존재할 수 있다. 따라서 이 방향의 길만 우리가 찾아낼 수 있다면...

"이 공간에서는 내부와 외부를 넘나들 수 있기에,
개복 없이도 인체 내의 수술이 가능하다!!"

# 62. 사각형을 가득 채운 선은 1차원일까? 2차원일까?

차원(Dimension)이란 무엇일까?

보통 사람들은 점을 0차원, 선은 1차원, 평면은 2차원, 그리고 입체는 3차원 정도로 이해하고 있다. 이는 전통적인 유클리드 기하학에 근거한 표현이다. 그런데 1980년 이탈리아 수학자가 고안한 '페아노 곡선'은 수학자들이 차원을 진지하게 연구하기 시작한 계기가 되었다. 이 곡선은「ㄹ」모양의 선분을 1/3로 축소하고 이를 서로 겹치지 않게 연결하는 과정을 무한히 반복하여 얻는다. 이와 같이 무한한 자기 닮음의 형태를 갖는 도형을 '프렉탈 도형'이라고 한다. 보는 바와 같이 페아노 곡선은 1차원 선분으로 시작했지만, 무한한 반복 과정을 거듭하면서 사각형 내부가 가득 채워지고 있는 모습이다. 그렇다면 이 도형은 1차원일까? 2차원일까?

동영상_62.1.0

우선, 유클리드 기하학에서 도형과 차원의 관계를 선분(1차원), 정사각형(2차원), 정육면체(3차원)로 살펴보도록 하자.

## 1차원 선분

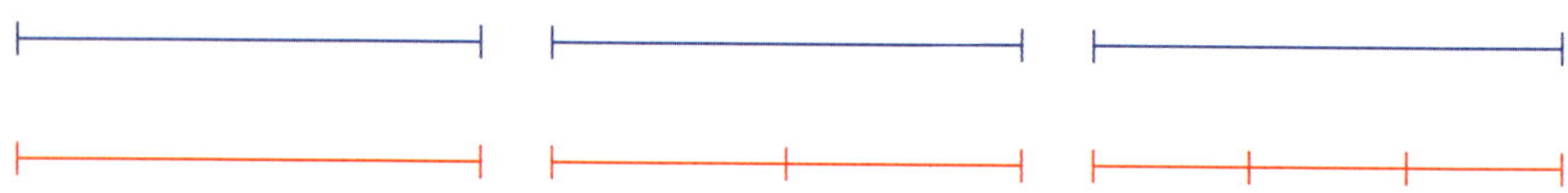

1차원 선분을 x등분 하면, 닮음 도형인 선분이 $x^1$개 만들어진다.

| 분할의 개수(x) | 1등분 | 2등분 | 3등분 | 4등분 | 5등분 |
|---|---|---|---|---|---|
| 선분의 개수($x^1$) | $1^1=1$ | $2^1=2$ | $3^1=3$ | $4^1=4$ | $5^1=5$ |

동영상_62.2.0

## 2차원 정사각형

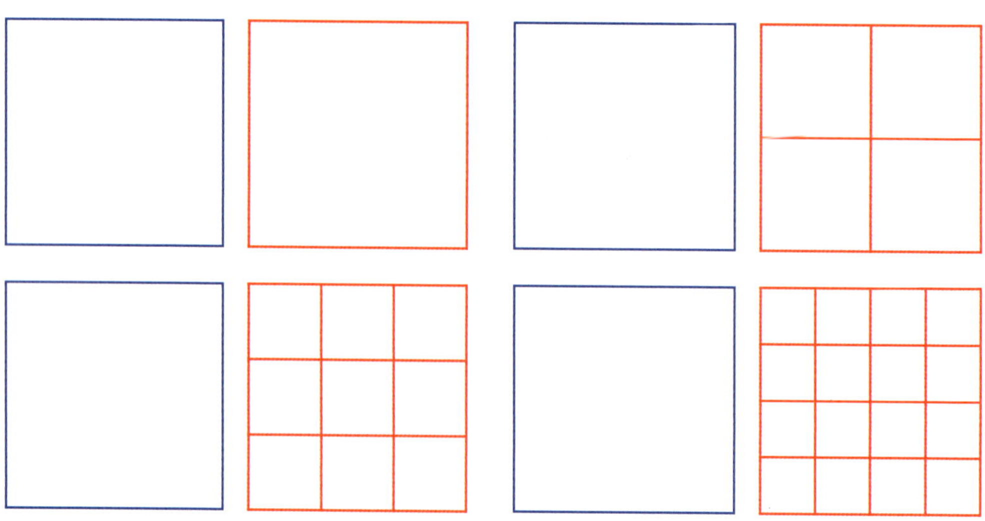

2차원 정사각형을 x등분 하면, 닮음 도형인 정사각형이 $x^2$개 만들어진다.

| 분할의 개수(x) | 1등분 | 2등분 | 3등분 | 4등분 | 5등분 |
|---|---|---|---|---|---|
| 정사각형 개수($x^2$) | $1^2=1$ | $2^2=2$ | $3^2=9$ | $4^2=16$ | $5^2=25$ |

동영상_62.2.0

## 3차원 정육면체

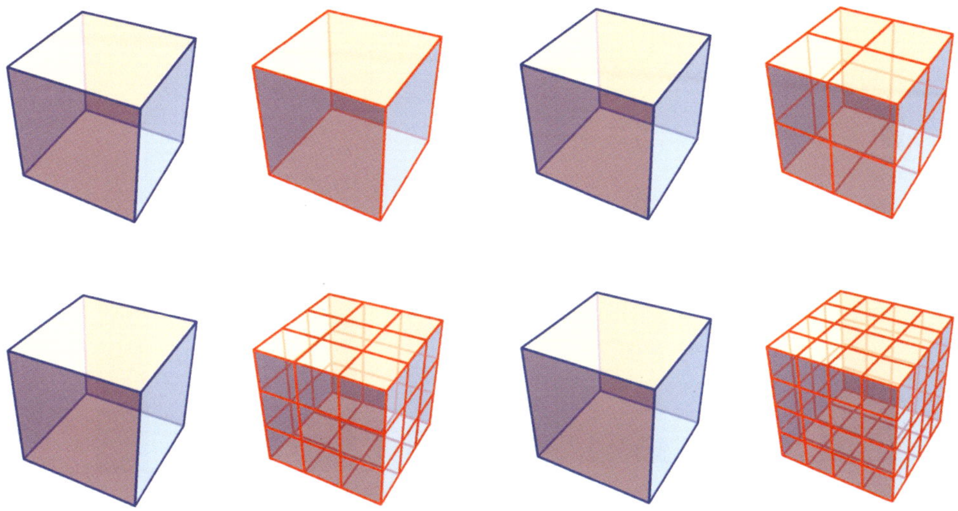

3차원 정육면체를 x등분 하면, 닮음 도형인 정육면체가 $x^3$개 만들어진다.

| 분할의 개수(x) | 1등분 | 2등분 | 3등분 | 4등분 | 5등분 |
|---|---|---|---|---|---|
| 정육면체 개수($x^3$) | $1^3=1$ | $2^3=8$ | $3^3=27$ | $4^3=64$ | $5^3=125$ |

동영상_62.2.0

위에서 살펴본 내용처럼 도형의 분할에 대한 관점으로 차원을 재정의할 수 있는데, 이를 '프랙탈 차원'이라고 한다.

**프렉탈 차원**

어떤 도형을 $x$등분하여 같은 모양 $y$개로 나누어질 때, $y=x^n$을 만족하는 $n$값을 그 도형의 프렉탈 차원이라고 한다.

이제, 몇가지 유명한 프렉탈 도형들의 차원을 알아보자.

## 칸토어 집합은 0.63차원

선분(1차원)을 3등분하여 가운데 부분을 제거하는 과정을 무한히 반복할 때, 만들어지는 도형을 '칸토어 집합'이라고 한다.

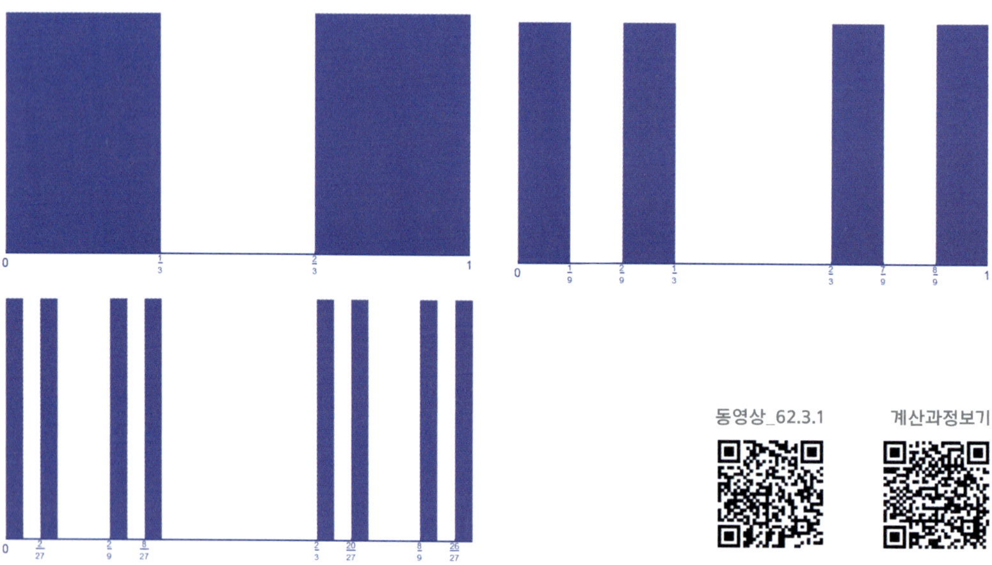

동영상_62.3.1

계산과정보기

칸토어 집합은 몇차원으로 계산될까? 최초 1개의 선분을 3등분하여 가운데를 제거하면 양 끝에 2개의 선분이 남는다. 따라서 프렉탈 차원은 「$2=3^n$」을 만족하는 n값을 계산해보면 약 0.63(차원)이 된다. 실제 이 도형은 무한한 점(0차원)을 가지고 있지만 길이(1차원)는 0에 가까워 진다. 이것이 0~1 사이의 소수차원인 칸토어 집합의 모습이다.

## 시어핀스키 삼각형은 1.58차원

정삼각형(2차원)의 각 변을 2등분하여 가운데 삼각형을 제거하는 과정을 무한히 반복할 때, 만들어지는 도형을 '시어핀스키 삼각형'이라고 한다.

동영상_62.3.2 계산과정보기

시어핀스키 삼각형은 몇차원으로 계산될까? 최초 1개의 삼각형의 각 변을 2등분하여 가운데를 제거하면 3개의 삼각형이 남는다. 따라서 프렉탈 차원은 「$3=2^n$」을 만족하는 n값을 계산해보면 약 1.58(차원)이 된다. 실제 이 도형은 단계를 무한히 반복하면서 선분의 길이(1차원)는 한없이 커지는 상태(∞)가 되지만, 삼각형의 내부 영역이 점점 줄어들어 넓이(2차원)는 0에 가까워지게 된다. 이것이 1~2 사이의 소수차원인 시어핀스키 삼각형의 모습이다.

## 맹거 스펀지는 2.73차원

정육면체(3차원)의 각 변을 3등분하여 가운데 정육면체들을 제거하는 과정을 무한히 반복할 때, 만들어지는 도형을 '맹거스펀지'라고 한다.

동영상_62.3.3

계산과정보기

맹거스펀지는 몇차원으로 계산될까? 최초 1개의 정육면체의 각 변을 3등분하여 가운데 정육면체들을 제거하면 20개의 정육면체가 남는다. 따라서 프렉탈 차원은 「$20=3^n$」을 만족하는 n값을 계산해보면 약 2.73(차원)이 된다. 실제 이 도형은 단계를 무한히 반복하면서 생성되는 정육면체들의 각 면들로 인하여 넓이(2차원)는 한없이 커지는 상태(∞)가 되지만, 정육면체의 크기가 점점 줄어들어 부피(3차원)는 0에 가까워 진다. 이것이 2~3 사이의 소수차원인 맹거스펀지의 모습이다.

## 프렉탈 도형은 항상 소수차원일까?

그렇지는 않다. 처음에 소개한 '페아노 곡선'은 최초「ㄹ」모양에서 바로 다음 단계는 도형의 크기가 $\frac{1}{3}$로 축소( = 3등분)되어 닮음 도형 9개( = $3^2$)가 만들어 진 형태다. 따라서 페아노 곡선은 2차원으로 계산된다.

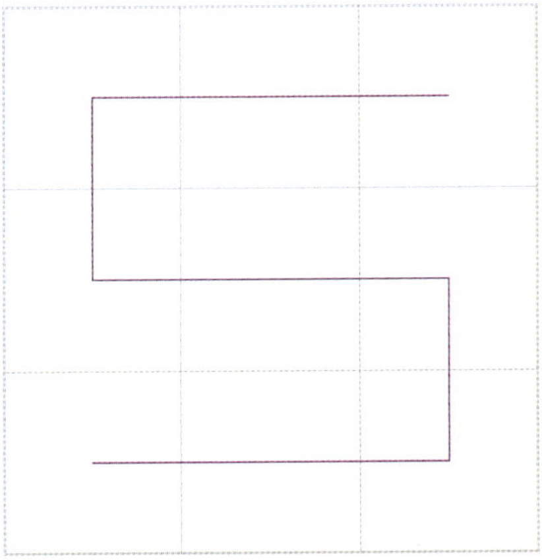

## 자연속에서도 이처럼 소수의 값을 차원으로 하는 프렉탈 모습이 있을까?

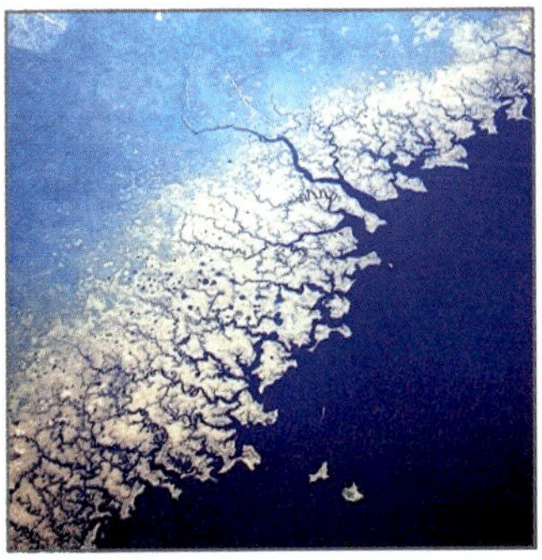

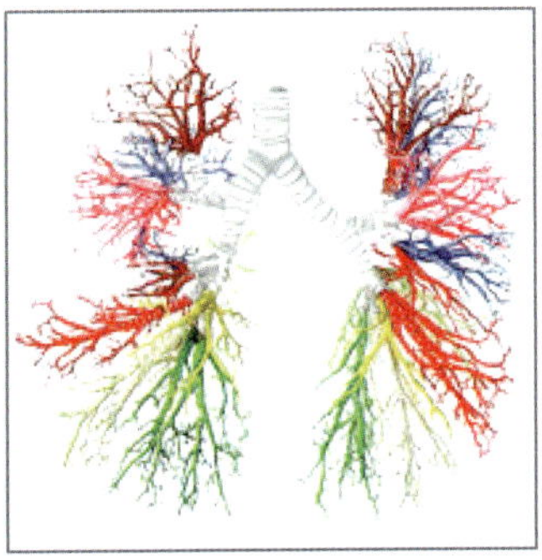

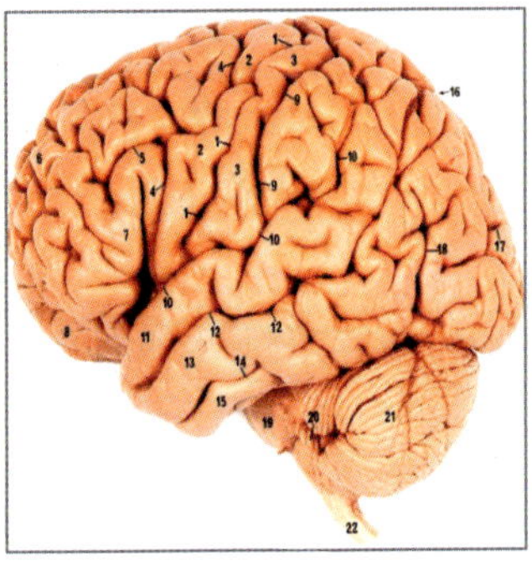

프렉탈 도형들에 관한 연구보고서를 찾아보면, 영국의 해안선은 약 1.25차원, 뭉게구름은 1.35차원이고 인간의 동맥은 2.7차원, 뇌의 구조는 2.72~2.79차원이라고 한다. 특히, 지구의 표면은 2.1차원이지만 화성의 표면은 2.4차원이다. 이는 지구보다 화성 표면의 굴곡이 더 심하고 거칠은 이유라고 한다.

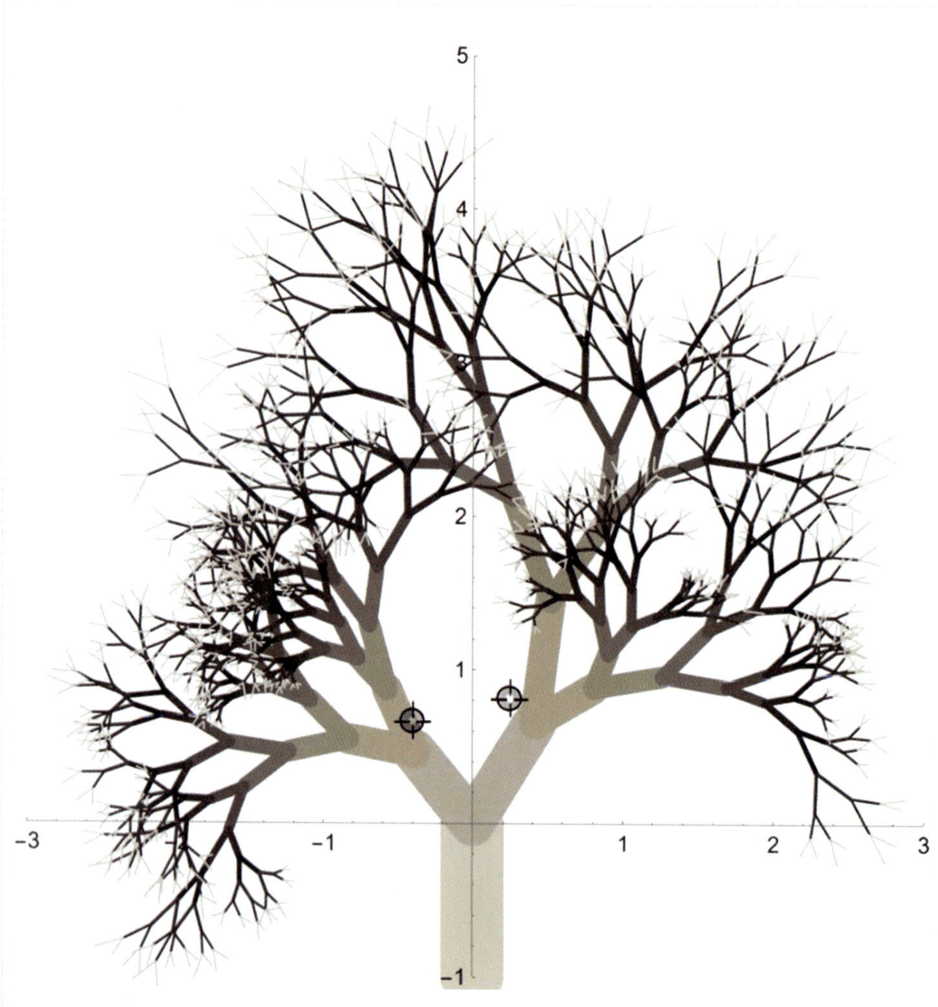


동영상_62.4.0

QR코드로 페이지를 열면,
이진트리(Binary Tree) 알고리즘으로 구현한 '프렉탈 가을 나무'에 대한 동영상 시청 및 사용자가 이를 직접 조작해볼 수 있는 실험문서가 제공된다.

# 63. 도형으로 바라본 3차원 너머의 세상

3차원에서 살고 있는 우리가 4차원을 볼 수 있을까?

일반적으로 3차원(공간)에서는 하위 차원인 2차원(평면), 1차원(선) 전체를 볼 수 있으나, 상위 차원은 볼 수 없다. 하지만, 수학적인 방법을 이용하면 그 일부분을 볼 수 있다. 여기서는 4차원 도형인 '초입방체(하이퍼큐브)'를 작도하고 이것이 3차원 공간에서 보여지는 모습을 소개해본다.

### 차원의 확장

전통적인 유클리드 기하학에서 근거하였을 때, 한 점의 위치를 결정하기 위해서 필요한 좌표의 개수를 차원이라고 한다. 그런데 우리가 사는 3차원 공간에서는 4차원의 좌표를 그려낼 방법이 없다. x,y,z축에 수직인 w축을 하나 더 표현할 수가 없기 때문이다. 하지만 눈에 보이지 않을 뿐, 수학은 3차원에서 4차원으로 법칙을 유연하게 확장하고 이를 계산하며 수학적 상상력으로 그려낸다.

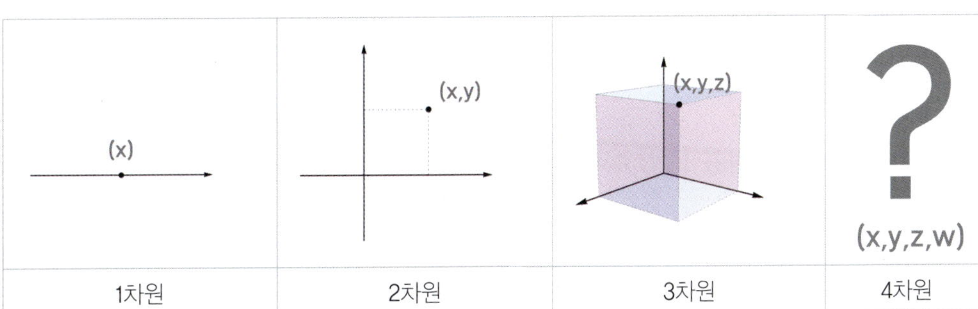

## 초입방체 생성과정

정사각형에서 정육면체가 만들어지는 과정을 이해하고 이를 확장하면, 정육면체로부터 초입방체(하이퍼큐브)를 설계할 수 있다.

- 정사각형(2차원) → 정육면체(3차원)

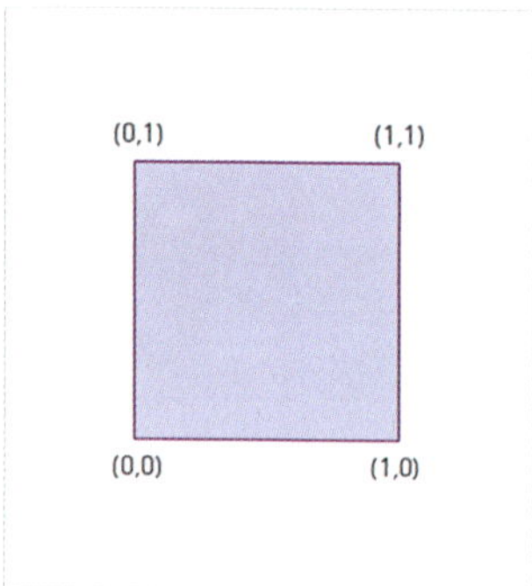


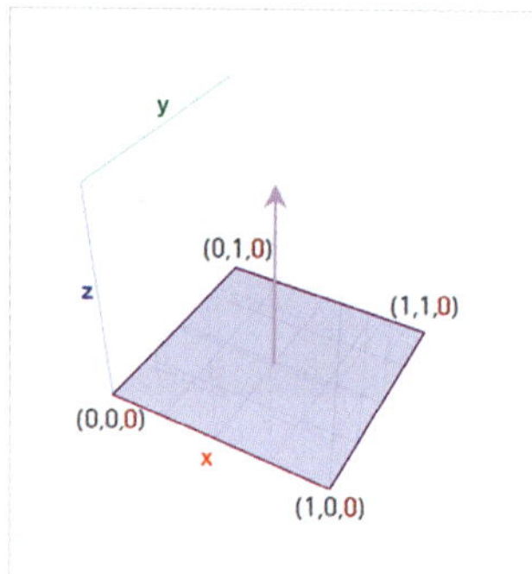


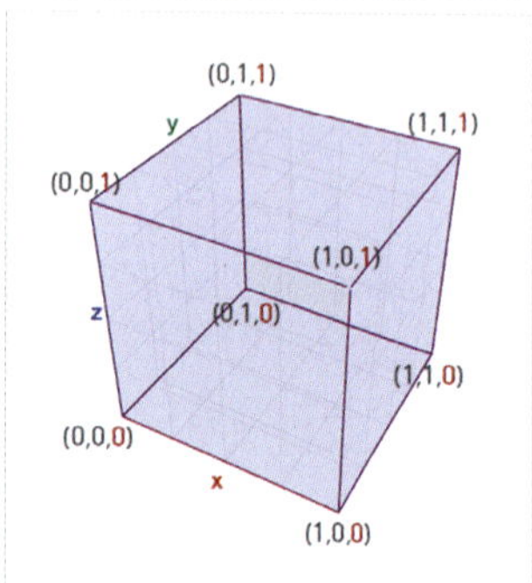


동영상_63.1.0

① 평면(2차원)상에 놓인 정사각형의 꼭짓점 좌표는 (0,0), (1,0), (0,1), (1,1)

② 공간(3차원)이 품은 정사각형의 꼭짓점 좌표는 (0,0,0), (1,0,0), (0,1,0), (1,1,0)

③ 정사각형의 꼭짓점을 3차원 방향(z축)으로 확장할 때, 생성된 정육면체의 꼭짓점 좌표는 다음과 같다.

정육면체 바닥면 좌표 (0,0,0)에서 → 정육면체 윗면의 좌표 (0,0,1)이 추가 생성
정육면체 바닥면 좌표 (1,0,0)에서 → 정육면체 윗면의 좌표 (1,0,1)이 추가 생성
정육면체 바닥면 좌표 (0,1,0)에서 → 정육면체 윗면의 좌표 (0,1,1)이 추가 생성
정육면체 바닥면 좌표 (1,1,0)에서 → 정육면체 윗면의 좌표 (1,1,1)이 추가 생성

- 정육면체(3차원) → 초입방체(4차원)

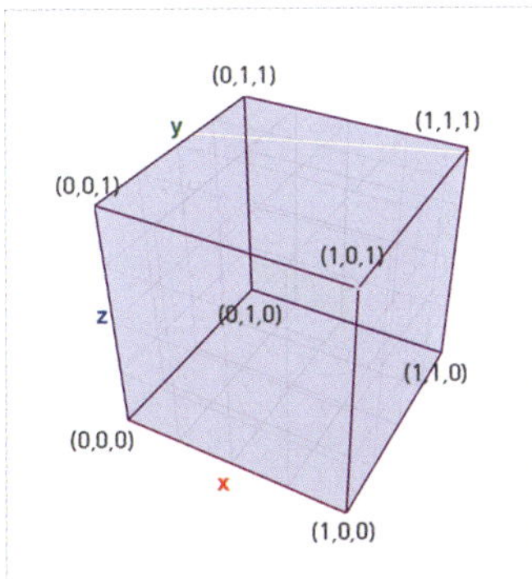


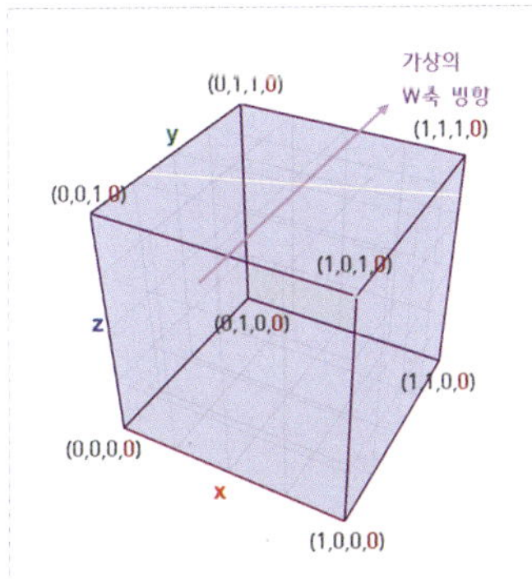


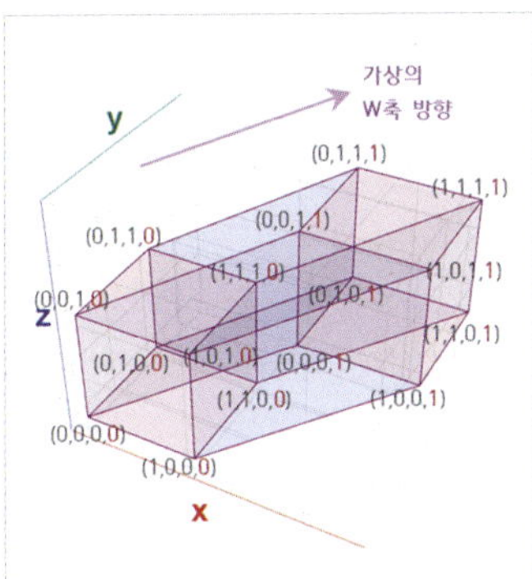


동영상_63.2.0

① 공간(3차원)상에 놓인 정육면체의 꼭짓점 좌표는 다음과 같다.
(0,0,0), (1,0,0), (0,1,0), (1,1,0), (0,0,1), (1,0,1), (0,1,1), (1,1,1)

② 초공간(4차원)이 품은 정육면체의 꼭짓점 좌표는 다음과 같다.
(0,0,0,0), (1,0,0,0), (0,1,0,0), (1,1,0,0), (0,0,1,0), (1,0,1,0), (0,1,1,0), (1,1,1,0)

③ 정육면체의 꼭짓점을 4차원 방향(w축)으로 확장할 때, 생성된 초입방체의 꼭짓점 좌표는 다음과 같다.
초입방체 시작점 좌표 (0,0,0,0)에서 → 초입방체 끝점 좌표 (0,0,0,1)이 추가생성
초입방체 시작점 좌표 (1,0,0,0)에서 → 초입방체 끝점 좌표 (1,0,0,1)이 추가생성
초입방체 시작점 좌표 (0,1,0,0)에서 → 초입방체 끝점 좌표 (0,1,0,1)이 추가생성
초입방체 시작점 좌표 (1,1,0,0)에서 → 초입방체 끝점 좌표 (1,1,0,1)이 추가생성

초입방체 시작점 좌표 (0,0,1,0)에서 → 초입방체 끝점 좌표 (0,0,1,1)이 추가생성
초입방체 시작점 좌표 (1,0,1,0)에서 → 초입방체 끝점 좌표 (1,0,1,1)이 추가생성
초입방체 시작점 좌표 (0,1,1,0)에서 → 초입방체 끝점 좌표 (0,1,1,1)이 추가생성
초입방체 시작점 좌표 (1,1,1,0)에서 → 초입방체 끝점 좌표 (1,1,1,1)이 추가생성

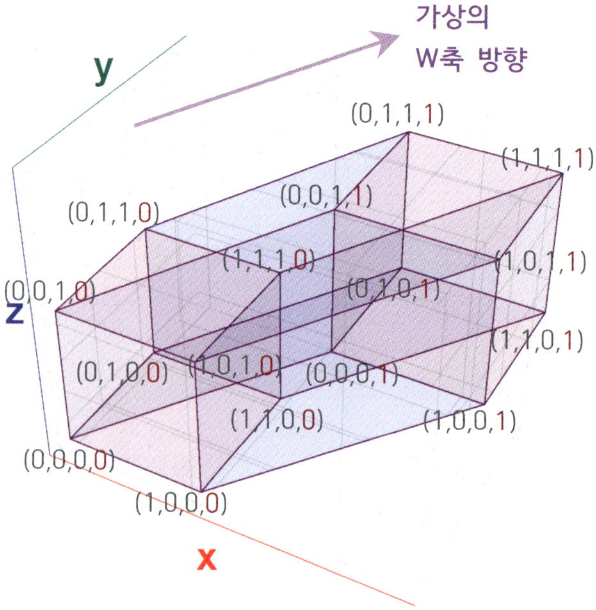


위의 그림은 3차원 공간에서 가상의 w축을 만들어서 나타낸 초입방체의 형태로 정확한 모습은 아니다. w축을 x,y,z축과 수직이 되도록 놓아야 하는데, 현실적으로 불가능하기에 임의의 방향으로 w축을 설정하였기 때문이다. 다만, w좌표의 값은 수학적으로 정확히 설정하였다. 정사각형의 한 꼭짓점 좌표 (0,0)을 공간상에 (0,0,0)으로 놓고 이것을 z축의 방향으로 같은거리 1만큼 들어올린 (0,0,1)과 같이 정육면체의 높이를 만든것처럼, 정육면체의 한 꼭짓점 좌표 (0,0,0)를 초공간상에 (0,0,0,0)으로 놓고 이것을 w축의 방향으로 같은거리 1만큼 들어올린 (0,0,0,1)로 초입방체의 높이를 만든 것이다. 같은 방법으로 정육면체의 나머지 꼭짓점들도 w축의 방향으로 1만큼 들어올려 초입방체의 다른 꼭짓점들을 만들어낼 수 있다.

## 초입방체 관찰

4차원 도형인 초입방체를 3차원에서 왜곡됨 없이 온전하게 관찰할 수 있는 방법은 없을까? 결론부터 말하면, 그것은 불가능하다. 그러니 2차원 평면에서 3차원 도형이 보여지는 원리를 이용하면, 3차원 공간에서 4차원 도형인 초입방체의 부분적인 모습을 바라볼 수 있다.

### • 2차원(평면)에서 관찰되는 구(3차원)의 모습

3차원 도형인 구(Sphere)를 2차원상에서 볼 수 있는 방법은 그것이 평면을 통과할 때의 단면이다. 보는바와 같이 평면을 통과하는 구는 처음에 점으로 출발해서 점점 큰 원의 형태를 보이다가 다시 작아지며 마지막에는 다시 점으로 끝나는 형상을 보인다. 바로 이것이 2차원에서 보여지는 구의 형태다.

동영상_63.3.1

### • 2차원(평면)에서 관찰되는 정육면체(3차원)의 모습

3차원 도형인 정육면체(Cube)가 2차원상에 보여지는 모습은 더욱 다양하다. 똑바르게 서 있는 정육면체는 평면상에서 정사각형으로 보이지만, 정육면체가 회전할 때 평면에서 보이는 단면은 여러 가지 다각형의 모습을 연출한다. 이처럼 한 차원 높은 도형을 그보다 낮은 차원에서 볼때는 다양한 형태의 변화가 관찰된다.

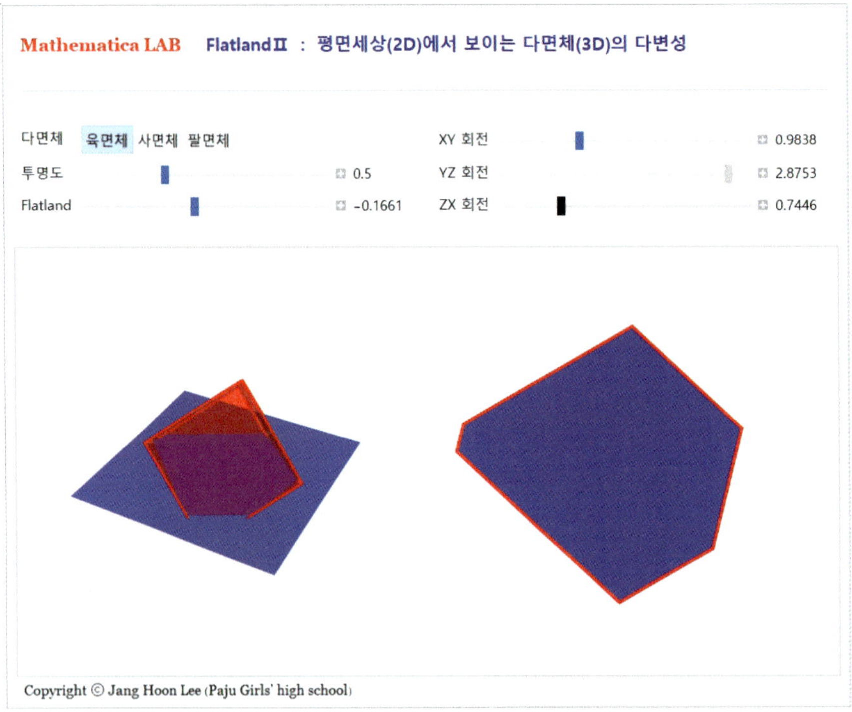


동영상_63.3.2

• 3차원(공간)에서 관찰되는 초입방체(4차원)의 모습

이제 같은 방법으로 3차원에서 볼 수 있는 초입방체를 감상해보자. 4차원 좌표 (x, y, z, w)로 표현된 초입방체를 현실에서 온전하게 구현할 수는 없지만, 수학에서 다루는 기하학은 얼마든지 n차원 공간의 좌표를 정의하고 거리를 계산할 수 있으며 도형을 평행 또는 회전이동할 수도 있다. 따라서 4차원으로 표현된 초입방체의 좌표를 적당히 회전할 때, 그 단면인 3차원 형태가 어떤 모습을 하는지를 관찰하면 된다.

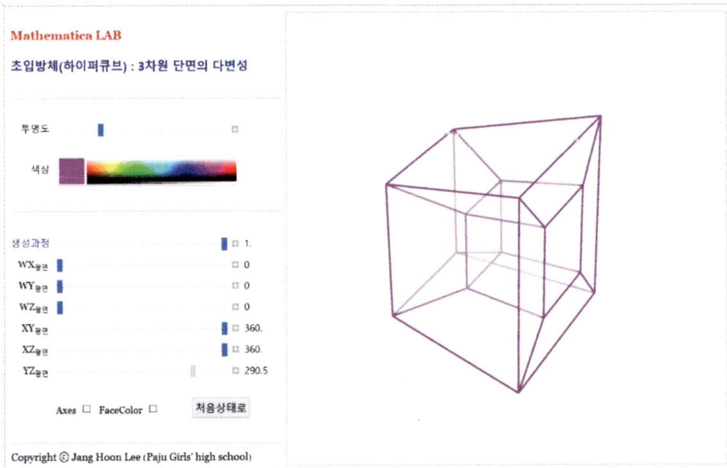


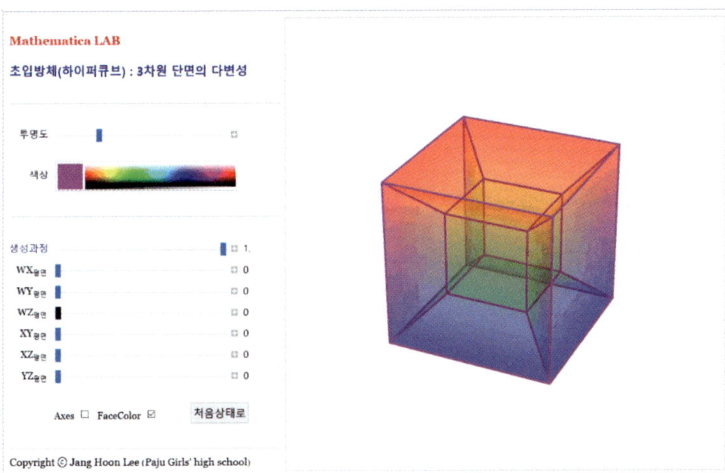


동영상_63.4.0

처음 생성과정은 4차원 공간상에 놓인 정육면체의 꼭짓점들을 w축의 방향으로 같은 거리 1만큼 들어올리면서 생성되는 초입방체의 3차원 단면이다. 그 다음은 4차원 좌표로 이루어진 초입방체가 xy, xz, yz평면을 기준으로 회전할때의 3차원 단면인데 그 형상이 기이하다. 초입방체는 8개의 정육면체를 품고 있는데, 회전할 때 내부의 정육면체는 자연스럽게 외부로 밀고 나오며 또한 외부의 정육면체는 자연스럽게 내부로 밀고 들어간다. 이 형상은 마치 SF영화에서 내부와 외부의 경계를 넘어서는 4차원 세상을 그린 모습과도 같다.

동영상_63.5.0

"당신의 호기심은 눈으로 바라볼 수 있는 곳까지만 갈 수 있습니까?"

차원에 대한 호기심을 재미있게 애니메이션으로 담은 영화 '플랜랜드(Flatland)'의 주인공이 한 말이다. 이처럼 수학은 우리 눈에 보이는 그곳 너머의 세계까지 수학적 논리와 사고력으로 이를 수 있는 매력적인 학문임을 새삼 느낀다.

# 64. 수학으로 예측한 한국-코로나19

2019년 11월, '코로나19'는 중국을 시작으로 세계적인 대유행이 수년째 지속되었다. 국내에서도 2020년 3월, 하루가 다르게 늘어나는 확진자 수로 학교는 사상 초유의 온라인 개학을 맞이하였으며 '언제쯤 진정될 것인가?'라는 걱정에 수학적인 모델을 적용하여 예측해 보는 실험을 진행해보았다.

3D프린터로 출력한 코로나19

## 1차 예측(2020.3.23.)

Wolfram 데이터 서버로부터 매일 업데이트되는 한국-코로나19 확진자 수를 최초발생일(2020.1.22.)부터 1차 예측 시점일(2020.3.23.)까지 불러온 데이터와 그래프는 아래와 같다.

```
{1, 1, 2, 2, 3, 4, 4, 4, 4, 11,
 12, 15, 15, 16, 19, 23, 24, 24,
 25, 27, 28, 28, 28, 28, 28, 29,
 30, 31, 31, 104, 204, 433, 602,
 833, 977, 1261, 1766, 2337,
 3150, 3736, 4335, 5186, 5621,
 6088, 6593, 7041, 7314, 7478,
 7513, 7755, 7869, 7979, 8086,
 8162, 8236, 8320, 8413, 8565,
 8652, 8799, 8897, 8961}
```

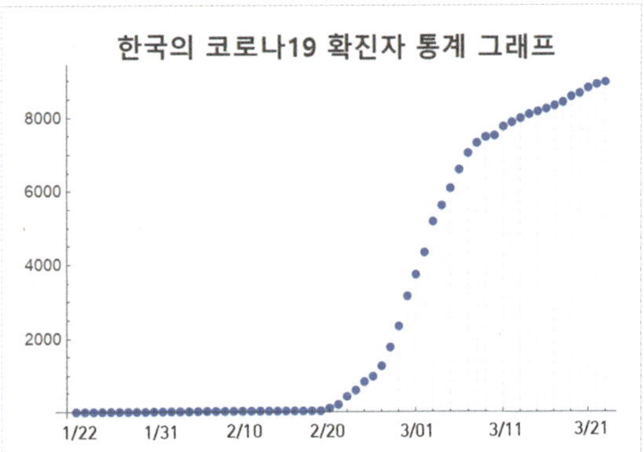


실험실_64.1.0

QR코드로 페이지를 열면,
세계 각 국가의 실시각 동기화 된 코로나19 누적분포의 실험문서가 제공된다.

전염병 확산에 대한 그래프는 개체군의 증가율을 표현하는 미분방정식으로부터 얻어지는 '로지스틱 함수'의 형태로 나타낼 수 있다.

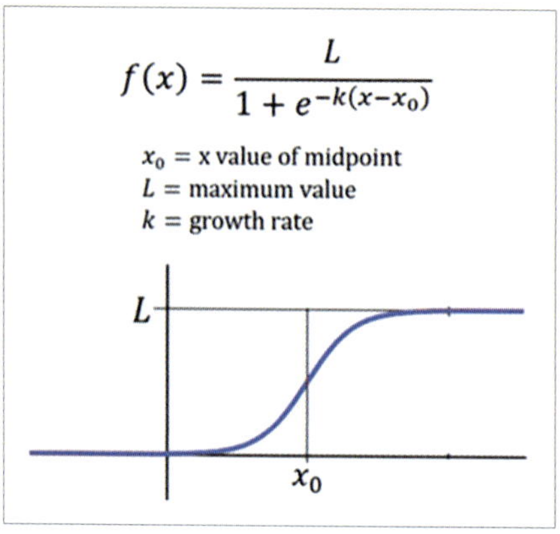


실험실_64.2.0

팬데믹자료실

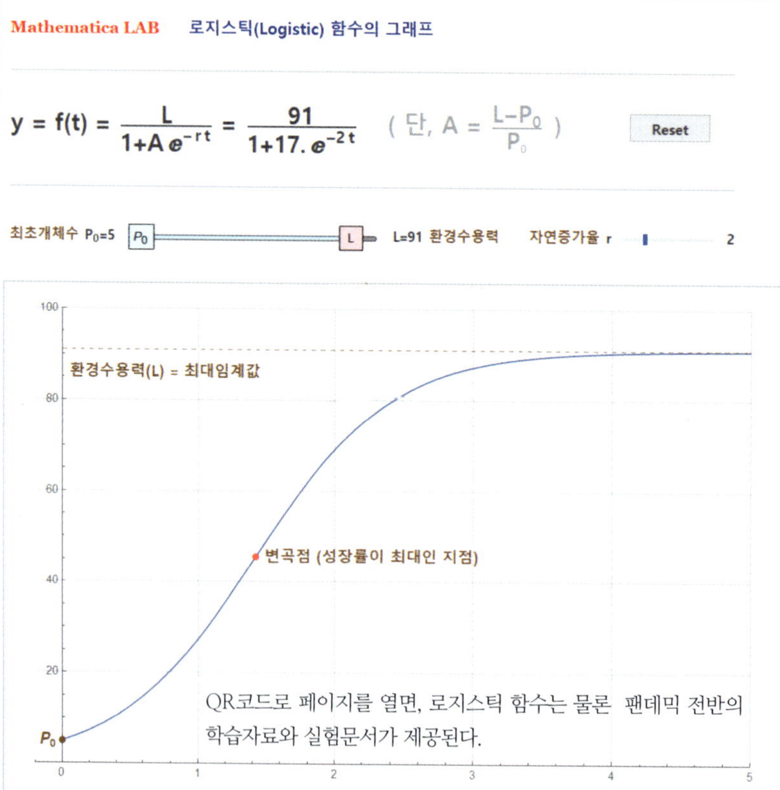


QR코드로 페이지를 열면, 로지스틱 함수는 물론 팬데믹 전반의 학습자료와 실험문서가 제공된다.

공학프로그램(Mathematica)을 이용하여 찾아낸 1차 예측 시점일(2020.3.23.)까지 가장 비슷한 로지스틱 예측함수는 아래와 같다.

$$\frac{2069.25}{1+e^{-0.205233\,(-59.8193+x)}}+\frac{7722.59}{1+e^{-0.362461\,(-40.2835+x)}}$$

피팅 결과로 얻어진 로지스틱 예측함수와 실제 확진자 수를 비교해보았더니 실제 확진자 수와 엇비슷한 양상을 보여주고 있다.

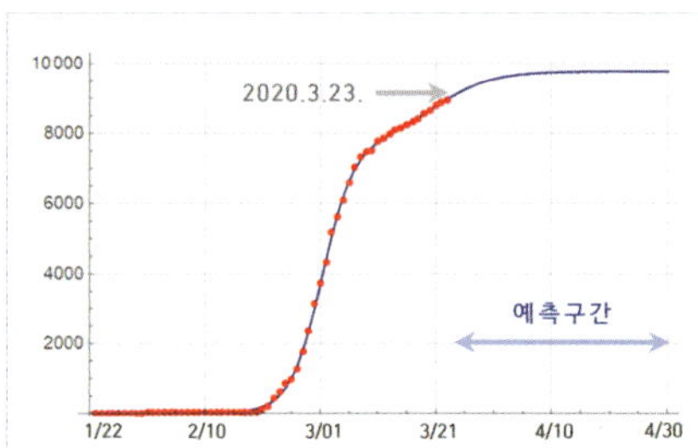


실험실_64.3.0

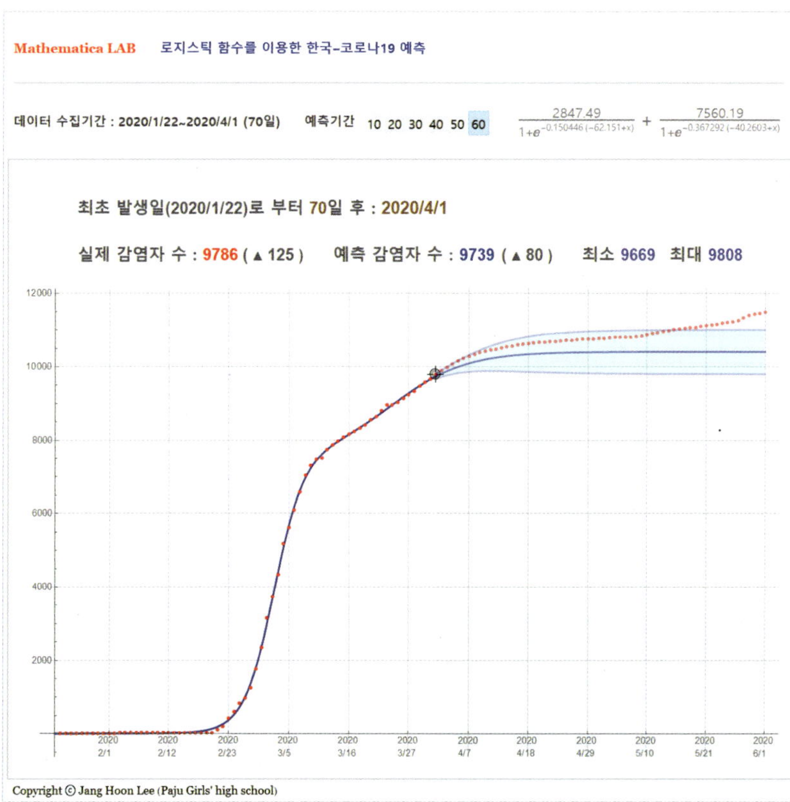

이렇게 얻어진 예측함수를 이용하여 이후(3.23.)로부터 발생하는 실제 확진자 수와 비교해보자.

| 일차 | 일자 | 코로나19 국내 실제 확진자수 | | | 로지스틱 예측범위 | | 해외유입 일별집계 |
|---|---|---|---|---|---|---|---|
| | | 정부발표 | 해외유입 | 지역사회 | 최소예상 | 최대예상 | |
| 63 | 03월 24일 | 9037 | 27 | 9010 | 9081 | 9237 | 27 |
| 64 | 03월 25일 | 9137 | 83 | 9054 | 9174 | 9423 | 56 |
| 65 | 03월 26일 | 9241 | 140 | 9101 | 9260 | 9622 | 57 |
| 66 | 03월 27일 | 9332 | 165 | 9167 | 9337 | 9829 | 25 |
| 67 | 03월 28일 | 9478 | 219 | 9259 | 9406 | 10036 | 54 |
| 68 | 03월 29일 | 9583 | 268 | 9315 | 9466 | 10241 | 49 |
| 69 | 03월 30일 | 9661 | 332 | 9329 | 9519 | 10436 | 64 |
| 70 | 03월 31일 | 9786 | 374 | 9412 | 9564 | 10620 | 42 |

… (중간생략) …

| 일차 | 일자 | 코로나19 국내 실제 확진자수 | | | 로지스틱 예측범위 | | 해외유입 일별집계 |
|---|---|---|---|---|---|---|---|
| | | 정부발표 | 해외유입 | 지역사회 | 최소예상 | 최대예상 | |
| 101 | 05월 01일 | 10774 | 847 | 9927 | 9791 | 11942 | 8 |
| 102 | 05월 02일 | 10780 | 853 | 9927 | 9791 | 11943 | 6 |
| 103 | 05월 03일 | 10793 | 863 | 9930 | 9792 | 11944 | 10 |
| 104 | 05월 04일 | 10801 | 871 | 9930 | 9792 | 11944 | 8 |
| 105 | 05월 05일 | 10804 | 874 | 9930 | 9792 | 11945 | 3 |
| 106 | 05월 06일 | 10806 | 876 | 9930 | 9792 | 11945 | 2 |

이태원클럽 확진자 최초발생(2020.5.7.) 이후, 학원강사 역학조사 비협조, 물류센터, 교회, 방문판매 등 지역사회 재전파, 확산으로 로지스틱 예측곡선 이탈이 시작된다.

| 일차 | 일자 | 코로나19 국내 실제 확진자수 | | | 로지스틱 예측범위 | | 해외유입 일별집계 |
|---|---|---|---|---|---|---|---|
| | | 정부발표 | 해외유입 | 지역사회 | 최소예상 | 최대예상 | |
| 107 | 05월 07일 | 10810 | 879 | 9931 | 9792 | 11946 | 3 |
| 108 | 05월 08일 | 10822 | 890 | 9932 | 9792 | 11946 | 11 |
| 109 | 05월 09일 | 10840 | 891 | 9949 | 9792 | 11946 | 1 |
| 110 | 05월 10일 | 10874 | 899 | 9975 | 9792 | 11947 | 8 |
| 111 | 05월 11일 | 10909 | 905 | 10004 | 9792 | 11947 | 6 |
| 112 | 05월 12일 | 10936 | 910 | 10026 | 9792 | 11947 | 5 |
| 113 | 05월 13일 | 10962 | 914 | 10048 | 9792 | 11947 | 4 |
| 114 | 05월 14일 | 10991 | 917 | 10074 | 9792 | 11947 | 3 |
| 115 | 05월 15일 | 11018 | 922 | 10096 | 9792 | 11947 | 5 |

2020.3.23.
~2020.6.30.
모니터링전체

로지스틱 예측함수의 유사성에 대한 비교는 '누적 확진자 수'보다는 '매일 증가하는 확진자 수'의 추세를 관찰하는 것이 바람직하다. 보는 바와 같이 5월초까지 로지스틱 예측함수와 같이 진정국면으로 접어든 한국-코로나19 추세는 2020년 5월 7일. 이태원클럽으로부터 시작된 확진자 발생을 시작으로 조금씩 이탈하기 시작하였다.

## 2차 예측(2021.1.2.)

이후, 한국-코로나19는 크고 작은 확산과 진정을 거듭하다가 겨울철에 진입하면서 다시 한번 대유행이 시작되었다. 하여 2차 예측을 해보았다. 이번 예측에 사용한 데이터는 최근 3개월(2020.10.1.~2021.1.2.) 동안의 확진자 수를 대상으로 하였다.

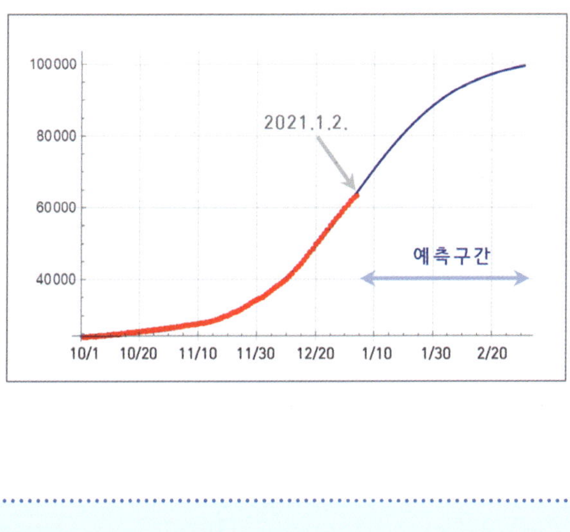


2020.10.01.
~2021.01.02.
모니터링전체

이번 2차 예측 시점(2021년 1월 2일 기준. 누적 확진자 수 63,244명)에서 살펴본 한국-코로나19의 겨울철 대유행은 누적 확진자 수가 최대 10만 명까지 이를 것으로 예측되었다. 다행스럽게도 2020년 12월 중순부터 강화된 사회적 거리두기(2.5단계)와 시민들의 참여의식 덕분에 2021년 2월 1일 기준, 총 누적확진자수는 78,508명으로 로지스틱 예측결과인 90,803명보다 만명 이상 밑돌고 있다. 이 글을 작성한 시점인 2021년 1월에도 코로나19는 계속된 변이 바이러스로 세계적인 대유행이 지속되고 있다. 하루빨리 코로나19로부터 우리나라와 전 세계가 이겨내고 일상이 다시 돌아오기를 간절히 바란다.

# 65. 최악의 전염병 확산 가상 시나리오, 인류의 생존타임은?

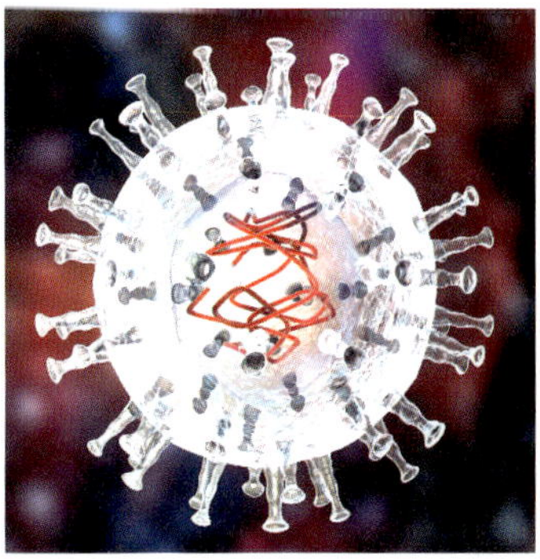

2020년 1월, 대한민국에 상륙한 '코로나19' 대유행은 계속된 변이 바이러스의 등장으로 쉽게 종식되지 못하였다. 그나마 다행인 것은 새로운 변이 바이러스는 비록 감염을 확산시키는 속도는 빠르지만, 치사율은 1% 미만으로 낮다. 이보다 앞선 2015년, 우리나라를 비롯한 일부 나라들은 '메르스(Mers)' 대유행을 겪기도 하였다. 낙타와의 접촉에 의하여 감염이 되고, 또 감염된 환자와의 밀접접촉에 의하여 전파가 되어 의료 환경이 열악한 나라에서는 약 20% 수준의 치사율에 이른 전염병이다. 이외에도 신종플루, 사스, 에볼라 등과 같이 생존을 위협하는 여러 전염병들이 있었지만, 지금까지는 인류가 잘 버텨왔었다. 그런데 만약, 머지않은 미래에 아주 높은 전염성과 치사율을 가진 최악의 전염병이 창궐하면 인류와 문명은 어떻게 될까?

이에 대한 실험을 위하여 '전염병 역학(Epidemiology)'의 가장 기초가 되는 SIR모델로 가상실험을 해보자. 1918년, 2년 동안 4,000만 명의 사망자를 낸 스페인 독감을 계기로 1927년 개발된 전염병 역학에 대한 SIR모델은 홍역, 결핵 등과 같이 많은 인구가 걸리는 질병을 다룰 때는 결정론적인 수학적 모델을 사용한다. 이런 모델에서는 전체 인구를 감염 가능성이 있는 사람(Susceptible), 감염된 사람(Infected), 회복된 사람(Recovered)으로 대상을 나눠 각 조건에 따라 질병이 얼마나 확산될지 예측하는 것으로 위의 세 그룹의 이동은 미분방정식으로 표현된다. 여기서는 이 모델에 치사율을 반영하여 사망한 사람(Died)의 그룹을 하나 더 추가 하였다.

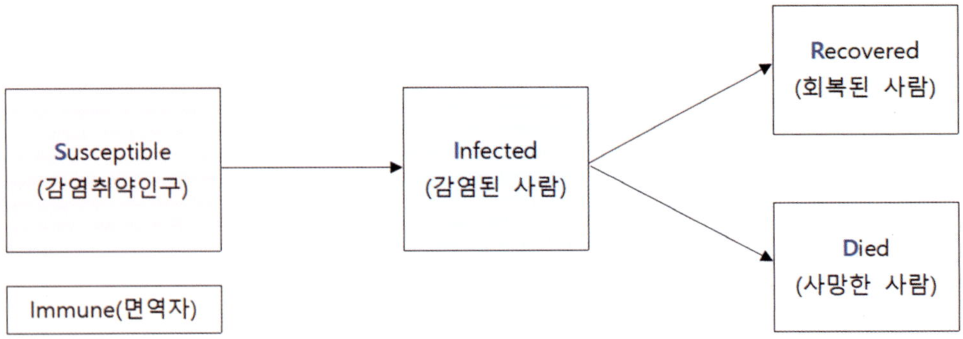


### 전염병 SIR 역학

시각 $t$에 대한 취약인구 $s(t)$, 감염인구 $i(t)$, 회복인구 $r(t)$, 사망인구 $d(t)$의 변화율을 각각 $s'(t)$, $i'(t)$, $r'(t)$, $d'(t)$라고 하자. 이때, 감염기간($d$), 접촉횟수($\gamma$), 치사율($\delta$), 초기 감염자($i_0$), 초기 면역자($m_0$), 감염속도($\alpha$), 회복속도($\beta$)의 초기 조건이 주어지면, 다음의 관계가 성립한다.

① 취약인구 변화율 $s'(t) = -\alpha \cdot s(t) \cdot i(t)$ $\quad s(0) = 1 - m_0 - i_0$
② 감염인구 변화율 $i'(t) = \alpha \cdot s(t) \cdot i(t) - \beta \cdot i(t)$ $\quad i(0) = i_0$
③ 회복인구 변화율 $r'(t) = (1-\delta) \cdot \beta \cdot i(t)$ $\quad r(0) = 0$
④ 사망인구 변화율 $d'(t) = \delta \cdot i(t)$ $\quad d(0) = 0$

팬데믹자료실

QR코드로 페이지를 열면,
전염병 SIR 역학은 물론 팬데믹 전반에 대한 학습자료와 실험문서가 제공된다.

이제, 미래 인류를 위협하게 될 전염병에 대한 최악의 가상 시나리오를 설정해보자.

### 최악의 전염병 가상 시나리오

2139년, 전 세계 인구 100억 명. 어느 날, 원인을 알 수 없는 정체불명의 바이러스에 1명이 최초 감염되었다. 이 바이러스는 잠복기 없이 바로 증상이 나타나며, 현재 세계적으로 이에 대한 치료제 개발을 연구 중이나 최소 100일은 소요될 것으로 보인다. 다행히도 감염발생 첫 날, 이 사실을 알게 된 세계보건기구는 하루 평균 2명 이상의 사람들과의

> 밀접 접촉을 금지하고 있다. 이 바이러스는 인체 내에서 20일 동안 활동하다가 이후에는 자연 소멸되며, 감염 된 자들은 기간 중 자연 치유되거나 혹은 사망하는 특이 양상을 보이는데, 현재까지 치사율 70%로 보고되고 있다. 이것에 대한 면역력을 갖춘 특이 체질은 전체인구의 10%에 불과하다는 것이 현재의 연구에 대한 보고이다. 치료제가 개발되기 진(100일 기준), 인류의 운명은 어떻게 될 것인가?

위의 시나리오에 따르면, 해당 바이러스의 치사율(δ)은 0.7, 감염기간(duration)은 20일, 감염 기간 중의 접촉횟수(γ)는 1명×20일=20명이며, 초기 면역자의 비율은 0.1, 초기 감염자 비율은 100억 분의 1. 즉, $10^{-10}$인 상황이다. 이를 SIR모델에 대한 미분방정식에 대입하여 그래프를 그려보면 아래와 같다.

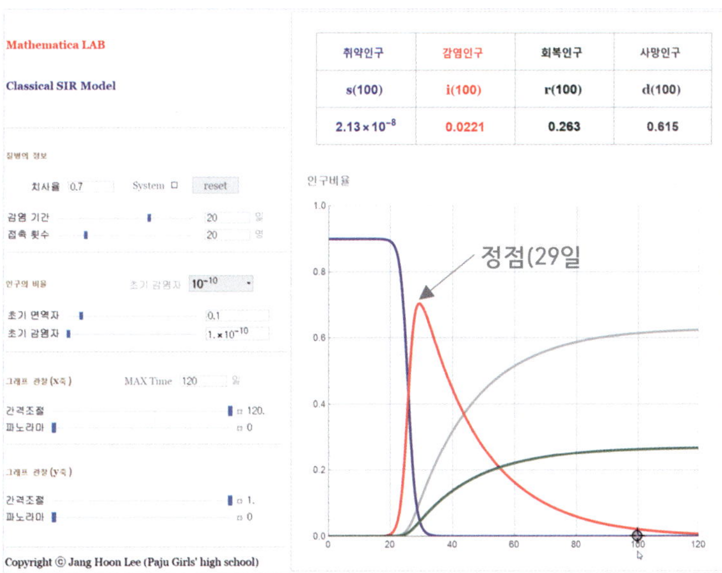


동영상_65.1.1

QR코드로 페이지를 열면,
시간의 경과에 따른 그래프 함숫값과 직접 조작이 가능한 실험문서가 제공된다.

위의 그래프는 시간(일)의 경과에 따른 취약인구, 감염인구, 회복인구, 사망인구 에 대한 분포를 나타낸 것이며, s(100)=$2.13\times10^{-8}$, i(100)=0.0221, r(100)=0.263, d(100)=0.615는 100일 후 각 집단에 대한 비율의 값이다.

100일 후, 감염취약인구는 100억×2.13×$10^{-8}$=213명, 감염된 상태의 인구는 100억×0.0221=2,210만 명에 불과하다. 이것은 전체 인구에 이미 감염이 전파되어 생사의 모든 상황이 끝났음을 의미한다. 사망한 인구는 무려 100억×0.615=61억5천만 명(전체 인구의 61.5%)에 이르며, 회복한 생존인구는 겨우 100억×0.263=26억3천만 명(전체 인구의 26.3%) 일 뿐이다. 결국, 단 한 명의 전염병 감염으로부터 100일 만에 인류의 60% 이상이 전멸한 것이다. 하지만, 이것도 이상적인 시나리오에 불과하다. 정말 사람들이 하루에 단 한명만 접촉할 수 있을까? (이는 사람들이 20일의 감염기간 동안 총 20명과 접촉하였음을 말한다.)

### 접촉횟수가 20명 → 100명으로 증가할 경우

동일한 상황에서 사람들의 총 접촉횟수를 100명으로 설정하여 살펴보면 전염병 확산이 최고점에 도달하는 시점이 29일에서 6일로 더욱 빨라진다.

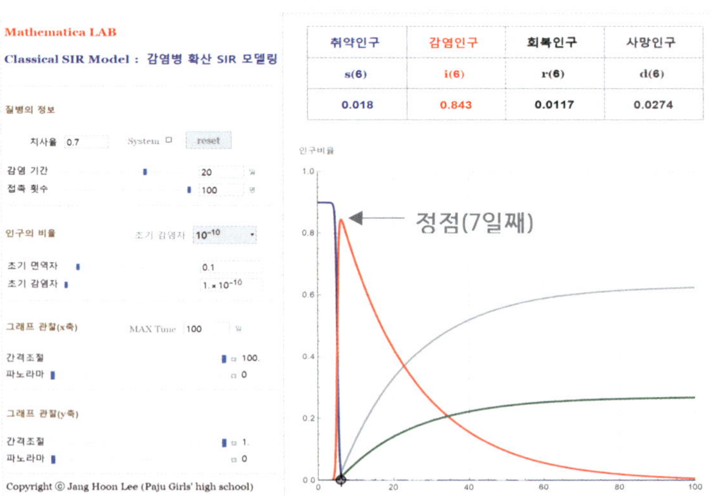


동영상_65.1.2

QR코드로 페이지를 열면,
시간의 경과에 따른 그래프 함숫값과 직접 조작이 가능한 실험문서가 제공된다.

단 6일. 일주일도 채 안되어 전체 인구의 88.2%가 감염이 이루어진 상태다. (계산과정은 전체인구(100%)−초기면역자(10%)−감염취약인구(1.8%)=88.2%와 같다.)

결국 시간이 조금만 흘러도 인류는 손 쓸 틈도 없이 며칠 만에 선 세계인구의 88.2%가 감염되고 50일도 채 안되어 60% 사망이라는 인류 대재앙에 이르게 된다. 영화 같은 극적인 반전은 없을까? 쉽지 않은 일이지만, 인류가 문명을 지켜낼 수 있는 약간의 시간이 있다. 바로 골든타임이다.

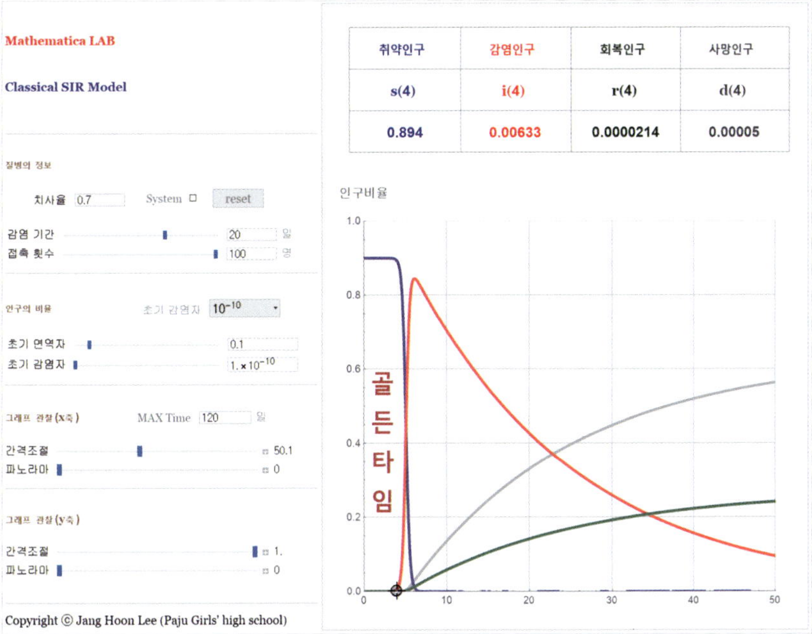


동영상_65.1.3

QR코드로 페이지를 열면,
시간의 경과에 따른 그래프 함숫값과 직접 조작이 가능한 실험문서가 제공된다.

위의 그래프를 보면, 최초 발병 후 4일째까지는 감염인구가 많지 않다. 감염취약인구는 89.4%로 실제 감염이 이루어진 인구의 비율은 0.6% 수준에 불과하다. 바로 이 4일간의 시간이 골든타임이다. 이 기간이 넘어가면 감염자수의 비율은 하루가 다르게 폭발적으로 늘어나서 6일째 감염자의 비율이 88.2%까지 이르게 된다.

### • 초기방역

이러한 연유로 사람이든 가축이든 전염병이 창궐했을 때, 초기방역이 그 무엇보다 중요한 이유가 바로 여기에 있다. 2015년, 메르스 사태의 경우 안일한 초기 대응으로 우리 사회가 얼마나 혼란스러웠는가? 그러함에 코로나19의 경우에도 보건당국이 좀 더 선제적이고 보수적인 초기방역체계를 구축하며 고군분투하고 있는 것이다.

### • 미래 인류와 문명의 최대 위협 요소

빌게이츠는 우리 인류와 문명을 위협할만한 최대 요소로 '핵'과 '소행성 충돌'이 아닌, '전염병(바이러스)'를 꼽았다. 핵은 이미 전 세계인이 이에 대한 경각심을 갖고 견제의 노력을 하고 있으며, 소행성 충돌은 그 확률이 희박하기 때문이다. 그러나 정체모를 바이러스에 의한 전염병 확산은 오랜 역사 속에서부터 현재에 이르기까지 끊임없이 발생하고 있다. 중세시대의 흑사병에서부터 20세기 초 스페인 독감, 그리고 근래의 사스, 에볼라 등 새롭게 발생되는 전염병들로 생존을 위협받으며 살아왔다.

"어쩌면 우리는 운이 좋았던 것입니다."

빌게이츠가 'The next outbreak? We are not ready!'라는 TED 강연을 통하여 남긴 말이다. 그의 말처럼 우리 인류는 어쩌면 지금까지 운이 좋았던 것인지도 모른다.

동영상_65.2.0

# 66. 팬데믹 게임Ⅰ : 마스크 효과, 시뮬레이션 결과는?

코로나19 대유행을 겪으며 감염 예방을 위한 가장 중요하고 쉬운 방법은 '철저한 마스크 착용'이라는 것을 모든 이들이 알고 있다. 일반적으로 감염자와 비감염자 모두가 마스크를 착용할 경우 감염률은 최대 1.5%까지 크게 낮아진다고 한다. 그렇다면, 모든 사람들이 마스크만 바르게 착용하여도 코로나19 확산을 줄이고 결국에는 종식 단계까지 이를 수 있는 것 아닐까?

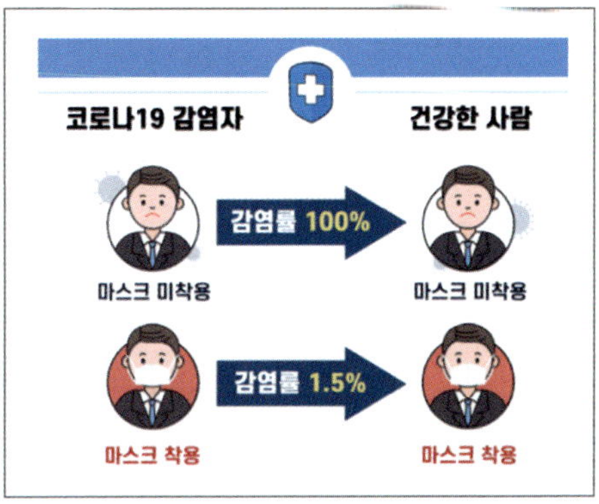


다음의 가상실험을 통하여 결과를 살펴보자.

**시뮬레이션 설정**

전체사람수 200명 중, 최초감염자 10명(5%)으로 대유행의 진입단계. 모든 사람들은 하루 12시간 활동한다. 즉, 2시간마다 일정한 거리를 랜덤워크 방식으로 움직이도록 설계하였다. 감염자는 6~7일간 무증상으로 일상생활을 하며 주변에 감염을 전파시킨다. 유증상 감염자는 14~28일간 격리치료를 받음에 움직임이 없고 주변에 감염을 전파하지 않는다. 감염자가 중증환자로 진행될 확률은 20%이며, 중증환자를 집중치료할 의료인력수는 5명(2.5%)으로 가정하였다. 집중치료를 받는 중증환자의 사망확률은 10%, 집중치료를 못 받는 중증환자의 사망확률은 80%이다. 마지막으로 감염에서 회복된 사람이 재감염될 확률은 0.01%로 설정해 두었다. 시뮬레이션은 시간의 흐름에 따라 모든 상황들이 임의성(랜덤)을 가지며 생성되고, 이에 대한 결과는 확률적으로 계산 및 처리되어 얻어지게 된다.

## 마스크 효과 : 감염률 90% vs 10%

감염자와 비감염자 사이의 감염률은 양측 모두 마스크 미착용시 100%, 착용시 1.5%라고 한다. 그러나 마스크를 착용하지 않은 경우에도 드물게 감염되지 않을 수 있다. 반대로 마스크를 모두 착용하였는데 바르지 못한 착용 방법 등으로 감염되는 경우도 적지 않다. 따라서 감염자와 비감염자 모두 마스크 미착용시 감염률은 90%, 모두 착용시 감염률은 10%로 확률값을 설정하였다. 더하여, 감염률이 90%에서 10%로 낮아지면 방역활동(역학조사 · 진단검사)의 처리능력은 향상된다. 이에 대한 효과로 감염자의 무증상 기간을 6~7일에서 5~6일로 조정하였다.

## 시뮬레이션 결과

이제, 마스크 착용 효과를 실험하기 위하여 설정된 두 집단의 감염률 「90% vs 10%」에 대한 시뮬레이션 결과를 비교해보자.

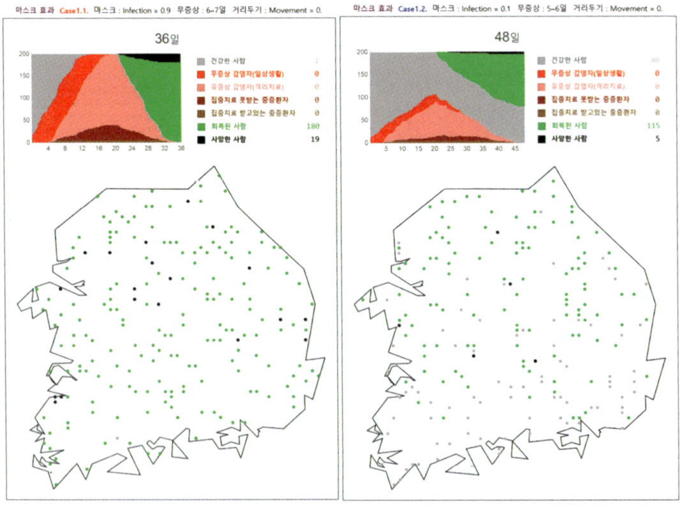


동영상_66.1.0

QR코드로 페이지를 열면,
시간에 따른 데이터 동영상 및 사용자가 시뮬레이션할 수 있는 실험문서가 있다.

| (1) 5일 경과 (전체 200명) | 마스크 미착용 (감염률 90%) | | 마스크 착용 (감염률 10%) | |
|---|---|---|---|---|
| 건강한 사람 | 108 | 54.0% | 158 | 79.0% |
| 무증상 감염자(일상생활) | 85 | 42.5% | 29 | 14.5% |
| 유증상 감염자(격리치료) | 5 | 2.5% | 11 | 5.5% |
| 집중치료 못 받는 중증환자 | 0 | 0.0% | 0 | 0.0% |
| 집중치료 받고 있는 중증환자 | 2 | 1.0% | 2 | 1.0% |
| 회복된 사람 | 0 | 0.0% | 0 | 0.0% |
| 사망한 사람 | 0 | 0.0% | 0 | 0.0% |

마스크 미착용 집단은 불과 5일 만에 감염자가 최초 10명(5%)에서 92명(46%)으로 크게 증가하였다. 이 중 85명(42.5%)은 무증상 감염자로 여전히 사회 곳곳에서 일상생활을 하며 감염원이 되고 있다. 마스크 착용 집단은 감염자가 최초 10명(5%)에서 42명(21%), 무증상 감염자는 29명(14.5%)으로 감염이 확산되고는 있지만, 감염 확산 속도는 마스크 미착용 집단의 절반 수준에 불과하다.

| (2) 10일 경과 (전체 200명) | 마스크 미착용 (감염률 90%) | | 마스크 착용 (감염률 10%) | |
|---|---|---|---|---|
| 건강한 사람 | 29 | 14.5% | 138 | 69.0% |
| 무증상 감염자(일상생활) | 85 | 42.5% | 15 | 7.5% |
| 유증상 감염자(격리치료) | 71 | 35.5% | 40 | 20.0% |
| 집중치료 못 받는 중증환자 | 10 | 5.0% | 2 | 1.0% |
| 집중치료 받고 있는 중증환자 | 5 | 2.5% | 5 | 2.5% |
| 회복된 사람 | 0 | 0.0% | 0 | 0.0% |
| 사망한 사람 | 0 | 0.0% | 0 | 0.0% |

마스크 미착용 집단은 감염자가 10명(5%)→92명(46%)→171명(85.5%)로 5일마다 41%, 39.5% 증가하였으며, 마스크 착용집단은 감염자가 10명(5%)→42명(21%)→62명(31%)로 5일마다 16%, 10% 증가하였다. 특히, 마스크 미착용 집단은 무증상 감염자도 85명(42.5%)이나 있음에 200명(100%) 전체가 감염되는 상황이 불가피하다.

(3) 20일 경과

| (전체 200명) | 마스크 미착용 (감염률 90%) | | 마스크 착용 (감염률 10%) | |
|---|---|---|---|---|
| 건강한 사람 | 1 | 0.5% | 93 | 46.5% |
| 무증상 감염자(일상생활) | 0 | 0.0% | 20 | 10.0% |
| 유증상 감염자(격리치료) | 160 | 80.0% | 74 | 37.0% |
| 집중치료 못 받는 중증환자 | 34 | 17.0% | 8 | 4.0% |
| 집중치료 받고 있는 중증환자 | 5 | 2.5% | 5 | 2.5% |
| 회복된 사람 | 0 | 0.0% | 0 | 0.0% |
| 사망한 사람 | 0 | 0.0% | 0 | 0.0% |

마스크 미착용 집단은 전체가 감염되어 치료과정만 남았다. 특히, 중증환자가 39명(19.5%)으로 '중증환자를 치료할 의료인력수(5명)'를 훨씬 초과하였다. 아마도 머지않아 집중치료를 받지 못하여 사망하는 감염자가 다수 발생할 것이다. 마스크 착용 집단도 감염자는 꾸준히 증가하고 있다. 다만, 중증환자는 13명(6.5%)으로 마스크 미착용 집단의 중증환자 분포에 비하여 훨씬 안정적이다.

(3) 36일 경과

| (전체 200명) | 마스크 미착용 (감염률 90%) | | 마스크 착용 (감염률 10%) | |
|---|---|---|---|---|
| 건강한 사람 | 1 | 0.5% | 80 | 40.0% |
| 무증상 감염자(일상생활) | 0 | 0.0% | 0 | 0.0% |
| 유증상 감염자(격리치료) | 0 | 0.0% | 23 | 11.5% |
| 집중치료 못 받는 중증환자 | 0 | 0.0% | 5 | 2.5% |
| 집중치료 받고 있는 중증환자 | 0 | 0.0% | 5 | 2.5% |
| 회복된 사람 | 180 | 90.0% | 84 | 42.0% |
| 사망한 사람 | 19 | 9.5% | 3 | 1.5% |

마스크 미착용 집단의 팬데믹 상황이 종료되는 시점이다. 앞서 예상한 것처럼, 중증환자의 급증으로 사망자가 무려 25명(12.5%) 발생하였다. 마스크 착용 집단도 무증상 감염자가 0명이 되어, 종식 단계로 집입하였다. 최종 감염자는 120명(60%)이며, 감염된 환자들의 치료과정만 남았다.

(4) 48일 경과

| (전체 200명) | 마스크 미착용 (감염률 90%) | | 마스크 착용 (감염률 10%) | |
|---|---|---|---|---|
| 건강한 사람 | 1 | 0.5% | 80 | 40.0% |
| 무증상 감염자(일상생활) | 0 | 0.0% | 0 | 0.0% |
| 유증상 감염자(격리치료) | 0 | 0.0% | 0 | 0.0% |
| 집중치료 못 받는 중증환자 | 0 | 0.0% | 0 | 0.0% |
| 집중치료 받고 있는 중증환자 | 0 | 0.0% | 0 | 0.0% |
| 회복된 사람 | 180 | 90.0% | 115 | 57.5% |
| 사망한 사람 | 19 | 9.5% | 5 | 2.5% |

마스크 착용 집단의 팬데믹 상황도 종료되는 시점이다. 마스크 착용으로 감염률을 90%에서 10%로 낮춘 결과, 전체 감염자 수는 199명(99.5%)→120명(60%), 사망자 수도 19명(9.5%)→5명(2.5%)으로 뚜렷한 차이가 있었다. 하지만 마스크 착용만으로 팬데믹 상황의 피해(감염 · 사망)를 최소화 한 조기 종식에는 분명히 한계가 보인다. 마스크 착용으로 감염의 확산 속도는 상대적으로 늦추기는 하였지만, 전체 감염자의 비중을 줄이기 위해서는 안정적인 기간에 추가적인 방역정책이 있어야 했다. 그러함에 시행하는 또 다른 방역정책 중 하나가 바로 '사회적 거리두기'다. 마스크 착용과 다르게 사회적 거리두기는 사회, 경제적으로 미치는 손실이 상당히 크다. 따라서 사회적 거리두기는 마스크 착용을 전제로 시행되어야 할 것이다.

## 유의사항

본 시뮬레이션은 순수한 '마스크 착용 효과'만을 관찰하기 위한 실험으로 코로나-19 상황의 절대적인 자료로 인용할 수 없다. 다만, 마스크 착용 여부에 따라 설정된 감염률 90%와 10%인 두 집단의 상대적인 비교로 활용하는 수준이 바람직하다. 또한, 시뮬레이션이 다양한 변수들의 확률적인 반응으로 얻어지는 과정이라, 이에 대한 결과 역시 변동성이 상당히 크다. 아래는 '마스크 착용 집단'의 시뮬레이션을 5회 반복하여 얻은 서로 다른 결과값이다.

실험_1.1. 마스크 Infection=0.1, 무증상 5~6일, 거리두기 Movement=0.0

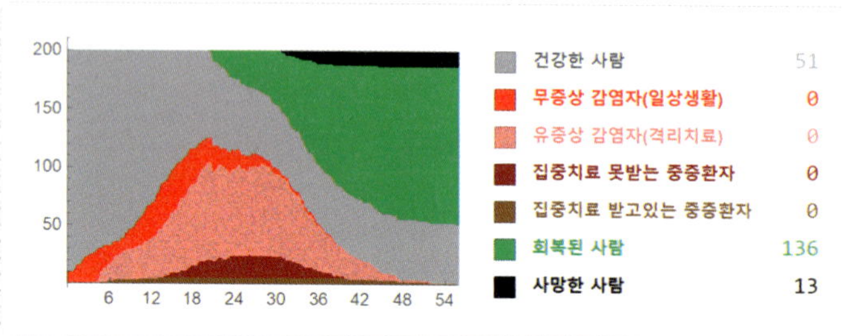


동영상_66.1.0

전체적으로 '마스크 미착용 집단'에 비하여 감염된 사람의 분포가 확연히 줄기는 하였으나, 각 실험에서의 최종 감염자가 149명(74.5%), 132명(66%), 125명(62.5%), 120명(60%), 106명(53%)으로 큰 편차를 보였다. 이는 '마스크 착용'이라는 설정된 조건의 영향 못지 않게 확률적인 우연성도 결과에 작용되고 있음을 의미한다.

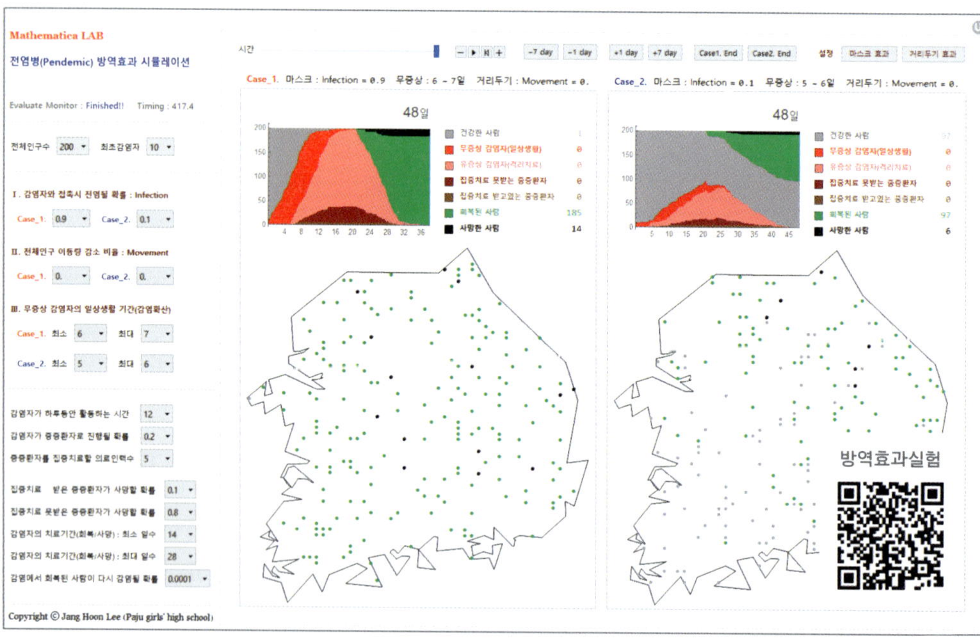


QR코드로 페이지를 열면,
바이러스특성, 의료환경, 방역정책 등의 조건을 설정, 시뮬레이션할 수 있는 실험문서가 있다.

# 67. 팬데믹 게임II : 거리두기 효과, 시뮬레이션 결과는?

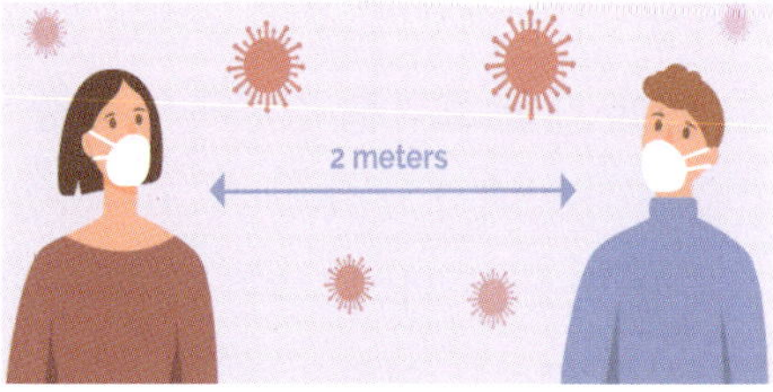


코로나19 대유행으로 '사회적 거리두기(Social Distance)'라는 새로운 방역 정책이 등장하였다. '마스크 착용'과는 다르게 사회적 거리두기는 생활 · 교육 · 산업 · 경제 등 사회의 전 분야에서 심각한 손실을 감수해야 한다. 그러함에 이는철저한 마스크 착용을 전제로 불가피하게 시행되어야 할 것이다. 만약, 마스크를 모두가 잘 착용한 상태에서 사회적 거리두기로 사람들의 이동량을 제한하면, 얼마나 더 큰 방역효과를 얻을 수 있을까? 다음의 가상실험을 통하여 결과를 살펴보자.

**시뮬레이션 설정**

전체사람 수 200명 중, 최초감염자 10명(5%)으로 대유행의 진입단계. 모든 사람들은 하루 12시간 활동한다. 즉, 2시간마다 일정한 거리를 랜덤워크 방식으로 움직이도록 설계하였다. 감염자는 6~7일간 무증상으로 일상생활을 하며 주변에 감염을 전파시킨다. 유증상 감염자는 14~28일간 격리치료를 받음에 움직임이 없고 주변에 감염을 전파하지 않는다. 감염자가 중증환자로 진행될 확률은 20%이며, 중증환자를 집중치료할 의료인력수는 5명(2.5%)으로 가정하였다. 집중치료를 받는 중증환자의 사망확률은 10%, 집중치료를 못 받는 중증환자의 사망확률은 80%이다. 마지막으로 감염에서 회복된 사람이 재감염될 확률은 0.01%로 설정해 두었다. 시뮬레이션은 시간의 흐름에 따라 모든 상황들이 임의성(랜덤)을 가지며 생성되고, 이에 대한 결과는 확률적으로 계산 및 처리되어 얻어지게 된다.

## 거리두기 효과 : 이동량 감소 0% vs 30%

사회적 거리두기는 움직일 수 있는 모든 사람들에 대하여 이동량 감소량 만큼 임의로 추출하여 움직임을 멈추도록 설정한다. 이 경우, 멈춘 사람들도 움직이는 감염자와 접촉시 감염될 수 있으며, 감염률은 마스크 착용에 해당하는 10%로 하였다. 사람들의 이동량 감소로 감염자 수가 줄어들면, 방역활동(역학조사 · 진단검사)의 처리능력은 더욱 향상된다. 이에 대한 효과로 감염자의 무증상 활동기간을 5~6일에서 4~5일로 조정하였다. 바로 '이동량 감소'와 함께 '무증상 활동 기간'이 감염확산을 줄이는 역할을 할 것이다.

| | 거리두기 (미시행) | 거리두기 (시행) |
|---|---|---|
| 이동량 | ▼0% | ▼30% |
| 마스크 (감염률) | 착용 (10%) | 착용 (10%) |
| 무증상 활동기간 | 5~6일 | 4~5일 |

## 시뮬레이션 결과

이제, 거리두기의 효과를 실험하기 위하여 설정된 두 집단의 이동량 감소 「▽0% vs ▽30%」에 대한 시뮬레이션 결과를 비교해보자.

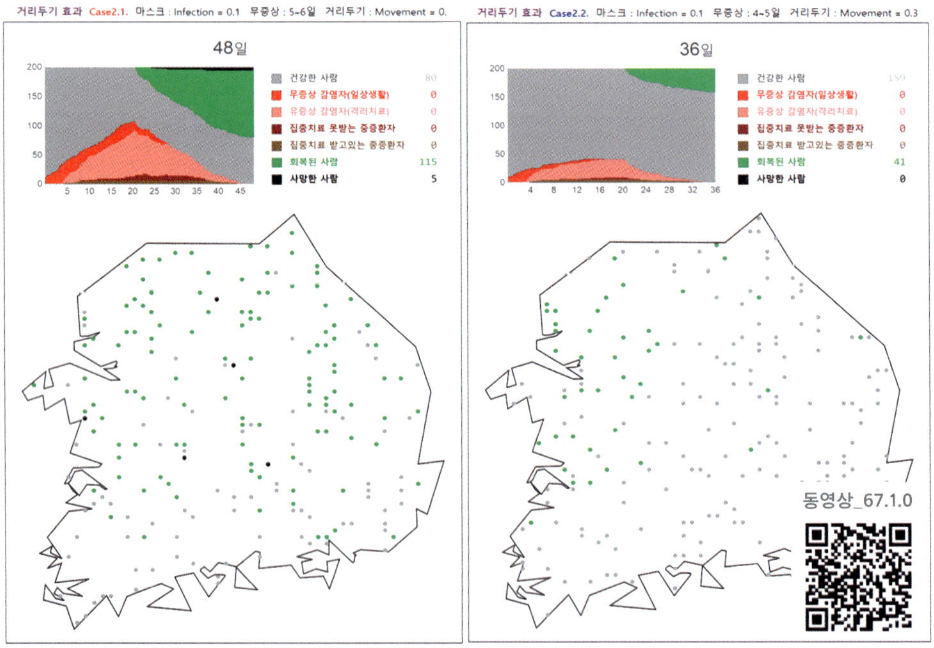


QR코드로 페이지를 열면,
시간에 따른 데이터 동영상 및 사용자가 조건을 설정, 시뮬레이션할 수 있는 실험문서가 있다.

| (1) 5일 경과 (전체 200명) | 거리두기(미시행) 이동량 0% 감소 | | 거리두기(시행함) 이동량 30% 감소 | |
|---|---|---|---|---|
| 건강한 사람 | 158 | 79.0% | 175 | 87.5% |
| 무증상 감염자(일상생활) | 29 | 14.5% | 7 | 3.5% |
| 유증상 감염자(격리치료) | 11 | 5.5% | 15 | 7.5% |
| 집중치료 못 받는 중증환자 | 0 | 0.0% | 0 | 0.0% |
| 집중치료 받고 있는 중증환자 | 2 | 1.0% | 3 | 1.5% |
| 회복된 사람 | 0 | 0.0% | 0 | 0.0% |
| 사망한 사람 | 0 | 0.0% | 0 | 0.0% |

거리두기 미시행 집단은 5일동안 감염자가 최초 10명(5%)에서 42명(21%)으로 증가하였다. 더하여 무증상 감염자는 29명(14.5%)으로 계속된 확산이 예상된다. 거리두기 시행 집단은 감염자가 최초 10명(5%)에서 25명(12.5)으로 증가하였지만, 무증상 감염자는 7명(3.5%)에 불과하다. 이는 감염자들의 관리가 비교적 잘 되고 있음을 의미한다.

| (2) 10일 경과 (전체 200명) | 거리두기(미시행) 이동량 0% 감소 | | 거리두기(시행함) 이동량 30% 감소 | |
|---|---|---|---|---|
| 건강한 사람 | 138 | 69.0% | 165 | 82.5% |
| 무증상 감염자(일상생활) | 15 | 7.5% | 4 | 2.0% |
| 유증상 감염자(격리치료) | 40 | 20.0% | 25 | 12.5% |
| 집중치료 못 받는 중증환자 | 2 | 1.0% | 1 | 0.5% |
| 집중치료 받고 있는 중증환자 | 5 | 2.5% | 5 | 2.5% |
| 회복된 사람 | 0 | 0.0% | 0 | 0.0% |
| 사망한 사람 | 0 | 0.0% | 0 | 0.0% |

거리두기 미시행 집단은 감염자가 10명(5%)→42명(21%)→62명(31%)으로 5일마다 16%, 10% 증가하였다. 다행스럽게도 감염자의 증가속도는 다소 줄어들고 있으나 아직 향후를 낙관할만한 상황은 아니다. 거리두기 시행 집단은 무증상 감염자가 더욱 줄어 4명(2%)에 불과하다. 이는 곧 대유행이 '종식의 단계로 집입하지 않을까?' 기대할 수 있는 부분이다.

| (3) 20일 경과 (전체 200명) | 거리두기(미시행) 이동량 0% 감소 | | 거리두기(시행함) 이동량 30% 감소 | |
|---|---|---|---|---|
| 건강한 사람 | 93 | 46.5% | 159 | 79.5% |
| 무증상 감염자(일상생활) | 20 | 10.0% | 0 | 0.0% |
| 유증상 감염자(격리치료) | 74 | 37.0% | 32 | 16.0% |
| 집중치료 못 받는 중증환자 | 8 | 4.0% | 4 | 2.0% |
| 집중치료 받고 있는 중증환자 | 5 | 2.5% | 5 | 2.5% |
| 회복된 사람 | 0 | 0.0% | 0 | 0.0% |
| 사망한 사람 | 0 | 0.0% | 0 | 0.0% |

거리두기 미시행 집단은 감염자가 93명(53.5%)으로 지난 10일동안 처음과 비슷한 감염 확산속도를 유지하고 있다. 이에 반하여, 거리두기 시행 집단은 20일만에 무증상 감염자가 0명(0%)으로 대유행이 종식단계로 집입하였다. 이제는 격리 치료중인 감염자들의 치료과정만 남았다.

| (3) 36일 경과 (전체 200명) | 거리두기(미시행) 이동량 0% 감소 | | 거리두기(시행함) 이동량 30% 감소 | |
|---|---|---|---|---|
| 건강한 사람 | 80 | 40.0% | 159 | 79.5% |
| 무증상 감염자(일상생활) | 0 | 0.0% | 0 | 0.0% |
| 유증상 감염자(격리치료) | 23 | 11.5% | 0 | 0.0% |
| 집중치료 못 받는 중증환자 | 5 | 2.5% | 0 | 0.0% |
| 집중치료 받고 있는 중증환자 | 5 | 2.5% | 0 | 0.0% |
| 회복된 사람 | 84 | 42.0% | 41 | 20.5% |
| 사망한 사람 | 3 | 1.5% | 0 | 0.0% |

거리두기 미시행 집단이 36일만에 무증상 감염자가 0명(0%)으로 대유행이 종식단계로 집입하였다. 이제는 격리 치료중인 감염자들의 회복만 남았다. 하지만 '중증환자를 치료할 의료인력수(5명)'를 초과한 중증환자수로 사망자가 일부 발생하였다. 거리두기 시행 집단은 최종 감염자 41명(20.5%), 사망자 0명(0%)으로 대유행은 종식되었다.

| (4) 48일 경과 (전체 200명) | 거리두기(미시행) 이동량 0% 감소 | | 거리두기(시행함) 이동량 30% 감소 | |
|---|---|---|---|---|
| 건상한 사람 | 80 | 40.0% | 159 | 79.5% |
| 무증상 감염자(일상생활) | 0 | 0.0% | 0 | 0.0% |
| 유증상 감염자(격리치료) | 0 | 0.0% | 0 | 0.0% |
| 집중치료 못 받는 중증환자 | 0 | 0.0% | 0 | 0.0% |
| 집중치료 받고 있는 중증환자 | 0 | 0.0% | 0 | 0.0% |
| 회복된 사람 | 115 | 57.5% | 41 | 20.5% |
| 사망한 사람 | 5 | 2.5% | 0 | 0.0% |

거리두기 미시행 집단의 팬데믹 상황도 종료되는 시점이다. 거리두기를 통하여 사람들의 이동량을 0%에서 30%로 낮춘 결과, 전체 감염자 수는 120명(60%)→41명(20.5%), 사망자 수도 5명(2.5%)→0명(0%)으로 확연한 효과가 있었다. 또한 거리두기 시행으로 방역활동(역학조사 · 진단검사)의 처리환경이 향상됨에, 감염자의 무증상 기간을 5~6일에서 4~5일로 조정한 것도 함께 작용된 효과로 볼 수 있다. 하지만, 이 역시도 최초 5명(2.5%)에서 최종 41명(20.5%)으로 전체의 18%가 추가 감염되어 결코 적지 않은 피해를 남겼다. 이는 현재 시행하고 있는 '마스크 착용'과 '사회적 거리두기'에 더하여 추가적인 '방역시스템'의 개발이 필요함을 의미한다.

## 유의사항

본 시뮬레이션은 마스크 착용을 전제로 순수한 '사회적 거리두기 효과'만을 관찰하기 위한 실험으로 코로나-19 상황의 절대적인 자료로 인용할 수 없다. 다만, 사람들의 이동에 대한 감소량이 0%와 30%인 두 집단의 상대적인 비교로 활용하는 수준이 바람직하다. 또한, 시뮬레이션이 다양한 변수들의 확률적인 반응으로 얻어지는 과정이라, 이에 대한 결과 역시 변동성이 상당히 크다. 아래는 '이동량을 30% 감소한 집단'의 시뮬레이션을 5회 반복하여 얻은 서로 다른 결과값이다.

실험_2.1. 마스크 Infection=0.1, 무증상 4~5일, 거리두기 Movement=0.3

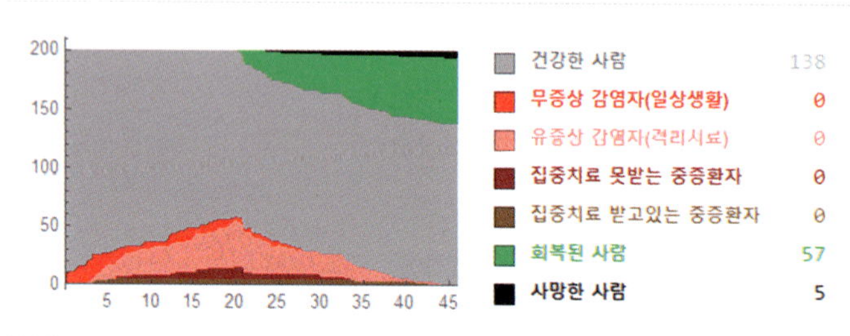


동영상_67.1.0

전체적으로 '거리두기 미시행 집단'에 비하여 감염된 사람의 분포가 확연히 줄기는 하였으나, 각 실험에서의 최종 감염자가 62명(31%), 59명(29.5%), 41명(20.5%), 24명(12%), 18명(9%)으로 큰 편차를 보였다. 이는 '거리두기의 이동량 감소'라는 설정된 조건의 영향 못지 않게 확률적인 우연성도 결과에 작용되고 있음을 의미한다.

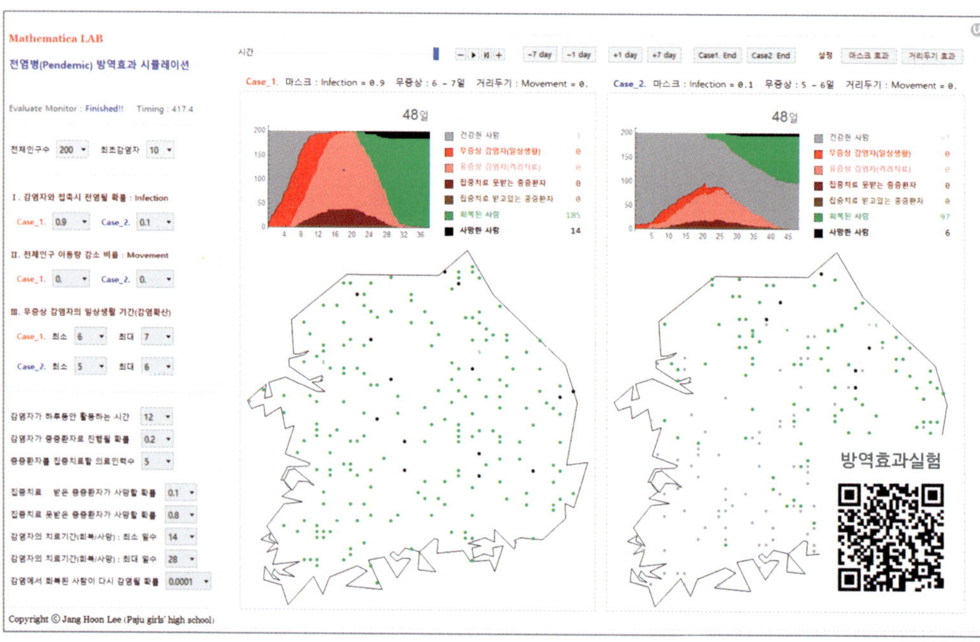


QR코드로 페이지를 열면,
바이러스특성, 의료환경, 방역정책 등의 조건을 설정, 시뮬레이션할 수 있는 실험문서가 있다.

PART

# 4 | 테크놀로지 수학

## Technical ΣATH

68. 사진을 3D프린팅 하는 수학적 아이디어
69. MRI 데이터로 만든 페이스 3D프린팅
70. 내 컴퓨터는 1초에 몇 번의 계산이 가능할까?
71. 슈퍼컴퓨터의 작동원리를 일반 PC로 구현해보자.
72. 슈퍼컴퓨터는 원주율($\pi$)를 50조 자리까지 어떻게 계산했을까?
73. 슈퍼컴퓨터도 힘 못 쓰는 계산이 있다?
74. 슈퍼컴퓨터는 바둑을 두는 모든 경우의 수를 다 계산할 수 없었을까?
75. 동일한 두 식이라도 결과는 다를 수 있다?
76. 컴퓨터로 우연히 찾은 특이한 규칙이탈 현상
77. 인간 vs 인공지능, 가위바위보 승자는?
78. 웹캠, 인공지능의 눈이 되다!
79. 인공지능은 사람의 필기체를 인식할 수 있을까?
80. 인공지능 쇼핑몰, 고객의 스타일로 상품을 추천한다.
81. 인공지능 기술로 다시 태어난 세계적 화가들의 신작품
82. 내 기침소리는 코로나일까? (인공지능 예측 모델)
83. 코로나19 진단검사 전에 시행한 인공지능 테스트, 결과는?
84. 아직 못다한 「모두의 수학」 이야기

## 68. 사진을 3D프린팅 하는 수학적 아이디어

카메라로 찍은 사진이나 손으로 그린 그림을 3D프린팅 하는 방법이 있다. 아래의 그림은 사진을 이용하여 3D모델링을 한 모습이다.

사진

사진으로 만든 3D모델링

사진과 느낌이 사뭇 달라 보인다 생각할지도 모르겠지만, 3D프린팅 한 것을 형광등과 같은 밝은 빛에 비추어 보면 제법 사진으로 본 느낌이 풍긴다.

3D프린팅 한 출력물

형광등에 비추어 본 모습

실물사진보기

### 3D프린팅 사진은 어떠한 원리를 이용하였을까?

간단하다. 바로 사진의 음영(어둡고 밝음)을 이용한 아이디어다. 실제 사진으로부터 3D모델링 되는 과정을 살펴보면 쉽게 이해할 수 있다.

**• 1단계. 컬러 이미지(사진)를 흑백으로 변환한다.**

흑백으로 변환한 사진

프로그램코드

**• 2단계. 흑백 이미지의 각 위치에 대한 음영의 값을 계산한다.**

사진의 크기는 가로×세로가 128×192픽셀(pixel)이다. 이를 좌표평면상에 놓으면 x축은 0~128, y축은 0~192까지 순서쌍 (x,y)으로 대응시킬 수 있다. 예를 들어, 좌표 (x,y)=(78,74)의 위치는 '흰색 단추' 부분이 된다. 이처럼 사진의 모든 위치는 고유 위치에 대한 좌표로 표현이 가능하다. 이제, 각 좌표에 해당하는 위치의 음영의 값을 0(흰색)과 1(검정색) 사이의 값으로 나타낸다. 예를 들어, 좌표 (x,y)=(78,74)에 해당하는 '단추'의 색상은 흰색에 가까우며 데이터 값을 추출하면 약 0.2 수준이다. 바로 이 값을 3D프린팅 할 때의 높이. 즉, z값으로 활용하는 것이 아이디어의 핵심이다.

이와 같이 사진의 각 좌표 (x,y)에 음영의 값 z를 높이로 하는 공간좌표 (x,y,z)를 모두 점으로 표현하고, 이를 연결하여 면으로 나타내면 입체 사진이 만들어 진다.

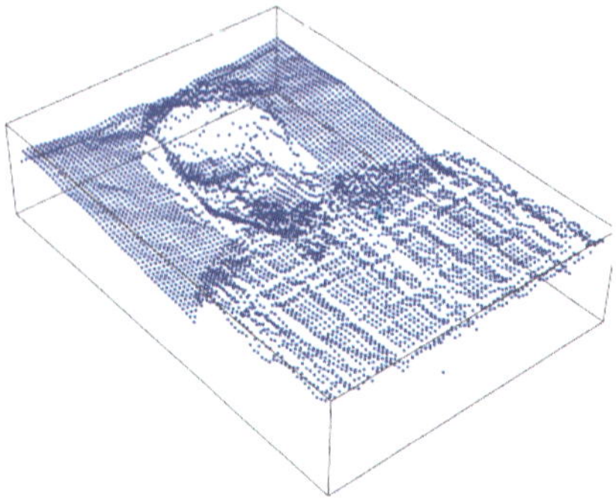

흑백으로 변환한 사진의 원본과 비교해보면, 밝은 부분일수록 z값은 0에 가까워지므로 그 두께가 얇고 어두운 부분일수록 z값은 1에 가까워지므로 그 두께는 두껍다.

- 3단계. 입체사진을 3D프린팅 하여 형광등에 비추어본다.

이렇게 제작된 입체사진을 3D프린팅 하여 형광등이나 밝은 빛에 비추어 보면, 두께가 얇은 부분은 밝게 보이고, 두께가 두꺼운 부분은 어둡게 보이면서 흑백사진의 명암을 입체감 있게 느낄 수 있다.

3D프린팅 한 출력물

형광등에 비추어 본 모습

실물사진보기

좀 더 멋지게 LED 액자를 만들어 볼까?

LED 전구와 거치대 액자

LED에 비추어 본 모습

실물사진보기

의미 있는 추모 활동 작품으로 활용하였던 사례

시리아 3살 난민, '아일란쿠르디'를 애도하는 작품

실물사진보기

사진만 되나? 직접 그린 그림은 안 될까? 된다!!

# 69. MRI 데이터로 만든 페이스 3D프린팅

내 얼굴을 3D프린팅 할 수 있을까?

당연히 가능하다. 가장 쉬운 방법으로는 '3D스캐너'를 이용할 수 있다. 평면스캐너와 같은 역할로 공간을 360도 회전하며 그 대상을 공간데이터로 읽어들인다. 하지만 아직까지는 산업용 3D스캐너의 가격이 비싸고, 저가형 3D스캐너는 그 품질이 기대에 미치지 못하다.

또 다른 방법이 있다. 바로 초음파, CT, MRI 등과 같은 의료기기로 읽어들인 데이터를 이용하는 것이다.

## Brain MRI로 페이스 3D프린팅

인체의 질병에 대한 진단을 목적으로 개발된 MRI(Magnetic Resonance Imaging)와 CT(Computed Tomography)는 자기장(MRI)과 X선(CT)을 이용하여 인체의 단면을 촬영하는 장비이다.

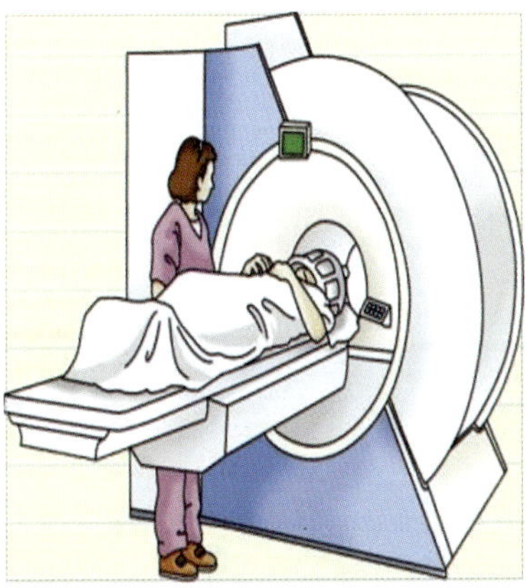

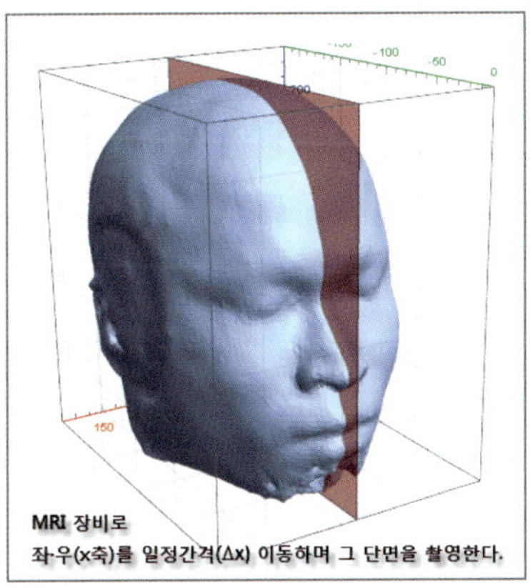


동영상_69.1.0

이 장비들은 인체의 해부학적 구조가 연속적인 형태를 가지고 있기에 좌 · 우(x축), 앞 · 뒤(y축), 상 · 하(z축) 세 방향에 대한 머리의 단면을 짧은 간격(△x, △y, △z)으로 관측하게되는데, 이것은 연속적으로 움직이는 대상을 미세하게 쪼개어 순간의 변화율을 관찰하는 미분의 아이디어와 같다. MRI나 CT는 DICOM이미지(*.dcm)를 쓰는데 Slicer, InVesalius 등의 공개프로그램으로 데이터 영상을 불러오고 3D 영상을 추출할 수 있다. 다음은 저자의 Brain MRI 데이터를 InVesalius를 이용해 피부조직에 대한 데이터를 추출한 모습이다.

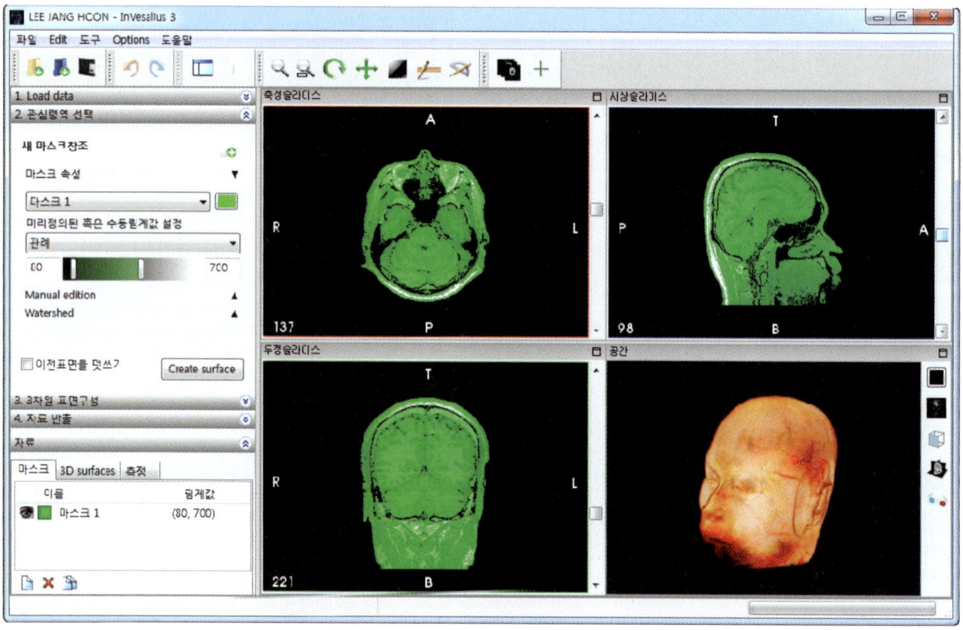


위와 같이 불러온 세 방향의 단면 사진을 차곡차곡 쌓아올리면 하나의 입체영상이 만들어진다. 이것은 수학에서 적분의 원리를 이용한 것이다. 이를 3D모델링 파일(*.stl)로 저장하고 조금의 보정 작업을 하면 3D프린팅을 위한 준비는 끝난다.

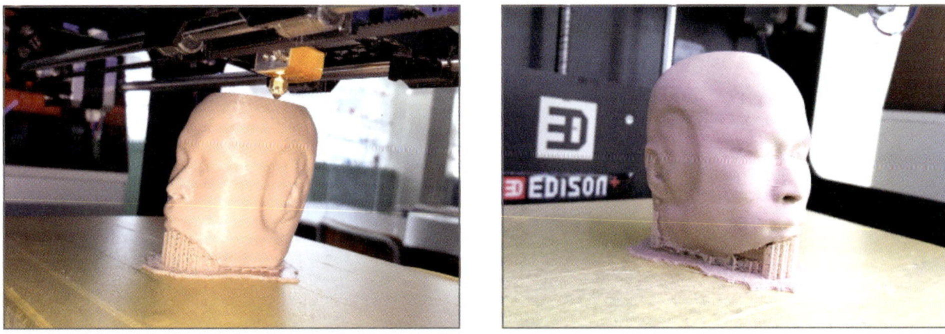


고체의 재료를 고온으로 녹여서 쌓아올리는 적층형(FDM) 3D프린터로 출력하는 모습

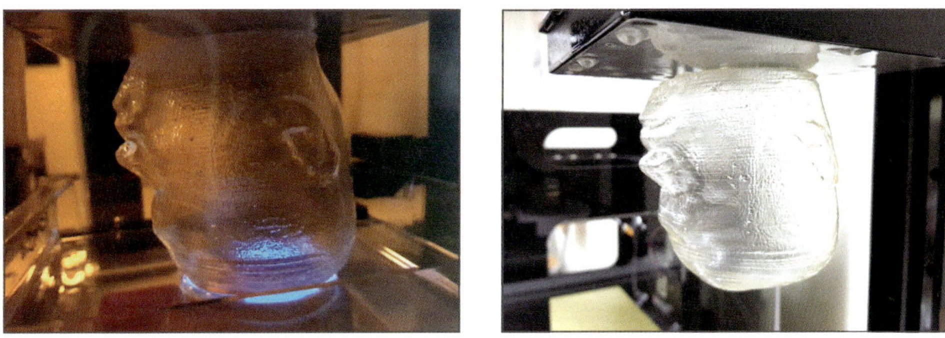

액체의 재료(레진)에 레이저를 쏘아 응고시키는 광경화성수지조형방식(SLA)으로 출력하는 모습

이와 같이 MRI 데이터를 이용하면 흉부(Chest), 두개골(Skull)과 같은 신체의 각 부분에 대한 실물구현과 3D프린팅이 가능하다.

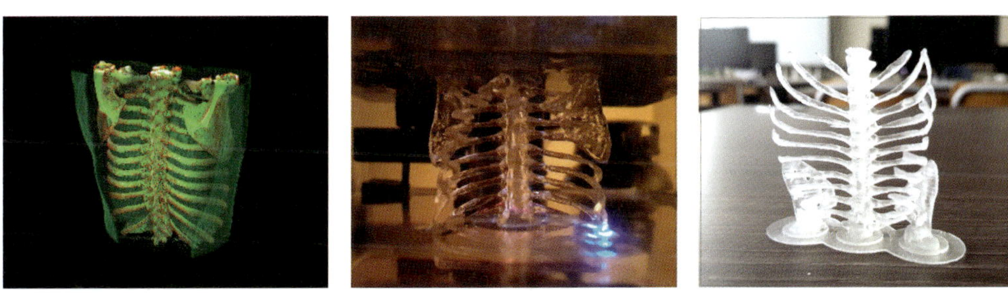

저자의 흉부(Chest) MRI 데이터에서 3D파일을 얻고 광경화성수지조형방식(SLA)으로 3D프린팅

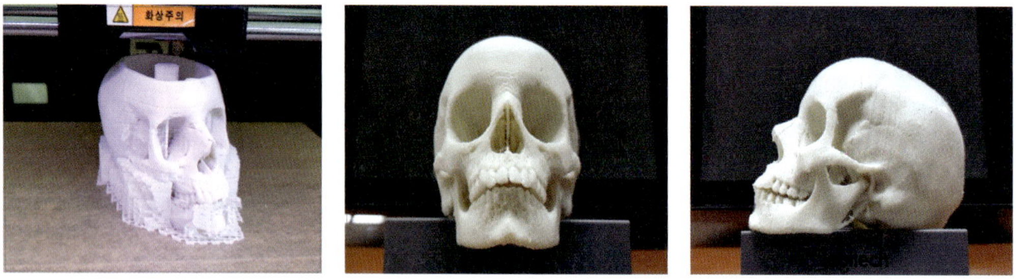


공개용 두개골(Skull) MRI 데이터에서 3D모델링 파일을 얻고 적층형(FDM) 3D프린팅 작품

인체의 조직을 촬영하고 이를 실물크기로 재현한다는 것은 의료공학에 있어서 중요한 의미를 갖는다. 환자의 두개골, 양악, 관절, 내장기관 등을 실물크기로 재현하여 의학적 수술의 시뮬레이션으로 최적화 된 수술 솔루션을 찾을 수도 있고, 신소재 및 장기이식 기술의 개발이 뒷받침 된다면 환자 장기의 크기와 동일한 모형을 제작하여 이식할 수도 있는 것이다. 다음은 턱관절 환자의 수술을 앞두고, 환자의 두개골과 똑같은 크기와 구조를 가진 모형을 3D프린팅하여 시뮬레이션 수술을 시행해본 후, 턱관절의 움직임이 원만한가를 테스트 해보는 영상이다.

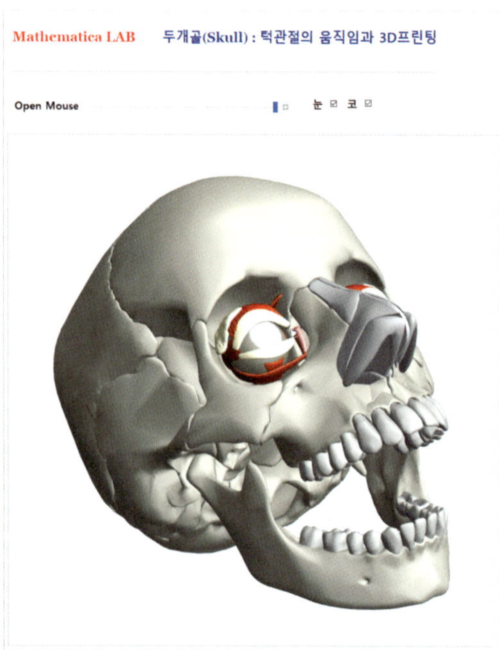


동영상_69.2.0

현재 보청기, 양악수술, 인공관절 등의 의료분야에서 이를 활용한 연구와 개발, 그리고 수술에 이르기까지 상당히 진전되어 진행되고 있으며, 최근에는 뱃속의 태아얼굴을 초음파 데이터로부터 추출하여 3D프린팅을 해주는 산부인과도 등장하고 있다.

# 70. 내 컴퓨터는 1초에 몇 번의 계산이 가능할까?

많은 사람들이 컴퓨터를 구입하면서 보는 것 중 하나가 CPU(중앙처리장치)다. 말 그대로 컴퓨터의 중앙에서 모든 데이터를 입력받아 연산하여 그 결과를 출력하는 역할을 하는데 그 처리속도가 바로 CPU의 성능에 의해 결정된다.

## 내 컴퓨터는 얼마나 빠를까?

우선, 내 컴퓨터의 CPU를 알아보자. 이는 [제어판]에 있는 [시스템]에서 볼 수 있다.

시스템

| | |
|---|---|
| 프로세서: | Intel(R) Core(TM) i7-8750H CPU @ 2.20GHz 2.20 GHz |
| 설치된 메모리(RAM): | 32.0GB(31.8GB 사용 가능) |
| 시스템 종류: | 64비트 운영 체제, x64 기반 프로세서 |
| 펜 및 터치: | 이 디스플레이에 사용할 수 있는 펜 또는 터치식 입력이 없습니다. |

보는 바와 같이 내 컴퓨터 i7-8750H CPU의 동작 속도는 2.2GHz다.

내 컴퓨터의 연산속도를 가장 쉽게 측정하는 방법으로 사칙연산(+, −, ×, ÷)의 계산시간을 측정해보자. 유효숫자가 7자리인 임의의 두 실수의 덧셈(0.436483+0.327363)에 대한 계산시간을 측정해보니 눈 깜짝할 사이에 계산(=0.763846)이 이루어졌으며, 소요된 시간도 $8 \times 10^{-7}$(초)에 불과하다.

```
In[1]:= AbsoluteTiming[ 0.436483 + 0.327363 ]
Out[1]= {8. × 10^-7, 0.763846}
```

동영상_70.1.0

찰나의 시간이라, 좀 더 정확한 측정을 위해 동일한 계산을 1억(=$10^8$) 번 반복해서 시간을 측정해보았다.

```
In[3]:= AbsoluteTiming[
          Table[0.436483 + 0.327363, {i, 10^8}]; ]
Out[3]= {1.18497, Null}
```

동영상_70.1.0

덧셈의 1억(=$10^8$) 번 반복계산에 대한 소요시간은 1.18497(초) 측정되었다. 같은 방법으로 뺄셈, 곱셈, 나눗셈에 대해서도 측정해 본 결과는 아래와 같다.

| | 덧셈 | 뺄셈 | 곱셈 | 나눗셈 |
|---|---|---|---|---|
| 1억번 연산시간(초) | 1.18497 | 1.17104 | 1.18033 | 1.18637 |
| 1초당 연산횟수(회) | $8.43903\times10^7$ | $8.53942\times10^7$ | $8.47221\times10^7$ | $8.42907\times10^7$ |

평균 성능을 가진 컴퓨터(CPU)로 사칙연산에 대한 속도를 측정해 본 결과, 1초에 약 $8.5\times10^7$(회). 즉, 8,500만 회의 연산을 수행하였다. 하지만 이 측정방식이 아주 정확한 것은 아니다. 여러 응용프로그램이 실행되어 있으며, 요즘 CPU는 보통 쿼드코어(4-Core) 또는 헥사 코어(6-Core)인데 이 계산은 1개의 코어로 계산시간을 측정한 것이기 때문이다. 따라서 실제로는 5~10배 정도의 속도를 더 낼 수 있음에 연산속도는 최소 8,500만 ~ 최대 8억 5000만 회 수준이다.

## 세계 최고의 컴퓨터는 얼마나 빠를까?

최고 성능의 컴퓨터라고 한다면, 당연히 슈퍼컴퓨터일 것이다. 매년 6월 '슈퍼컴퓨팅 콘퍼런스'에서는 '세계 슈퍼컴퓨팅 성능 톱 500'을 발표한다. 이에 따르면 2019년 6월 기준, 최고 성능의 슈퍼컴퓨터는 미국의 '서밋'이며 연산속도는 148.6페타플롭스(PF)다.

여기서 1페타플롭스(PF)는 1초에 1000조(=$10^{15}$)회 만큼의 연산을 수행하는 속도를 말한다. 따라서 슈퍼컴퓨터 '서밋'은 1초에 약 「14경 8600조」 만큼의 연산을 수행하며 이는 저자가 사용 중인 일반용 컴퓨터의 최대연산속도 「8억 5000만」 보다 1억 7천 5백만 배(≒$1.75\times10^{8}$)나 빠른 속도다. 하지만, 이 속도가 얼마나 빠른 속도인지 체감이 안된다.

**세계 슈퍼컴퓨터 성능 순위**

| 순위 | 국가 | 슈퍼컴퓨터 | 실측성능(PF) |
|---|---|---|---|
| 1 | 미국 | 서밋 | 148.6 |
| 2 | 미국 | 시에라 | 94.64 |
| 3 | 중국 | 타이후즈광 | 93.01 |
| 4 | 중국 | 텐허-2A | 61.44 |
| 6 | 스위스 | 피즈 데인트 | 21.23 |
| 8 | 일본 | ABCI | 19.88 |
| 9 | 독일 | 슈퍼MUC-NG | 19.48 |
| 14 | 한국 | 누리온 | 13.93 |

*PF는 페타플롭스(1PF는 실수연산을 초당 1000조회 수행할 수 있는 속도). 자료=슈퍼컴퓨팅콘퍼런스

하여, 여기서는 「하노이의 탑」 문제를 해결하는데 소요되는 시간으로 상대적인 비교를 해보기로 한다. 「하노이의 탑」에 대한 이야기는 이 책 앞부분의 내용을 참고하자.

### 하노이 탑의 예언

고대인도 베나레스(지금의 바라나시)의 한 사원에는 작은 구멍이 뚫린 64개의 순금 원판과 3개의 다이아몬드 기둥이 보관되어 있다고 한다. 이들 원판은 어느 것도 크기가 같지 않으며, 작은 원판이 큰 원판 위에 올라오도록 차례대로 1개의 기둥에 모두 쌓여 있다. 이 사원에서 유래되는 전설에 의하면, 수도승에게 64개의 원판을 하나씩 옮겨서 다른 기둥에 원래 상태로 부지런히 옮겨 놓으라고 명한다. (단, 원판의 이동시 작은 원판위에 큰 원판은 올려놓을 수 없다.) 그리고 모든 원판이 다른 기둥으로 모두 옮겨질 때, 사원과 승려 그리고 지구상의 모든 것들은 먼지가 되어 사라질 것이다.

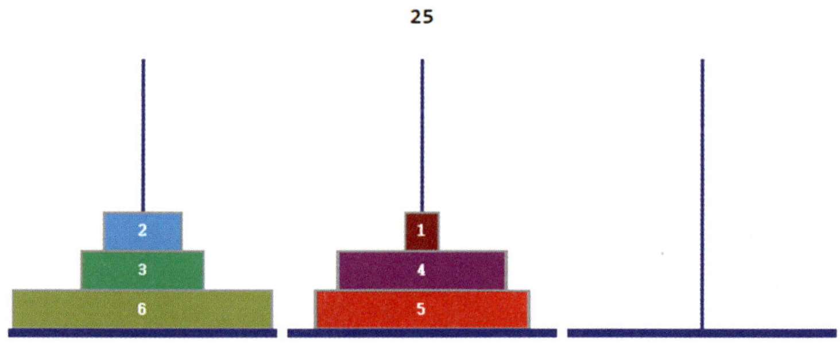


동영상_70.2.0

「하노이의 탑」 문제에서 64개의 원판을 이동하는 최소이동횟수는 $2^{64}-1$(회)다. 여기서 1번의 이동을 1회의 연산으로 가정하고 소요시간을 계산해보면 아래와 같다.

**• 사람이 수행할 때 (1초에 1번의 이동을 한다고 가정)**

$2^{64}-1$ = 18,446,744,073,709,551,615초 ≒ 5,849억 년

**• 일반 컴퓨터로 수행할 때 (1초에 8억 5000만 번의 이동을 한다고 가정)**

( $2^{64}-1$ ) ÷ 8억 5000만 ≒ 21,702,051,851초 ≒ 688년

**• 슈퍼컴퓨터로 수행할 때 (1초에 14경 8,600조 번의 이동을 한다고 가정)**

( $2^{64}-1$ ) ÷ 14경 8600조 ≒ 124초

위의 계산대로라면 「하노이의 탑」 예언에 따른 지구의 종말은 사람이 수행할 땐 5849억 년으로 무의미한 시간이며, 일반 컴퓨터로 수행할 땐 688년으로 아직 여유가 있지만, 슈퍼컴퓨터로 수행할 경우에는 불과 124초만을 남겨둔 초읽기 상태가 된다!

# 71. 슈퍼컴퓨터의 작동원리를 일반 PC로 구현해보자.

세계에서 가장 빠른 컴퓨터는 미국의 슈퍼컴퓨터 '서밋(SUMMIT)'이다. (2019년 6월 슈퍼컴퓨팅 콘퍼런스 기준)

'서밋'의 연산속도는 1초에 약 「14경 8600조」 번 만큼의 연산을 처리한다.

## 슈퍼컴퓨터는 어떤 원리로 작동되는 걸까?

슈퍼컴퓨터는 최고 성능을 가진 1개의 CPU로 동작 되는 것이 아니다. 아무리 기술이 급속도로 발전하고 있다 해도 CPU의 물리적인 성능의 개발속도에는 한계가 있기 때문이다.

"백지장도 맞들면 낫다."

이것이 바로 슈퍼컴퓨터의 작동원리다. 성능 좋은 컴퓨터를 여러 대 병렬연결하여 작업을 분산처리하고 그 결과를 다시 수집하여 결과를 얻는 것이 핵심이다.

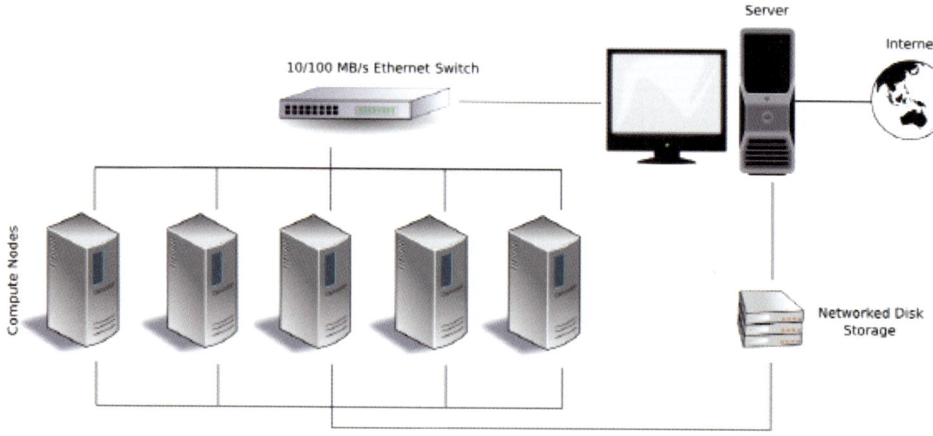

위의 그림은 1대의 메인 컴퓨터에 5대의 서브 컴퓨터를 병렬연결한 모습이다. 하나의 큰 작업을 메인 컴퓨터에서 실행하면, 메인(Master) 컴퓨터는 이 작업을 ⅕로 분산하여 5대의 서브(Slave) 컴퓨터로 네트워크 허브를 통하여 전송한다. 서브 컴퓨터는 수신받은 작업을 처리하여 메인컴퓨터로 회신하며, 최종적으로 메인 컴퓨터는 이를 모두 수집하여 작업의 최종 결과를 출력한다. 이와 같은 계산을 병렬계산(Parallel Computing)이라 한다.

## 슈퍼컴퓨터의 병렬계산, 일반 PC로 구현해보는 방법

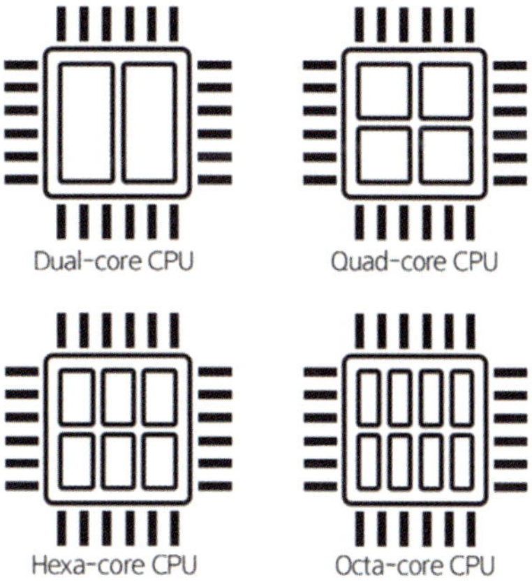


가정에서 사용하는 일반 PC의 CPU는 듀얼코어(2-Core), 쿼드코어(4-Core), 헥사 코어(6-Core) 등이 있다. 예를 들어, 헥사 코어는 하나의 CPU 안에 6개의 코어가 있으며 이것은 연산을 처리하는 두뇌가 6개임을 의미한다.

저자가 사용하는 PC의 CPU는 i7-8750H로 헥사 코어(6-Core)다. 그러나 일반적으로 하나의 연산을 수행할 때, 6개의 코어가 다 사용되지는 않는다. 예를 들어, 구간 [0, 1]에 있는 임의의 실수를 1억(=$10^8$) 개 생성하여 그 합을 구하는 계산을 실행해보자.

### • 하나의 코어로 실행한 경우

다음은 공학 소프트웨어 Mathematica로 실험한 모습이다. 보통 프로그램상에서 하나의 작업을 실행하면 1개의 코어가 동작한다.

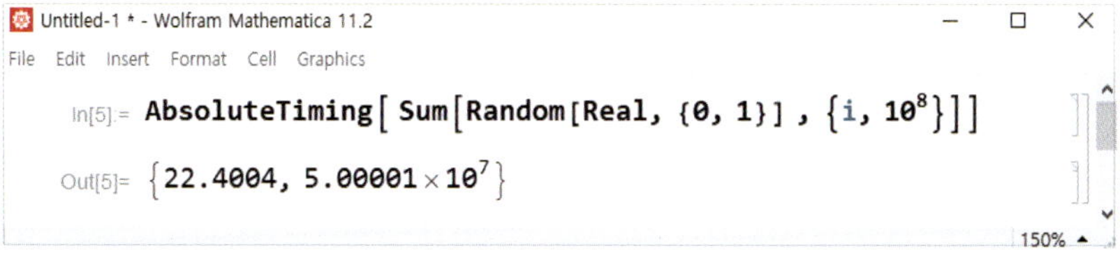


동영상_71.1.0

실험 결과, 1개의 코어로 계산된 시간은 22.4004초로 측정되었다.

### • 6개의 코어로 실행한 경우

이번에는 6개의 코어를 모두 이용해보자. 이 경우, 1억 개의 임의의 실수를 생성하고, 그것을 더하는 과정은 6등분으로 나뉘어 6개의 코어에 분산처리 된다. 이후, 6개 모든 코어의 계산이 끝나면, 이중 메인(Master) 코어로 병렬계산 된 결과가 수집되어 최종 결과를 출력하게 된다.

동영상_71.1.0

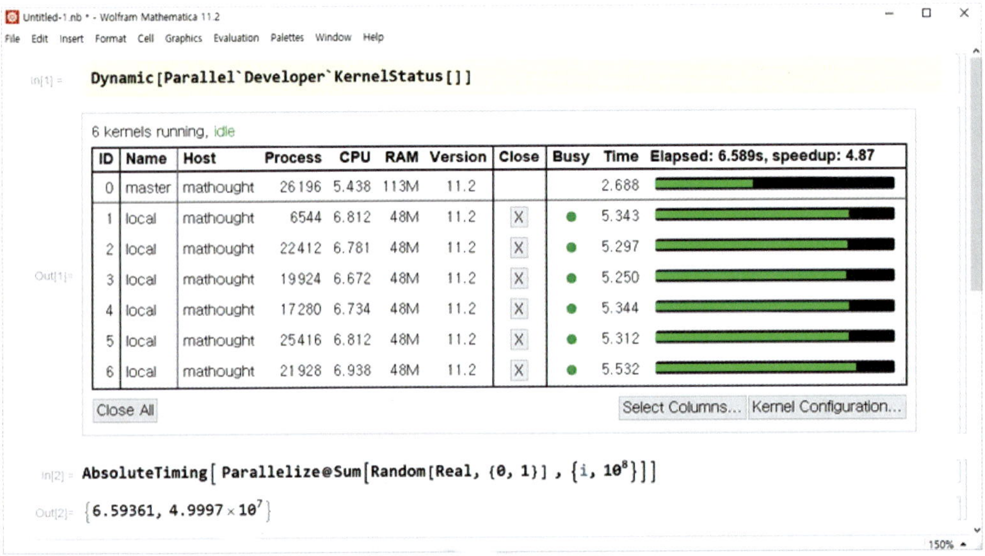


| ID | Name | Host | Process | CPU | RAM | Version | Close | Busy | Time | Elapsed: 6.589s, speedup: 4.87 |
|---|---|---|---|---|---|---|---|---|---|---|
| 0 | master | mathought | 26196 | 5.438 | 113M | 11.2 | | | 2.688 | |
| 1 | local | mathought | 6544 | 6.812 | 48M | 11.2 | X | ● | 5.343 | |
| 2 | local | mathought | 22412 | 6.781 | 48M | 11.2 | X | ● | 5.297 | |
| 3 | local | mathought | 19924 | 6.672 | 48M | 11.2 | X | ● | 5.250 | |
| 4 | local | mathought | 17280 | 6.734 | 48M | 11.2 | X | ● | 5.344 | |
| 5 | local | mathought | 25416 | 6.812 | 48M | 11.2 | X | ● | 5.312 | |
| 6 | local | mathought | 21928 | 6.938 | 48M | 11.2 | X | ● | 5.532 | |

실험 결과, 6개의 코어로 병렬계산된 시간은 6.59361초로 측정되었다.

n개 코어의 병렬계산이라 해서 시간이 $\frac{1}{n}$로 단축되지는 않는다! 6개의 코어로 병렬계산했다면, 소요시간도 6배만큼으로 빠를 것으로 생각되지만, 실제는 약 3.4배의 속도향상에 그쳤다.

| 1개 코어의 계산시간 | 22.4004초 | 약 3.4배<br>속도향상 |
|---|---|---|
| 6개 코어의 병렬계산시간 | 6.59361초 | |

왜 그럴까?

그 이유는

(1) 하나의 작업을 6개로 분산 처리하는데 소요된 시간

(2) 6개의 분산된 작업을 네트워크를 통하여 6개의 코어로 전송하고, 또 그 결과를 전송받는 시간

(3) 6개의 분산되어 계산된 결과를 하나로 수합 하는데 소요된 시간 등 하나의 작업을 병렬처리하는 과정에서 찾을 수 있다. 이는 여러 명의 작업자가 서로 협력하여 하나의 작업을 수행할 때도 발생하는 추가적인 소요시간과 다를 바 없다.

모든 것들이 복잡성을 보이는 오늘날, 서로가 '협업환경'을 갖출 때 최고의 성과가 발휘된다는 것은 사람과 기계 모두에게 진리인듯하다.

# 72. 슈퍼컴퓨터는 원주율(π)을 50조 자리까지 어떻게 계산했을까?

슈퍼컴퓨터의 성능(속도)을 측정하는 방법 중 하나로 원주율(π)을 최대 몇 자리까지 계산하는지를 테스트한다.

원주율(π)이란, 원의 지름에 대한 둘레의 비율로 정의한다.

$$\text{원주율}(\pi) = \frac{\text{원의 둘레의 길이}}{\text{원의 지름}}$$

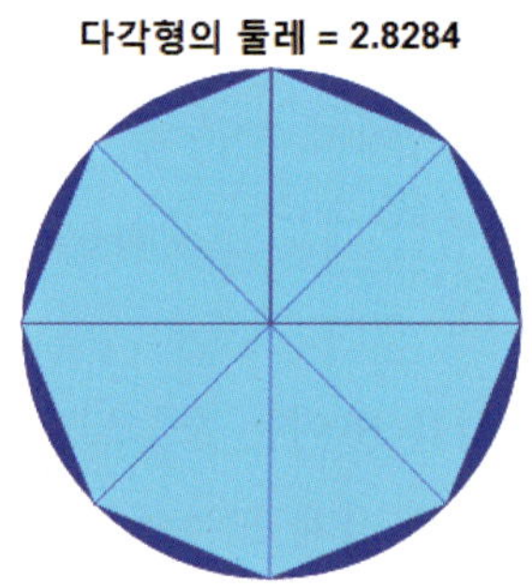


동영상_32.1.0

컴퓨터가 없었던 시절에는 원에 내접한 다각형의 둘레를 구하는 '아르키메데스'의 방법과 같은 작도를 이용하여 계산하였으며, 1596년 독일의 수학자 '루돌프'는 이 방법으로 변의 개수가 $2^{62}$≒46억 개인 다각형을 사용하여 π의 근삿값을 35자리까지 구해내기도 하였다.

$$\pi \fallingdotseq 3.1415926535897932384626433832795028\cdots$$

## ▌슈퍼컴퓨터는 원주율을 어떻게 계산할까?

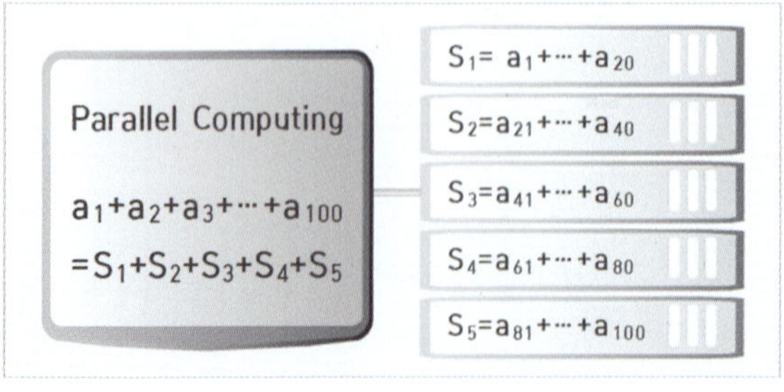


동영상_73.1.0

슈퍼컴퓨터로 원주율을 계산하려면, 하나의 큰 계산을 여러 개로 나누어 동시에 처리할 수 있는 병렬계산(Parallel Computing)이 가능한 알고리즘을 설계해야 한다. 이를 위한 좋은 방법은 원주율을 급수(무한수열의 합)로 계산하는 것이다. 일반항 $a_n$을 알고 있는 수열의 합은 비교적 쉽게 여러 대의 컴퓨터로 분산시켜 계산을 수행하는 것이 가능하기 때문이다.

## 원주율을 급수로 표현하는 방법

원주율의 정의는 「원의 둘레 ÷ 원의 지름」과 같이 나눗셈으로 표현되어 슈퍼컴퓨터를 이용한 병렬계산이 불가능하다. 따라서 이 식을 병렬계산이 가능한 식으로 바꿔주어야 하는데, 가장 좋은 방법은 다항식으로 표현된 항들의 합으로 표현하는 것이다. 다항식은 값을 계산하기가 수월하고, 합은 병렬계산이 가능하기 때문이다. 다음은 원주율에 대한 라이프니츠 급수가 만들어지는 과정이다.

### • 1단계. 각의 표현방법

각을 표현하는 방법은 60분법(degree)과 호도법(radian)이 있으며, 이 두 가지 측정 단위의 관계는 다음과 같다.

「180도=π라디안」

### • 2단계. 원주율과 삼각함수

삼각함수 sin, cos, tan 및 역삼각함수 $\arcsin=\sin^{-1}$, $\arccos=\cos^{-1}$, $\arctan=\tan^{-1}$는 삼각함수의 정의에 따른 각(호도법)에 대한 함숫값에서 원주율(π)과 삼각함수와의 관계식이 만들어진다.

| $\sin(\frac{\pi}{2})=1$ | $\cos\pi=1$ | $\tan(\frac{\pi}{4})=1$ |
|---|---|---|
| $\sin^{-1}(1)=\frac{\pi}{2}$ | $\cos^{-1}(1)=\pi$ | $\tan^{-1}(1)=\frac{\pi}{4}$ |

### • 3단계. 삼각함수의 급수표현

미적분을 이용하면 삼각함수는 다항식의 무한 합(급수)으로 표현할 수 있으며 테일러 급수(Taylor Series)가 대표적이다. 이를 이용하면 그레고리 급수 등 다양한 형태의 급수를 만들어 낼 수 있다.

$$\tan^{-1}x = \sum_{k=0}^{\infty}\frac{(-1)^k x^{2k+1}}{2k+1} = x - \frac{x^3}{3} + \frac{x^5}{5} - \frac{x^7}{7} + \cdots \quad (|x| \le 1)$$

### • 4단계. 급수로부터 원주율 계산

위의 급수에 x=1을 대입하고 「 $\mathrm{Tan}^{-1}(1)=\pi/4$ 」을 이용하여 라이프니츠 급수가 만들어진다.

$$\tan^{-1}1 = \frac{1}{1} - \frac{1}{3} + \frac{1}{5} - \frac{1}{7} + \cdots\cdots + \frac{(-1)^k}{2k+1} + \cdots\cdots = \frac{\pi}{4}$$

$$\pi = \frac{4}{1} - \frac{4}{3} + \frac{4}{5} - \frac{4}{7} + \frac{4}{9} - \frac{4}{11} + \cdots\cdots + \frac{4(-1)^k}{2k+1} + \cdots\cdots$$

이렇게 만들어진 라이프니츠 급수는 더해지는 항의 개수가 많아질수록 원주율 π 값에 가까워지는 것을 볼 수 있다.

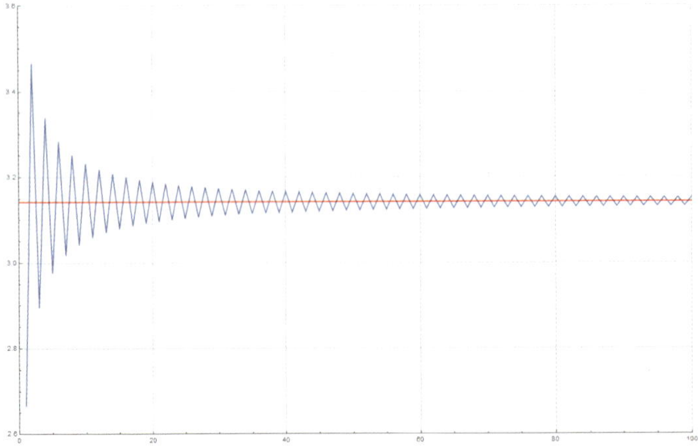


동영상_72.2.0

## 라이프니츠의 급수(1673)

일반항 $a_k = \dfrac{4(-1)^k}{2k+1}$

$$\pi = \frac{4(-1)^0}{1} + \frac{4(-1)^1}{3} + \frac{4(-1)^2}{5} + \frac{4(-1)^3}{7} + \dots + \frac{4(-1)^k}{2k+1} + \dots$$

'라이프니츠' 식의 첫 항부터 천만(=$10^7$)번째 항까지의 합을 구해보자.

- 1개의 CPU로 계산했을 때 : 소요시간 약 19.8초

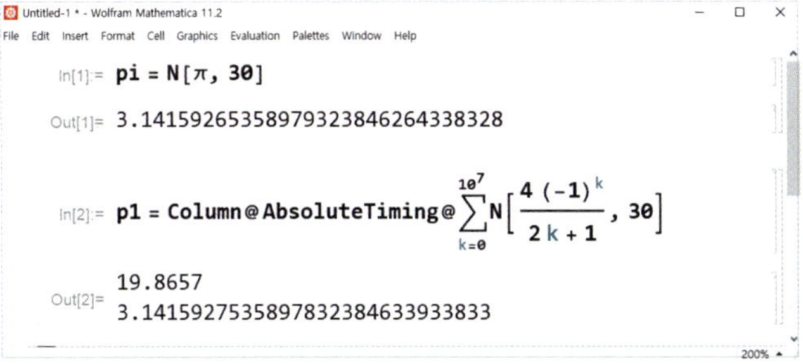


- 6개의 CPU로 병렬계산했을 때 : 소요시간 약 5.7초

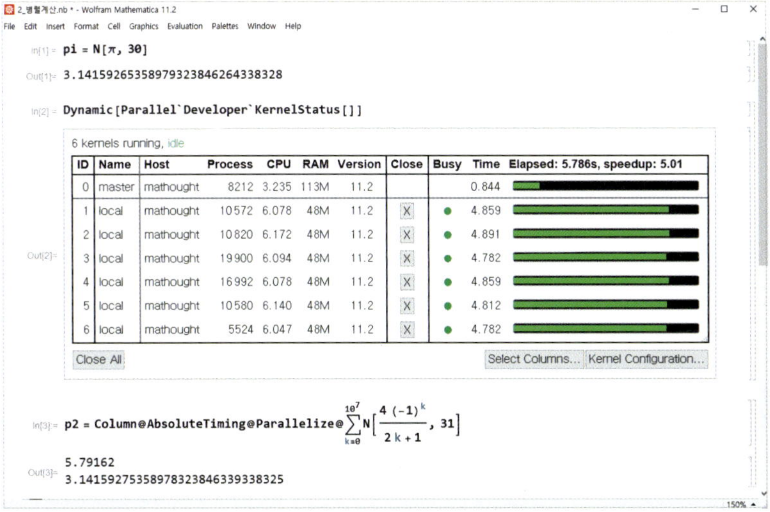


동영상_72.3.0

라이프니츠의 식은 그 형태가 비교적 간단하지만, 천만($10^7$)번째 항까지의 합을 계산했음에도 불구하고 원주율을 정확하게 구한 자릿수가 7자리에 불과하다. 즉, 수렴속도가 무척 느리다. 이 방법으로는 슈퍼컴퓨터로 계산한다 해도 많은 자릿수를 계산해 내는 것은 힘들다.

### ▌마틴의 급수(1706)

$$\pi = 16\,\mathrm{ArcTan}\left[\frac{1}{5}\right] - 4\,\mathrm{ArcTan}\left[\frac{1}{239}\right]$$

$$= \sum_{k=1}^{\infty}\left\{\frac{16\,(-1)^{k-1}}{2k-1}\left(\frac{1}{5}\right)^{2k-1} - \frac{4\,(-1)^{k-1}}{2k-1}\left(\frac{1}{239}\right)^{2k-1}\right\}$$

마틴의 식은 라이프니츠의 식보다 더 복잡한 형태를 보이지만, 수렴속도가 상당히 빠르다. 세계 최초로 컴퓨터를 사용하여 원주율을 구할 때 사용했던 식이기도 하다.

'마틴' 식의 첫 항부터 천만(=$10^7$)번째 항까지의 합을 구해보자.

• 1개의 CPU로 계산했을 때 : 소요시간 약 19.6초

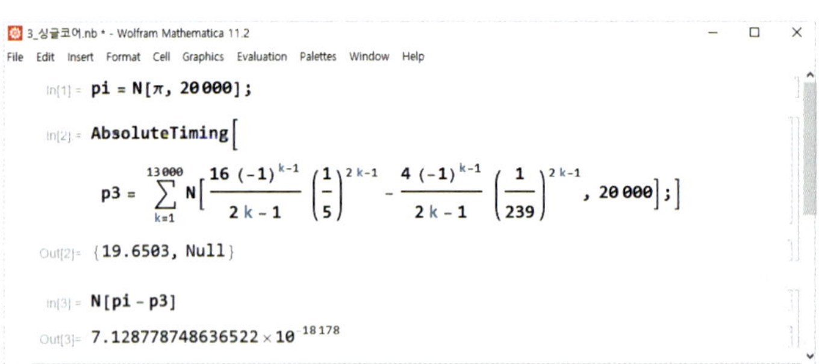


마틴의 식은 그 형태가 복잡하지만, 수렴속도가 상당히 빠르다. 불과 13,000번째 항까지의 합을 계산했음에도 불구하고 원주율을 정확하게 구한 자릿수가 18,177자리에 이른다. 이는 20,000자리까지의 정확한 원주율 값(pi)과 마틴의 식으로 계산된 원주율의 근삿값(p3)을 빼서 오차의 값($\fallingdotseq 7.1\times10^{-18178}$)으로 알 수 있다.

물론, 위의 계산 결과를 숫자 배열로 나타내어 비교확인도 가능하다.

```
{3, 1, 4, 1, 5, 9, 2, 6, 5, 3, 5, 8, 9, 7, 9, 3, 2, 3, 8, 4, 6, 2, 6, 4, 3, 3, 8, 3,
 2, 7, 9, 5, 0, 2, 8, 8, 4, 1, 9, 7, 1, 6, 9, 3, 9, 9, 3, 7, 5, 1, 0, 5, 8, 2, 0,
 9, 7, 4, 9, 4, 4, 5, 9, 2, 3, 0, 7, 8, 1, 6, 4, 0, 6, 2, 8, 6, 2, 0, 8, 9, 9, 8,
 6, 2, 8, 0, 3, 4, 8, 2, 5, 3, 4, ⋯ 17994 ⋯, 4, 5, 3, 5, 4, 3, 1, 5, 8, 1, 4, 8,
 0, 1, 0, 5, 4, 5, 8, 8, 6, 0, 5, 6, 4, 5, 5, 0, 1, 3, 3, 2, 0, 3, 7, 5, 8, 6, 4,
 5, 4, 8, 5, 8, 4, 0, 3, 2, 4, 0, 2, 9, 8, 7, 1, 7, 0, 9, 3, 4, 8, 0, 9, 1, 0, 5,
 5, 6, 2, 1, 1, 6, 7, 1, 5, 4, 6, 8, 4, 8, 4, 7, 7, 8, 0, 3, 9, 4, 4, 7, 4, 9, 8}
large output   show less   show more   show all   set size limit...
```

이미 알려진 원주율(π) 18,800자리까지의 정확한 숫자 배열

```
{3, 1, 4, 1, 5, 9, 2, 6, 5, 3, 5, 8, 9, 7, 9, 3, 2, 3, 8, 4, 6, 2, 6, 4, 3, 3, 8, 3,
 2, 7, 9, 5, 0, 2, 8, 8, 4, 1, 9, 7, 1, 6, 9, 3, 9, 9, 3, 7, 5, 1, 0, 5, 8, 2, 0,
 9, 7, 4, 9, 4, 4, 5, 9, 2, 3, 0, 7, 8, 1, 6, 4, 0, 6, 2, 8, 6, 2, 0, 8, 9, 9, 8,
 6, 2, 8, 0, 3, 4, 8, 2, 5, 3, 4, ⋯ 17994 ⋯, 4, 5, 3, 5, 4, 3, 1, 5, 8, 1, 4, 8,
 0, 1, 0, 5, 4, 5, 8, 8, 6, 0, 5, 6, 4, 5, 5, 0, 1, 3, 3, 2, 0, 3, 7, 5, 8, 6, 4,
 5, 4, 8, 5, 8, 4, 0, 3, 2, 4, 0, 2, 9, 8, 7, 1, 7, 0, 9, 3, 4, 8, 0, 9, 1, 0, 5,
 5, 6, 2, 1, 1, 6, 7, 1, 5, 4, 6, 8, 4, 8, 4, 7, 7, 8, 0, 3, 9, 4, 4, 7, 5, 7, 0}
large output   show less   show more   show all   set size limit...
```

마틴의 식으로 계산된 원주율(π) 18,800자리까지의 숫자 배열

## • 6개의 CPU로 병렬계산했을 때 : 소요시간 약 5.0초

```
In[1]:= pi = N[π, 20000];

In[2]:= Dynamic[Parallel`Developer`KernelStatus[]]
```

Out[2]= 6 kernels running, idle

| ID | Name | Host | Process | CPU | RAM | Version | Close | Busy | Time | Elapsed: 5.046s, speedup: 5.46 |
|---|---|---|---|---|---|---|---|---|---|---|
| 0 | master | mathought | 17256 | 2.890 | 113M | 11.2 | | | 0.454 | |
| 1 | local | mathought | 28324 | 6.516 | 48M | 11.2 | X | ● | 4.906 | |
| 2 | local | mathought | 28328 | 6.484 | 48M | 11.2 | X | ● | 4.890 | |
| 3 | local | mathought | 27828 | 6.265 | 48M | 11.2 | X | ● | 4.687 | |
| 4 | local | mathought | 24564 | 5.969 | 48M | 11.2 | X | ● | 4.437 | |
| 5 | local | mathought | 14436 | 5.828 | 48M | 11.2 | X | ● | 4.359 | |
| 6 | local | mathought | 7104 | 5.860 | 48M | 11.2 | X | ● | 4.266 | |

Close All   Select Columns...   Kernel Configuration...

In[3]:= $\text{AbsoluteTiming}\left[p4 = \text{Parallelize}\left[\sum_{k=1}^{13000} N\left[\frac{16(-1)^{k-1}}{2k-1}\left(\frac{1}{5}\right)^{2k-1} - \frac{4(-1)^{k-1}}{2k-1}\left(\frac{1}{239}\right)^{2k-1}, 20000\right]\right];\right]$

Out[3]= {5.05093, Null}

In[4]:= N[pi - p4]

Out[4]= $7.128778748636522 \times 10^{-18178}$

동영상_72.4.0

마틴의 식을 6개의 CPU로 병렬계산하였더니 불과 5초 만에 원주율을 18,177자리까지 정확하게 계산하였다. 라이프니츠의 식과는 비교가 안 될 정도의 대단한 결과다. 이처럼 슈퍼컴퓨터로 원주율(π)을 계산할 때는 컴퓨터의 성능도 중요하겠지만, 슈퍼컴퓨터의 병렬계산으로 빠르게 처리될 수 있는 알고리즘의 설계가 더욱 중요하다!

2020년 2월 기준, 슈퍼컴퓨터의 병렬계산(Parallel Computing)을 이용한 원주율(π)의 세계최고기록은 'Timothy Mullican'이라는 인물에 의해 계산된 50조 자리다. 특이하게도 이때 사용된 컴퓨터는 세계 최고의 슈퍼컴퓨터가 아닌 일반 컴퓨터(계산용 서버는 2014년도에 출시된 15코어 Xeon E7-4880v2 4대, 메모리는 320GB, 하드디스크는 288TB)였으며, 총 303일에 걸쳐 계산되었다고 한다. 이는 1초당 약 191만 자리의 원주율을 계산해내는 속도다. 과연 어떠한 알고리즘으로 이렇게 대단한 기록을 세웠는지 무척 궁금해진다.

# 73. 슈퍼컴퓨터도 힘 못 쓰는 계산이 있다?

슈퍼컴퓨터의 핵심원리는 병렬계산(Parallel Computing) 이다. 하나의 큰 작업을 병렬로 연결된 여러 대의 컴퓨터에 분산시켜 처리하고 이를 다시 모아서 큰 작업의 최종 결과를 얻는다. 이와 같은 병렬계산의 목적은 작업시간 단축이다.

## 슈퍼컴퓨터는 모든 계산의 시간을 줄일 수 있을까?

그렇지 못하다. 그 이유는 슈퍼컴퓨터의 핵심원리인 병렬계산에서 찾을 수 있다.

동영상_73.1.0

## 순차성과 병렬성

모든 작업(문제해결과정 또는 계산)의 흐름에는 '순차성'과 '병렬성'이 있다. 피보나치 수열에 대한 문제로 그 차이를 이해해보자.

| $\{ f_n \}$ | $f_1$ | $f_2$ | $f_3$ | $f_4$ | $f_5$ | $f_6$ | $f_7$ | $f_8$ | $f_9$ | $f_{10}$ | … |
|---|---|---|---|---|---|---|---|---|---|---|---|
| 피보나치 | 1 | 1 | 2 | 3 | 5 | 8 | 13 | 21 | 34 | 55 | … |

### • 순차성 : 정해진 순서에 따라 계산되는 성질

피보나치 수열은 $f_1=1$, $f_2=1$일 때, $f_3=f_1+f_2=1+1=2$, $f_4=f_2+f_3=1+2=3$, $f_5=f_3+f_4=2+3=5$ … 과 같이 나타낼 수 있다. 이 수열의 제5항은 $f_5=f_3+f_4$이므로 그 계산에 앞서 반드시 $f_1$, $f_2$, $f_3$, $f_4$를 알아야 구할 수 있다. 따라서 이 수열의 제100항 $f_{100}$은 반드시 $f_1$, $f_2$, $f_3$, $f_4$, …, $f_{98}$, $f_{99}$를 알아야 구할 수 있게 된다. 이처럼 인접한 세 항의 관계로 정의된 피보나치 수열의 값은 순서에 따라 계산이 이루어지는 '순차성'을 갖고 있다. 이처럼 순차성을 가지고 있는 계산은 슈퍼컴퓨터로 실행해봤자 의미가 없다!

피보나치 수열의 제32항의 값을 「1개의 CPU」 vs 「6개의 CPU 병렬계산」으로 계산해보고 그 시간을 비교해보자.

「1개의 CPU」로 계산한 시간은 약 2.7초다.

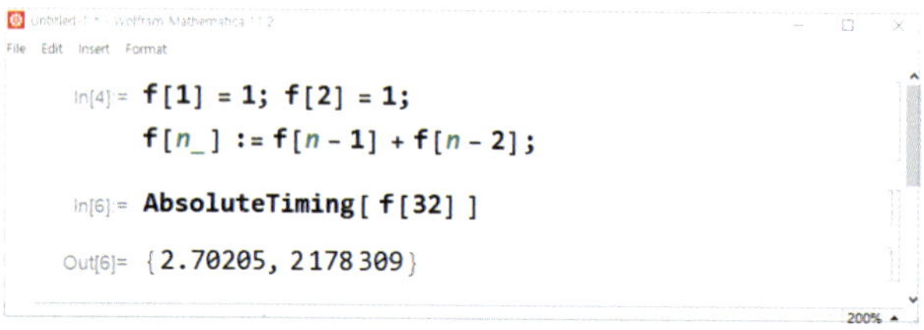


동영상_73.2.0

「6개의 CPU」로 병렬계산을 시도해보았지만, 병렬처리를 할 수 없다는 메시지와 함께 「1개의 CPU」로 처리되었으며 계산시간 약 2.8초는 불필요한 분산처리 시도로 오히려 좀 더 소요된 모습이다.

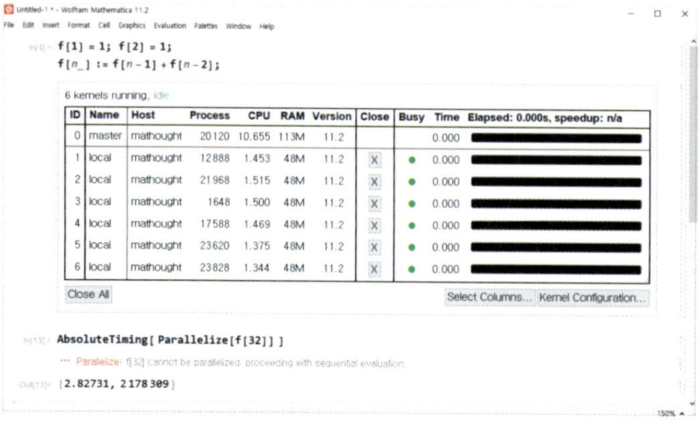


동영상_73.2.0

위의 계산과정은 순차성 알고리즘의 계산시간이 오래 걸리고 병렬계산이 되지 않음을 보여주기 위한 목적으로 작성된 것으로, 실제 최적화된 설계는 아니다.

### • 병렬성 : 순서에 상관없이 나눠서 계산할 수 있는 성질

피보나치 수열은 앞서 소개한 순차성을 가진 '$f_1=1,\ f_2=1,\ f_n=f_{n-2}+f_{n-1}$'과 같은 표현 이외에도 n번째 항을 바로 계산할 수 있는 일반항 $f_n$도 존재한다.

$$f_n = \frac{1}{\sqrt{5}}\left(\left(\frac{1+\sqrt{5}}{2}\right)^n - \left(\frac{1-\sqrt{5}}{2}\right)^n\right)$$

일반항 $f_n$을 이용하면 독립적으로 $f_1$, $f_2$, $f_3$, $f_4$, …을 훨씬 빠르게 구할 수 있다. 더하여 그 합에 대한 문제도 병렬계산이 가능하다. 합은 순서에 상관이 없으므로 나눠서 계산할 수 있기 때문이다.

피보나치 수열의 제1항부터 제100,000항(=$10^5$)까지의 합을 「1개의 CPU」 vs 「6개의 CPU 병렬계산」으로 계산해보고 그 시간을 비교해보자.

「1개의 CPU」로 계산한 시간은 약 2.9초다. 이는 앞선 '순차성' 계산방식보다 엄청나게 빠르다!

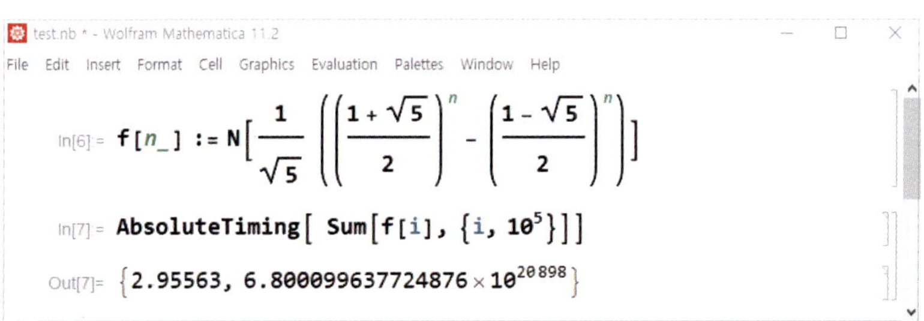


동영상_73.3.0

「6개의 CPU」로 병렬계산을 시도한 결과 분산처리가 이루어졌으며, 계산시간 역시 약 0.8초로 「1개의 CPU」로 계산한 시간보다 약 3.6배 속도가 더욱 향상되었다!

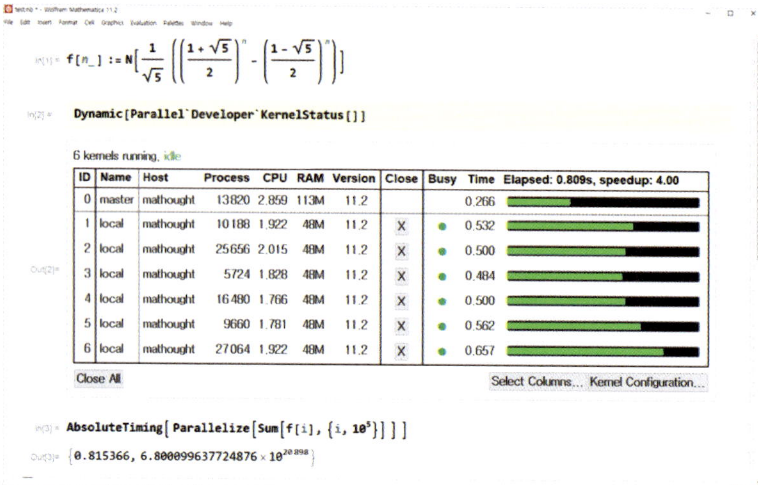


동영상_73.3.0

결론적으로 제아무리 좋은 성능을 갖춘 슈퍼컴퓨터라고 하여도, 계산하고자 하는 큰 작업을 얼마나 효율성 있게 병렬화 설계를 하는가에 따라 그 성능을 극대화할 수 있다. 이것이 바로 최적화이고 프로그래밍을 하는 이들의 역할이며 능력이다.

# 74. 슈퍼컴퓨터는 바둑을 두는 모든 경우의 수를 다 계산할 수 없었을까?

많은 사람들이 2016년 「인간 이세돌」과 「인공지능 알파고」와의 대국을 기억할 것이다. 알파고는 고성능 CPU 1202개와 GPU 176개로 이루어진 슈퍼컴퓨터에 바둑의 기보들을 기계학습한 인공지능을 탑재하여, 인간 이세돌에게 4승 1패를 거두었다. 어떤 사람들은 사용된 CPU가 1202대였다는 사실에 '슈퍼컴퓨터가 바둑을 두는 모든 경우를 다 계산하고 있는 것 아닌가?'라는 생각까지 하며, '1대 1202'로 고군분투하는 「인간 이세돌」을 더욱 응원하였다.

## ▌알파고에 사용된 슈퍼컴퓨터, 그 성능은 어느정도?

정확하게 알려진 바는 없지만, 전문가들은 CPU와 GPU의 개수로 미루어 짐작컨대 2016년 당시, 100억원 규모의 세계슈퍼컴퓨터 500위권 수준으로 보고 있다. 이는 1초에 약 300조 만큼의 연산을 처리할 수 있는 속도다. 2020년 현재, 세계 최고의 슈퍼컴퓨터인 '서밋'의 연산속도는 1초에 약 14경 8600조 만큼의 연산을 수행한다. 따라서 알파고에 사용된 슈퍼컴퓨터는 2016년 기준, 현존 최고의 슈퍼컴퓨터 대비 $\frac{1}{500}$ 수준에 불과하다.

## 현존 최고의 슈퍼컴퓨터는 바둑을 두는 모든 경우를 다 계산할 수 있을까?

### • 바둑을 두는 모든 경우의 수

먼저, 바둑을 두는 모든 경우의 수가 얼마나 많은지 계산해보자. 바둑판은 19개의 가로줄과 세로줄로 만들어진 격자선이며 바둑돌은 줄이 교차하는 점(교차점)에 놓는다. 따라서 최초의 바둑돌 ❶을 놓을 수 있는 교차점의 개수는 19×19=361개 이다. 이후, ②를 놓을 수 있는 위치의 개수는 360개이고, ❸은 359개, ④는 358개, … 등과 같이 계속하여 놓을 수 있는 위치의 개수가 하나씩 줄어든다. 그리고 마지막 바둑돌을 놓을 수 있는 위치는 딱 한 곳만(1개)이 남는다.

동영상_74.1.0

경우의 수 = 361×360×359×358×357×…

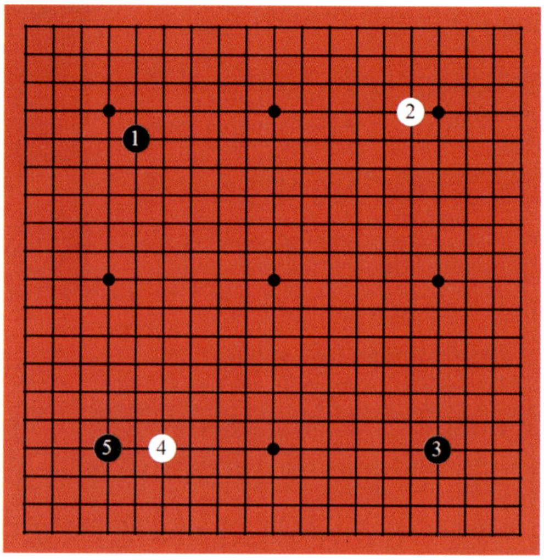


이 모든 과정이 순차적으로 이루어지므로, 바둑을 두는 모든 경우의 수는 이것들을 모두 곱하여 얻을 수 있다. (본 경우의 수는 대칭 · 회선으로 같은 형태가 나오는 경우와 사석을 이용한 패싸움 등의 다른 요소들은 고려하지 않았다.)

$$361! = 361 \times 360 \times 359 \times 358 \times \cdots \times 3 \times 2 \times 1$$

이 값을 계산해보면 다음과 같다.

```
1 437 923 258 884 890 654 832 362 511 499 863 354 754 907 538 644 \
  755 876 127 282 765 299 227 795 534 389 618 856 841 908 003 141 \
  196 071 413 794 434 890 585 968 383 968 233 304 321 607 713 808 \
  837 056 557 879 669 192 486 182 709 780 035 899 021 100 579 450 \
  107 333 050 792 627 771 722 750 412 268 086 775 281 368 850 575 \
  265 418 120 435 021 506 234 663 026 434 426 736 326 270 927 646 \
  433 025 577 722 695 595 343 233 942 204 301 825 548 143 785 112 \
  222 186 834 487 969 871 267 194 205 609 533 306 413 935 710 635 \
  197 200 721 473 378 733 826 980 308 535 104 317 420 365 367 377 \
  988 721 756 551 345 004 129 106 165 050 615 449 626 558 110 282 \
  424 142 840 662 705 458 556 231 015 637 528 928 999 248 573 883 \
  166 476 871 652 120 015 362 189 137 337 137 682 618 614 562 954 \
  409 007 743 375 894 907 714 439 917 299 937 133 680 728 459 000 \
  034 496 420 337 066 440 853 337 001 284 286 412 654 394 495 050 \
  773 954 560 000 000 000 000 000 000 000 000 000 000 000 000 000 \
  000 000 000 000 000 000 000 000 000 000 000 000 000 000 000 000
```

이 값이 얼마나 큰 자릿수일까?

$$1.437923258884891 \times 10^{768}$$

이를 과학적 표기법으로 나타내면 $1.4 \times 10^{768}$ 이며, 769자릿수임을 쉽게 알 수 있다.

### • 슈퍼컴퓨터로 계산하는데 걸리는 시간

바둑을 두는 모든 경우의 수 $1.4 \times 10^{768}$ 를 현존 최고의 슈퍼컴퓨터 '서밋'으로 계산하는데 얼만큼의 시간이 필요한지 계산해보자. 조건을 간단하게 하기 위해 바둑을 두는 한가지 경우의 수를 1번의 연산이라고 가정하면,

$$\begin{aligned} 1.4 \times 10^{768} \div 14\text{경 } 8600\text{조} &\fallingdotseq 9.67 \times 10^{750} \text{ 초} \\ &\fallingdotseq 3.06 \times 10^{743} \text{ 년} \\ &\fallingdotseq 3.06 \times 10^{735} \text{ 억년} \end{aligned}$$

정확하게 써보면,

30683881176215851900683277977764209459839858693074220291
79330877508589801820179656791737913411913006237255895
27901071673259565225314571722281674633177148284988745
04810471678248548669304780083632492239653488106389440
93827755326509457304302731261728185444969696523768231
28334166478514274537667183919892507559849828302402906
96969024948758858729736343705846809081492492622102467
90814792782691730123537121739795892025331096997949843
23365530662676727962805081723808533505225506246639163
74068996253693048243871410853521949172302913056171111
26286683748162629214494544075677528176397079679681900
37486459900565244604115225463178158286753333928337292
67020974234946518563856572951108937388963660834454912
516823687752355316285329744279946164l9919246 억 년

## • 양자컴퓨터로 계산하는데 걸리는 시간

최근 슈퍼컴퓨터의 물리적인 한계를 뛰어넘는 미래형 컴퓨터로 각광받고 있는 양자컴퓨터를 이용하면 그 시간이 얼마나 단축될지 계산해보자. 현재 NASA에 설치되어 있는 양자컴퓨터(Dwave-2000Q)는 슈퍼컴퓨터 '서밋'으로 1만년 걸리는 연산을 단 200초만에 해결한다고 한다. 이는 '서밋'과 비교하면, 10억 5천만(1,576,800,000)배 이상 빠른 속도다.

따라서 바둑을 두는 모든 경우의 수 $1.4\times10^{768}$ 를 현존의 양자컴퓨터로 계산할 때 소요되는 시간은 아래와 같다.

$$(1.4\times10^{768} \div 14\text{경 }8600\text{조}) \div 10\text{억 }5\text{천만} \fallingdotseq 6.13\times10^{733}\text{ 초}$$
$$\fallingdotseq 1.94\times10^{734}\text{ 년}$$
$$\fallingdotseq 1.94\times10^{726}\text{ 억년}$$

정확하게 써보면,

1945958978704709024650131784485299940375434975461328024593690307907527778932128143576698321544845894366600643
88572470619773950548778901396677875845495400992509351
24816382342877060292557572351365101623321593167421005
16126176640353537103185395269995044041710867912080309
03306802688048119316125814256654304642218308157282411
82755596745788215835702906967178341629561448897832615
36539061886537119560842923477800540350920279679065095
91175501434980167404112811849193641238727490009284096
74067095543945362914682528445917014949456439025983708
30978363615019424920404961996243993008876889700457826
21439916223088054670291238878220546858671571491842524
52448613796896574431669566813234993270524899057873485
86810228802153432032301480484522207 억 년

결론적으로 현존 최고의 슈퍼컴퓨터나 미래의 양자컴퓨터를 이용하여 바둑을 두는 모든 경우의 수를 구하는 것은 불가능하다. 바로 이 물리적인 성능의 한계로 인한 엄청난 처리시간의 간극을 좁혀준 것이 인공지능 시스템이고 그중 하나가 알파고(AlphaGo)다. 그리고 그와의 대결에서 1승을 한 사람이 이세돌이다!!

# 75. 동일한 두 식이라도 결과는 다를 수 있다?

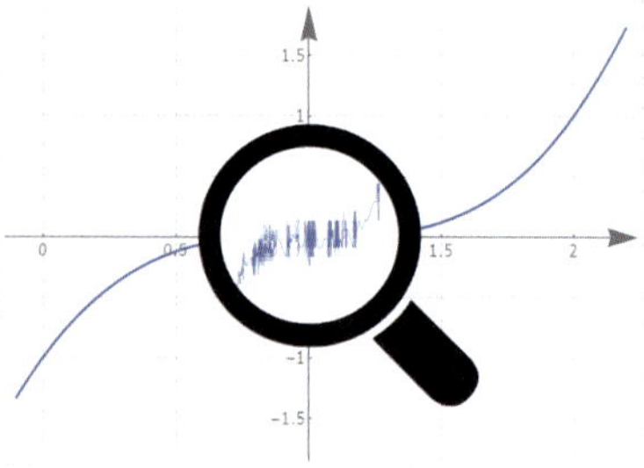

형태가 다른 두 식이나 값이 서로 같을 때, 수학에서는 등호(=)를 사용한다. 그렇다면 두 식 A와 B가 서로 같을 때, 어떤 식을 사용해도 그 결과는 항상 같을까? 다음의 두 식을 비교해보자.

$$A = (x-1)^3$$
$$B = x^3 - 3x^2 + 3x - 1$$

## 두 식은 서로 같다!

식 A를 분배법칙으로 계산하면 정확히 B와 일치한다. 따라서 A=B다.

$$(\boldsymbol{x}-1)^3 = (\boldsymbol{x}-1)\times(\boldsymbol{x}-1)\times(\boldsymbol{x}-1) = (\boldsymbol{x}-1)\times(\boldsymbol{x}^2-2\boldsymbol{x}+1)$$
$$= \boldsymbol{x}^3 - 3\boldsymbol{x}^2 + 3\boldsymbol{x} - 1$$

두 식이 같다(A=B)는 것은 문자(x)에 어떤 값을 넣어도 같은 계산 결과가 나오며, 이를 그래프로 나타내도 동일한 형태가 나온다는 얘기다.

$$A = (x-1)^3$$

x=0을 대입하면, A의 값은 -1이다.
x=1을 대입하면, A의 값은 0이다.
x=2를 대입하면, A의 값은 1이다.

$$B = x^3 - 3x^2 + 3x - 1$$

x=0을 대입하면, B의 값은 -1이다.
x=1을 대입하면, B의 값은 0이다.
x=2를 대입하면, B의 값은 1이다.

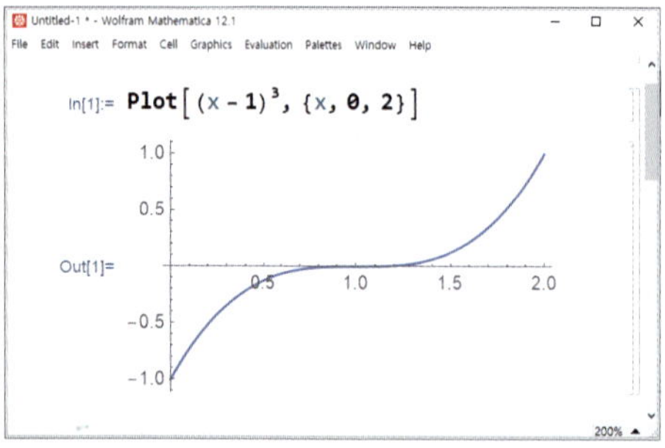


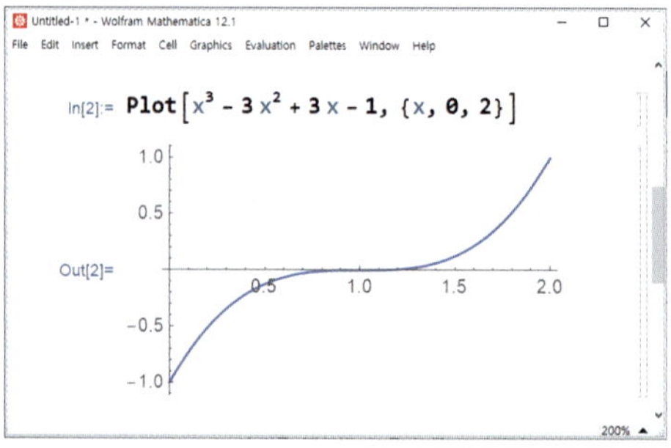

## 두 식은 서로 다르다?

이번에는 두 식에 좀 더 정밀한 근삿값을 대입해보자.

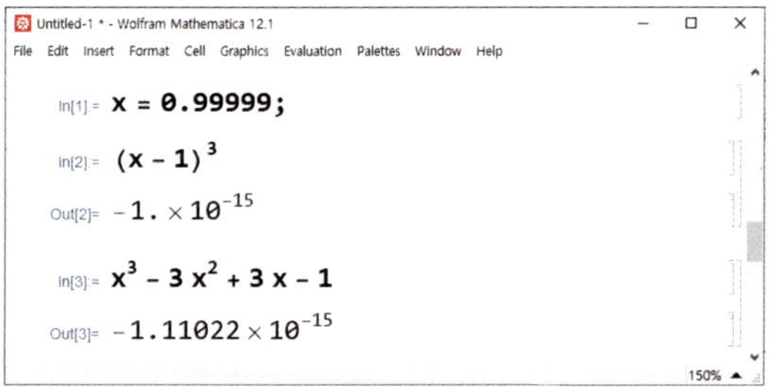


공학프로그램으로 두 식에 x=0.99999를 대입하였더니, 서로 다른 계산 결과를 보인다. 왜 그럴까?

우선, 두 식은 형태가 서로 다르다. 상대적으로 $A=(x-1)^3$는 간결하고 $B=x^3-3x^2+3x-1$는 복잡하다. 이것이 의미하는 바는 무엇일까? 바로 '계산 횟수가 다르다'는 것이다.

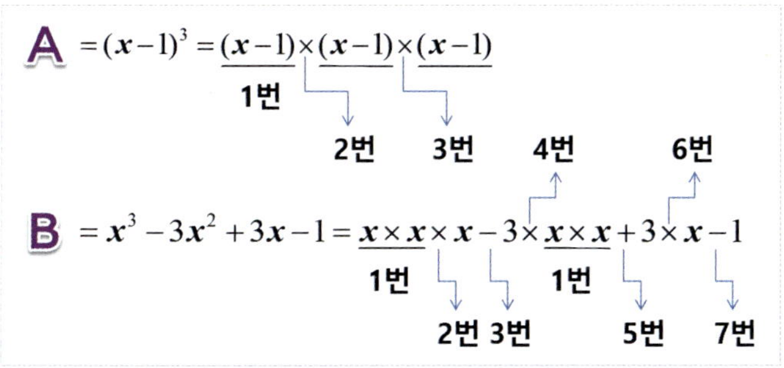


여기서 B의 계산횟수를 셀 때, $\underline{x \times x}$ 를 1번으로 세었다. 손계산을 할 때, 동일한 계산은 앞서 계산한 결과를 사용하면 되므로 두 번 계산할 필요가 없기 때문이다.

- **계산횟수가 줄어들면, 계산시간은 줄어든다.**

따라서 동일한 값을 대입하는 계산을 하더라도 A가 B보다 이론적으로 약 2.33배 (A:B=3:7) 더 빠른 계산 결과를 얻는다고 할 수 있다. 실제로도 그럴까?

공학프로그램으로 두 식의 문자(x)에 동일한 값 x=0.99999를 대입하여 계산에 소요되는 시간을 측정, 비교해보자. 가정용 컴퓨터는 보통 1초에 5천만번의 사칙연산을 수행하는 계산 성능을 가지고 있다. 따라서 두 식의 계산속도를 상대적으로 비교하기 위하여 두 식 모두 x=0.99999를 1억($10^8$)번 반복 대입하는 계산으로 실험하였다.

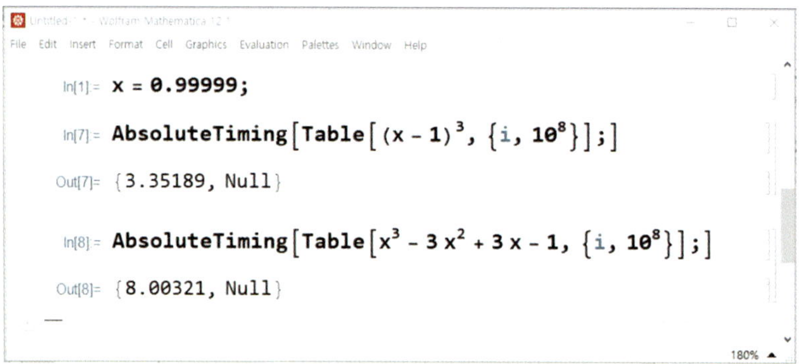


동영상_75.1.0

실험결과 $A=(x-1)^3$는 3.35189초, $B=x^3-3x^2+3x-1$는 8.00321초 소요되었다. 즉, A가 B보다 약 2.39배 더 빠른 결과를 보인다. 이는 이론적으로 예상해 본 2.33배(A:B=3:7)와 상당히 흡사하다.

- **계산횟수가 줄어들면, 근삿값의 정확도는 높아진다.**

계산 횟수가 다른 두 식 A, B에 근삿값을 대입할 경우, 필연적으로 오차가 발생한다. 예를들어, 「1.25×1.25=1.5625」 계산에서 유효숫자를 세자리로 하면 「1.25×1.25≒1.56」이며, 0.0025 만큼의 오차가 발생하게 된다. 따라서 식이 포함하고 있는 계산의 횟수가 적을수록 오차의 발생 빈도 역시 줄어들기에 정확도는 높아지게 된다. 이 역시 공학프로그램을 활용한 실험으로 확인이 가능하다.

$A=(x-1)^3$ $B=x^3-3x^2+3x-1$

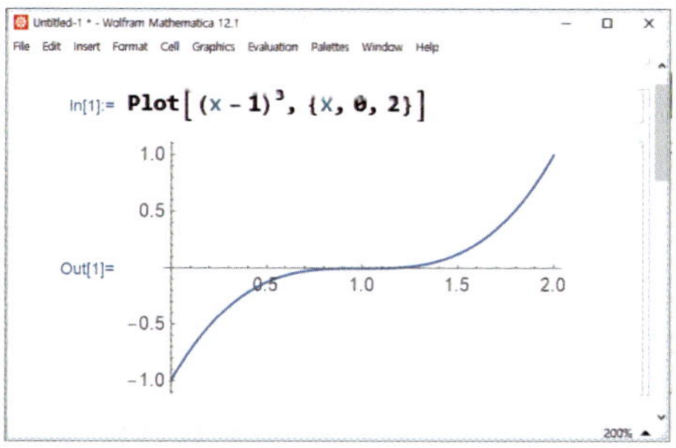


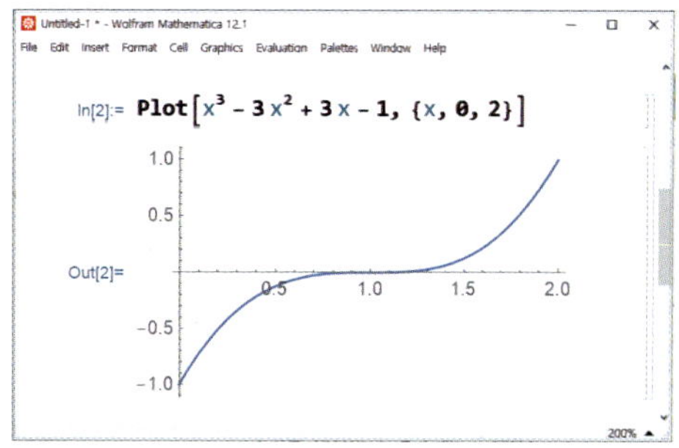


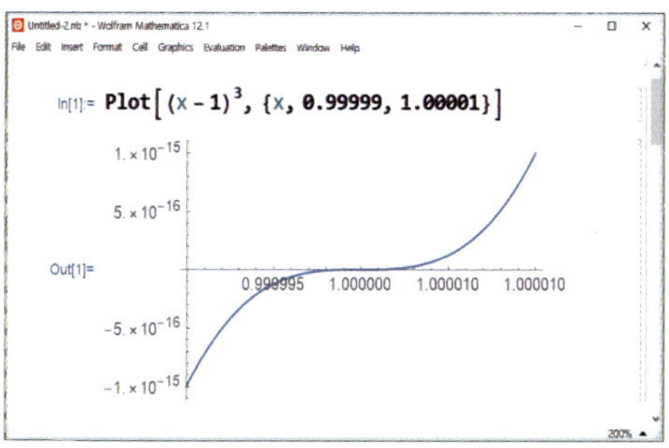


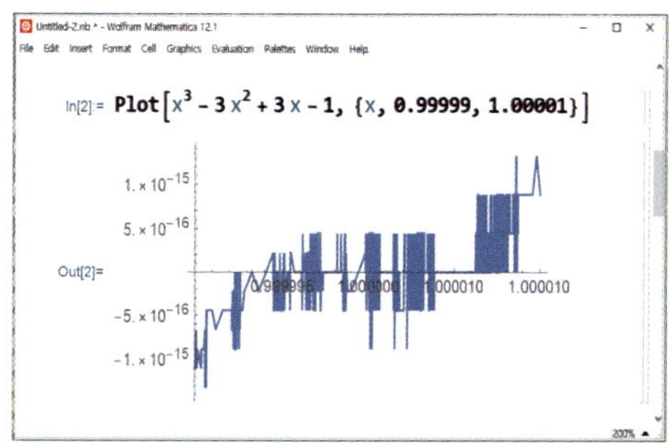


구간 $0 \le x \le 2$에서 두 식 $A=(x-1)^3$, $B=x^3-3x^2+3x-1$는 부드럽게 그려지는 그래프 형태로 서로 같다. 하지만, 이 구간을 10만배 확대한 $0.99999 \le x \le 1.00001$에서 두 식의 그래프는 그래프 형태가 서로 다른 출력 결과를 보여준다. A는 여전히 부드러운 곡선의 형태를 보이는 반면, B는 둘쭉날쭉한 형태를 보인다. 이는 무엇을 의미할까? 바로 오차의 크기를 의미한다. A보다 연산의 횟수가 더 많은 B는 미세한 구간에서 근삿값을 계산할 때, 유효숫자 처리과정(반올림)에서 '올림' 또는 '버림'으로 인한 계산 결과의 폭이 커지게 된다. 이와 같은 이유로 B의 그래프는 높이가 들쭉날쭉하게 된 것이다.

## 기술 경쟁력의 핵심, 최적화(Optimization)

결국 두 식 $A=(x-1)^3$, $B=x^3-3x^2+3x-1$는 겉으로는 같아보여도 그것을 활용하는 과정에서는 B보다 A가 계산 시간 및 정확성 측면에서 모두 우월하다. 이와 같은 식을 수학에서는 '수학적 특성이 좋은 식' 또는 '최적화 된 식' 이라고 부른다. 서로 비슷한 성능을 갖춘 두 제품(하드웨어)이 있을 때, 「어떻게 식(또는 알고리즘)을 처리하는가」에 따라 그 성능의 차이가 발생할 수 있다는 얘기다. 바로 이것이 초간격으로 좁혀진 기술의 경쟁에서 우위를 확보하는 핵심임을 새삼느낀다.

# 76. 컴퓨터로 우연히 찾은 특이한 규칙이탈 현상

컴퓨터는 수학과 과학 분야에서 새로운 발견 과정의 혁신적 도구가 된 지 오래다. 이는 연구 · 개발자뿐만 아니라, 학습자에게도 마찬가지다. 이 글을 쓰고 있는 본인도 20년 넘도록 수학교육을 해 오면서 '당연히 그러할 것'이라고 생각해왔던 예측들을 컴퓨터의 연산을 통하여 뒤늦게 깨닫기도 하였다. 다음은 컴퓨터를 이용하여 우연히 발견한 다항식 「$x^n-1$」에서 찾은 특이한 규칙이탈 현상을 소개한다.

## 다항식의 전개와 인수분해

곱셈으로 표현된 다항식을 분배법칙으로 계산하는 과정을 전개라고 하며, 그 역의 과정을 인수분해라고 한다.

$$(x-1)(x+1) \underset{\text{인수분해}}{\overset{\text{전개}}{\rightleftarrows}} x^2-1$$

이때, 인수분해 된 식은 $(x-1)(x+1)=(1 \cdot x-1)(1 \cdot x+1)$ 이므로 이 식의 문자 앞에 곱해진 숫자(계수)는 오직 −1, +1 뿐이다. 이제 공학프로그램을 이용하여 다항식 「$x^n-1$」 형태를 자연수 n=1부터 n=100까지 인수분해 해보자.

$$x^{100}-1=$$

$$(x-1)(x+1)(x^2+1)$$
$$(x^4-x^3+x^2-x+1)(x^4+x^3+x^2+x+1)$$
$$(x^8-x^6+x^4-x^2+1)(x^{20}-x^{15}+x^{10}-x^5+1)$$
$$(x^{20}+x^{15}+x^{10}+x^5+1)(x^{40}-x^{30}+x^{20}-x^{10}+1)$$

동영상_76.1.0

보는바와 같이, 「$x^2-1$」부터 「$x^{100}-1$」까지 인수분해 된 식의 문자 앞에 곱해진 숫자는 오직 −1과 +1로 이루어져 있다.

**참고** 고등학교에서 다항식 「$x^n-1$」 형태의 인수분해가 아래와 같은 규칙을 갖는다는 사실을 배운적이 있는데, 여기에서도 인수분해 된 식의 문자 앞에 곱해진 숫자는 오직 −1, +1 뿐임을 알 수 있다.

$$x^2-1 = (x-1)(x+1)$$
$$x^3-1 = (x-1)(x^2+x+1)$$
$$x^4-1 = (x-1)(x^3+x^2+x+1)$$
$$x^5-1 = (x-1)(x^4+x^3+x^2+x+1)$$
$$x^6-1 = (x-1)(x^5+x^4+x^3+x^2+x+1)$$
$$x^7-1 = (x-1)(x^6+x^5+x^4+x^3+x^2+x+1)$$

... 중간생략 ...

$$x^n-1 = (x-1)(x^{n-1}+x^{n-2}+x^{n-3}+x^{n-4}+ \ldots\ldots +x^4+x^3+x^2+x+1)$$

그렇다면... 모든 자연수 n에 대하여,

### 다항식 「$x^n-1$」를 인수분해한 식의 문자 앞에 곱해진 숫자는 항상 −1, +1 뿐일까?

학교에서 20년 넘도록 학생들에게 수학을 가르치는 본인 역시도 '당연히 그러할 것'이라고 생각해왔다. 하지만, 이러한 추측은 불과 5년전 아주 우연한 순간에 '그렇지 못함'을 발견하게 되었다.

$$x^{105}-1 =$$

$$(x-1)(x^2+x+1)(x^4+x^3+x^2+x+1)$$
$$(x^6+x^5+x^4+x^3+x^2+x+1)(x^8-x^7+x^5-x^4+x^3-x+1)$$
$$(x^{12}-x^{11}+x^9-x^8+x^6-x^4+x^3-x+1)$$
$$(x^{24}-x^{23}+x^{19}-x^{18}+x^{17}-x^{16}+x^{14}-x^{13}+x^{12}-x^{11}+x^{10}-x^8+x^7-x^6+x^5-x+1)$$
$$(x^{48}+x^{47}+x^{46}-x^{43}-x^{42}\boxed{-2x^{41}}-x^{40}-x^{39}+x^{36}+x^{35}+x^{34}+x^{33}+x^{32}+x^{31}-x^{28}-x^{26}-x^{24}-x^{22}-x^{20}+x^{17}+x^{16}+x^{15}+x^{14}+x^{13}+x^{12}-x^9-x^8\boxed{-2x^7}-x^6-x^5+x^2+x+1)$$

바로 다항식 「$x^{105}-1$」의 인수분해에서 최초로 −1과 +1이 아닌, 다른 숫자 −2가 등장하였다. 하지만, 그 이후에는 좀처럼 나타나지 않다가 「$x^{165}-1$」에서 또다시 다른 숫자 +2가 등장하는데, 이번에는 그 빈도수가 꽤 많다.

$$x^{165}-1=$$

$$(x-1)\ (x^2+x+1)\ (x^4+x^3+x^2+x+1)$$
$$(x^8-x^7+x^5-x^4+x^3-x+1)$$
$$(x^{10}+x^9+x^8+x^7+x^6+x^5+x^4+x^3+x^2+x+1)$$
$$(x^{20}-x^{19}+x^{17}-x^{16}+x^{14}-x^{13}+x^{11}-x^{10}+x^9-x^7+x^6-x^4+x^3-x+1)$$
$$(x^{40}-x^{39}+x^{35}-x^{34}+x^{30}-x^{28}+x^{25}-x^{23}+x^{20}-x^{17}+x^{15}-x^{12}+x^{10}-x^6+x^5-x+1)$$
$$(x^{80}+x^{79}+x^{78}-x^{75}-x^{74}-x^{73}-x^{69}-x^{68}-x^{67}+x^{65}+\boxed{2x^{64}}+\boxed{2x^{63}}+x^{62}-x^{60}-x^{59}-x^{58}-x^{54}-x^{53}-x^{52}+x^{50}+\boxed{2x^{49}}+\boxed{2x^{48}}+\boxed{2x^{47}}+x^{46}-x^{44}-x^{43}-x^{42}-x^{41}-x^{40}-x^{39}-x^{38}-x^{37}-x^{36}+x^{34}+\boxed{2x^{33}}+\boxed{2x^{32}}+\boxed{2x^{31}}+x^{30}-x^{28}-x^{27}-x^{26}-x^{22}-x^{21}-x^{20}+x^{18}+\boxed{2x^{17}}+\boxed{2x^{16}}+x^{15}-x^{13}-x^{12}-x^{11}-x^7-x^6-x^5+x^2+x+1)$$

'얼마나 더 있을까?'라는 생각에 「$x^n-1$」을 n=1부터 n=1000까지 인수분해를 해보았더니, 다음과 같은 n값에서 −1과 +1이 아닌, 다른 숫자(−2, +2)가 출현하였다.

105, 165, 195, 210, 255, 273, 285, 315, 330, 345, 357, 385, 390, 420, 429, 455, 495, 510, 525, 546, 555, 561, 570, 585, 595, 609, 615, 627, 630, 645, 660, 665, 690, 705, 714, 715, 735, 759, 765, 770, 777, 780, 795, 805, 819, 825, 840, 855, 858, 897, 910, 935, 945, 957, 969, 975, 987, 990

특히, 「$x^{595}-1$」의 인수분해 식에서는 그동안 출현해왔던 다른 숫자(−2, +2) 이외의 새로운 숫자(+3)가 등장하기도 하였다.

$x^{595}-1=$

$(x-1)\,(x^4+x^3+x^2+x+1)\,(x^6+x^5+x^4+x^3+x^2+x+1)$
$(x^{16}+x^{15}+x^{14}+x^{13}+x^{12}+x^{11}+x^{10}+$
$x^9+x^8+x^7+x^6+x^5+x^4+x^3+x^2+x+1)$
$(x^{24}-x^{23}+x^{19}-x^{18}+x^{17}-x^{16}+x^{14}-x^{13}+$
$x^{12}-x^{11}+x^{10}-x^8+x^7-x^6+x^5-x+1)$

······ 중간생략 ······

$x^{242}+2x^{241}+3x^{240}+2x^{239}+2x^{238}+x^{237}-x^{235}-x^{234}-$
$x^{233}+x^{230}+2x^{229}+2x^{228}+x^{227}+x^{226}-x^{224}-2x^{223}-$
$2x^{222}-2x^{221}-x^{220}-x^{219}+x^{217}+x^{216}+x^{214}-x^{212}-x^{211}-$
$x^{55}-x^{54}-x^{53}-x^{52}-x^{46}-x^{45}-x^{44}-x^{43}-x^{42}+x^{39}+x^{38}+$

······ 중간생략 ······

$x^{18}-x^{17}-x^{11}-x^{10}-x^9-x^8-x^7+x^4+x^3+x^2+x+1)$

대체 어떠한 n값에 대하여, 「$x^n-1$」의 인수분해 식은 특이한 숫자가 등장하는 것일까?

**다항식 「$x^n-1$」의 이탈계수**

자연수 n에 대하여, 다항식 「$x^n-1$」 형태를 인수분해한 식의 문자 앞에 곱해진 숫자(계수)는

(1) n이 3개 이상의 서로 다른 홀수인 소수(prime number)들의 곱셈으로 표현될 때, −1, +1 이외의 숫자가 나타난다.
(2) 특히, 이러한 n값은 위의 규칙을 따르는 소수들의 곱셈으로 많이 표현될수록 −1, +1 이외의 더욱 큰 숫자들이 나타난다.
(3) 하지만, 이러한 n값이 어떠한 경우에 −1, +1 이외의 얼마나 큰 숫자가 나타나는지는 예상할 수 없는 임의성을 가지고 있다.

이 규칙에 따르면, 다항식 「$x^{105}-1$」은 $n=105=3\times5\times7$이고 「$x^{595}-1$」은 $n=595=5\times7\times17$이므로 인수분해 한 식에서 −1, +1 이외의 숫자가 출현한 것이다. 물론, 위에서 컴퓨터를 이용하여 계산해본 n=1부터 n=1000까지 「$x^n-1$」의 인수분해 결과에서 하나씩 찾아낸 n 또한 모두 3개 이상의 서로 다른 홀수인 소수(prime number)들의 곱셈으로

표현된 값들이다.

| 105, 165, 195, 210, 255, 273, 285, 315, 330, 345, 357, 385, 390, 420, 429, 455, 495, 510, 525, 546, 555, 561, 570, 585, 595, 609, 615, 627, 630, 645, 660, 665, 690, 705, 714, 715, 735, 759, 765, 770, 777, 780, 795, 805, 819, 825, 840, 855, 858, 897, 910, 935, 945, 957, 969, 975, 987, 990 |
|---|

이제, 마지막으로 컴퓨터를 이용하여 「$x^n-1$」의 인수분해로부터 '얼마나 큰 숫자까지 얻을 수 있는가' 도전해보자. 여기서는 $n=3\times5\times7\times11\times13\times43=645645$. 즉, 「$x^{645645}-1$」라는 엄청난 식의 인수분해에서 발생되는 숫자의 탐색을 시도해보았다.

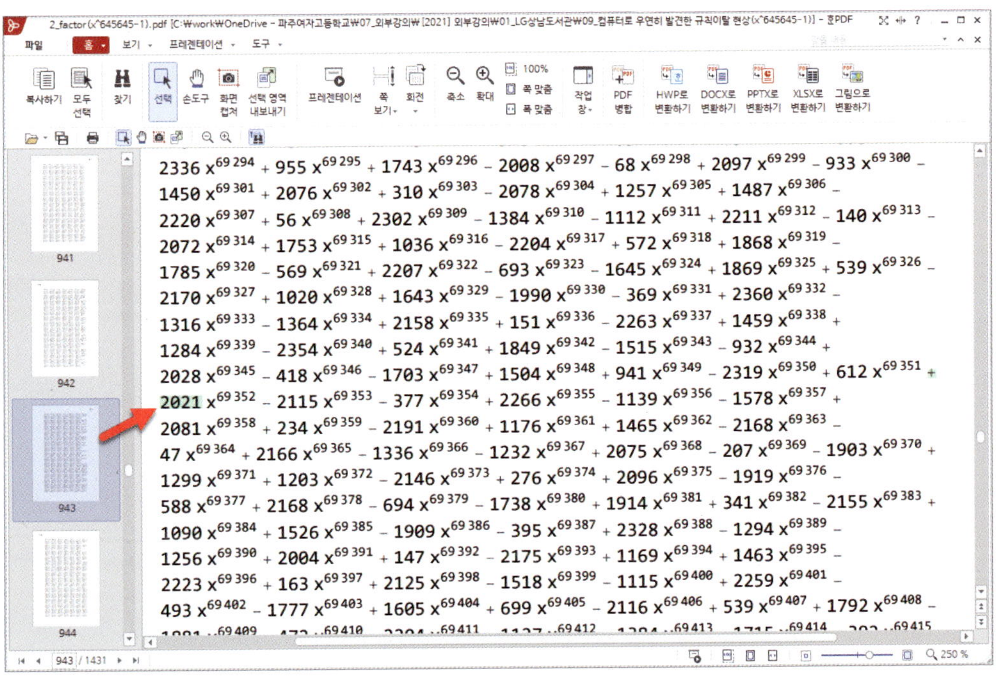


동영상_76.2.0

QR코드로 페이지를 열면,
「$x^{645645}-1$」를 인수분해 한 식의 PDF파일을 다운받을 수 있으며,
다양한 n값에 따른 「xn-1」의 인수분해를 탐색할 수 있는 실험문서가 있다.

공학프로그램으로 다항식 「$x^{645645}-1$」을 인수분해 하는데 소요된 시간은 약 10분이며, 그 분량은 A4용지로 1,431페이지에 이른다. 이 식의 앞쪽에는 대부분 -1, +1로 구성되어 있지만, 뒤쪽으로 갈수록 그 이외의 더욱 다양하고 큰 숫자들이 아주 많이 나타난다. PDF 문서로 저장한 파일에서 찾기(CTRL+F) 기능을 활용하면 인수분해된 식의 전체 형태를 살펴볼 수 있으며, 아래와 같이 특별한 숫자(2021)의 존재성도 확인이 가능하다.

수학이나 과학을 탐구하는 이들에게 '새로운 발견'은 가장 즐겁고 행복한 순간이다. 이후 저자는 이러한 현상이 발생하는 수학적인 근거를 찾아 연구보고서를 발표하였으며, 이를 모두에게 공유하였다.

연구보고서

# 77. 인간 vs 인공지능, 가위바위보 승자는?

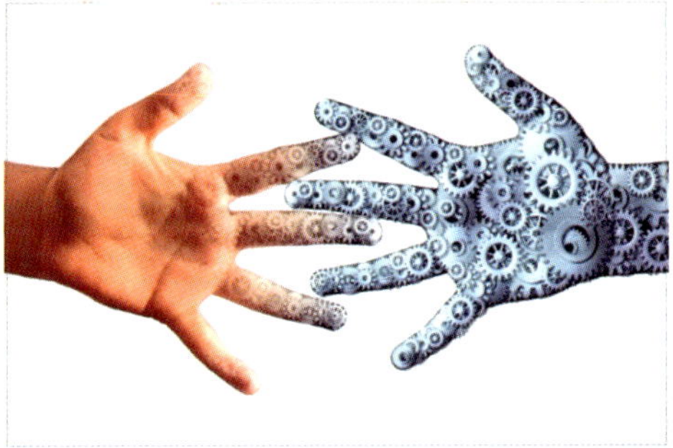

인간과 인공지능이 가위바위보 게임을 하면 누가 이길까?

2017년 11월 4일.

서강대학교에서 '인간 vs 인공지능' 가위바위보 대회가 개최되었다. 대회는 인간 부문 참가자 100명, 각자의 나름의 방법으로 알고리즘을 설계한 인공지능 부문 참가자 19팀이 참여하였다. 천만 원의 상금이 걸린 이 대결의 최종 승자는 인간 이였다. 7판 4선승 대결에서, 처음 3판을 인공지능에게 내어준 인간은 이후 3대3 동점까지 만든 후, 마지막 극적인 승리로 역전에 성공하였다고 한다. 당시 대회의 참가자들의 인공지능 알고리즘이 어떻게 설계되었는지 알 수 없으나, 7번의 짧은 대결이었음을 미루어 짐작하면 '가위바위보에 대한 인간의 심리적인 성향'의 빅데이터까지 고려한 것으로 보인다.

## ▌인공지능 슈퍼-가위바위보 Brain

이번에 개발한 인공지능 '슈퍼-가위바위보'를 소개한다. 이것의 알고리즘 설계는 다음과 같다.

① 인간의 심리적인 성향은 고려하지 않는다.
따라서 처음 몇 게임은 임의로 가위, 바위, 보를 선택하여 낸다.

② 게임의 횟수가 어느 정도 진행되면, 상대방의 패턴을 수학 · 통계적인 방법으로 분석하여 다음 게임에서 상대방이 가위, 바위, 보를 낼 확률을 각각 계산한다.

③ 이중 가장 확률이 높은 것을 선택하고, 다음 게임에서 그것을 이길 수 있는 가위, 바위, 보를 선택한다.

## 인공지능(슈퍼-가위바위보)은 인간의 규칙을 인식하는가?

우선 테스트를 하여보자.

• 게임1. 인간은 '가위⇨바위⇨보'를 반복하여 내어본다.

인공지능(AI)과의 대결 결과는 '3승 9패'이다. 그나마 처음 규칙에 대한 노출이 없는 앞의 7게임에서 3승 3무 1패로 선전하였으나, 이후 2번의 반복이 노출되자 인공지능(AI)에게 전패를 당하였다.

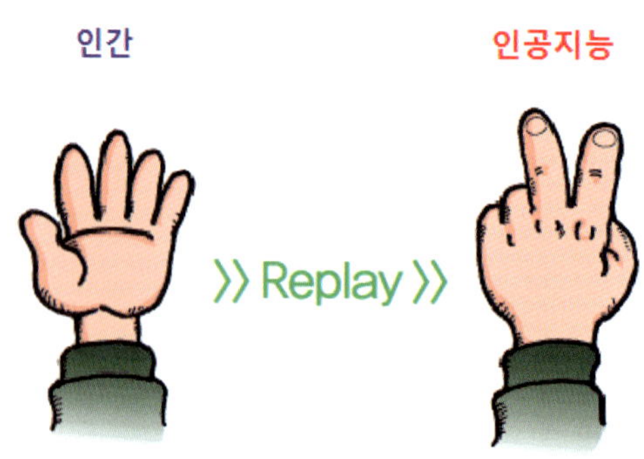


| | 인간 | 인공지능 |
|---|---|---|
| 승리 | 3 | 9 |
| 확률 | 0.2500 | 0.7500 |

동영상_77.1.0

게임의 과정을 표로 정리해 보면 다음과 같다.

| 횟수 | 1 | 2 | 3 | 4 | 5 | 6 | 7 | 8 |
|---|---|---|---|---|---|---|---|---|
| 인간 | 가위 | 바위 | 보 | 가위 | 바위 | 보 | 가위 | 바위 |
| A I | 가위 | 바위 | 바위 | 바위 | 바위 | 바위 | 보 | 보 |
| 결과 | · | · | 승 | 패 | · | 승 | 승 | 패 |

| 횟수 | 9 | 10 | 11 | 12 | 13 | 14 | 15 | … |
|---|---|---|---|---|---|---|---|---|
| 인간 | 보 | 가위 | 바위 | 보 | 가위 | 바위 | 보 | … |
| A I | 가위 | 바위 | 보 | 가위 | 바위 | 보 | 가위 | … |
| 결과 | 패 | 패 | 패 | 패 | 패 | 패 | 패 | … |

• 게임2. 위의 상황에서 인간은 '보➪바위➪가위' 로 패턴을 변경, 반복하여 내어본다.

앞에서 인간이 '가위➪바위➪보' 패턴으로 내다가 '보➪바위➪가위'와 같이 패턴을 바꾸자 인공지능(AI)은 게임 초반에 어려움을 겪는다. 새로운 패턴으로 대응하는 인간의 규칙을 아직 찾아내지 못하였기 때문이다. 하지만 새로운 패턴이 몇 차례 반복된 후, 인공지능은 다시 승리를 되찾아 간다. 이번 게임 인간의 전적은 '3승 7패' 현재까지의 총 전적은 '6승 16패'다.

| | 인간 | 인공지능 |
|---|---|---|
| 승리 | 6 | 16 |
| 확률 | 0.2727 | 0.7273 |

동영상_77.2.0

| 횟수 | 1 | 2 | 3 | 4 | 5 | 6 | 7 | 8 | 9 | … |
|---|---|---|---|---|---|---|---|---|---|---|
| 인간 | 보 | 바위 | 가위 | 보 | 바위 | 가위 | 보 | 바위 | 가위 | … |
| A I | 바위 | 바위 | 가위 | 보 | 가위 | 가위 | 보 | 가위 | 가위 | … |
| 결과 | 승 | • | • | • | 승 | • | • | 승 | • | … |

| 횟수 | 10 | 11 | 12 | 13 | 14 | 15 | 16 | 17 | 18 | … |
|---|---|---|---|---|---|---|---|---|---|---|
| 인간 | 보 | 바위 | 가위 | 보 | 바위 | 가위 | 보 | 바위 | 가위 | … |
| A I | 보 | 보 | 바위 | 보 | 보 | 바위 | 가위 | 보 | 바위 | … |
| 결과 | • | 패 | 패 | • | 패 | 패 | 패 | 패 | 패 | … |

• 게임3. 위의 상황에서 인간은 한 번 더 '보⇨가위⇨보⇨가위'로 패턴을 변경, 반복하여 내어본다.

| | 인간 | 인공지능 |
|---|---|---|
| 승리 | 9 | 30 |
| 확률 | 0.2308 | 0.7692 |

동영상_77.3.0

| 횟수 | 1 | 2 | 3 | 4 | 5 | 6 | 7 | 8 | 9 | … |
|---|---|---|---|---|---|---|---|---|---|---|
| 인간 | 보 | 가위 | 보 | 가위 | 보 | 가위 | 보 | 가위 | 보 | … |
| A I | 가위 | 보 | 보 | 보 | 가위 | 보 | 가위 | 바위 | 가위 | … |
| 결과 | 패 | 승 | · | 승 | 패 | 승 | 패 | 패 | 패 | … |

| 횟수 | 10 | 11 | 12 | 13 | 14 | 15 | 16 | 17 | 18 | … |
|---|---|---|---|---|---|---|---|---|---|---|
| 인간 | 가위 | 보 | 가위 | 보 | 가위 | 보 | 가위 | 보 | 가위 | … |
| A I | 바위 | 가위 | 바위 | 가위 | 바위 | 가위 | 바위 | 가위 | 바위 | … |
| 결과 | 패 | 패 | 패 | 패 | 패 | 패 | 패 | 패 | 패 | … |

이번에도 역시 앞에서 인간이 '보➪바위➪가위' 패턴으로 내다가 '가위➪보➪가위➪보'와 같이 패턴을 바꾸자 인공지능(AI)은 게임 초반 승률이 떨어진다. 하지만 이번에는 인간의 새로운 패턴이 앞에서 보다 단조로움에 좀 더 빨리 규칙을 찾고 전승을 이어간다. 이번 게임 인간의 전적은 '3승 14패' 현재까지의 총 전적은 '9승 30패'다.

## 인공지능(슈퍼-가위바위보)을 이길 수 있는 방법은?

인공지능과의 대결에서 항상 승리(50% 이상의 승률)하는 방법은 없다. 다만, 승리할 수 있는 가능성을 품은 '가위바위보' 전략은 있다. 바로 '최대한 불규칙하게 가위바위보 게임을 진행하는 것'이다. 이렇게 진행을 할 수만 있다면, 무작위로 내는 '가위바위보' 게임에서의 기대 승률인 50% 내외로 근접할 수 있다.

자~ 그럼 이제 마지막으로 인공지능(슈퍼-가위바위보)과 진검승부를 해보자!! 게임은 10승 선승제로 한다.

• 진검승부. 인간 vs 인공지능(슈퍼-가위바위보)

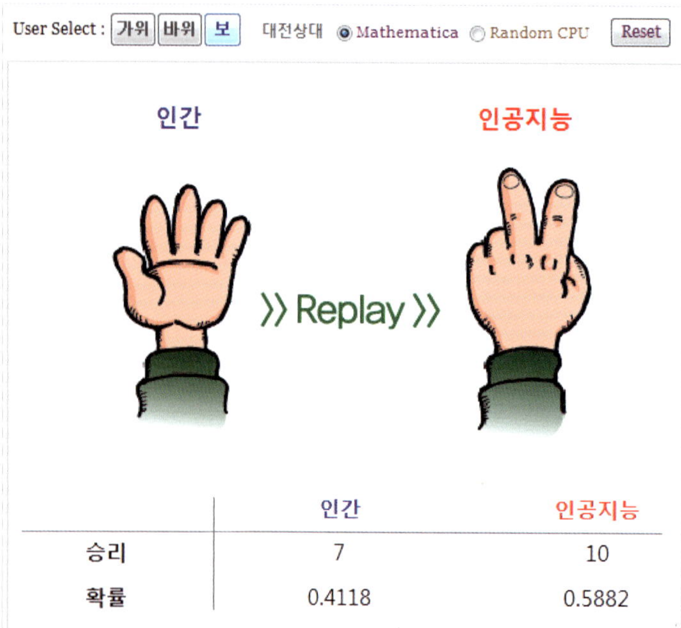


동영상_77.4.0

| 횟수 | 1 | 2 | 3 | 4 | 5 | 6 | 7 | 8 | 9 | 10 | 11 | 12 |
|---|---|---|---|---|---|---|---|---|---|---|---|---|
| 인간 | 바위 | 보 | 가위 | 보 | 바위 | 보 | 바위 | 보 | 바위 | 가위 | 바위 | 가위 |
| A I | 바위 | 바위 | 바위 | 가위 | 바위 | 가위 | 바위 | 가위 | 바위 | 가위 | 보 | 가위 |
| 결과 | · | 승 | 패 | 패 | · | 패 | · | 패 | · | · | 패 | · |

| 횟수 | 13 | 14 | 15 | 16 | 17 | 18 | 19 | 20 | 21 | 22 | 23 | 24 |
|---|---|---|---|---|---|---|---|---|---|---|---|---|
| 인간 | 가위 | 가위 | 바위 | 가위 | 보 | 가위 | 바위 | 보 | 보 | 보 | 바위 | 보 |
| A I | 보 | 바위 | 가위 | 보 | 바위 | 가위 | 보 | 바위 | 바위 | 가위 | 보 | 가위 |
| 결과 | 승 | 패 | 승 | 승 | 승 | · | 패 | 승 | 승 | 패 | 패 | 패 |

24전 7승 7무 10패(승률41.18%)

경기초반 운이 없었다. 처음 12게임에서 인간은 '1승 6무 5패'를 하며 게임의 주도권을 상대방(인공지능)에게 빼앗기고 말았다. 그러함에도 인간은 최대한의 집중력으로 불규칙하게 내면서 상대방의 패턴을 찾고자 힘썼다. 게임 중후반 '7승 7무 7패'까지 따라붙었지만, 마지막 세 판을 내리 내어주며 최종 전적 '7승 7무 10패'로 인공지능(슈퍼-가위바위보)에게 패하고 말았다. 이와 같은 대결을 여러 번 해보았지만, 인간이 50% 이상의 승률을 얻는 것보다 인공지능이 50% 이상의 승률을 가져가는 경우가 더욱 많았다. 인간은 나름대로 불규칙하게 가위바위보 게임을 하였지만 인공지능(슈퍼-가위바위보)은 인간 스스로도 인식하지 못한 은연중의 미세한 인간의 습관을 바라보았는지도 모를 일이다. 이처럼 단순한 '가위바위보' 게임에서도 쉽지 않은 인공지능과의 대결인데, 무한에 가까운 경우의 수를 갖는 바둑으로 인공지능(알파고)에게 1승을 거둔 '인간 이세돌'이 경이롭기만 하다.

AI가위바위보

QR코드로 페이지를 열면,
패턴학습을 하는 인공지능과
가위바위보 대결을 할 수 있는 실험문서가 제공된다.

# 78. 웹캠, 인공지능의 눈이 되다!

4차 산업시대로 진입하고 있는 오늘날, 인공지능(Artificial Intelligence, AI)이라는 표현에 익숙해진 우리지만 그것을 구현하는 것은 전문적인 엔지니어들의 몫이라고만 생각하는 것이 일반적이다.

일반인들도 인공지능(AI) 시스템을 만들 수 있을까?

인공지능의 핵심은 '기계학습(Machine Learning)'이다. 이것을 우리가 직접 설계할 수는 없지만, 근래 상용화되어 있는 고급 소프트웨어에서는 인공지능과 관련된 다양한 명령어들이 개발되어 지원되고 있다. 물론 아직은 대부분의 소프트웨어가 걸음마 수준이기는 하지만, 이를 활용하면 비교적 쉽게 간단한 인공지능 시스템의 구현이 가능하다.

### 인공지능 '슈퍼-가위바위보 EYE'

이번에 개발한 인공지능 '슈퍼-가위바위보 EYE'를 소개한다. 이것은 상대방(인간)과 가위바위보 게임을 할 때, 상대방이 낸 것을 순간적으로 카메라로 읽어 들이고 판독하여 그것을 이기는 가위 · 바위 · 보를 계산하는 인공지능 시스템으로, 개발을 위해 필요한 도구는 컴퓨터와 웹캠 그리고 소프트웨어(저자는 Mathematica를 이용하였다.) 뿐이다.

#### • 1단계. '가위 · 바위 · 보' 에 대한 이미지 정의

먼저, '슈퍼-가위바위보 EYE'에게 가위 · 바위 · 보를 학습시킬 자료를 만들어야 한다.

이는 웹 카메라로 다양한 형태의 가위, 바위, 보의 모습들을 만들어 그것이 무엇인지를 정의 내려주면 된다.

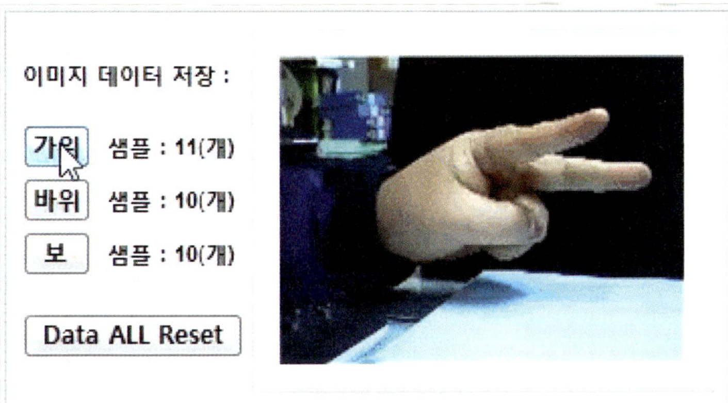


동영상_78.1.0

자료의 개수는 많을수록 정확성이 높아진다. 하지만 여기서는 구별해야 하는 이미지의 종류가 세 가지(가위 · 바위 · 보)에 불과하기에 각각 15개씩의 다양한 가위 · 바위 · 보에 대한 형태를 학습시키도록 자료로 만들어 놓았다.

• 2단계. 기계학습(Machine Learning)

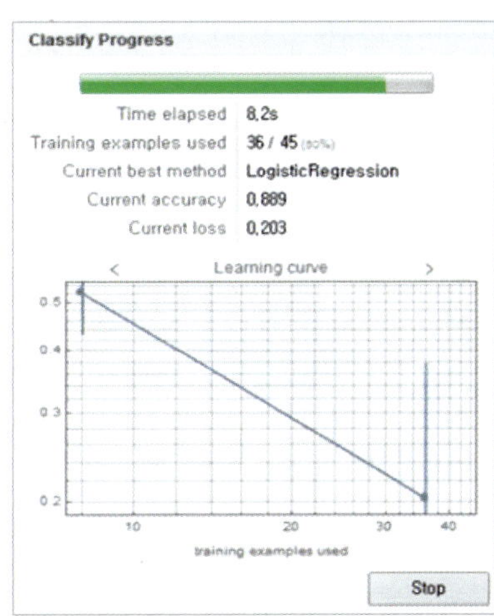


학습 자료가 만들어 졌으니, 이제는 이것을 '슈퍼-가위바위보 EYE'에게 학습을 시켜야 한다. 여기서 '슈퍼-가위바위보 EYE'의 정체는 저자가 코딩하고 있는 프로그램을 말하며, 학습은 각각의 가위 · 바위 · 보에 대한 이미지들의 특성을 분석하여 데이터로 만드는 과정을 의미한다. 이것을 '기계학습'이라고 부르는 것이다. 여기서는 기계학습 시켜야 할 이미지가 총 45개에 불과하므로 '슈퍼-가위바위보 EYE'의 학습시간은 10초 수준이다.

동영상_78.1.0

• 3단계. 테스트

학습이 제대로 되었는지 테스트를 해본다.

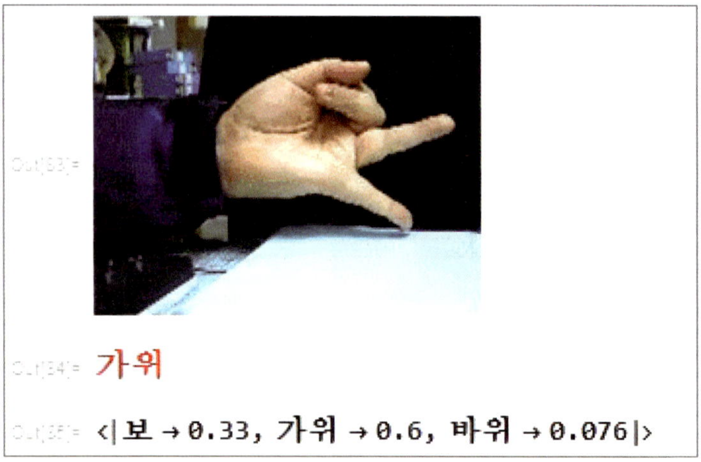


동영상_78.2.0

QR코드로 1단계(자료정의) 동영상(78.1.0)을 잘 관찰해보면,
위의 그림과 같은 가위의 형태는 학습시키지 않았음에도 인공지능은 이것을 가위로 인식하였다.

'슈퍼-가위바위보 EYE' 프로그램을 실행하고, 웹 카메라에 다양한 형태의 가위 · 바위 · 보를 만들어 본다. 이미 기계학습을 마친 '슈퍼-가위바위보 EYE'는 실 시각 화면에 보여 지는 영상의 이미지를 분석하여 이것이 어떤 학습된 데이터와 근접한지 연속적인 확률 값으로 보여준다. 위의 화면에서와 같이 가장 높은 확률 값을 취하는 것과 가위 · 바위 · 보의 형태가 100% 일치함을 볼 수 있다. 만약 일치하지 않은 부분이 있었다면, 그것에 해당하는 이미지를 추가 학습시켜주면 된다. 이것을 우리는 '강화학습'이라고 부른다.

• 4단계. 인공지능 시스템 '슈퍼-가위바위보 EYE' 완성

이제, 상대방의 실시각 모션에서 정확하게 가위 · 바위 · 보를 판독할 수 있으니, 그것을 이길 수 있는 가위 · 바위 · 보만 선택하여 거의 동시에 낼 수 있도록 설계만하면 인공지능 '슈퍼-가위바위보 EYE' 시스템이 완성된다. 이렇게 제작된 인공지능 '슈퍼-가위바위보 EYE'와 가위바위보 게임을 해보자.

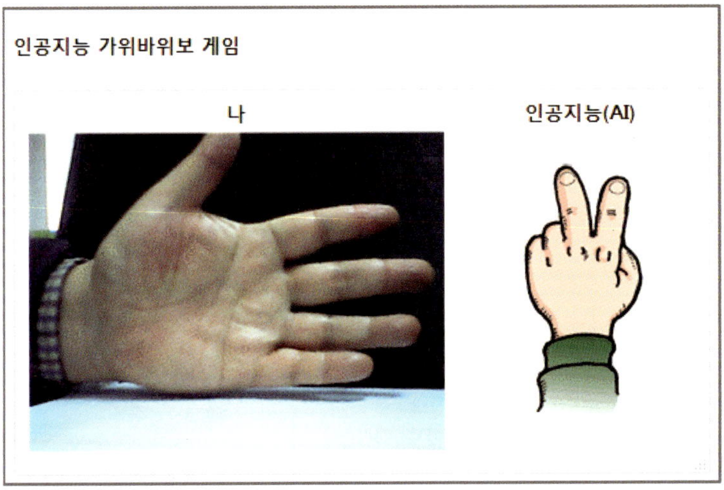


동영상_78.3.0

동영상(78.3.0)을 관찰해보자. 중간에 한 번 인간이 '바위'를 내었을 때, '바위'로 순간 대응하다 '보'로 즉각 수정 대응한 것을 제외하면 완벽하게 상대방의 모션을 판독하여 100% 승리를 이끌어 내었다. 여기서는 인간이 내는 순간과 인공지능 '슈퍼-가위바위보 EYE'가 내는 순간의 시간차가 조금 발생하지만, 좀 더 성능 좋은 컴퓨터를 이용했다면 그 차이를 인식하지 못할 정도의 순간적인 게임으로 보여 졌을 것이다. 물론 공정한 가위바위보 게임은 아니었지만, 찰나의 빠른 판독과 의사결정을 하는 인공지능 '슈퍼-가위바위보 EYE'의 모습을 보니 앞으로 다가올 인공지능의 세상이 그저 유토피아만 있을까 싶은 생각까지도 들게 한다.

# 79. 인공지능은 사람의 필기체를 인식할 수 있을까?

알파고(AlphaGo) 이후 음성인식 스피커, 자율주행 자동차 등 여러 분야에서 인공지능 기술을 적용한 콘텐츠가 개발되고 있다. 하지만 아직 까지는 모든 분야에서 완전한 인공지능의 구현이라기보다는 이에 근접하기 위한 단계적 기술의 진보가 이루어지고 있는 과정이라 보는 것이 맞을 것이다. 이중, 활발하게 개발이 진행되고 있는 부분 중 하나가 '음성인식'과 '글자 인식'이다.

## ▌인공지능은 사람의 필기체를 인식할 수 있을까?

사람의 음성을 인식하고 반응하는 인공지능 스피커가 상용화된 것에 반하여 사람이 쓴 필기체를 인식하는 콘텐츠는 거의 없다. 그만큼 음성인식보다 글자 인식의 기술이 더욱 어렵기 때문이다. 단순히 0~9까지의 숫자만 생각해봐도 사람들의 글씨체는 각양각색이다. 따라서 다양한 형태의 숫자를 인식하려면, 상당히 많은 글씨체의 샘플이 필요하고 이에 대한 기계학습(Machine Learning)이 이루어져야 한다. 다음의 사진은 숫자의 기계학습을 위해 만들어 놓은 'MNIST 데이터셋'의 일부다. 0~9까지의 다양한 손글씨 60,000개가 서버에 탑재되어 있다.

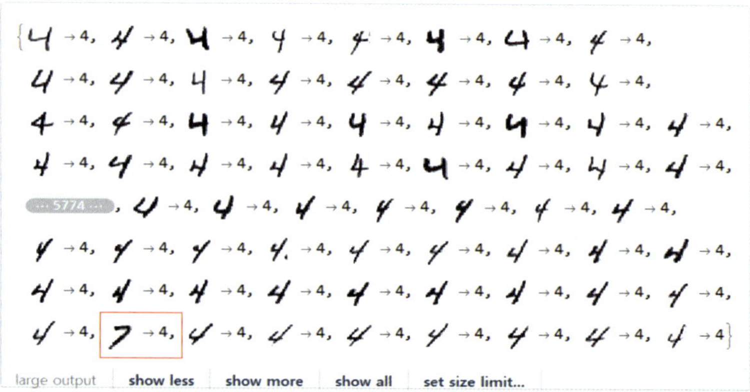


동영상_79.1.1

그림에서와 같이 6만개의 데이터 중에는 일부 숫자를 잘못 정의내린 오류가 있다. 하지만, 자료가 방대하여 학습에 크게 문제되지는 않는다.

## ▌어떻게 기계학습을 시킬것인가?

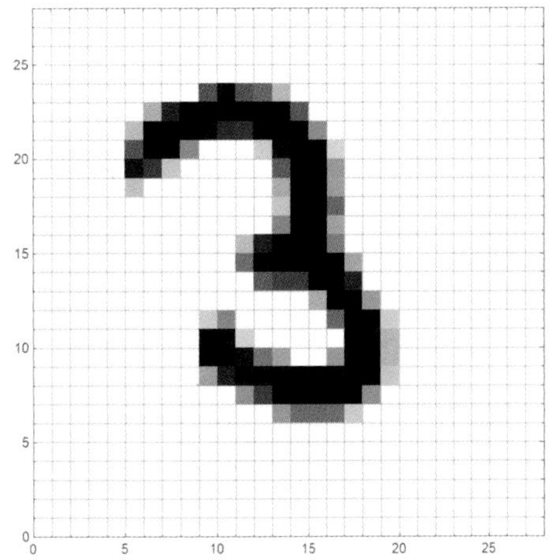


'MNIST 데이터셋'의 숫자 이미지는 가로×세로의 크기가 28(pixel)×28(pixel)로 이루어져 있고 필셀의 개수는 총 784개다. 각 픽셀을 $x_0$, $x_1$ ,$x_2$, $x_3$, …, $x_{783}$ 과 같이 표현하면 $x_i$=0(흰색) 또는 1(그 이외의 색)로 표현할 수 있다. 이때, $x_i$=1인 픽셀들의 위치가 해당 숫자가 그려진 위치다. 또한 60,000개의 0~9까지의 숫자 이미지를 A(=0), B(=1), C(=2), …, J(=9)로 그룹화하고, 각 그룹별 숫자들이 어떤 픽셀의 위치에 많이 분포되어 있는지를 분포율로 계산하여, 이 값을 각 픽셀에 대한 가중치(Weight)로 부여한다.

A그룹의 각 픽셀에 대한 가중치 : $w_{A0}$, $w_{A1}$, $w_{A2}$, $w_{A3}$, …, $w_{A783}$
B그룹의 각 픽셀에 대한 가중치 : $w_{B0}$, $w_{B1}$, $w_{B2}$, $w_{B3}$, …, $w_{B783}$
C그룹의 각 픽셀에 대한 가중치 : $w_{C0}$, $w_{C1}$, $w_{C2}$, $w_{C3}$, …, $w_{C783}$
……
J그룹의 각 픽셀에 대한 가중치 : $w_{J0}$, $w_{J1}$, $w_{J2}$, $w_{J3}$, …, $w_{J783}$

이제 이미지로 그려진 숫자는 0~9까지의 숫자 중, 무엇에 가까운지 다음과 같이 $H_A$, $H_B$, $H_C$, …, $H_J$를 계산하여 이중 가장 큰 값을 갖는 그룹에 해당하는 숫자로 이미지 안의 숫자를 판독하게 된다.

$$H_A = x_0 \cdot w_{A0} + x_1 \cdot w_{A1} + x_2 \cdot w_{A2} + x_3 \cdot w_{A3} + \cdots + x_{783} \cdot w_{A783}$$
$$H_B = x_0 \cdot w_{B0} + x_1 \cdot w_{B1} + x_2 \cdot w_{B2} + x_3 \cdot w_{B3} + \cdots + x_{783} \cdot w_{B783}$$
$$H_C = x_0 \cdot w_{C0} + x_1 \cdot w_{C1} + x_2 \cdot w_{C2} + x_3 \cdot w_{C3} + \cdots + x_{783} \cdot w_{C783}$$
$$\cdots\cdots$$
$$H_J = x_0 \cdot w_{J0} + x_1 \cdot w_{J1} + x_2 \cdot w_{J2} + x_3 \cdot w_{J3} + \cdots + x_{783} \cdot w_{J783}$$

**참고** 위의 설계식은 숫자 이미지 형태에 대한 '픽셀위치분포'라는 관점에서의 간단한 모델링 과정을 서술한 것이며, 실제로는 더욱 진화된 알고리즘을 사용하고 있다.

다음은 6만개 필기체 숫자에 대한 데이터로 사람의 손글씨(숫자)를 인식할 수 있는 인공지능 구현을 위하여 일반 PC로 기계학습(Machine Learning)을 하는 과정이다.

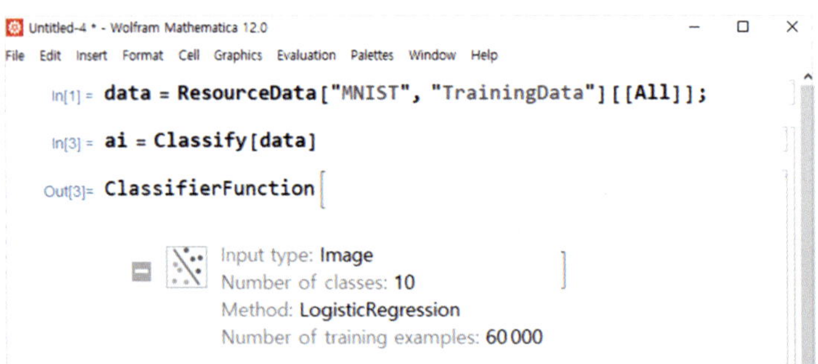


동영상_79.1.2

**참고** 'MNIST 데이터셋'에는 숫자 이미지에 대한 총 70,000개 데이터가 있는데 이 중 60,000개는 훈련용 데이터(TraingData)이고 10,000개는 테스트용 데이터(TestData)이다.

약 2분 동안 기계학습 된 '인공지능 숫자 인식 시스템'은 실시간으로 써지는 임의의 숫자에 대하여, 그것이 0~9까지의 숫자 중에 어떤 형태에 가까운지를 분석하여 확률적 값으로 계산해주며, 가장 높은 확률값을 갖는 것을 선택한다.

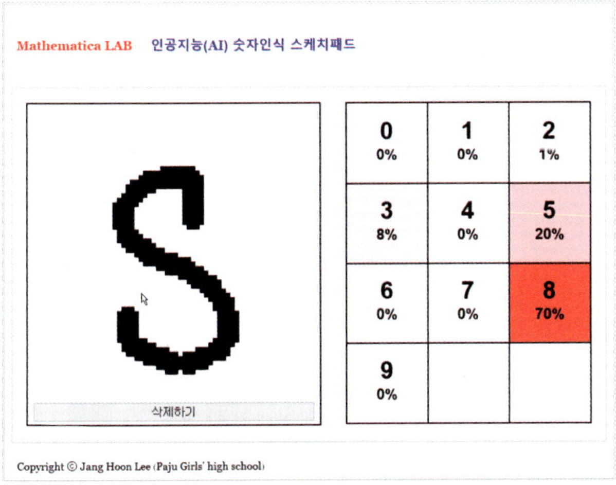


동영상_79.2.0

신뢰성을 검증해보기 위하여, 다양한 형태로 쓴 임의의 숫자 160개로 테스트해 본 결과 155개를 정확하게 인식하며 96.9%의 정확도를 보였다.

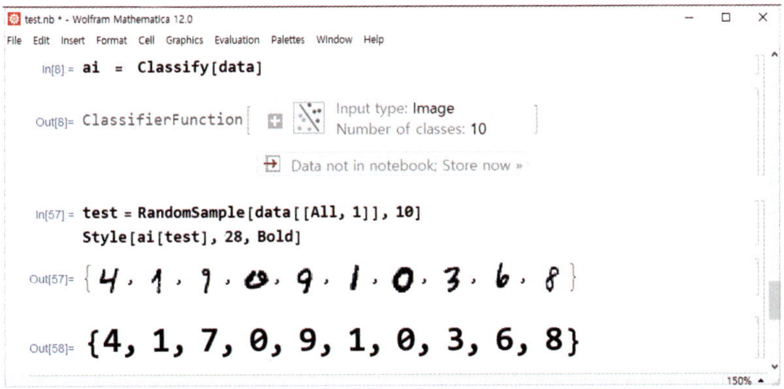


동영상_79.1.3

## 우편물 자동분류 시스템

'인공지능 숫자 인식 시스템'만 하여도 많은 분야에 적용할 수 있으며, 이중 대표적인 분야가 배송업체다. 고객이 물품에 적어놓은 우편번호나 전화번호 등의 기록을 사진으로 촬영하고 정보를 읽어 들여 고객정보와 수신처를 자동으로 전산 등록하며 지역을 분류해 낼 수 있다. 그동안은 물건이 거점센터에 집결되면 직원이 직접 컴퓨터에 정보들을 입력하고 데이터 라벨을 인쇄하여 부착하는 방식이었다. 하지만, 이것이 운송업체에 적용되기 위해서는 훨씬 더 높은 수준의 정확성이 요구된다. 흐릿하거나 기울어져 촬영된 사진, 입력 칸에 걸쳐 있거나 벗어나 쓰인 숫자, 사인펜으로 두껍게 쓰여 뭉쳐 보이는 숫자 등 다양한 글씨체와 상황에 대응해서도 99.99% 이상의 신뢰성을 요구하고 있다. 현재 이러한 부분들은 수학적인 이미지 분석기법을 통하여 거의 해결된 상태다.

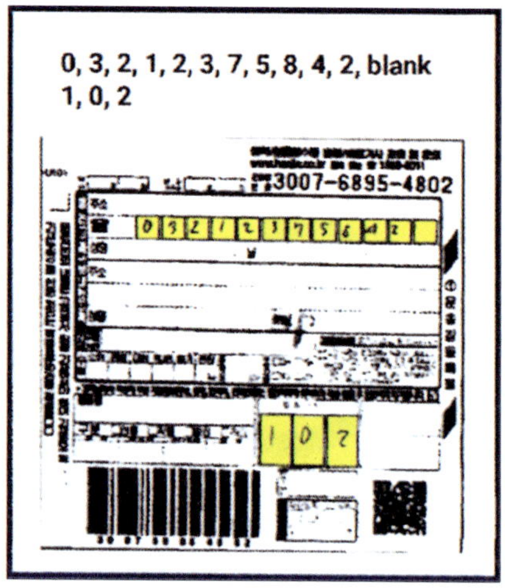


## ▌인공지능은 사람이 쓴 필기체 문장도 잘 인식할 수 있을까?

현재까지 상용화된 제품들의 기술 수준으로 미루어볼 때, 조금 더 개발의 시간이 필요해 보인다. 일단, 인쇄체에 대한 영문의 인식률은 상당히 높고, 한글 역시 우수한 편이다. 하지만 필기체에 대한 인식은 다양한 글씨체를 형태학적으로 분류하기가 쉽지 않다. 특히, 영문보다 한글이 더욱 그렇다.

### • 인쇄체 문장에 대한 인식(이미지로부터 텍스트를 추출)

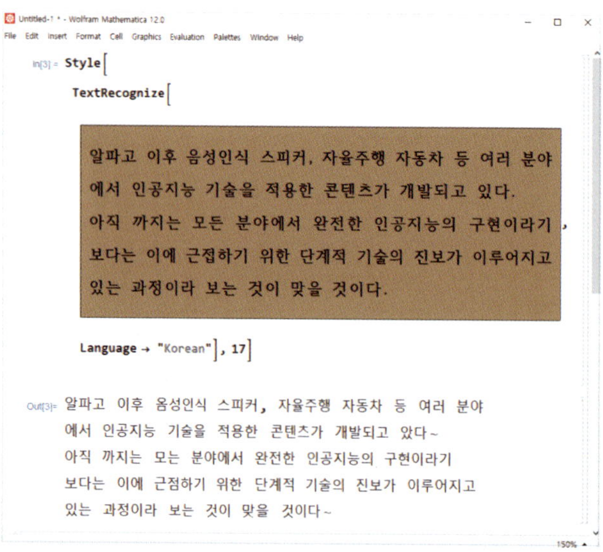


동영상_79.3.1

- **필기체 문장에 대한 인식(실시간 손글씨로부터 텍스트를 추출)**

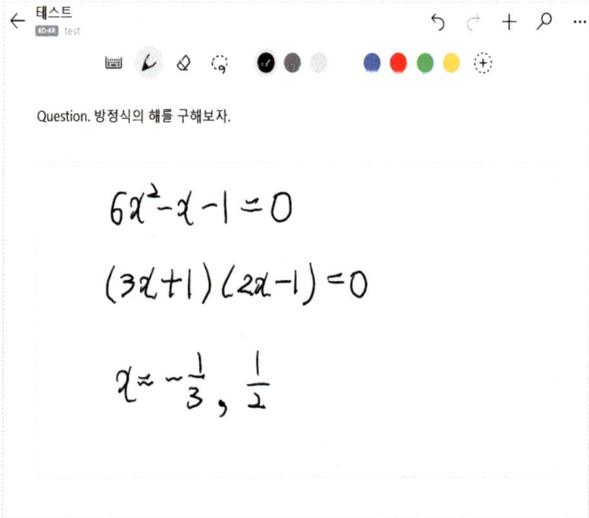


동영상_79.3.2

# 80. 인공지능 쇼핑몰, 고객의 스타일로 상품을 추천한다.

세계적인 온라인 쇼핑몰 '아마존'에서는 모바일 상에서 상품의 검색 방식을 기존의 키워드 방식에 더하여 이미지 검색까지 지원하고 있다. '스타일 스냅(Style Snap)'이라고 불리는 이 서비스는 상품의 정확한 명칭을 모르거나 비슷한 스타일의 상품을 찾고자 할 때 유용하다. 고객들은 자신이 원하는 의상 또는 기타 상품을 촬영하거나 이미지 파일을 올리면 인공지능이 이와 유사하거나 취향이 비슷한 상품을 제시하여 주는 서비스다. 아직까지는 만족할만한 수준에 도달하지 못하였지만, 향후 온라인몰에서는 이와 같은 서비스 기술을 적극적으로 개발하여 적용할 것이라 본다.

동영상_80.1.0

## 인공지능은 유사한 디자인을 어떻게 분류해낼까?

운동화를 예로 들어보자. 쇼핑몰에 탑재된 모든 운동화 이미지를 데이터(data)로 수집한다. 여기서는 60가지 종류의 운동화를 대상으로 하였지만, 실제는 수백에서 수천 가지 종류의 데이터일 것이다.

동영상_80.2.1

### 어떻게 기계학습을 시킬것인가?

60개로 구성된 전체 운동화의 이미지의 분류를 위해서는 각 이미지의 특성을 찾아 데이터로 표현하는 것이 가장 중요하다. 다음은 컨볼루션 신경망(Convolution Neural Network, CNN)이라 부르는 이미지 필터링 기법으로 특성 데이터를 계산한 모습이다. CNN에 대한 이해는 QR코드(동영상_80.2.2) 페이지의 영상을 참고하자.

60

```
{-0.0706733, -6.3291, -6.41144, -8.84152, 5.24939,
10.18, -4.21178, 0.770147, 1.03127, -7.24228,
3.24768, -3.15291, -7.93764, -4.45545, 3.46373,
-3.24943, 1.87416, -1.61585, -6.55429, 15.408,
-3.05169, 5.81958, -0.423221, 0.416988, -0.475669,
-3.73983, -3.1232, -0.968522, 4.33803, 3.87401,
7.72387, 0.417171, 6.33614, -5.4633, -3.85789,
-3.96325, -0.726667, 1.30596, 1.82995, 2.10292,
0.234242, -1.07007, 1.77375, 0.665367, -2.36405,
-0.872069, 1.48839, -1.04841, 1.09919, -0.792533,
1.26577, 1.4895, 1.00346, 0.620034, 0.498167,
-0.129038, 0.0625682, 0.606241, -0.0910344}
```

동영상_80.2.2

60개 운동화에 대한 데이터($X_1$, $X_2$, $X_3$, ⋯, $X_{60}$)와 내가 검색하려는 운동화 이미지 샘플을 Y라고 하면, 데이터 $X_i$와 샘플 Y는 각각 59개의 특성 데이터가 성분으로 구성되어 있다.

| 데이터 | 성분$_{(1)}$ | 성분$_{(2)}$ | 성분$_{(3)}$ | … | 성분$_{(59)}$ |
|---|---|---|---|---|---|
| $X_1$ | $x_{(1,1)}$ | $x_{(1,2)}$ | $x_{(1,3)}$ | … | $x_{(1,59)}$ |
| $X_2$ | $x_{(2,1)}$ | $x_{(2,2)}$ | $x_{(2,3)}$ | … | $x_{(2,59)}$ |
| $X_3$ | $x_{(3,1)}$ | $x_{(3,2)}$ | $x_{(3,3)}$ | … | $x_{(3,59)}$ |
| … | … | … | … | … | … |
| $X_{60}$ | $x_{(60,1)}$ | $x_{(60,2)}$ | $x_{(60,3)}$ | … | $x_{(60,59)}$ |
| 샘플 Y | $y_1$ | $y_2$ | $y_3$ | | $y_{59}$ |

이후, 데이터 $X_1$, $X_2$, $X_3$, …, $X_{60}$의 성분 값들과 샘플 Y의 성분 값들이 얼마나 가까운 지를 거리(Distance)로 계산한다.

$$X_1 \sim Y\text{의 거리 } d_1^2 = \{x_{(1,1)}-y_1\}^2 + \{x_{(1,2)}-y_2\}^2 + \{x_{(1,3)}-y_3\}^2 + \cdots + \{x_{(1,59)}-y_{59}\}^2$$
$$X_2 \sim Y\text{의 거리 } d_2^2 = \{x_{(2,1)}-y_1\}^2 + \{x_{(2,2)}-y_2\}^2 + \{x_{(2,3)}-y_3\}^2 + \cdots + \{x_{(2,59)}-y_{59}\}^2$$
$$X_3 \sim Y\text{의 거리 } d_3^2 = \{x_{(3,1)}-y_1\}^2 + \{x_{(3,2)}-y_2\}^2 + \{x_{(3,3)}-y_3\}^2 + \cdots + \{x_{(3,59)}-y_{59}\}^2$$
$$\cdots\cdots\cdots$$
$$X_{60} \sim Y\text{의 거리 } d_{60}^2 = \{x_{(60,1)}-y_1\}^2 + \{x_{(60,2)}-y_2\}^2 + \{x_{(60,3)}-y_3\}^2 + \cdots + \{x_{(60,59)}-y_{59}\}^2$$

이렇게 계산된 데이터 $X_i$와 샘플 Y와의 거리 중, 가장 작은 값에 해당하는 $X_i$를 샘플 Y와 가장 유사한 이미지로 결정한다. 아래의 그림은 기계학습 된 60개의 운동화에 대하여 데이터의 상호간 거리를 계산하고, 이를 좌표평면상에 나타낸 것이다. 두 운동화의 거리가 가깝게 위치할수록 그 형태는 비슷한 정도가 높고, 거리가 멀리 위치할수록 그 형태는 비슷한 정도는 낮다고 해석하면 된다.

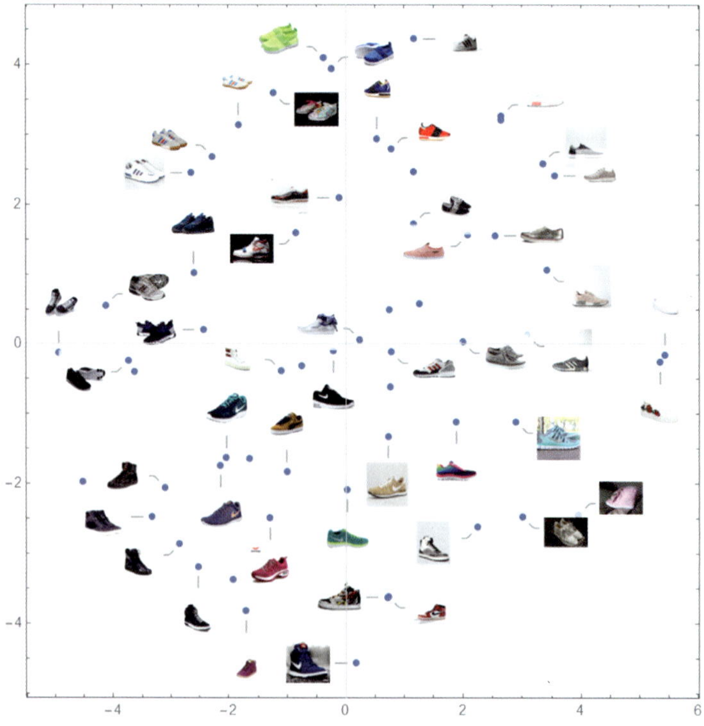

아래의 모습은 새로운 샘플 Y와 가장 유사한 데이터를 얻기 위하여, 60개의 운동화(=data)의 외형에 대한 특성을 기계학습(Machine Learning) 시키는 모습이다. (단, 여기서는 운동화의 데이터 개수가 작아서 색상의 관점은 고려하지 않았다.)

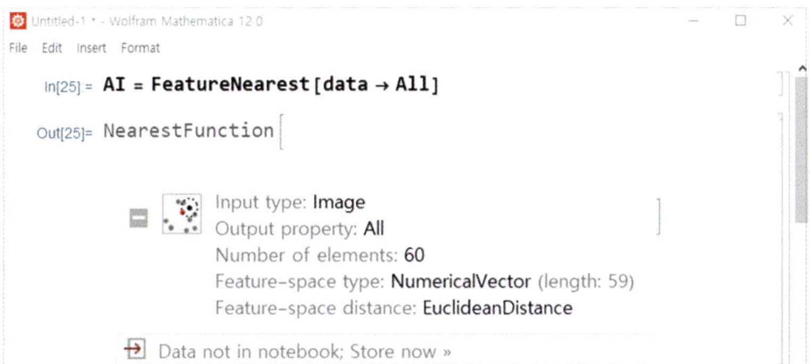


동영상_80.2.3

기계학습(Machine Learning)이 끝났으니, 60개 종류의 운동화에 없는 새로운 디자인의 운동화로 가장 유사한 상품을 인공지능 명령어(=AI)로 탐색해보자.

이와 같이 샘플 Y와의 측정거리가 가장 가까운 순서대로 데이터 이미지 $X_{10}$, $X_{47}$, $X_{11}$이 추출되었다. Feature Nearest라고 불리는 이 알고리즘은 아직까지는 완전하지 못하여 기술적 한계는 있다. 그럼에도 나름 유사한 이미지를 추출해주었으며, 만약 데이터(=data)가 좀 더 많았으면 더욱 비슷한 상품을 얻었을 것이다. 몇 가지 샘플 이미지로 테스트를 해 본 결과다.

동영상_80.2.3

이렇게 검색된 상품에 대하여 그 색상이 아쉬움으로 남을 때, 고객이 원하는 색상으로 주문제작 해주는 등 인공지능 기술의 발달은 앞으로 사용자의 요구에 맞는 맞춤형 서비스로 발전해 나갈 것이다.

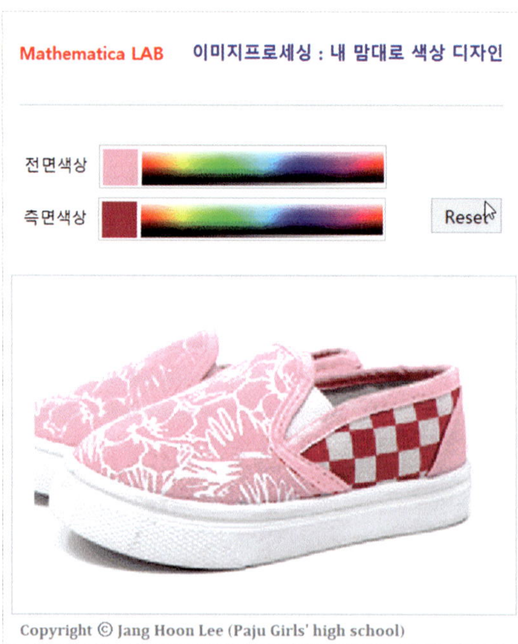


동영상_80.3.0

# 81. 인공지능 기술로 다시 태어난 세계적 화가들의 신 작품

현재의 인공지능 기술 개발의 방향은 최대한 인간의 수준에 가깝게 도달하는 것으로 인간의 뇌과학에 기반하여 다양한 분야의 인간행동을 모방하는 시도를 하고 있다. 인간처럼 소설을 쓰고 작곡도 하며 그림까지 그리는 인공지능이 발표되기도 하였다. 특히, 인공지능이 쓴 소설은 한 문예 창작 대회에서 입상하기도 하며 기대 이상의 수준을 보여준 적도 있다.

세계적인 화가, 인공지능에 의해 다시 태어나다! 이미지나 영상에 대한 기계학습을 한 인공지능은 새로운 미술작품을 창조할 수도 있고, 기존의 작품을 모방하여 재탄생 시킬 수도 있다.

### ▌어떻게 기계학습을 시킬것인가?

인공지능 시스템을 구현하기 위해서는 기계학습(Machine Learning)이 필요한데, 화가의 화풍을 따라 그림을 그리는 것은 숫자를 판별하거나 유사한 이미지를 분류해 내는 것과는 알고리즘의 접근 방식이 다르다. 숫자의 판별과 유사 이미지 분류는 정답이 주어진 샘플 데이터가 주어진 상태에서 지도학습(Supervised Learning)이 이루어지지만, 화가의 화풍을 학습시키는 과정은 샘플 데이터에 정답이 포함되어 있지는 않다. 이러한 비지도 학습(Unsupervised Learning)은 미래의 인공지능 시스템을 주도할 것으로 보고 있으며, 생성적 적대 신경망(Generative Adversarial Network, GAN)이라는 기술을 사용한다.

## GAN의 작동 원리

GAN은 생성자(Generator)와 구별자(Discriminator)라고 불리는 서로 적대관계를 갖는 두 개의 신경망(Neural Network)으로 구성되어 있다.

「Generative Adversarial Network(2014, Ian Goodfellow)」 논문에서 GAN을 지폐위조범(생성자)과 경찰(구별자)에 비유했다. 지폐위조범(Generator)은 상대방이 속을만한 위조지폐를 만들려 하고 경찰(Discriminator)은 이렇게 위조된 지폐를 감별(Classify)하려 한다. 이러한 상호과정이 계속 반복된다면, 상호 간의 데이터가 축적되어 두 그룹 모두 속이고 감별하는 능력이 발전한다. GAN(Generative Adversarial Network)에 대한 좀 더 자세한 이해는 QR코드(자료실_81.1.0)로 연결된 웹페이지의 설명을 참고하도록 하자.

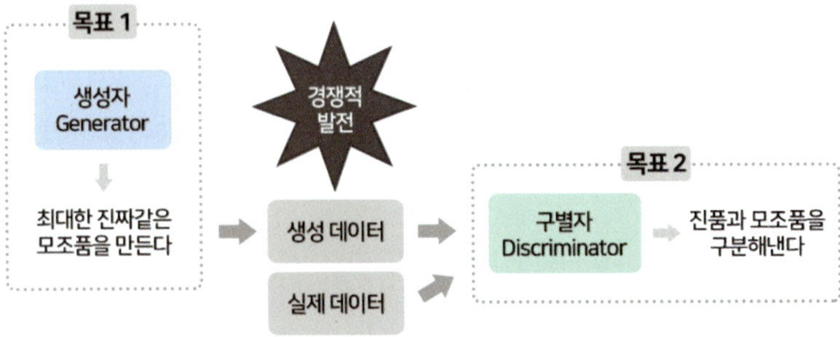


자료실_81.1.0

### • 다시 태어난 반고흐

사진 '낭만견'

반고흐의 '별이 빛나는 밤'

사진 '낭만견'을 반고흐의 '별이 빛나는 밤' 작품 스타일로 재탄생해보자. 여기에 사용된 인공지능 명령어는 GAN(Generative Adversarial Network) 기술로 설계된 것으로, 하나의 이미지에 대한 스타일을 컨볼루션 신경망(Convolution Neural Network, CNN) 등과 같은 이미지 분석기법으로 다른 이미지에 같은 스타일로 변환하여 준다. 다음의 그림은 인공지능에 의하여, '낭만견'이 반고흐의 '별이 빛나는 밤' 작품 성향으로 재탄생(Restyle)되는 과정으로 정밀도를 최저(Low)로 하면 1분 내외, 최대(High)로 1시간 내외의 작업시간이 소요된다.

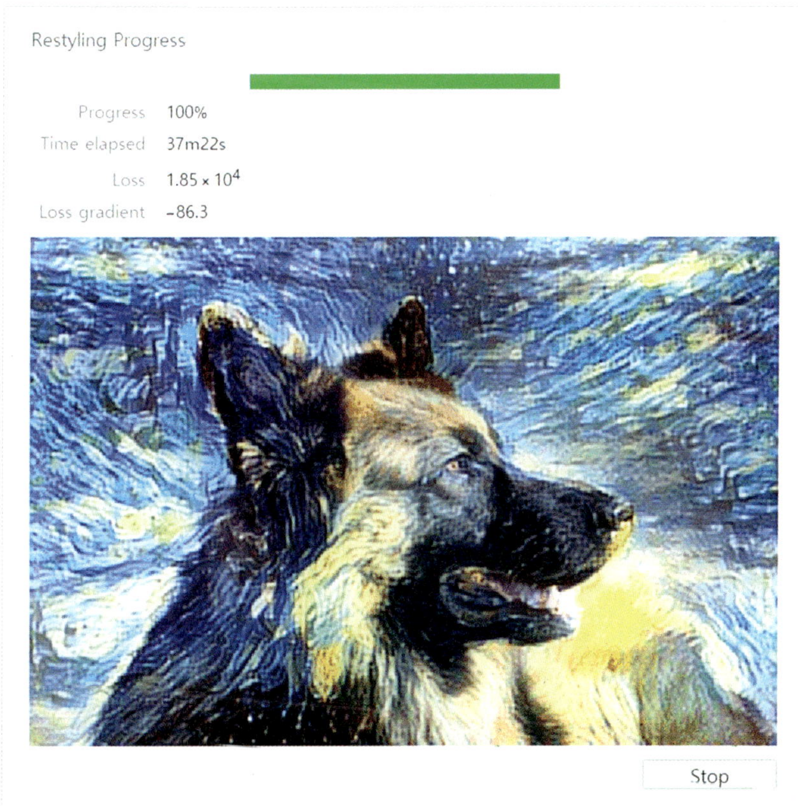


동영상_81.2.0

컬러사진보기

'낭만견' 사진과 반고흐의 '별이 빛나는 밤' 원작, 그리고 반고흐의 '별이 빛나는 밤' 스타일로 재탄생한 인공지능 작품 '낭만견'을 비교해보자.

인공지능이 그린 '낭만견' (정밀도 Low)

인공지능이 그린 '낭만견' (정밀도 High)

### • 다시 태어난 클림트

'화사랑' 학생작품과 클림트의 '꽃이 있는 농장 정원' 원작, 그리고 클림트의 '꽃이 있는 농장 정원' 스타일로 재탄생한 인공지능 작품 '화사랑'을 비교해보자.

컬러사진보기

초등학생 작품 '화사랑'

클림트의 '꽃이 있는 농장 정원'

인공지능이 그린 '화사랑' (정밀도 Low)

인공지능이 그린 '화사랑' (정밀도 High)

### • 다시 태어난 김홍도

'우리 땅 독도' 사진과 김홍도의 '금강사군첩' 원작, 그리고 김홍도의 '금강사군첩' 스타일로 재탄생한 인공지능 작품 '우리 땅 독도'를 비교해보자.

컬러사진보기

사진 '우리 땅 독도'

김홍도의 '금강사군첩'

인공지능이 그린 '우리 땅 독도' (정밀도 Low)

인공지능이 그린 '우리 땅 독도' (정밀도 High)

# 82. 내 기침소리는 코로나일까? (인공지능 예측 모델)

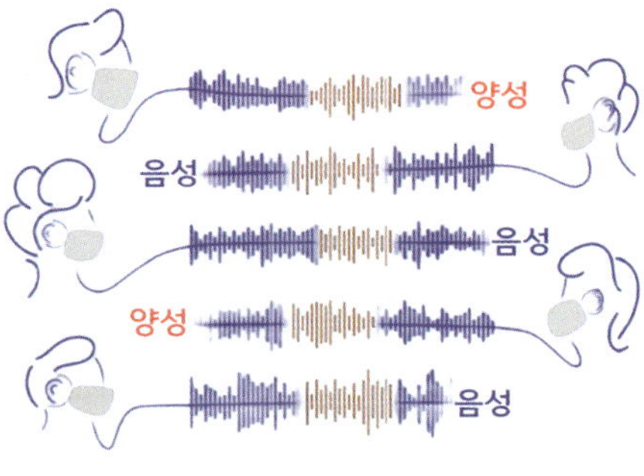


2020년 11월, MIT 대학 연구소는 무증상자의 기침소리를 이용하여 코로나19 감염을 예측하는 인공지능 모델을 발표하였다. 발표에 따르면 이 모델은 2,500명의 코로나19 환자 중 97.1%를 양성으로 판별하였다. 특히, 무증상자로 한정할 경우에는 100%이며, 양성으로 판별된 사람들 중 음성인 경우는 16.7%에 불과하였다.

인공지능은 기침소리로 코로나를 어떻게 예측했을까? MIT에서 발표한 논문의 내용을 바탕으로 공학프로그램(Mathematica)을 이용하여 재연해보았다.

### 1단계 : 코로나19 양성 • 음성의 기침소리 데이터셋 구축

기침소리 음원은 오픈소스(https://github.com/virufy/virufy_data)를 이용하였다. 이곳에는 17명의 환자에 대한 메디컬 정보와 기침소리 그리고 코로나19 양성 · 음성 여부가 공개되어 있다. 이들은 보통 6~8번의 연속적인 기침을 하고 있는데, 이것들을 모두 하나씩 분리하여 총 121개의 기침소리를 데이터셋으로 얻었다. 이중, 101개는 인공지능의 기계학습을 위한 훈련용 데이터, 20개는 완성된 인공지능의 테스트를 위한 검증용 데이터로 활용하기 위하여 데이터가 겹치지 않도록 임의(랜덤)로 분리하였다.

기침오픈소스

| 데이터셋 | 전체 | 훈련용 데이터 | 검증용 데이터 |
|---|---|---|---|
| 양성(pos) | 48 | 38 | 10 |
| 음성(neg) | 73 | 63 | 10 |
| 계 | 121 | 101 | 20 |

• 잠깐! 여러분들은 기침소리로 코로나를 구별할 수 있을까요? 둘 중, 하나는 코로나19 양성입니다.

사운드_82.1.0

• Quiz

누구의 기침소리가 코로나19 양성일까요?

## ▌2단계 : 기침소리의 특성값 추출

폐질환과 같은 일부의 질병은 공기가 호흡기를 통해 이동하는 방식에 영향을 미칠 수 있으므로 건강한 환자와 아픈 환자 사이에 소리의 차이가 유발 될 수 있다. 이때 소리의 차이를 'MFCC(Mel-Frequency Cepstral Coefficient)'라는 인코딩을 통하여 특징값을 표현할 수 있는데, 이 값으로 코로나19에 감염된 환자인지 아닌지를 구별해 볼 수 있다. 따라서 121개의 기침소리 데이터셋을 모두 MFCC 오디오 인코딩하여 특성값을 얻는다.

```
NetEncoder[ Type:   AudioMFCC
            Output: matrix (size: n × 40) ]
```

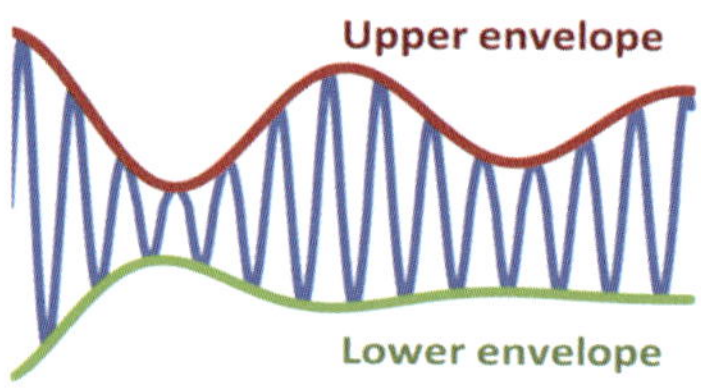


MFCC 오디오 인코딩으로 얻은
기침소리 샘플 1개의 특성값으로 그 데이터가 46×40=1,840개에 이른다.

{{14.5328,4.53879,1.35279,4.7585,0.541715,−1.44073,−4.32414,−3.28765,−0.534552,1.57905,−4.45833,1.89378,−0.715809,−1.79641,−1.59071,−0.154996,0.151975,−1.59763,0.342522,……,1.11635,−0.100724,−0.238491,0.613429,0.193618,−0.118074,0.985878,−0.690604,−0.19305,0.445091,0.551052,−0.0232387,−0.259462,0.076664,−0.00922316,−0.612817,0.10275,−0.112175,−0.0910737},……}

## 3단계 : 훈련용 데이터의 기계학습(Machine Learning)

특성값으로 얻어진 기침소리를 기계학습하기 위해 사용되는 신경망 모델은 '반복신경망(Recurrent Neural Network, RNN)'이다. 이것은 노드 간의 연결이 시간의 흐름에 따라 방향성 그래프를 형성하는 인공 신경망의 한 종류로써 필기인식, 비디오 동작분류, 음성인식 등과 같은 동적 동작의 모델링 작업에 적용된다. 아래 그림은 RNN 신경망으로 테스트용 데이터 101개를 기계학습 시키는 모습이다.

동영상_82.2.0

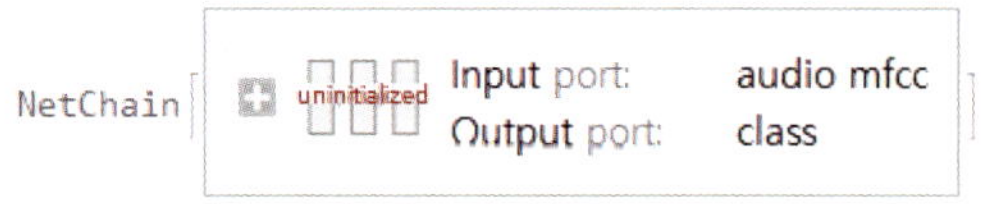


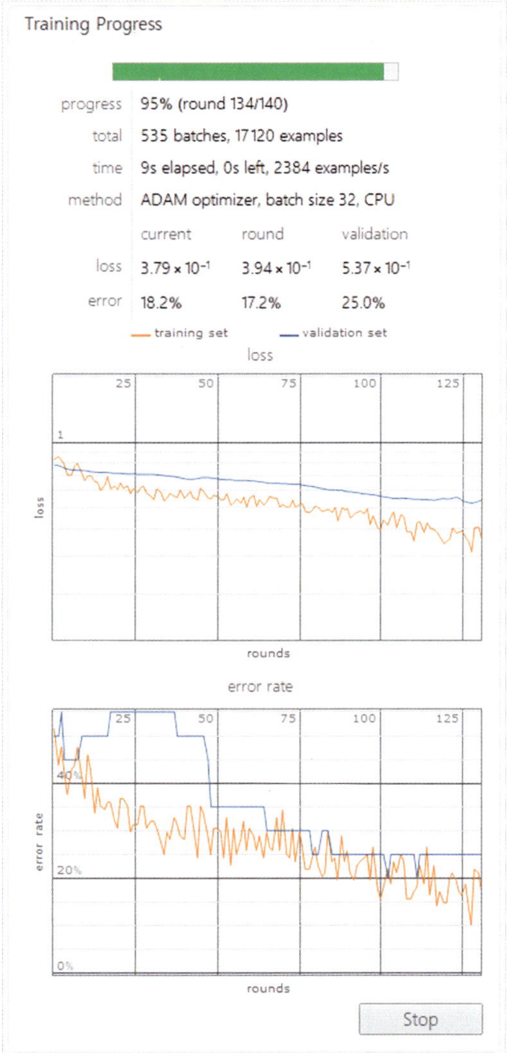


## 4단계 : 테스트용 데이터로 신뢰도 검증

이제, 기계학습이 끝난 '인공지능 모델'을 테스트용 데이터 20개로 검증해보자. 테스트용 기침소리는 아래와 같이 파일명에 양성(pos)과 음성(neg)에 대한 정보를 기록하여 놓았다. 그리고 인공지능 모델로 판정한 결과는 '판정→확률'과 같이 출력하였다. 예를들어, 〔목록1〕의 테스트 파일(pos-0421-086-cough-m-65-0.mp3)은 실제 진단 결과가 코로나19 양성

(pos)인 환자이며, 인공지능 모델은 이 환자의 기침소리가 양성(pos)일 확률을 72.0835%라고 예측한 것이다.

| | Actual Class – 파일명 | 판별 → 확률 |
|---|---|---|
| 1 | pos-0421-086-cough-m-65-0.mp3 | pos → 0.720835 |
| 2 | pos-0421-092-cough-m-53-3.mp3 | pos → 0.674351 |
| 3 | neg-0422-095-cough-m-53-14.mp3 | neg → 0.89968 |
| 4 | pos-0421-092-cough-m-53-6.mp3 | pos → 0.706424 |
| 5 | neg-0422-095-cough-m-53-7.mp3 | neg → 0.935109 |
| 6 | neg-0421-083-cough-m-53-7.mp3 | neg → 0.944209 |
| 7 | neg-0421-088-cough-f-66-0.mp3 | neg → 0.899569 |
| 8 | pos-0421-093-cough-f-24-1.mp3 | pos → 0.624602 |
| 9 | pos-0421-092-cough-m-53-1.mp3 | pos → 0.785808 |
| 10 | neg-0422-097-cough-m-37-4.mp3 | neg → 0.673834 |
| 11 | pos-0421-084-cough-m-50-2.mp3 | pos → 0.628041 |
| 12 | pos-0421-086-cough-m-65-2.mp3 | neg → 0.772383 |
| 13 | pos-0421-093-cough-f-24-0.mp3 | pos → 0.733026 |
| 14 | neg-0422-097-cough-m-37-9.mp3 | neg → 0.506647 |
| 15 | neg-0422-095-cough-m-53-2.mp3 | pos → 0.885736 |
| 16 | neg-0421-090-cough-f-17-1.mp3 | neg → 0.70409 |
| 17 | pos-0421-094-cough-m-51-0.mp3 | pos → 0.634364 |
| 18 | neg-0421-088-cough-f-66-8.mp3 | neg → 0.874897 |
| 19 | neg-0421-091-cough-m-47-6.mp3 | neg → 0.84117 |
| 20 | pos-0421-086-cough-m-65-4.mp3 | neg → 0.69061 |

총 20개의 테스트용 파일로 검증한 결과, 17개를 정확히 예측하여 85%의 신뢰도를 얻었다. 이는 MIT에서 발표한 97.1%의 신뢰도에는 다소 못미치지만, 훈련용 데이터셋의 크기가 101개 였음을 감안하면 결코 나쁘지 않은 결과다. (참고로 MIT에서는 수만 건의 기침 샘플로 모델을 훈련하였다.)

| 테스트용 데이터 20개를 기계학습 모델로 예측한 결과 | | | 예측(Predict Class) | |
|---|---|---|---|---|
| | | | 양성(Positive) | 음성(Negative) |
| 실제 (Actual Class) | 양성(Positive) | 10 | 8 (80%) | 2 (20%) |
| | 음성(Negative) | 10 | 1 (10%) | 9 (90%) |

총 20건의 테스트 결과를 살펴보면, 음성을 양성으로 잘못 예측한 '위양성(1건)'과 양성을 음성으로 잘못 예측한 '위음성(2건)'이 있다. 이는 감염병과 같은 중요한 진단에서는 상당히 위험한 결과라 할 수 있다. 하지만, 한 명이 녹음한 여러번의 기침소리가 모두 위양성이나 위음성인 경우는 거의 없으므로, 다중 테스트를 통하여 일부 위양성, 위음성인 예측도 최소화할 수 있다.

### ▌5단계 : 일반 사람들의 기침소리에 적용

사운드_82.3.0

마지막으로 일반 사람들의 기침소리에 대한 「코로나19 감염예측」을 해보자. QR코드(사운드_82.3.0)로 연결된 음원은 스마트폰으로 녹음한 저자의 기침소리에 대한 파일(myCaugh.mp3)이다.

이 파일을 인공지능 모델에 실행해 본 결과, 음성(neg)으로 예측(72.8649%)되었으며, 이 예측에 대한 신뢰도는 약 85% 수준이라고 할 수 있겠다.

```
resultObjectRNN["TrainedNet"][{myCaugh}, "TopProbabilities"]
{{neg → 0.728649, pos → 0.271351}}
```

지금까지 사람의 기침 소리를 분류하여 코로나19를 감지할 수 있는 「MIT 인공지능 모델」을 재연해 보았다. 이는 호흡기(폐) 질환과 같은 의료 과제를 해결하는데 유용함이 있음을 보여준 사례라고 할 수 있다. 물론 의학적 검사가 진단의 가장 중요한 척도이기는 하나, 코로나19 처럼 급속도로 퍼지는 전염병 진단의 양적 한계에 대응하는 보조적인 수단이 될 수 있을 것으로 기대한다.

# 83. 코로나19 진단검사 전에 시행한 인공지능 테스트, 결과는?

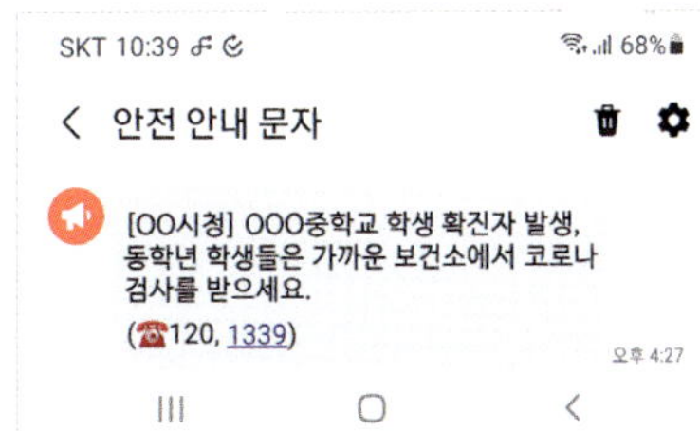


2021년 4월 19일. 두 자녀가 다니는 학교에서 '코로나19' 학생 확진자가 발생하였다. 해당 학생과 동선이 겹친 두 자녀는 코로나 진단검사를 통보받았으며, 다음날 보건소에서 검사받을 예정이다. 그동안은 남의 이야기처럼 생각했던 아이들도 꽤 당황스러운 모습이다. 다행히도 무증상이지만, 불안해하는 두 자녀를 위해 코로나 진단검사 전날, AI 테스트를 먼저 시행해보았다.

MIT AI Model 활용, 기침 소리로 코로나19 예측

기침 소리로 그 사람이 '코로나19'에 감염되었는지를 예측해보는 인공지능으로 미국 MIT 연구소에서 개발한 모델이다. 이에 대한 자세한 내용은 앞장의 내용을 참고하자.

### ▌1단계 : 두 자녀의 기침 소리 녹음

사운드_83.1.0

제일 중요한 두 자녀의 기침 소리를 생성한다. 스마트폰 녹음 기능을 이용하여 각 3번의 기침 소리를 녹음하고 파일(*.m4a)로 저장하였다.

저장된 음성파일은 2채널(스테레오)로 이루어져 있다. 여기서는 1채널만 필요하기에, 잡음이 덜한 첫 번째 채널을 추출했으며, 이후 기침 소리를 하나씩 분리하여 각각의 파일(*.mp3)로 저장하였다.

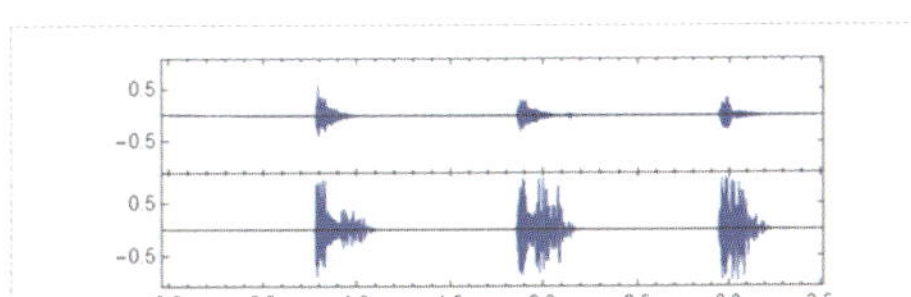

▼ 1채널만 추출하여 기침 소리를 하나씩 분리 ▼

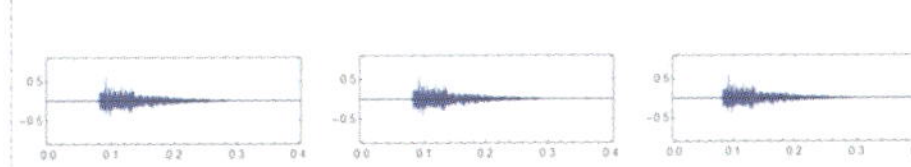

## ▌2단계 : MIT AI Model 기계학습

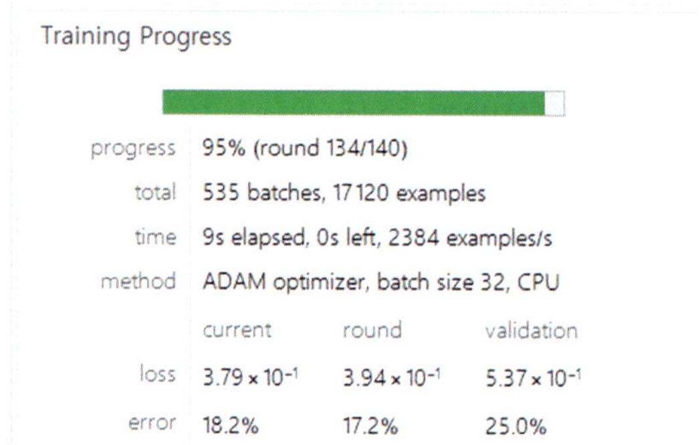


총 120개의 양성 · 음성인 사람들의 기침소리를 이용하여, 100개는 훈련용 데이터로 기계학습에 사용하고 나머지 20개는 테스트용 데이터로 사용하였다. 기계학습을 마친 후 시행한 검증에서는 훈련용 데이터 샘플의 분류에 따라 매번 달라지기는 하지만, 20개의 기침소리 중 평균 17개를 맞추어 대략 85% 내외의 신뢰도를 보여주고 있다.

## ▌3단계 : 두 자녀의 기침소리 AI 테스트

기계학습을 마친 후, 두 자녀의 기침소리 샘플 각 3개를 테스트한 결과는 모두 음성(neg)이다.

| 첫째(eun***-1/2/3.mp3)<br>AI 테스트 결과 | 둘째(hyun***-1/2/3.mp3)<br>AI 테스트 결과 |
|---|---|
| File [ eunOOO-Caugh-1.mp3 » ]<br>File [ eunOOO-Caugh-2.mp3 » ]<br>File [ eunOOO-Caugh-3.mp3 » ] | File [ hyunOOO-Caugh-1.mp3 » ]<br>File [ hyunOOO-Caugh-2.mp3 » ]<br>File [ hyunOOO-Caugh-3.mp3 » ] |
| 〈\| pos → 0.305906, neg → 0.694094 \|〉<br>〈\| pos → 0.0728555, neg → 0.927145 \|〉<br>〈\| pos → 0.397509, neg → 0.602491 \|〉 | 〈\| pos → 0.302578, neg → 0.697422 \|〉<br>〈\| pos → 0.452734, neg → 0.547266 \|〉<br>〈\| pos → 0.174947, neg → 0.825053 \|〉 |

위에서 각 기침소리의 테스트 결과는 〈 | pos→0.305906, neg→0.694094 | 〉처럼 기침소리의 데이터가 양성(pos)과 음성(neg)중에 어디에 더 가까운지를 확률로 계산하고, 이중 높은 값으로 최종적인 판정을 한다. 하지만 여기서 이 확률값이 높다고 해서 더욱 신뢰하고, 낮다고 해서 더욱 신뢰하지 못하는 것은 아니다. 실제

양성(pos) 및 음성(neg) 기침소리의 신뢰도 검증결과를 보면, 아래의 박스처럼 양성일 확률 (pos→0.885736)이 아주 높게 나왔어도 실제는 음성이었으며, 음성일 확률(neg→0.772386)이 아주 높게 나왔어도 실제는 양성인 경우도 있었다.

| | Actual Class - 파일명 | 판별 → 확률 |
|---|---|---|
| 1 | pos-0421-086-cough-m-65-0.mp3 | pos → 0.720835 |
| 2 | pos-0421-092-cough-m-53-3.mp3 | pos → 0.674351 |
| 3 | neg-0422-095-cough-m-53-14.mp3 | neg → 0.89968 |
| 4 | pos-0421-092-cough-m-53-6.mp3 | pos → 0.706424 |
| 5 | neg-0422-095-cough-m-53-7.mp3 | neg → 0.935109 |
| 6 | neg-0421-083-cough-m-53-7.mp3 | neg → 0.944209 |
| 7 | neg-0421-088-cough-f-66-0.mp3 | neg → 0.899569 |
| 8 | pos-0421-093-cough-f-24-1.mp3 | pos → 0.624602 |
| 9 | pos-0421-092-cough-m-53-1.mp3 | pos → 0.785808 |
| 10 | neg-0422-097-cough-m-37-4.mp3 | neg → 0.673834 |
| 11 | pos-0421-084-cough-m-50-2.mp3 | pos → 0.628041 |
| 12 | pos-0421-086-cough-m-65-2.mp3 | neg → 0.772383 |
| 13 | pos-0421-093-cough-f-24-0.mp3 | pos → 0.733026 |
| 14 | neg-0422-097-cough-m-37-9.mp3 | neg → 0.506647 |
| 15 | neg-0422-095-cough-m-53-2.mp3 | pos → 0.885736 |
| 16 | neg-0421-090-cough-f-17-1.mp3 | neg → 0.70409 |
| 17 | pos-0421-094-cough-m-51-0.mp3 | pos → 0.634364 |
| 18 | neg-0421-088-cough-f-66-8.mp3 | neg → 0.874897 |
| 19 | neg-0421-091-cough-m-47-6.mp3 | neg → 0.84117 |
| 20 | pos-0421-086-cough-m-65-4.mp3 | neg → 0.69061 |

따라서 두 자녀의 AI 테스트 결과에 대한 신뢰도는 각 테스트에서 보여주는 개별적 확률이 아닌, 검증과정에서 얻은 전체적인 신뢰수준 85%로 보는 것이 타당하다. 신뢰도 85%가 결코 높은 수준이라고 말할 수는 없지만, 총 3번의 테스트 결과가 동일하였기에 두 자녀는 조금의 심적 안정을 취하고 다음날 선별진료소에 가서 코로나19 진단검사를 받았다.

### ▌두 자녀의 코로나19 진단검사 결과

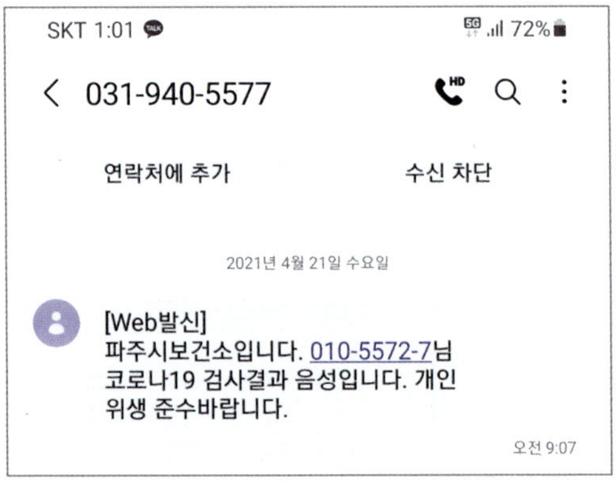


다행스럽게도 두 자녀의 진단검사 결과 역시 음성(neg)으로 통보받았다. 그렇다고 여기서 활용된 85% 신뢰수준의 AI Model을 일반화시킬 수는 없다. MIT에서 수많은 데이터를 훈련시켜 만든 97.1% 신뢰수준의 AI Model 역시 그것의 활용에는 좀 더 많은 검증과 활용 방안에 대한 연구가 필요할 것이다. 통계학적으로 99% 신뢰도라는 것이 무척 높은 확률이기는 하다. 하지만, 집단의 규모가 큰 인구를 대상으로 한 감염병의 관점에서 1% 위험률은 100명중 1명의 잘못된 진단을 초래할 수 있음을 의미한다. 이로 인하여 감지하지 못한 감염자로 인한 확산의 위험성은 여전하기에 더욱 보수적으로 접근해야 한다. 최근 '코로나19'가 좀처럼 진정되지 못함에 정부에서는 신속한 검사를 위하여 자가진단키트 활용도 검토하고 있다. 알려진 바에 의하면, 자가진단 키트의 신뢰수준은 약 96% 수준의 특이도(음성을 음성이라 판정)와 90% 수준의 민감도(양성을 양성이라 판정)를 보이고 있다. 자가진단키트의 도입에 대하여 의견이 분분한 이유도 바로 여기에 있다.

# 84. 아직 못다한 「모두의 수학」 이야기

지금까지 이 책은 '수학'이 컴퓨터와 소프트웨어(이하 SW)라는 유용한 도구를 만나 인간의 생활과 예술, 과학과 산업기술에서 보여준 유용한 쓰임새를 소개하였다. 적지 않은 독자들은 SW를 게임과 로봇 제작을 위한 도구로 연상한다. 하지만 SW는 수와 논리로 계산되는 과정과 결과에 대한 표현을 디지털 언어로 체계화시킨 현대 수학의 새로운 언어다. 또한 수학과 그 응용분야에 대하여 하루다 다르게 혁신으로 등장하는 최신 산업기술과의 융합을 위한 중요한 매개체다. 더하여 그것은 언어학, 경제학, 의학, 예술 등 어떤 분야로든 유용하게 활용될 수 있는 판도라의 상자와 같은 중요한 창조도구이기도 하다. 특히, 수 많은 현상과 데이터가 복잡성을 가진 4차 산업의 시대에서는 수학이 여러 분야에 응용될 수 있도록 하는 복합적인 사고 능력이 더욱 요구된다. 이를 위해서는 수학을 이해하는 고전적인 탐구의 방법 이외에 새로운 방식의 연구방법이 필요하다.

수학생각 수학실험실

계산과학(Computational Science)은 수학과 그 응용분야의 이론이나 성질, 현상들의 복잡한 계산을 SW로 해결하는 것 뿐만 아니라 수학적인 구현을 통하여 해석하고 그 대상을 이해한다. 이것을 우리는 '모델링'이라고 한다. 예를들어, 사회적 이슈였던 '코로나19'와 같은 사건을 재구성하여 상황을 분석하고 다양한 조건에 대한 시뮬레이션을 통하여 미래를 예측하는 등 아직 관찰되지 않은 사건에서부터 미래까지 내다보는 유용한 신성장 과학산업기술의 한 분야다. 이러한 계산과학은 기존의 실험 및 관찰과 더불어 과학적인 탐구 방법을 위한 세 번째 축으로 받아들여지고 있다. 다음은 저자가 20년 넘게 운영해온 웹사이트 '수학생각(http://mathought.com)'의 '수학실험실'이다. 이곳에서 더욱 많은 컴퓨팅 수학의 사례들을 경험해보기 바란다.

[공지]
수학실험실 CDF 자료활용 방법 안내

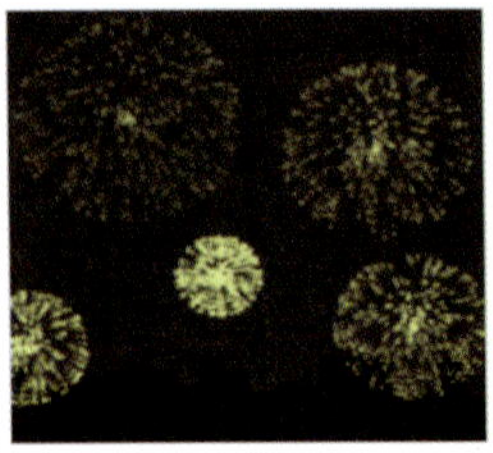
[호기심수학]
344-불꽃놀이 시뮬레이션 (1)

[고1수학]
343-그래프스케치북(v12.0)_Lite (2)

[응용수학]
342-세계 코로나19 (Sync Data) (2)

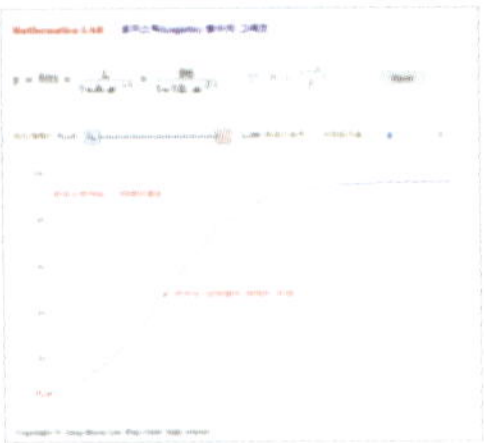
[미분적분]
341-로지스틱 함수 그래프 (1)

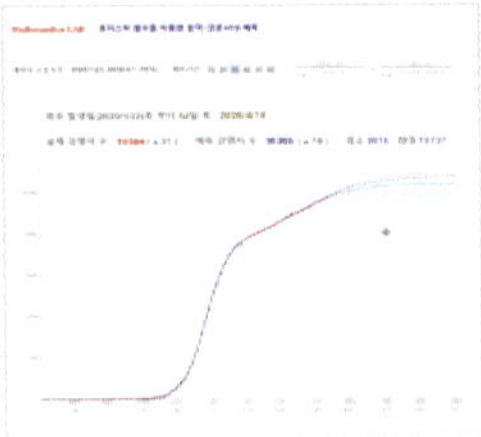
[응용수학]
340-코로나19 예측 로지스틱 함수 (1)

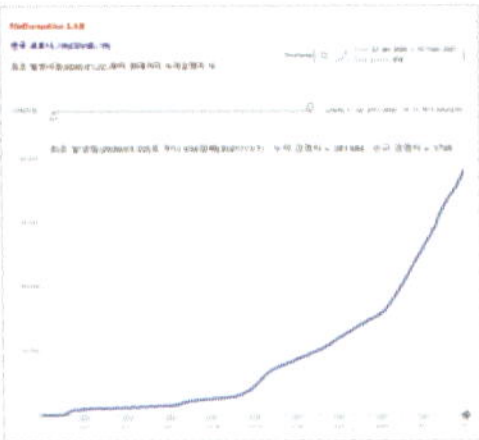
[응용수학]
339-한국 코로나19 (Sync Data) (2)

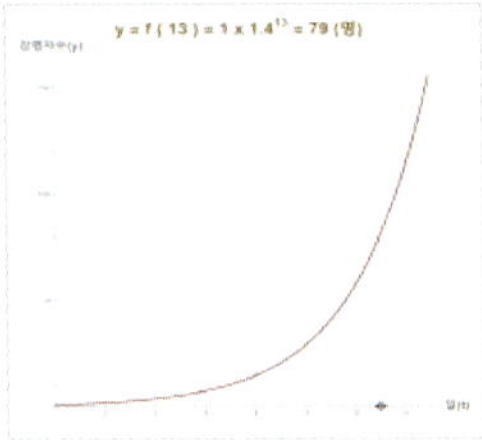
[응용수학]
338-지수(R0-감염자수) 그래프 (1)

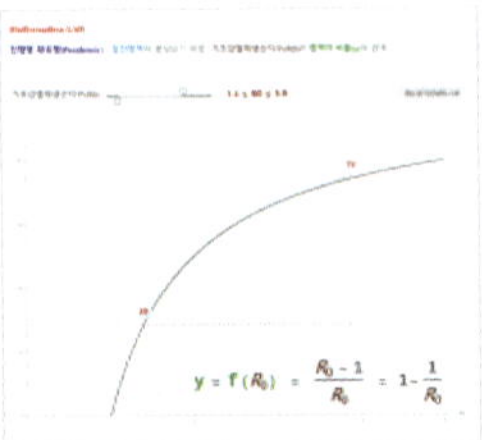
[응용수학]
337-집단면역 R0-면역비율 그래프 (1)

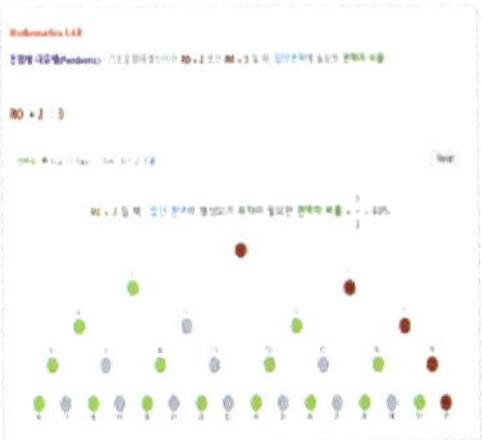
[응용수학]
336-집단면역에 필요한 면역비율 (1)

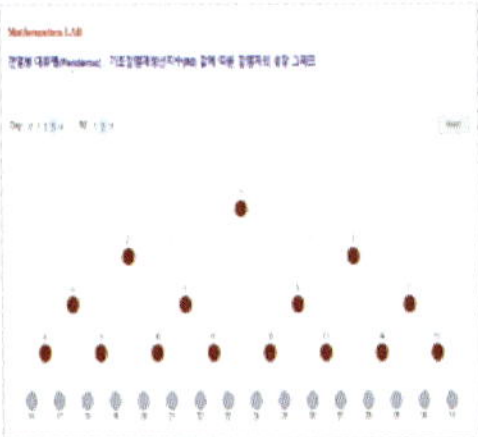
[응용수학]
335-감염재생산지수(R0)의 이해 (1)

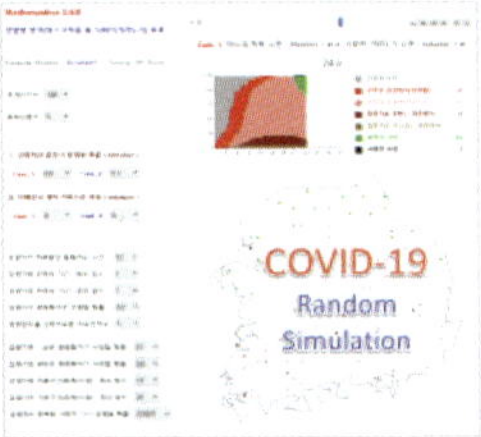

[응용수학]
334-팬데믹, 마스크&거리두기 효과 (3)

[응용수학]
333-팬데믹, 거리두기 효과(Fixed) (2)

[응용수학]
332-팬데믹, 마스크 효과(Fixed) (2)

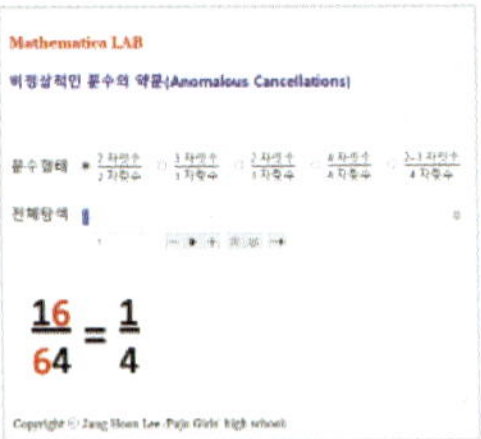

[호기심수학]
331-비정상적인 약분의 모형 (1)

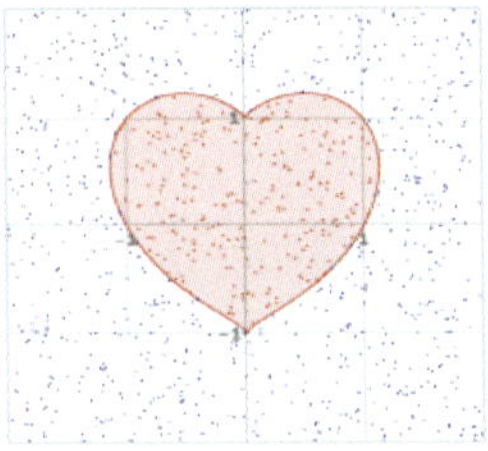
[확률통계]
330-하트의 근사넓이(몬테칼로법) (1)

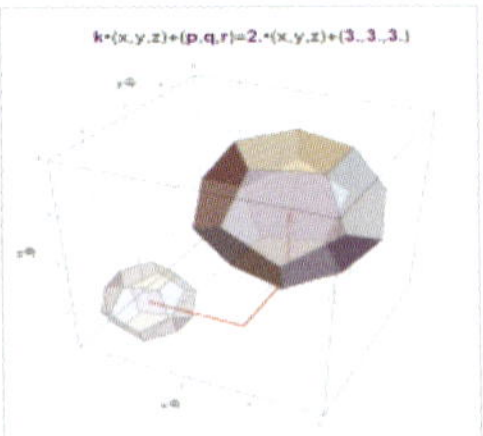
[기하벡터]
329-다면체 변환(이동·확대·축소) (1)

[호기심수학]
328-부활의수 6174 (카프리카상수) (2)

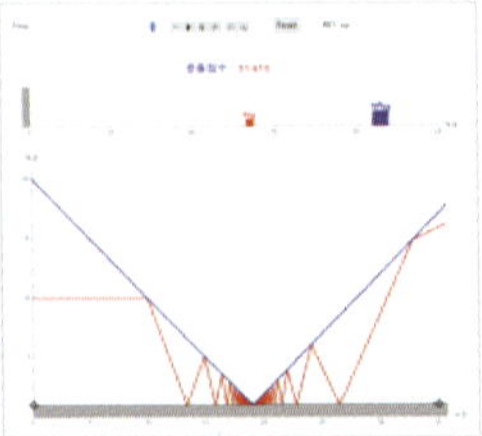
[응용수학]
327-충돌모델에서 발견한 원주율 (2)

[확률통계]
326-원주율 로또복권(Lotto314) (2)

[공지]
수학실험실 CDF 자료활용 방법 안내

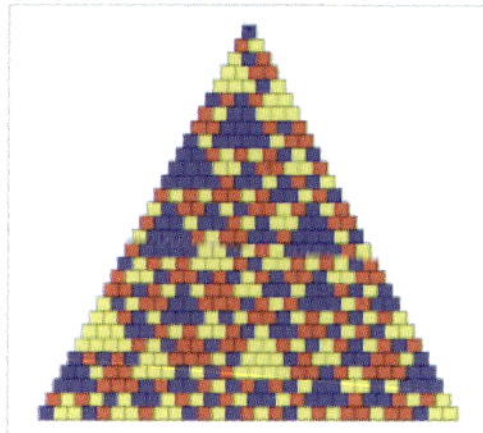

[호기심수학]
325-3색 벽돌쌓기, 마지막 색은? (2)

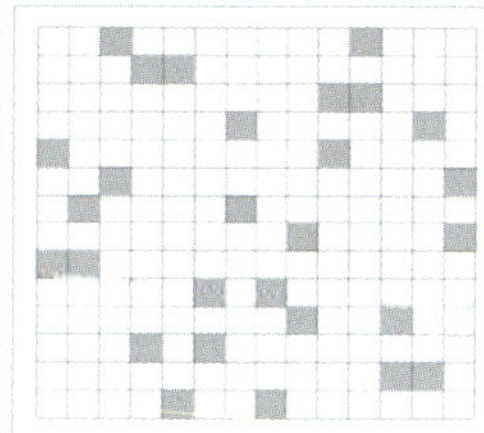

[호기심수학]
324_혼자서 즐기는 빙고게임 (2)

[응용수학]
323-내 맘대로 색상 디자인 (2)

[확률통계]
322-로또복권(당첨금 이월 실험) (1)

[호기심수학]
321_원주율이 품은 나의 생일II (3)

[확률통계]
320_로또복권 1등 꿀조합 가상실험 (1)

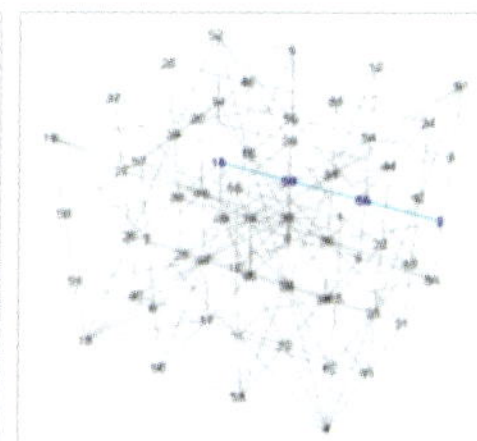

[호기심수학]
319_Fermat's Magic Cube (2)

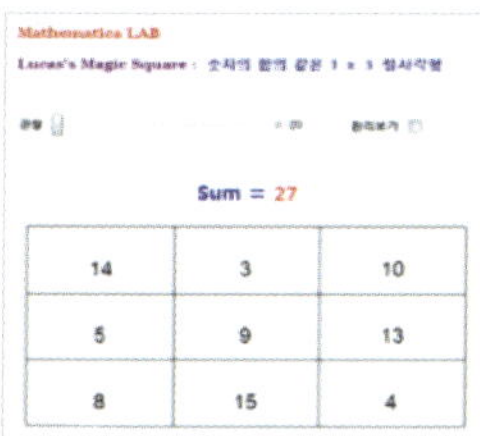


[호기심수학]
318_Lucas's Magic Square (3)

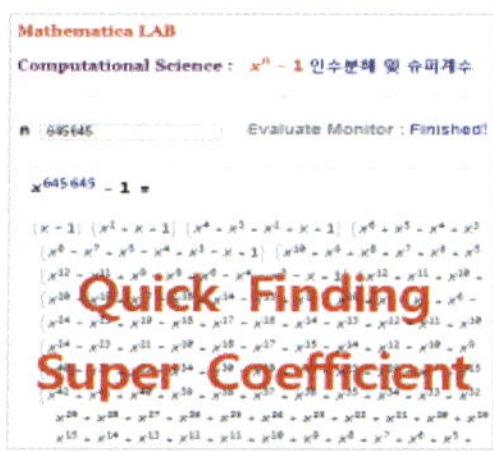


[고1수학]
317_식 $x^n$-1 인수의 슈퍼계수 찾기 (2)

[고1수학]
316_식 $x^n$-1 계수이탈(원분다항식) (2)

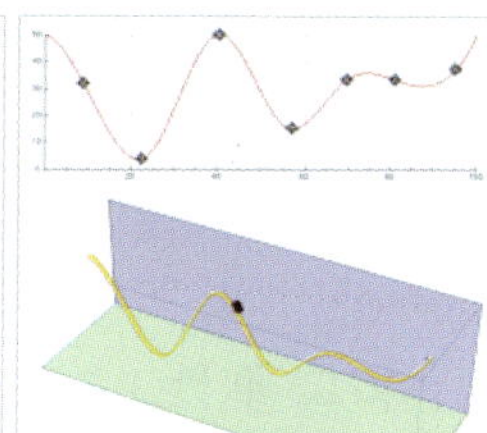

[호기심수학]
315-롤러코스터(Roller Coaster) (2)

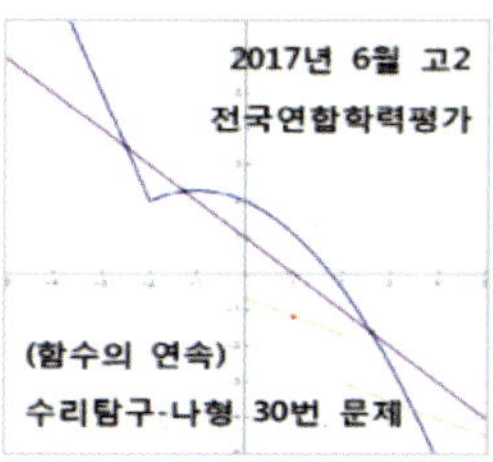


[미분적분]
314-어려운 함수의연속 문제 관찰 (2)

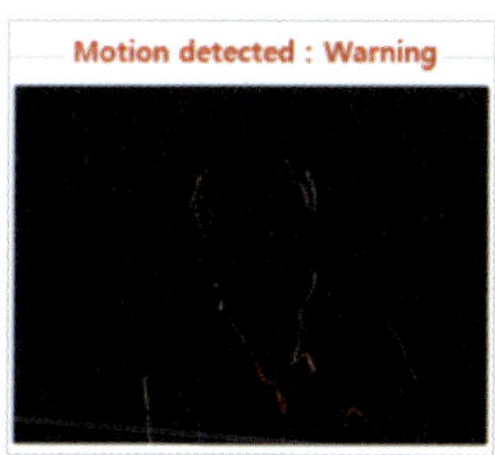


[응용수학]
313-동작감시센서(IOT)의 원리 (2)

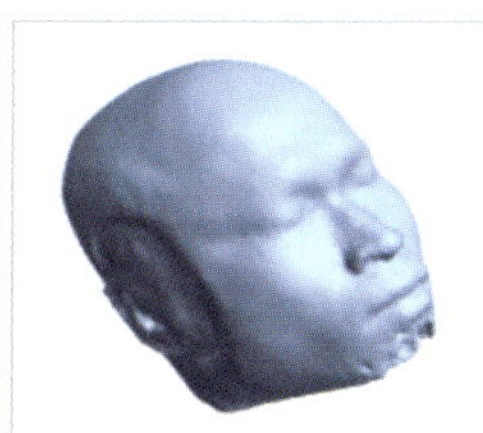

[3D프린팅]
312_Face & Chest 3D From MRI (2)

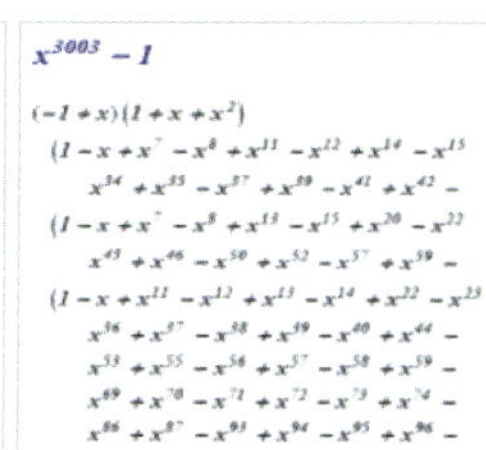

[고1수학]
311_식 $x^n$-1 인수의 특정계수 찾기 (2)

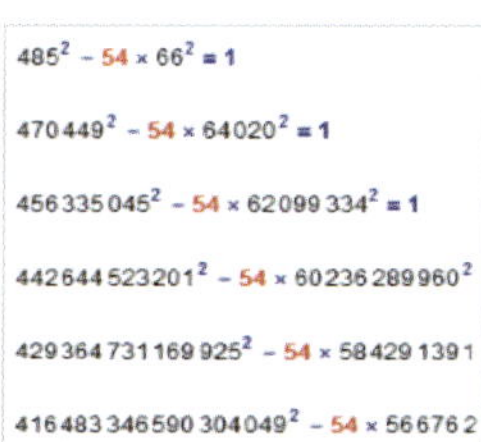


[호기심수학]
310-Pell's Equation의 해 찾기 (2)

[호기심수학]
309-웹카메라의 실시각 얼굴인식 (2)

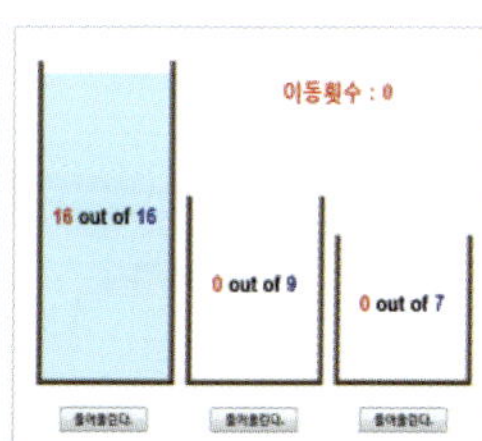


[호기심수학]
308-Water Pouring Problem (2)

[호기심수학]
307-파노라마 사진의 동영상 효과 (2)

[공지]
수학실험실 CDF 자료활용 방법 안내
☐

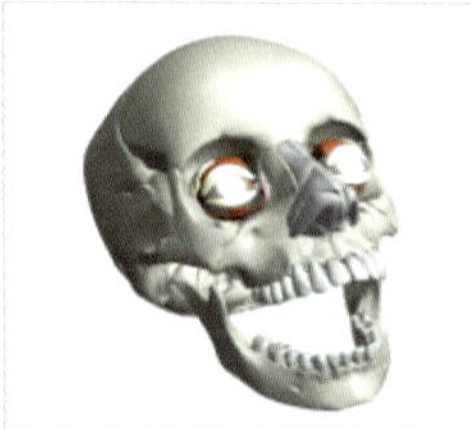

[3D프린팅]
306-두개골 : 턱관절의 움직임 (2)
☐

[호기심수학]
305-바둑(Auto Live Score System) (2)
☐

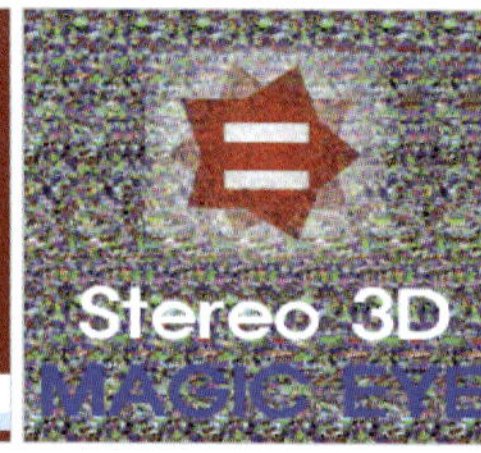


[호기심수학]
304-수학생각16주년, 스테레오사진 (2)
☐

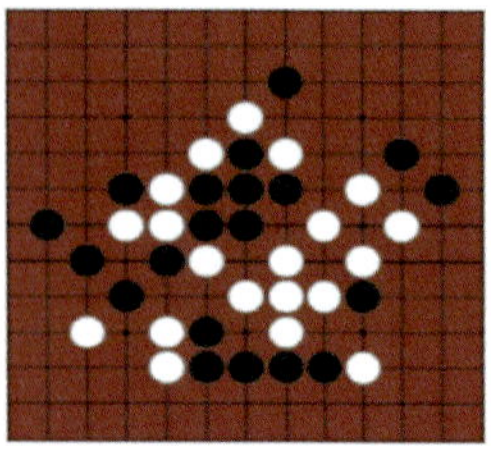

[호기심수학]
303-바둑판(2인용 오목 · 바둑) (2)
☐

[호기심수학]
302-웹카메라 증강현실(AR) 체험 (3)
☐

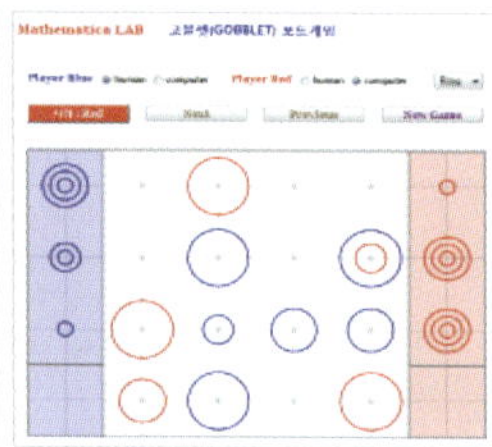


[호기심수학]
301-고블렛(Gobblet) 보드게임 (3)
☐

[호기심수학]
300-게임이론(죄수의 딜레마) (3)
☐

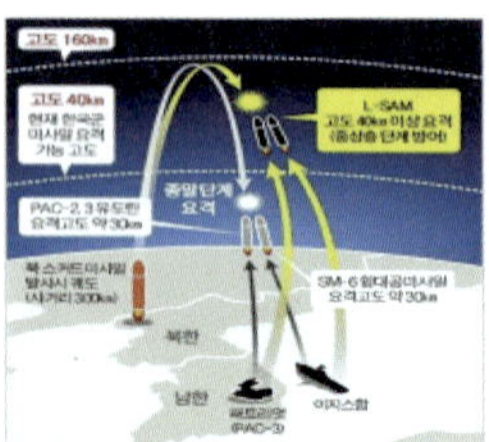


[미분적분]
299-미분전쟁(탄도미사일 vs 사드) (3)
☐

[응용수학]
298-내진설계III(면진구조) (3)
☐

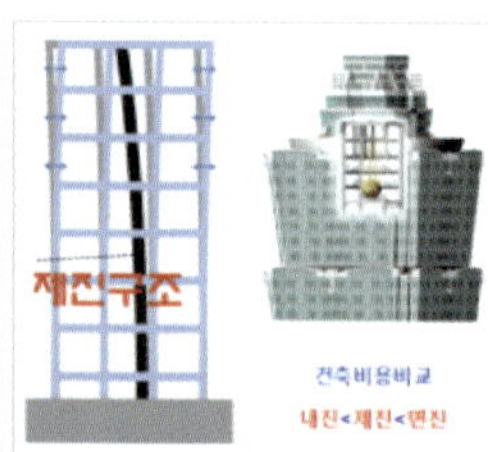


[응용수학]
297-내진설계II(제진구조) (3)
☐

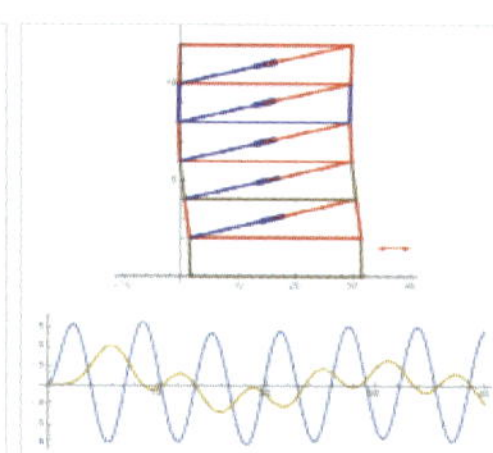

[응용수학]
296-내진설계I(내진구조) (3)
☐

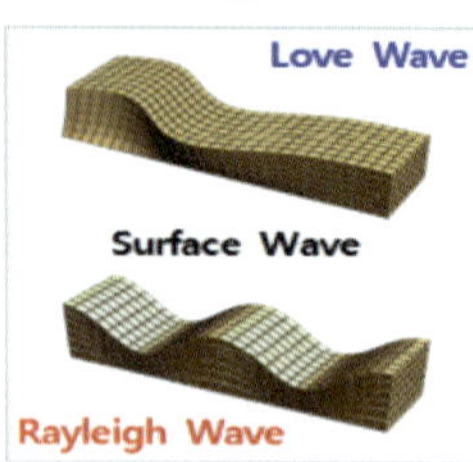


[응용수학]
295-표면파(러브파 vs 레일리파) (3)
☐

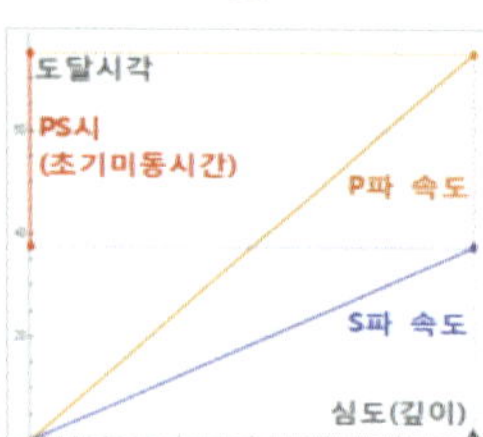


[고1수학]
294-PS시(P파 vs S파 도달시각) (3)
☐

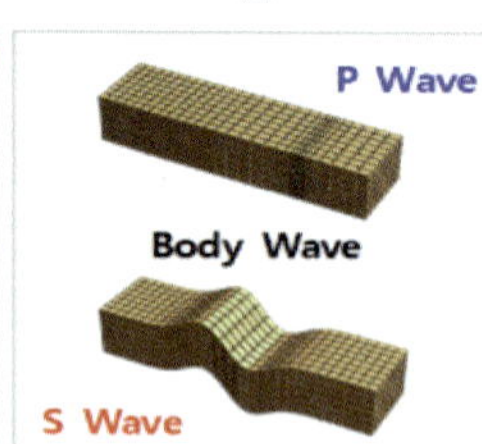


[응용수학]
293-실체파(P파 vs S파)의 이해 (3)
☐

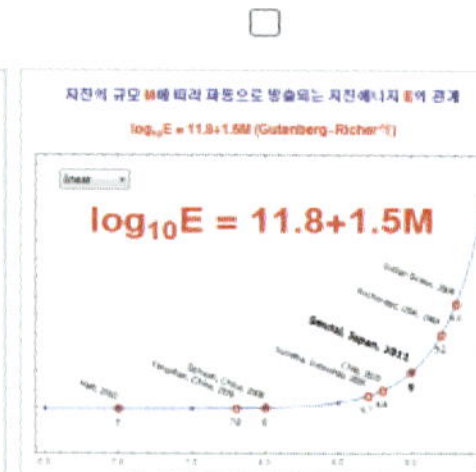


[고1수학]
292-지진의 규모와 에너지 관계 (3)
☐

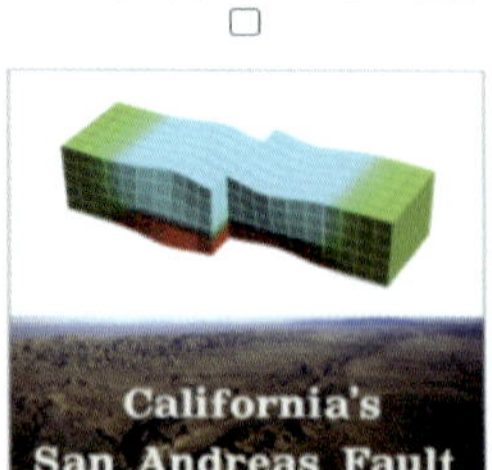


[응용수학]
291-주향이동단층의 지진파 이해 (3)
☐

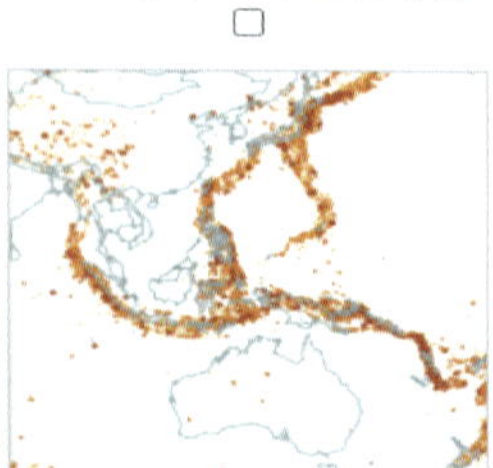

[호기심수학]
290-세계지진규모·분포(불의고리) (3)
☐

[호기심수학]
289-세계 지진(Earthquake) 관측도 (3)
☐

[3D프린팅]
288-학교로고 음·양각 3D모델링 (3)
☐

[공지]
수학실험실 CDF 자료활용 방법 안내

[호기심수학]
287-원주율이 품은 나의 생일 I (7)

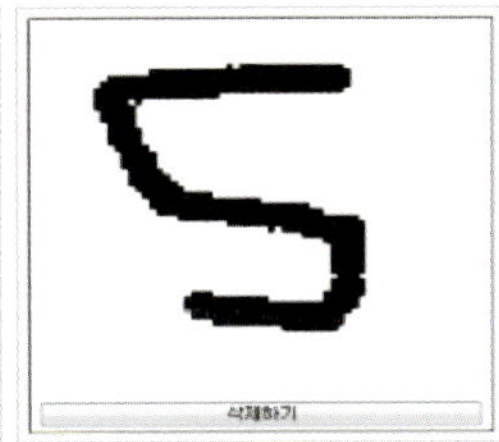

[확률통계]
286-인공지능 숫자인식 패드 (3)

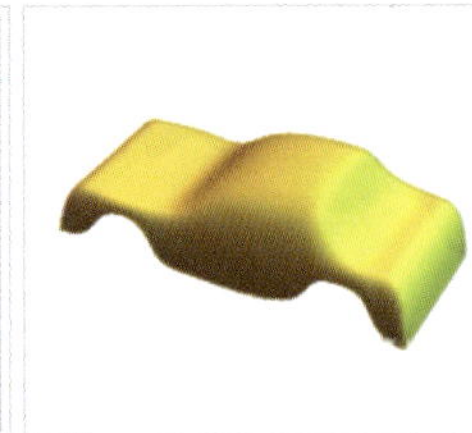

[3D프린팅]
285-자동차 몸체 Spline 3D 설계 (2)

[응용수학]
284-Mathematica 세계지도 (3)

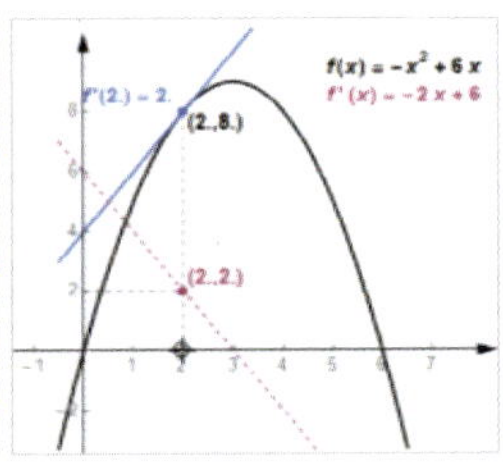


[미분적분]
283-도함수(증가감소, 극대극소) (3)

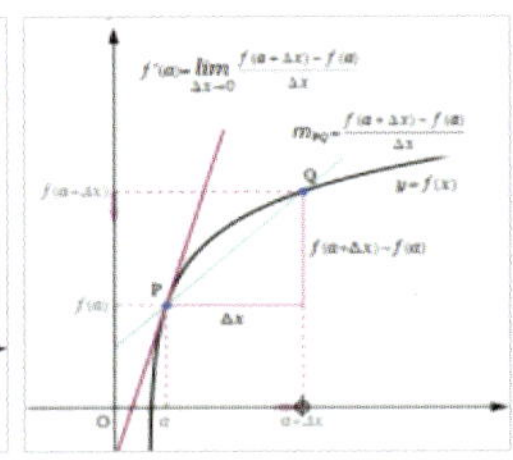

[미분적분]
282-평균변화율과 순간변화율 (3)

[호기심수학]
281-착시현상(그래디언트 효과) (3)

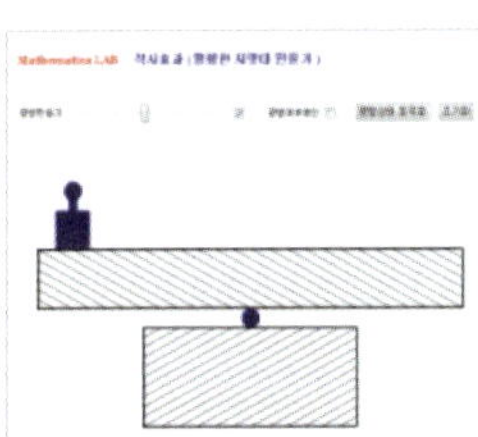

[호기심수학]
280-착시현상(평행한 지렛대) (3)

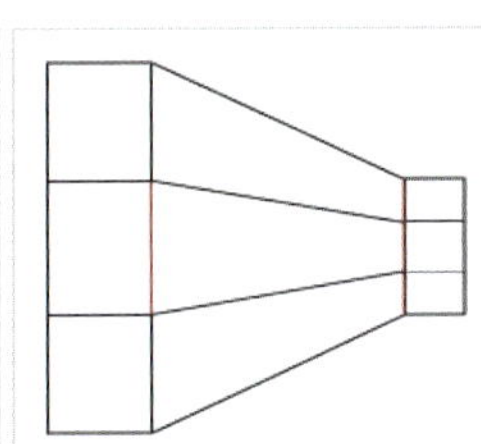

[호기심수학]
279_착시현상(선분의 길이) (3)

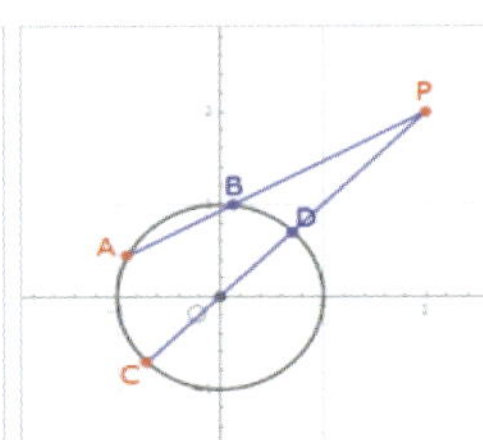


[고1수학]
278_방멱의정리(원의 할선과 현) (3)

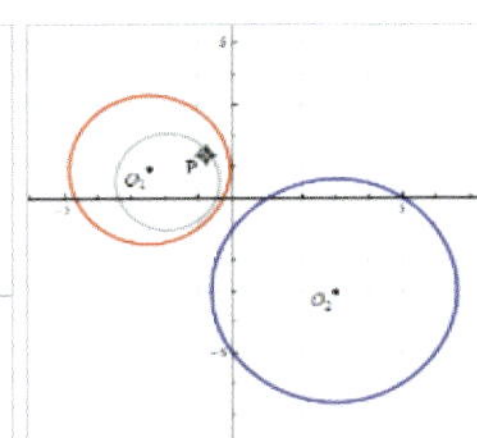

[고1수학]
277_두 원의 교점방정식 재해석 (3)

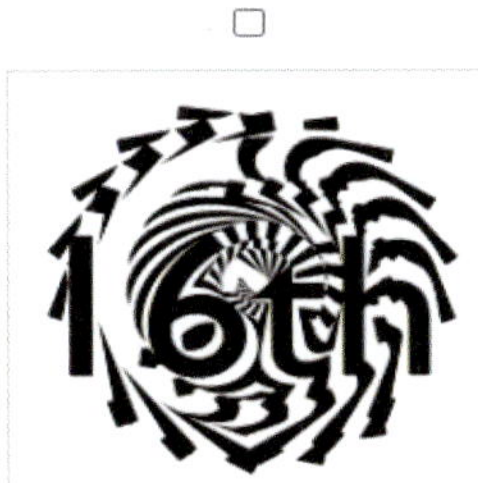

[기하벡터]
276_수학생각 16주년 기념 로고 (3)

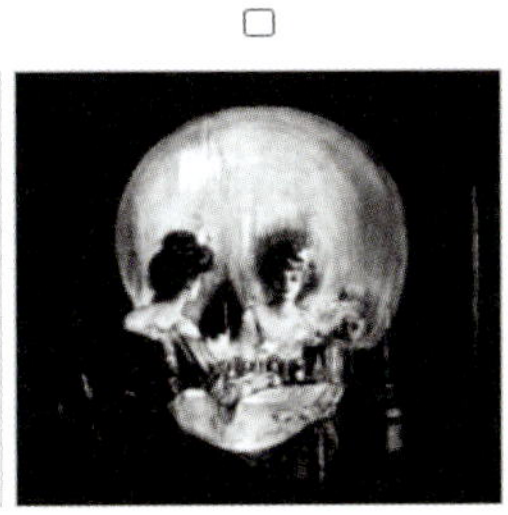

[호기심수학]
275_흐림(Blur)효과 시각적 인식 (3)

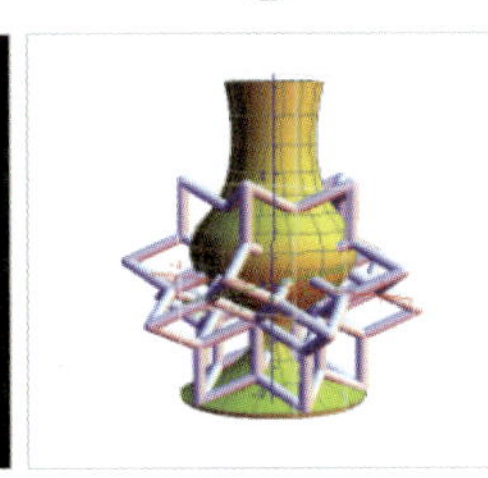

[3D프린팅]
274_다면체 꽃병의 3D모델링 (3)

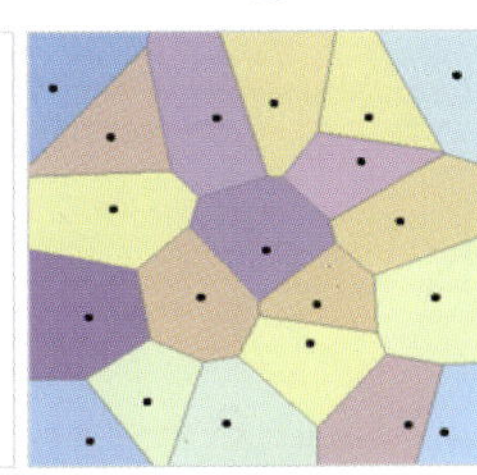

[기하벡터]
273_보로노이 다이어그램 (3)

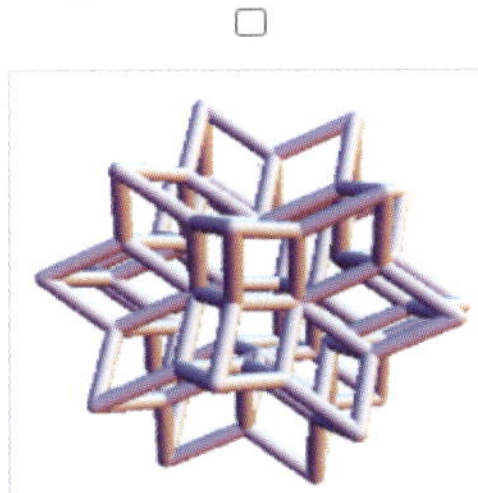

[3D프린팅]
272_다면체의 3D프린팅(140개) (9)

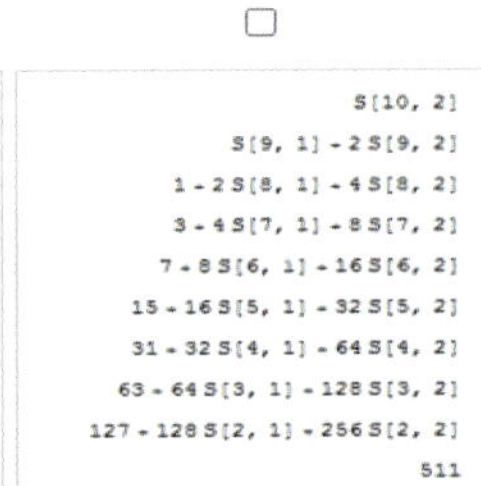


[확률통계]
271_집합의 분할 S(n,k) 계산기 (3)

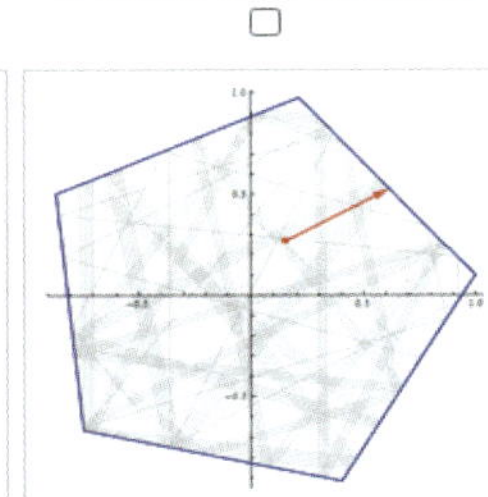

[기하벡터]
270_N-다각형 당구대(빛의 반사) (3)

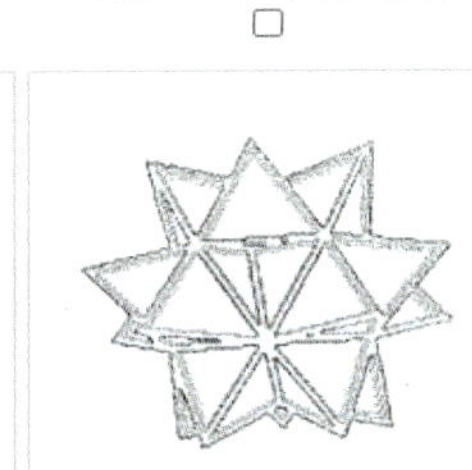

[기하벡터]
269_공간의 점과 정사영(드론쇼) (4)

[공지]
수학실험실 CDF 자료활용 방법 안내

[호기심수학]
268_대한민국 광복 70주년 기념 (3)

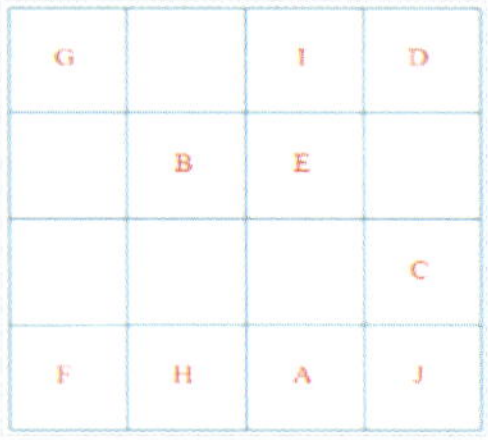


[고1수학]
267_어려운 알파벳 로직퍼즐(2D) (3)

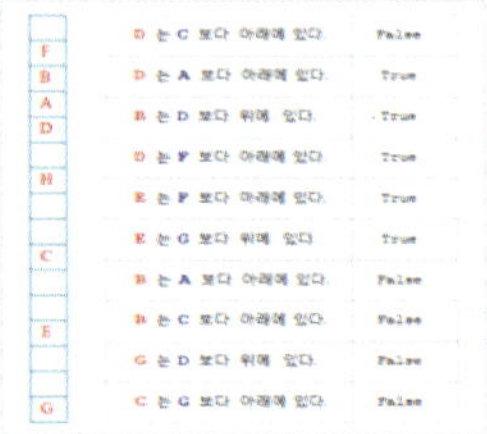

[고1수학]
266_쉬운 알파벳 로직퍼즐(1D) (3)

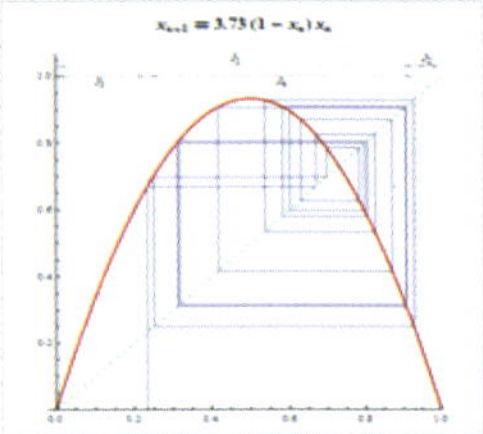


[응용수학]
265_로지스틱(Logistic) 계산기 (3)

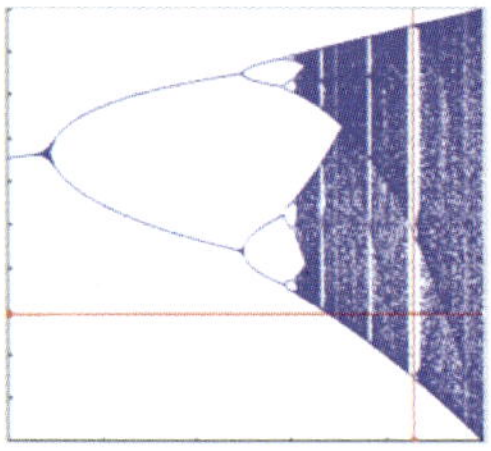

[응용수학]
264_로지스틱의 카오스 현상 (3)

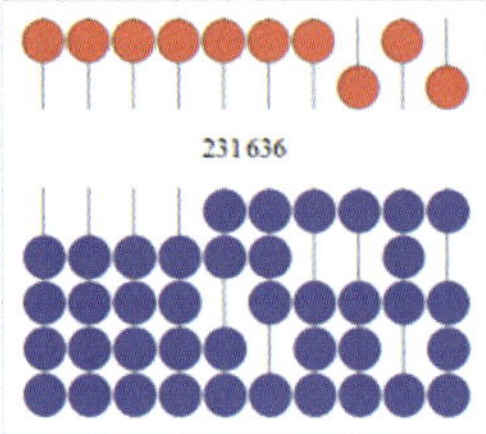


[호기심수학]
263_10자릿수의 주판(셈법) (3)

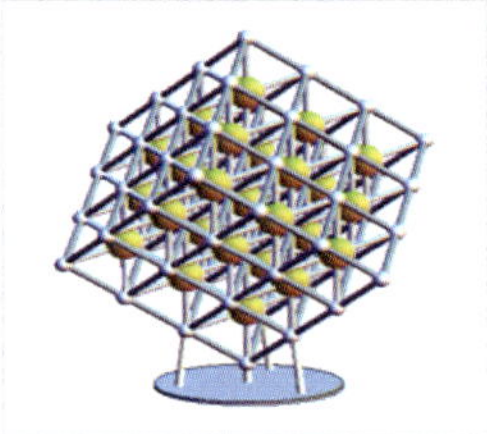

[3D프린팅]
262_아토미엄 건축물 3D프린팅 (3)

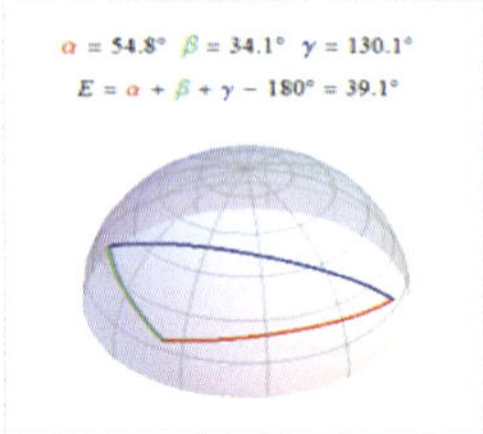


[기하벡터]
261_구면(Sphere) 삼각형 내각합 (3)

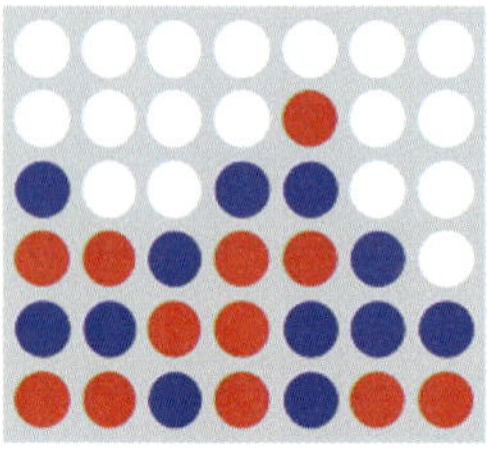

[호기심수학]
260_적층형 사목게임(2인용) (3)

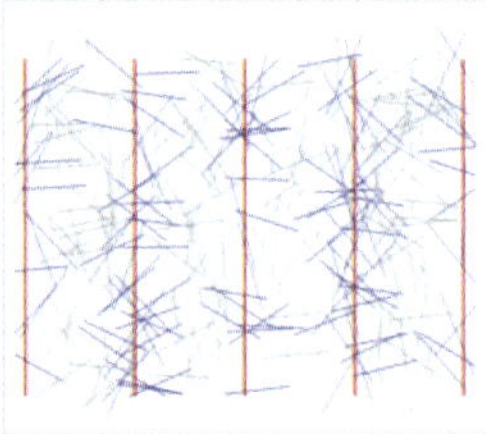

[확률통계]
259_뷔퐁(Buffon)의 바늘 문제 (3)

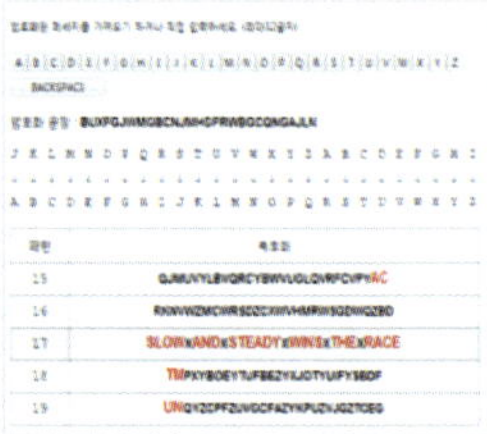

[응용수학]
258_시저(카이저) 암호의 원리 (3)

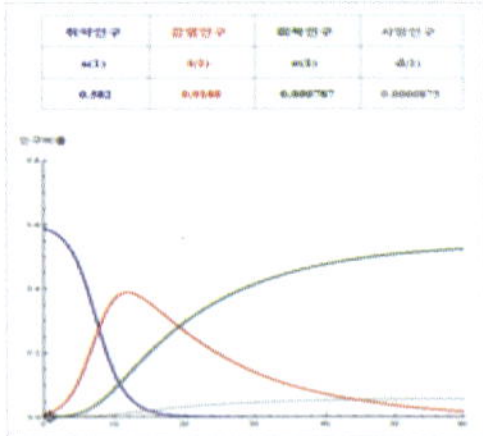

[응용수학]
257_전염병 SIR + 감염재생산지수 (5)

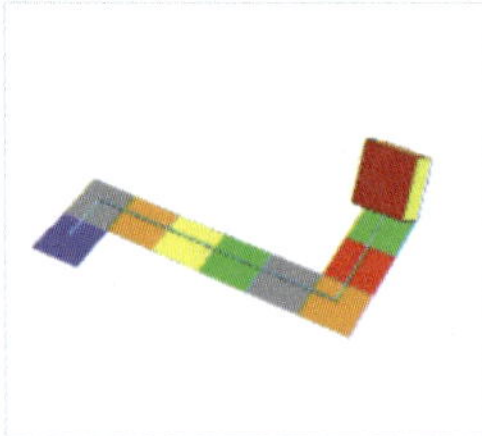

[호기심수학]
256_정육면체의 마지막 색상은? (3)

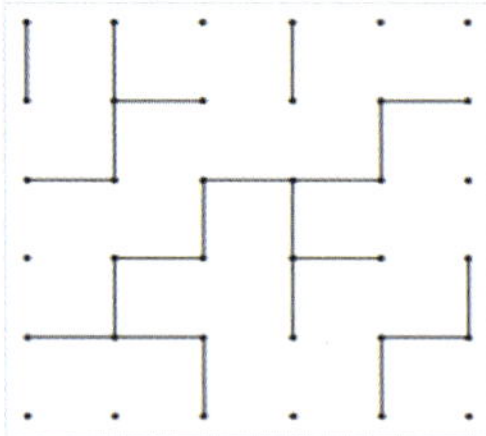

[호기심수학]
255_정사각형 작도 게임(2인용) (3)

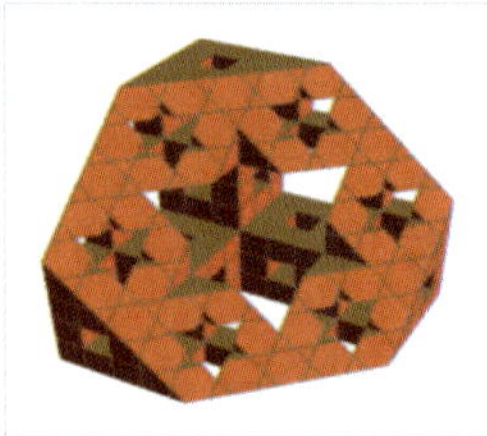

[3D프린팅]
254_멩거스폰지 절단면 3D프린팅 (3)

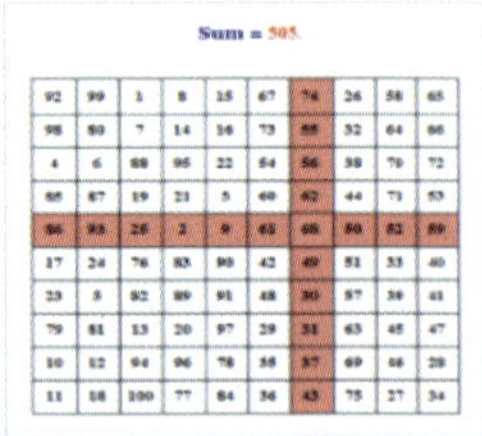


[호기심수학]
253_성분합이 같은 정사각행렬 (3)

[호기심수학]
252_황금비율 활용한 도형 작도 (3)

[고1수학]
251_과학교사상 기념, 불꽃축제 (3)

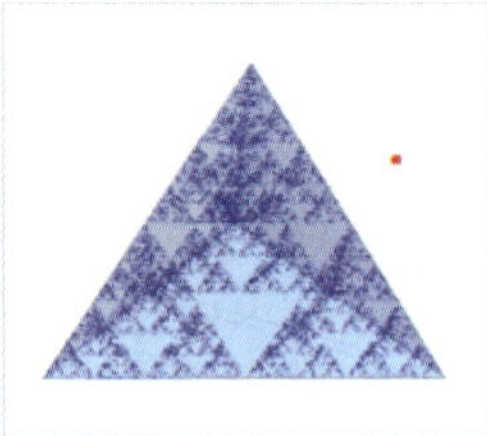

[응용수학]
250_카오스 게임의 확장(2D, 3D) (3)

[공지]
수학실험실 CDF 자료활용 방법 안내

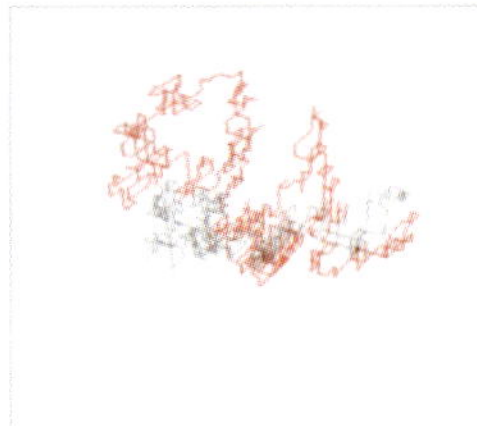

[응용수학]
249_랜덤워크(Random Walk) (3)

[미분적분]
247_프렉탈 가을나무 (3)

[호기심수학]
246_수학생각 14주년, 뫼비우스 (4)

[3D프린팅]
245_8면체 피라미드 프렉탈 (3)

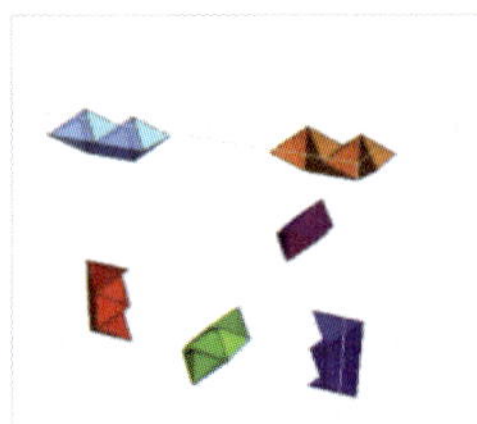

[호기심수학]
244_Mathematica 로고 조각퍼즐 (3)

[호기심수학]
243_스마트폰 터치펜 원리 (3)

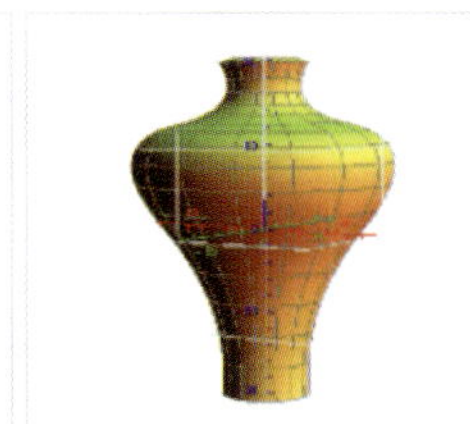

[3D프린팅]
242_스플라인 회전체 3D프린팅 (4)

[호기심수학]
241_Wolfram Alpha LOGO (3)

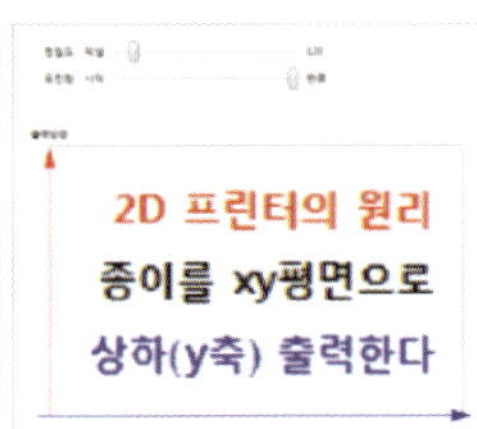


[3D프린팅]
240_2D프린터 출력의 원리 (3)

[3D프린팅]
239_3D프린터(FDM) 출력의 원리 (3)

[3D프린팅]
238_다면체 코알라 3D프린팅 (3)

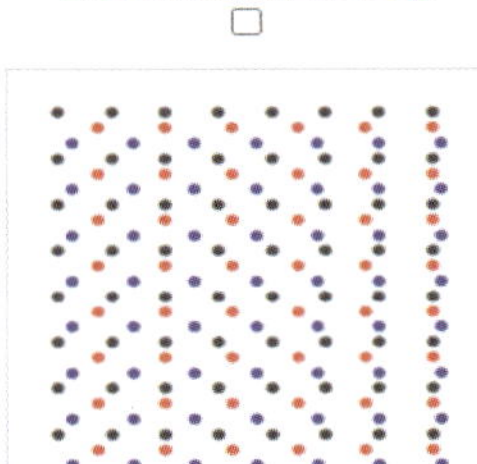

[호기심수학]
237_평면의 입체보기(Magic Eye) (3)

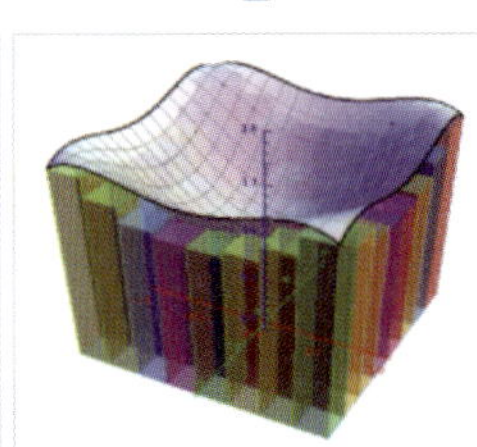

[미분적분]
236_구분구적법3D z=f(x,y) 부피 (3)

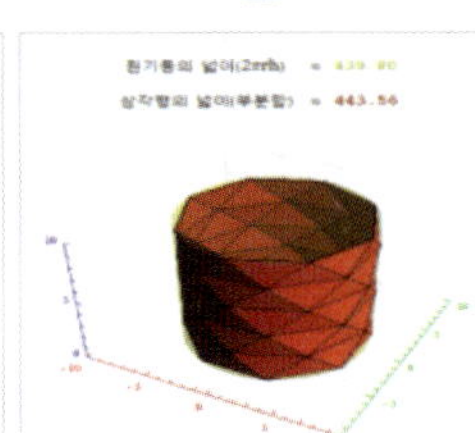

[미분적분]
235_원기둥 넓이의 패러독스 (3)

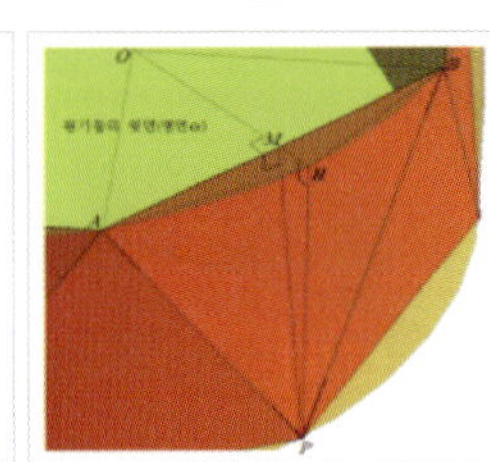

[미분적분]
234_슈바르츠 문제(235)의 증명 (3)

[고1수학]
233_무한등비급수 문제(프렉탈) (3)

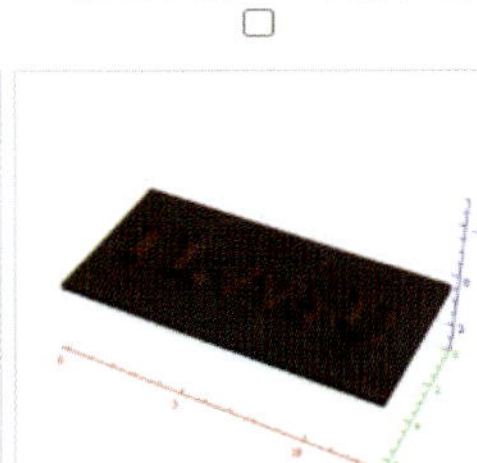

[3D프린팅]
232_초코스케치 3D프린팅 (3)

[3D프린팅]
231_사과 방정식 3D프린팅 (3)

[3D프린팅]
230_와인잔(Wine Cup) 3D프린팅 (3)

[공지]
수학실험실 CDF 자료활용 방법 안내

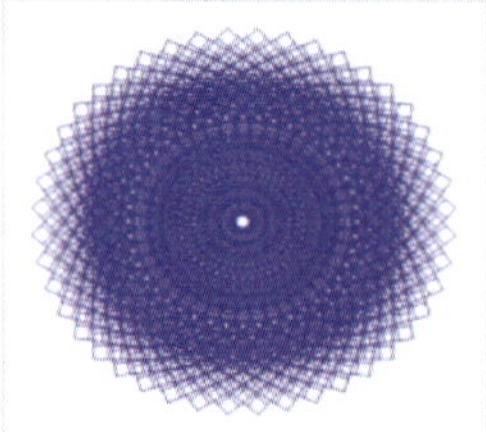

[호기심수학]
229_선분의 회전과 복제의 패턴 (3)

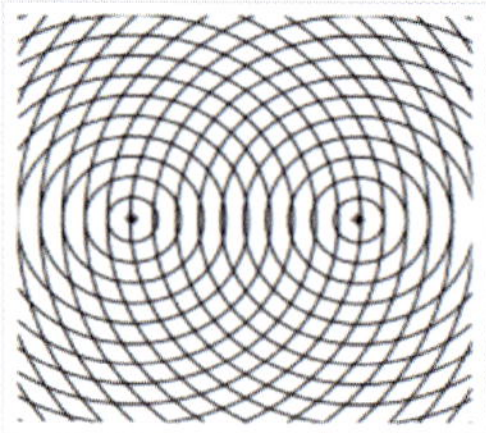

[호기심수학]
228_원의 패턴 간섭 현상 (3)

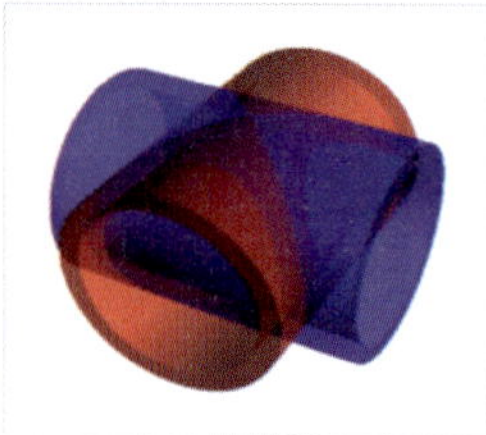

[3D프린팅]
227_직교하는 두 원통 3D프린팅 (3)

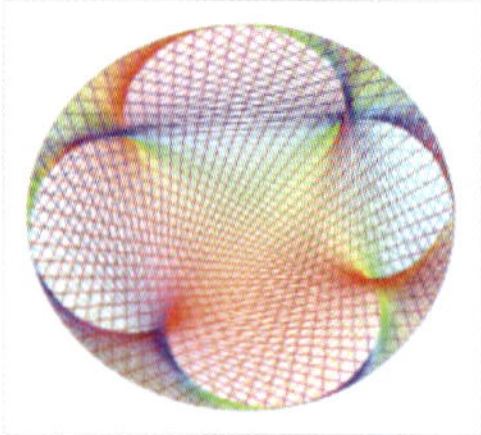

[호기심수학]
226_라인아트II(Line ART) (3)

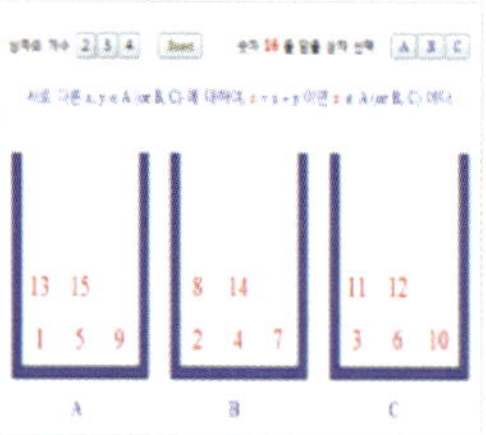

[고1수학]
225_퍼즐 : 슈어(Schur)의 덧셈상자 (4)

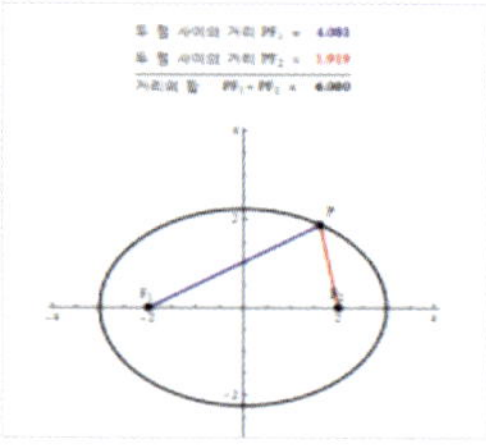

[기하벡터]
224_이차곡선(타원,쌍곡선) 작도 (3)

[호기심수학]
223_릴로(Reuleaux) 다각형 (3)

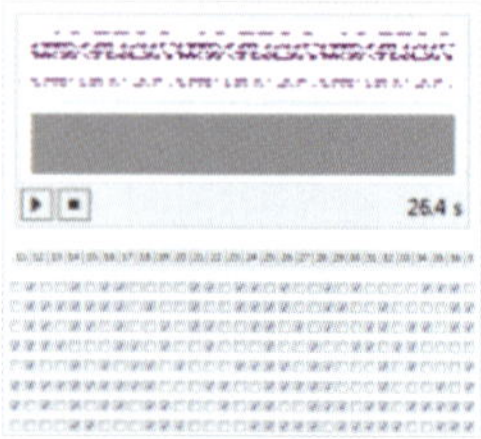

[호기심수학]
222_매스매티카 드럼(Drum) (3)

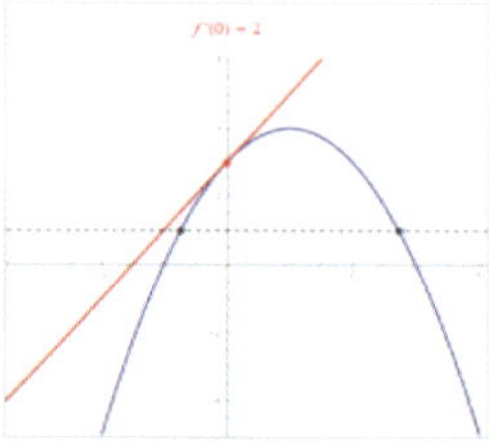

[미분적분]
221_롤의 정리(Rolle Theorem) (3)

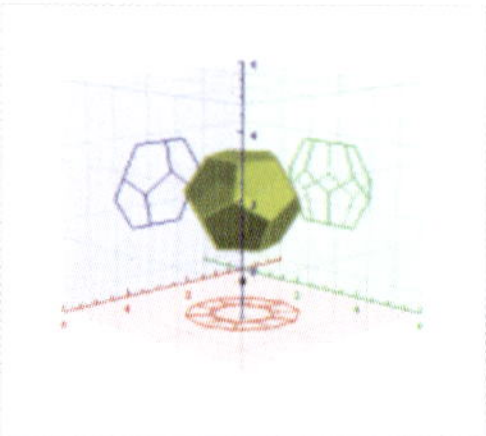

[기하벡터]
220_다면체의 평면위로의 정사영 (3)

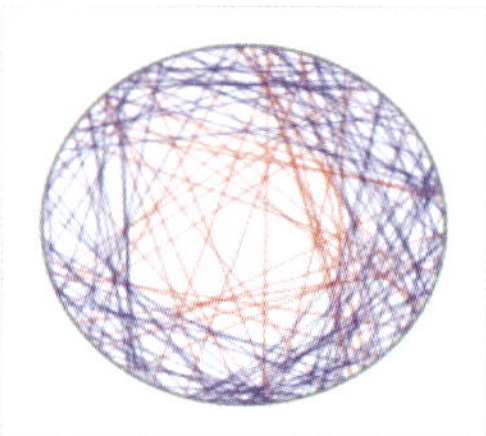

[확률통계]
219_Random 현에 종속적인 확률 (3)

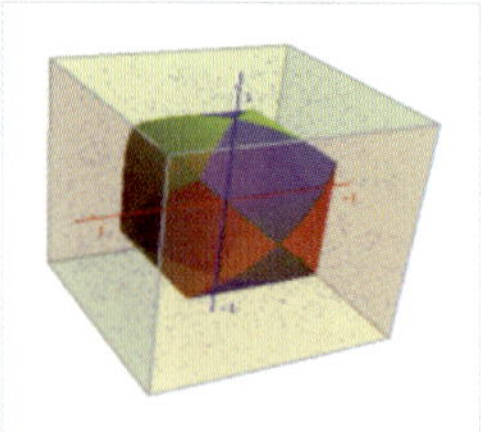

[확률통계]
217_몬테칼로법3D_세 원통 교차 (3)

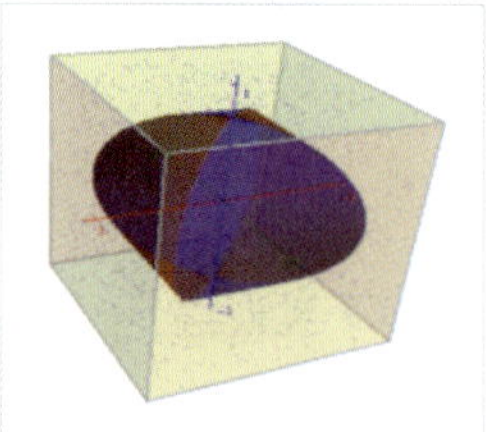

[확률통계]
216_몬테칼로법3D_두 원통 교차 (3)

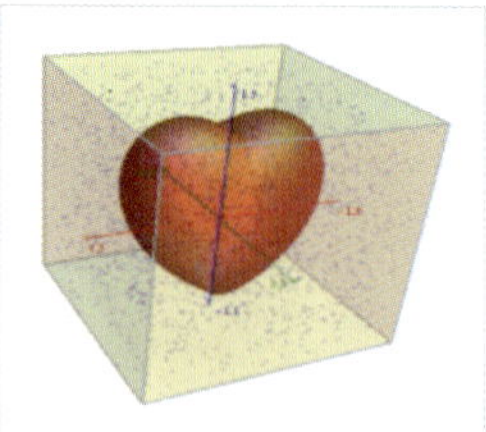

[확률통계]
215_몬테칼로법3D_하트의 부피 (3)

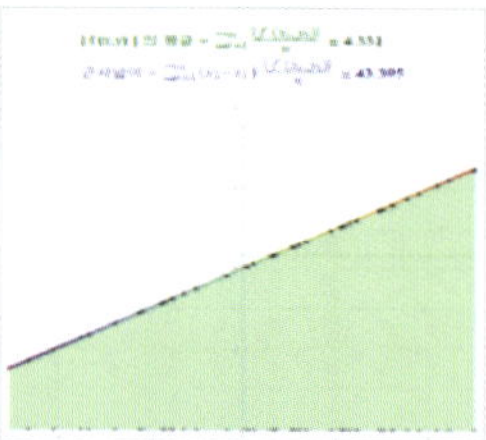

[확률통계]
214_몬테칼로법2D_함수의 넓이 (3)

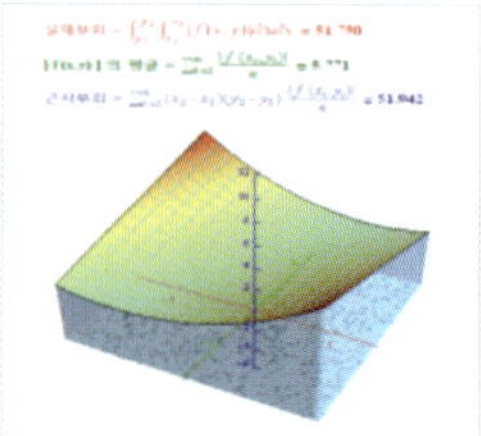

[확률통계]
213_몬테칼로법3D_함수의 부피 (3)

[호기심수학]
212_이미지프로세싱III_함수 변환 (3)

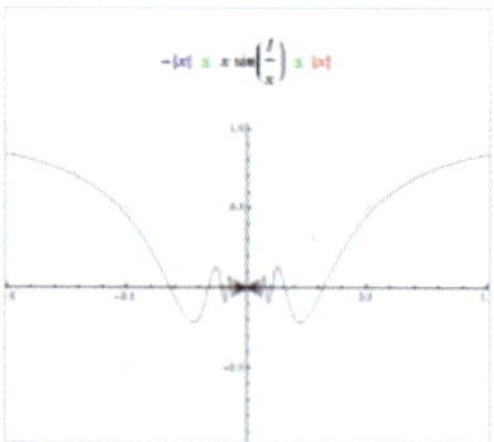

[미분적분]
211_짜내기정리 x Sin(1/x) 시각화 (3)

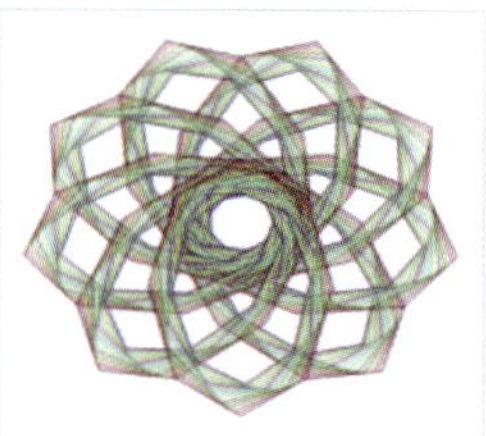

[호기심수학]
210_점과 다각형의 변환 미학 (3)

[공지]
수학실험실 CDF 자료활용 방법 안내

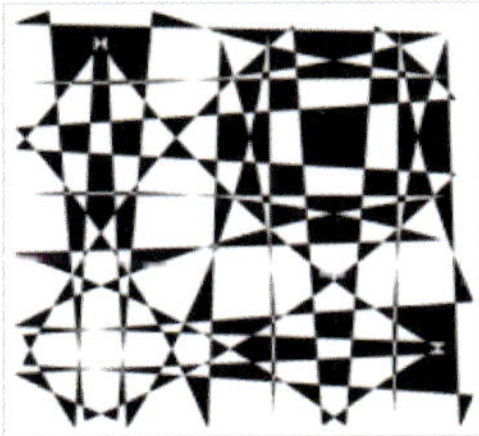

[호기심수학]
209_타일 아트(Tile ART) (3)

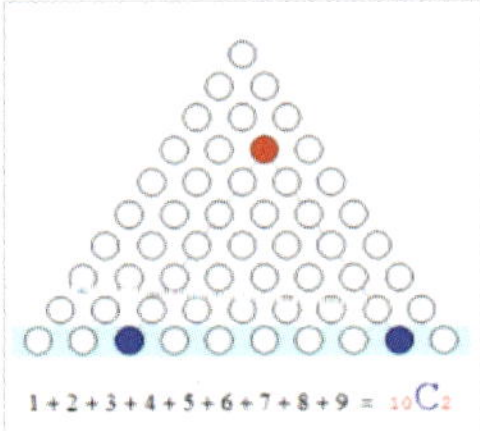


[확률통계]
208_C[n,2] = 1+2+3+...+(n-1) (3)

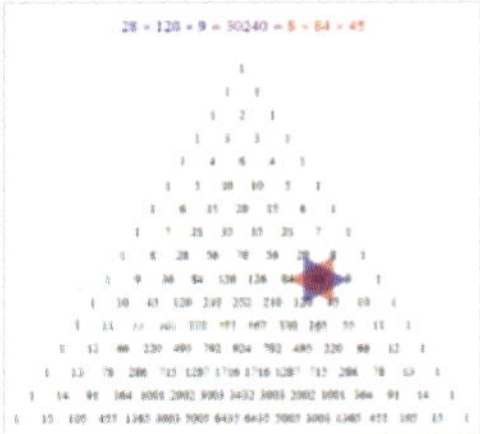

[확률통계]
207_파스칼삼각형 별(Star) 계산 (3)

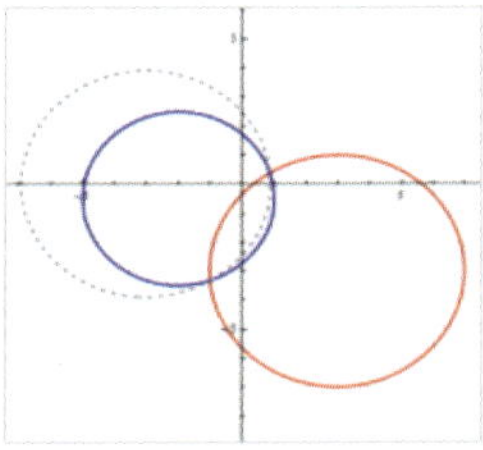

[고1수학]
206_두 원의 교점방정식(탐구용) (3)

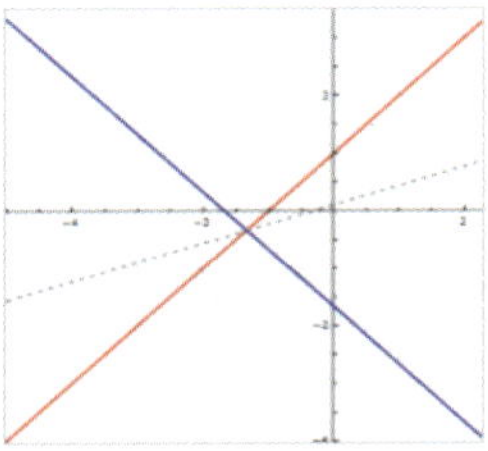

[고1수학]
205_두 직선 교점방정식(탐구용) (3)

[공지]
248_세월호추모_잊지않겠습니다. (2)

[호기심수학]
204_나선방정식(Sprial)의 트리 (3)

[확률통계]
203_네잎클로버_확률 0.1% 행운 (3)

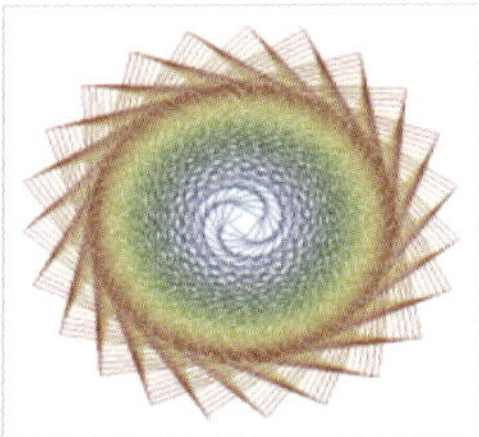

[호기심수학]
202_극좌표(Polar) 그래프 미학 (3)

[확률통계]
201_심슨(Simpson)의 패러독스 (3)

[호기심수학]
200_카네이션 매개변수 그래프 (3)

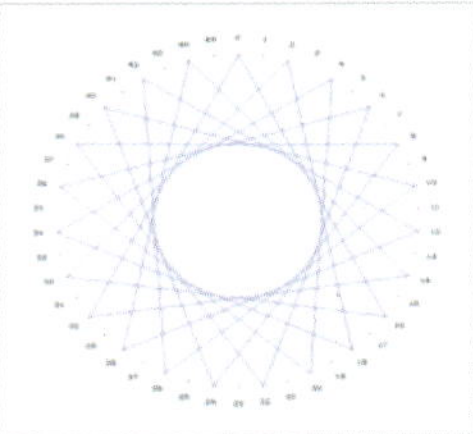

[고1수학]
199_나머지정리(Mod Line ART) (3)

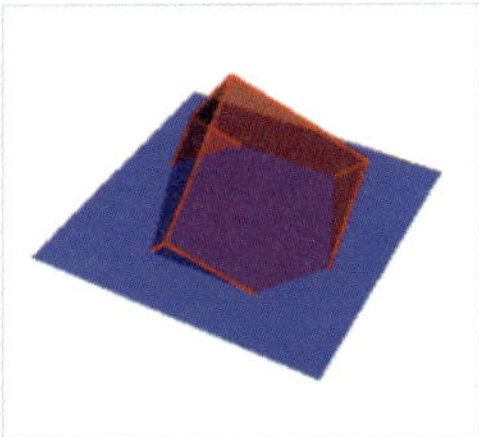

[호기심수학]
198_플랫랜드II_입체의 다변성 (3)

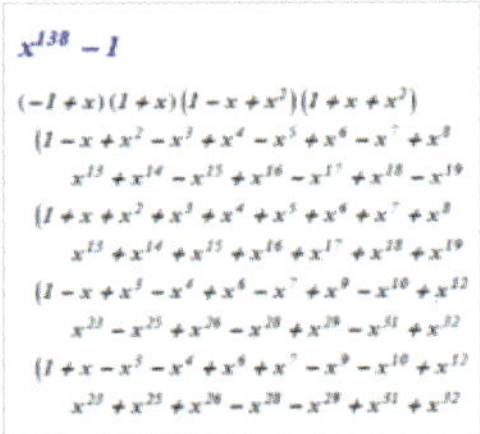

[고1수학]
197_다항식 $x^n$-1 인수들의 계수 (7)

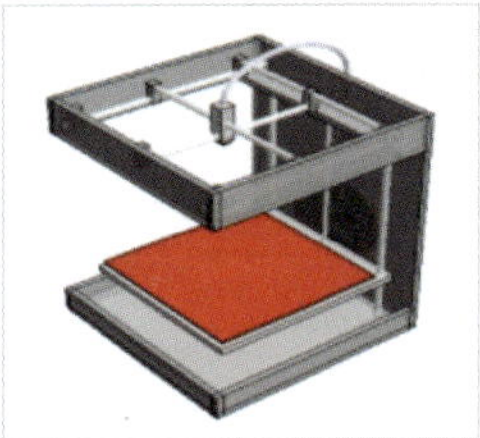

[3D프린팅]
196_3D프린터(FDM) 출력 원리 (3)

[고1수학]
195_흥미로운 얼굴표정 그래프 (3)

[호기심수학]
194_심볼 아트(Symbol ART) (3)

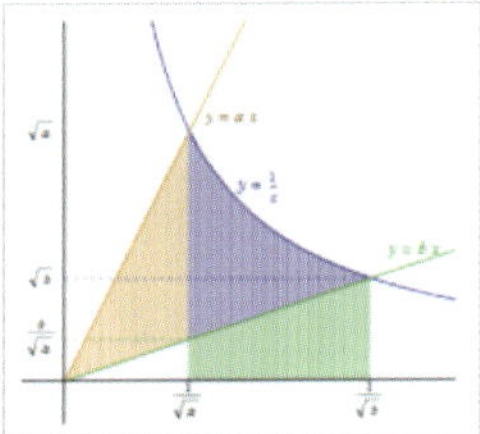

[미분적분]
193_정적분 넓이계산 시각화 (3)

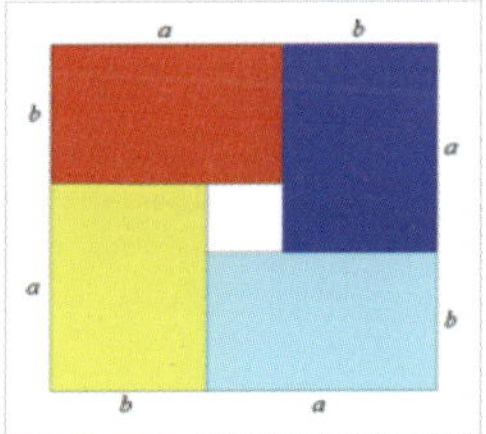

[고1수학]
192_산술, 기하평균의 증명 (3)

[공지]
수학실험실 CDF 자료활용 방법 안내

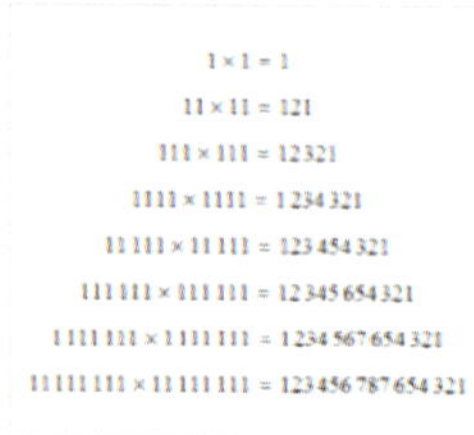


[호기심수학]
191_흥미로운 숫자의 계산법칙 (3)

[고1수학]
190_파이데이(3월14일) 기념 (5)

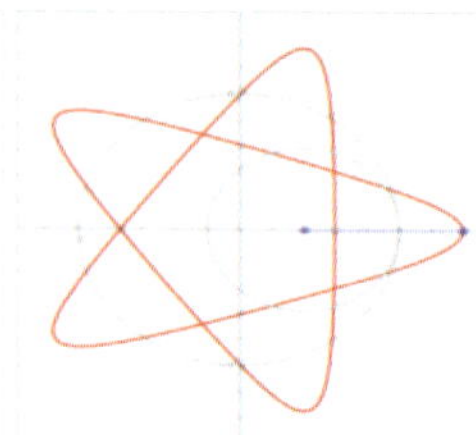

[호기심수학]
189_별 그래(매개변수 그래프) (3)

[고1수학]
188_근삿값 유용함(유리,무리수) (3)

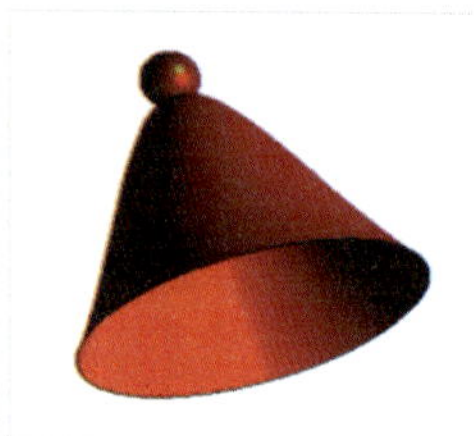

[호기심수학]
187_실버벨(X-mas Song) (3)

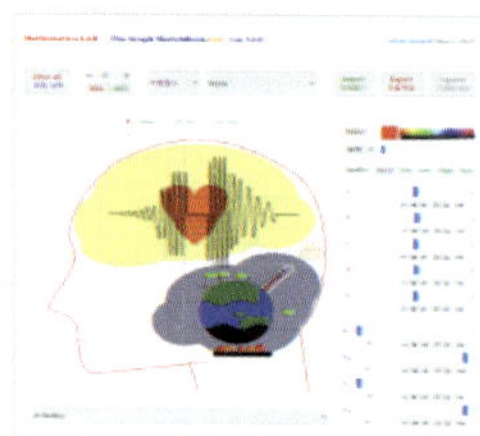

[고1수학]
186_그래프스케치북(v12.0)_Full (6)

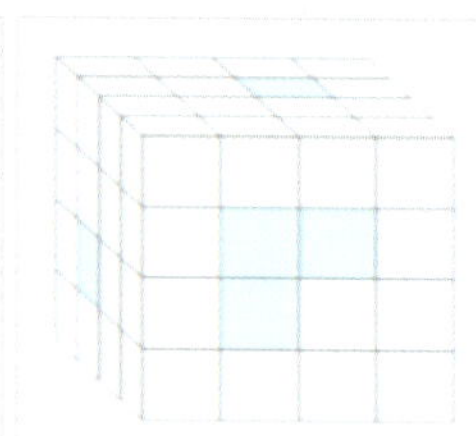

[호기심수학]
185_관통된 정육면체의 개수는? (2)

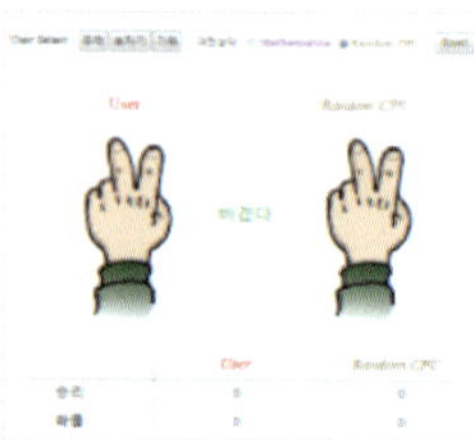

[확률통계]
184_인공지능 슈퍼 가위바위보 (2)

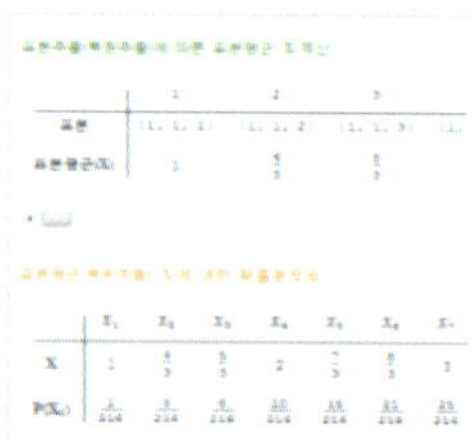

[확률통계]
183_모집단과 표본집단의 성질 (2)

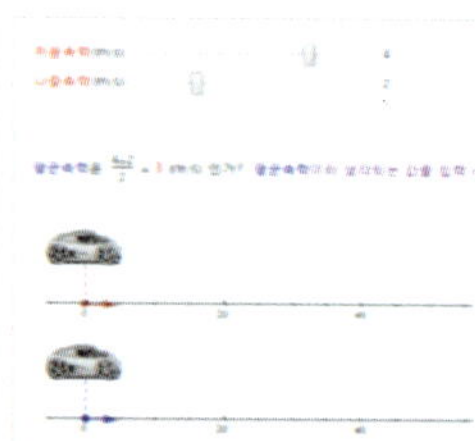

[고1수학]
182_이상한 평균이야기_평균속력 (2)

[호기심수학]
181_수학생각 13주년 기념 로고 (2)

[호기심수학]
180_독도(Dokdo)사랑 조각퍼즐 (2)

[호기심수학]
179_블랙아웃(Black Out) 게임II (2)

[호기심수학]
178_블랙아웃(Black Out) 게임I (2)

[호기심수학]
177_호박귀신(할로윈)의 그래프 (2)

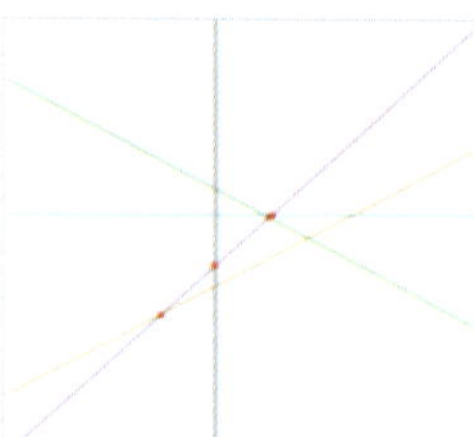

[고1수학]
176_직선의 최대분할영역 개수 (2)

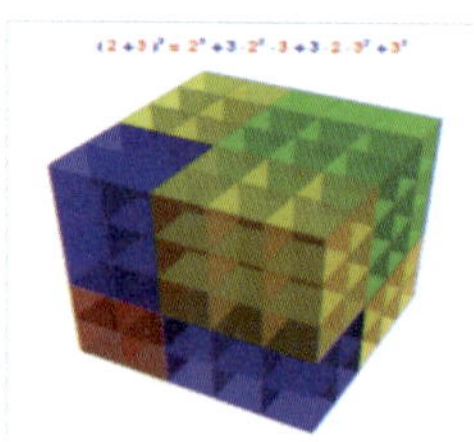

[고1수학]
175_부피를 이용 $(a+b)^3$ 전개식 (2)

[호기심수학]
174_마음속 숫자계산II (3)

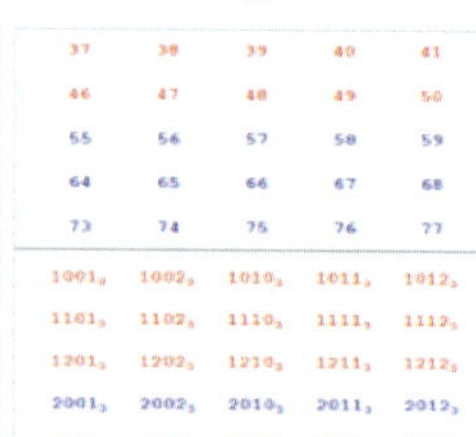

[호기심수학]
173_마음속 숫자계산II_원리 (1)

[공지]
수학실험실 CDF 자료활용 방법 안내

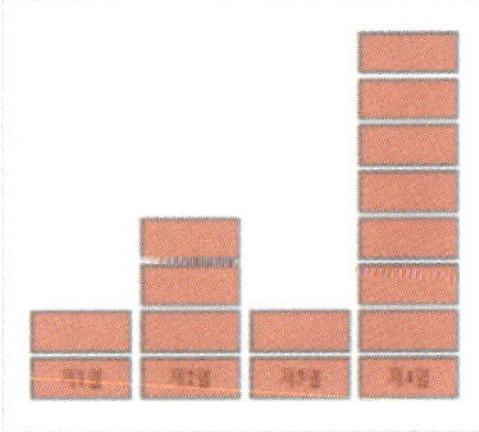
[호기심수학]
172_Nim Game_마지막 도형 쟁취 (2)

[고1수학]
171_Amazing Triangle Problem (2)

[고1수학]
170_Amazing Triangle_원리 해설 (2)

[호기심수학]
169_다면체 카메라 실시각 영상 (3)

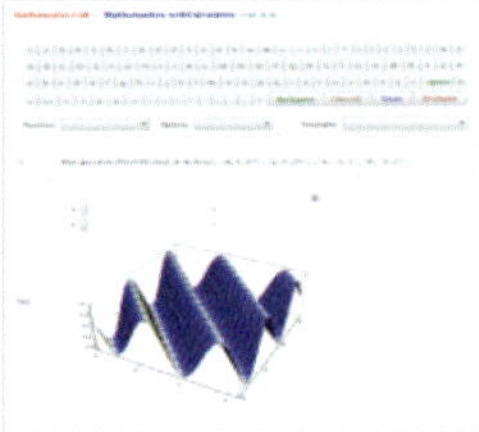
[응용수학]
168_슈퍼계산기(webMathematica) (4)

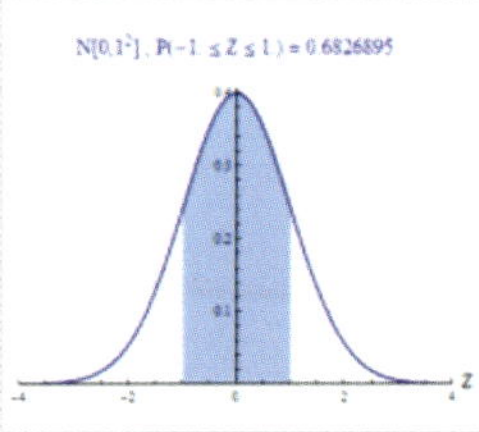
[확률통계]
167_정규분포 N(m,s²)의 표준화 (2)

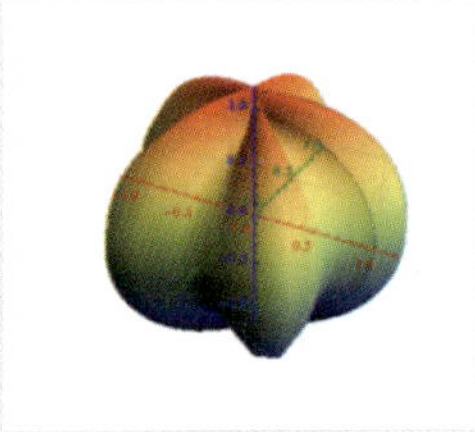
[응용수학]
166_구면방정식 그래프 (2)

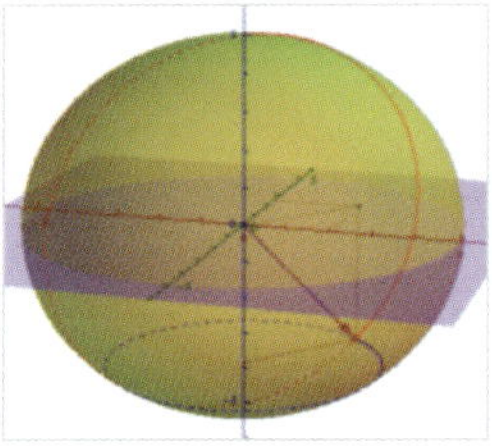
[응용수학]
165_구면좌표계 작도 원리 (2)

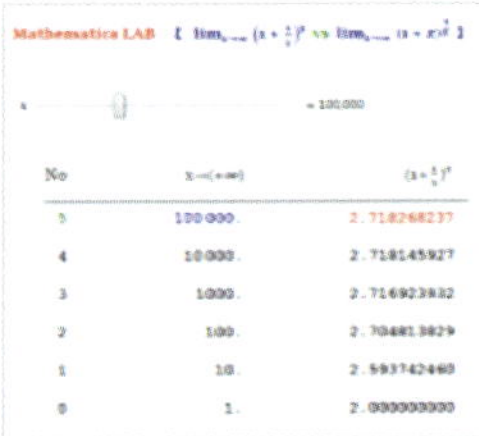
[미분적분]
164_자연상수(e)의 극한값 비교 (2)

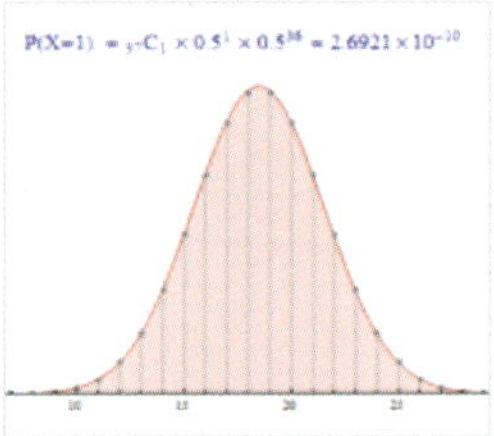
[확률통계]
163_이항분포 B(n,p) 확률 계산 (2)

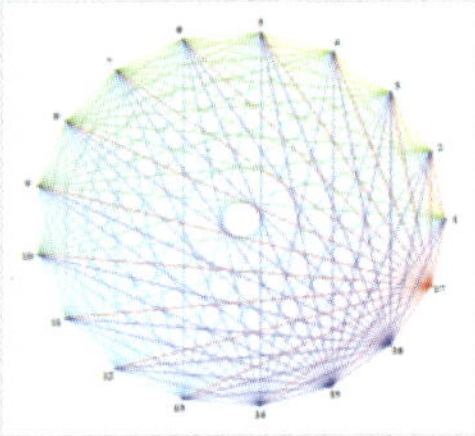
[확률통계]
162_N명이 악수하는 경우의 수 (2)

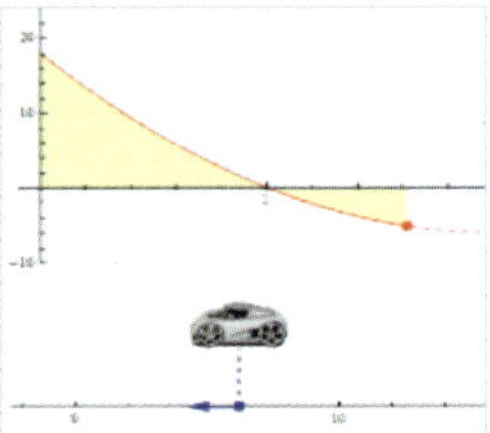
[미분적분]
161_적분_속도함수 운동그래프 (2)

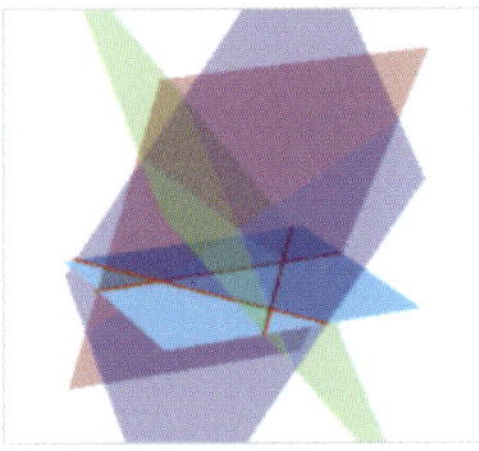
[고1수학]
160_평면의 최대분할영역_일반화 (2)

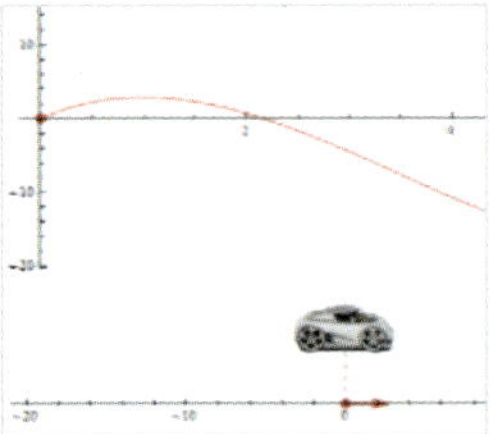
[미분적분]
159_미분_위치함수 운동그래프 (2)

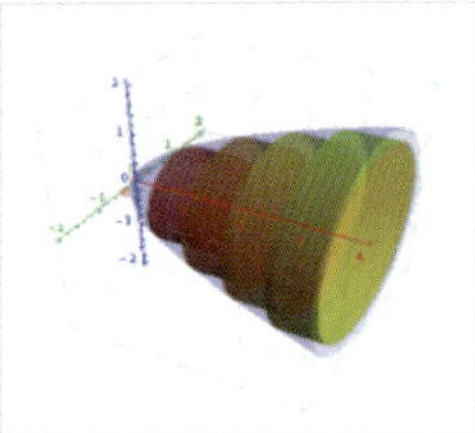
[미분적분]
158_원통 vs 원뿔대 부분합 비교 (2)

[호기심수학]
157_이미지프로세싱III_곡면사진 (2)

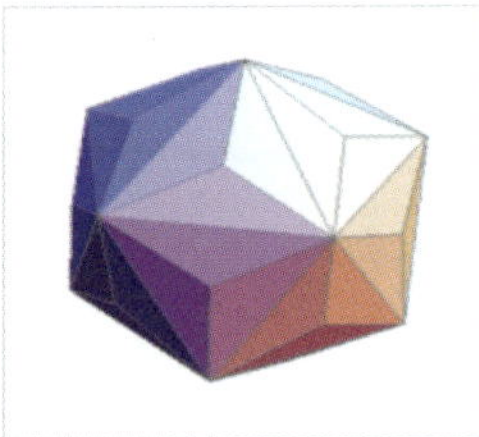
[호기심수학]
156_여러가지 다면체와 전개도 (3)

[호기심수학]
155_이미지프로세싱II_사진변환 (2)

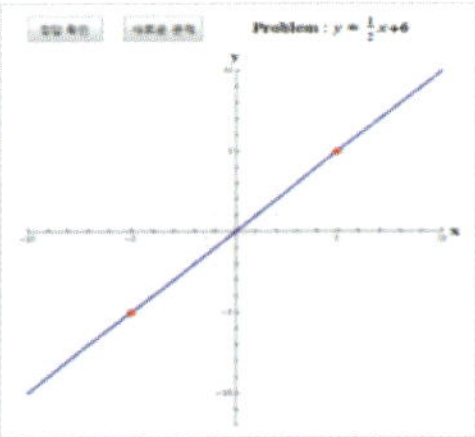
[고1수학]
154_일차함수의 그래프 연습 (2)

[공지]
수학실험실 CDF 자료활용 방법 안내

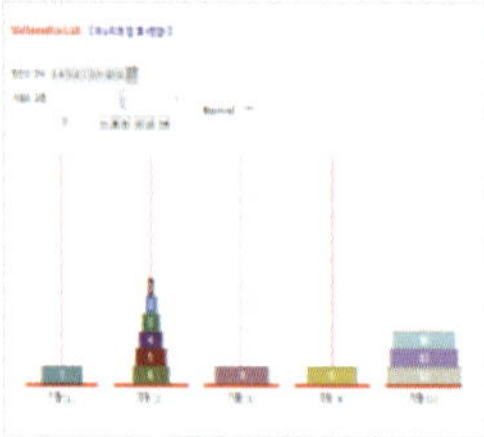

[고1수학]
153_하노이의 탑_기둥5개_정답 (2)

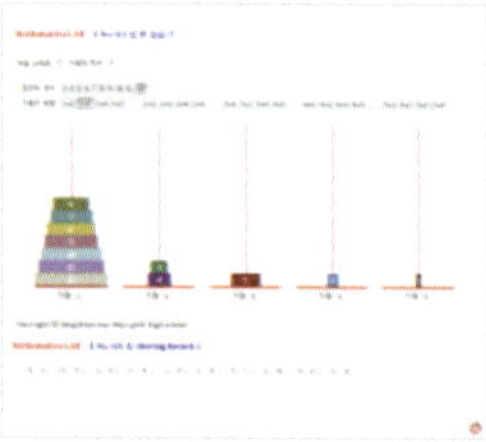

[고1수학]
152_하노이의 탑_기둥5개_실험 (2)

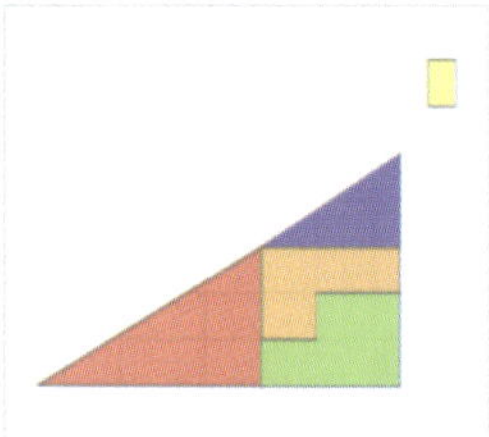

[고1수학]
151_사라진 정사각형의 비밀VI (2)

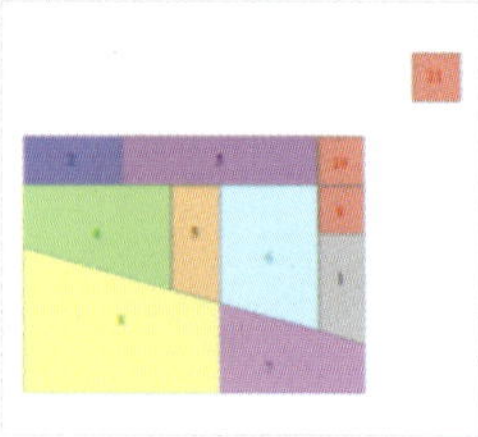

[고1수학]
150_사라진 정사각형의 비밀V (2)

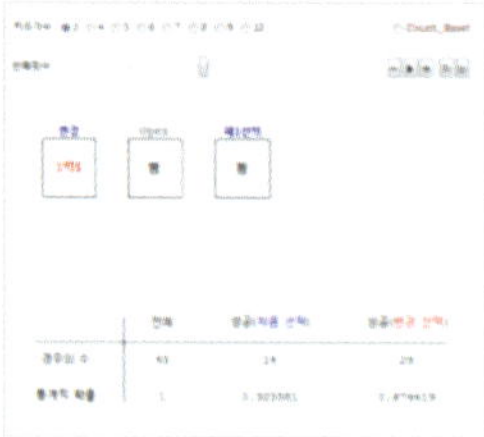

[확률통계]
149_몬티홀III_야바위게임_자동 (2)

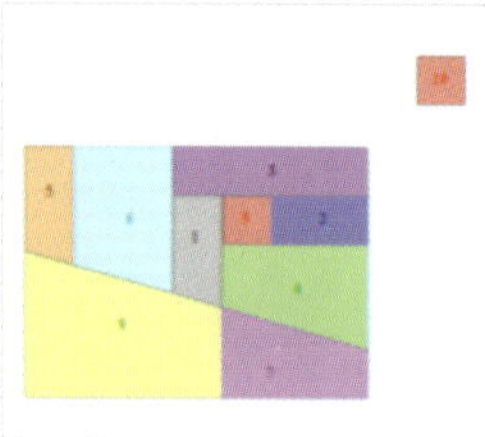

[고1수학]
148_사라진 정사각형의 비밀IV (2)

[확률통계]
147_비복원추출 제비뽑기_종속 (2)

[확률통계]
146_남자? 여자? 확률실험_자동 (3)

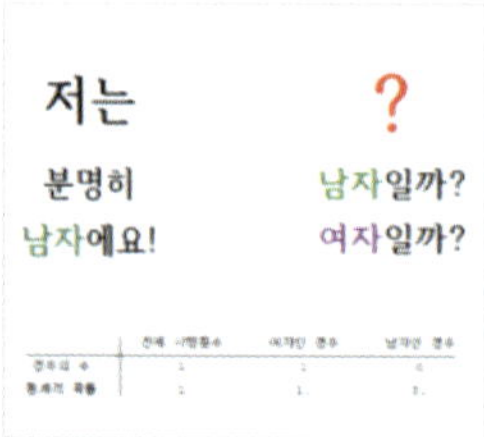


[확률통계]
145_남자? 여자? 확률실험_수동 (2)

[확률통계]
144_몬티홀II_야바위게임_확장 (3)

[확률통계]
143_몬티홀I_야바위게임_수동 (3)

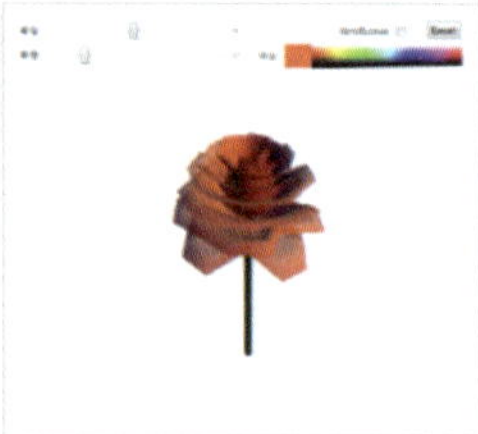

[호기심수학]
142_Rose Day_장미(Rose3D) (2)

| 매달후 | 연금현가(목돈저축) | 월수령액(정기저축) |
|---|---|---|
| 1월말 | 10,050,000.(원) | 560,776.(원) |
| 2월말 | 10,100,250.(원) | 557,986.(원) |
| 3월말 | 10,150,751.(원) | 555,210.(원) |
| 4월말 | 10,201,505.(원) | 552,448.(원) |
| 5월말 | 10,252,513.(원) | 549,699.(원) |
| 6월말 | 10,303,775.(원) | 546,964.(원) |
| 7월말 | 10,355,294.(원) | 544,243.(원) |
| 8월말 | 10,407,070.(원) | 541,536.(원) |
| 9월말 | 10,459,106.(원) | 538,841.(원) |
| 10월말 | 10,511,401.(원) | 536,161.(원) |
| 11월말 | 10,563,958.(원) | 533,493.(원) |
| 12월말 | 10,616,778.(원) | 530,839.(원) |
| 13월말 | 10,669,862.(원) | 528,198.(원) |
| 14월말 | 10,723,211.(원) | 525,570.(원) |
| 15월말 | 10,776,827.(원) | 522,955.(원) |
| 16월말 | 10,830,712.(원) | 520,354.(원) |
| 17월말 | 10,884,865.(원) | 517,765.(원) |

[고1수학]
141_금융수학_연금의 현가 (2)

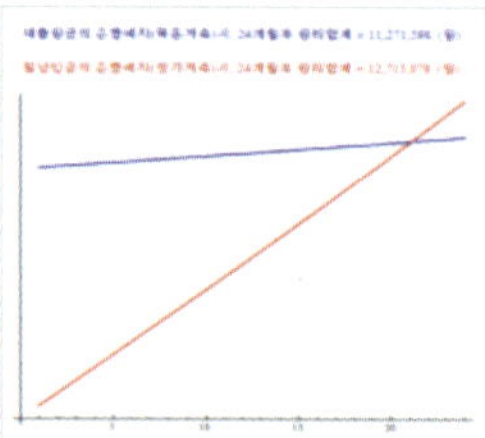

[고1수학]
140_금융수학_빚(대출금)의 상환 (2)

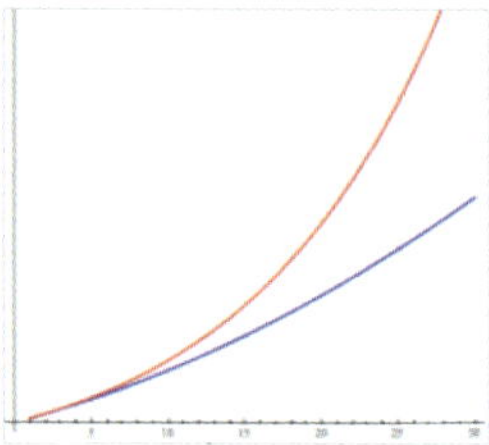

[고1수학]
139_금융수학_정기저축_단리복리 (2)

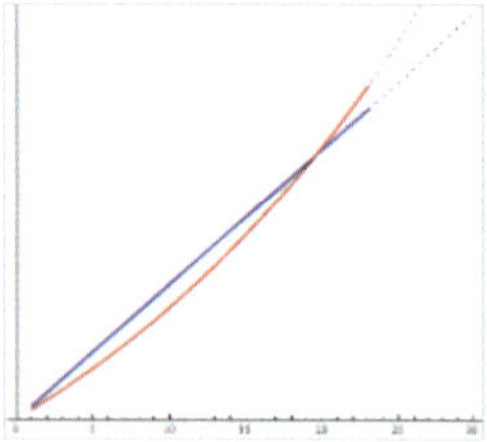

[고1수학]
138_금융수학_목돈저축_단리복리 (2)

[호기심수학]
137_지구의 벗, 자연위성_달 (2)

[호기심수학]
136_아름다운 행성II_水金地火 (2)

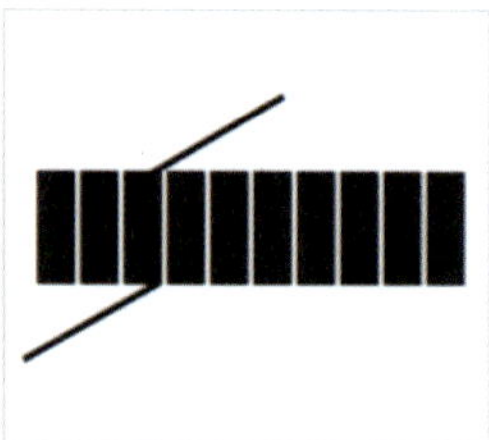

[호기심수학]
135_착시현상_일직선 만들기 (2)

[공지]
수학실험실 CDF 자료활용 방법 안내
☐

[미분적분]
134_자연속의 프렉탈_토성 고리 (2)
☐

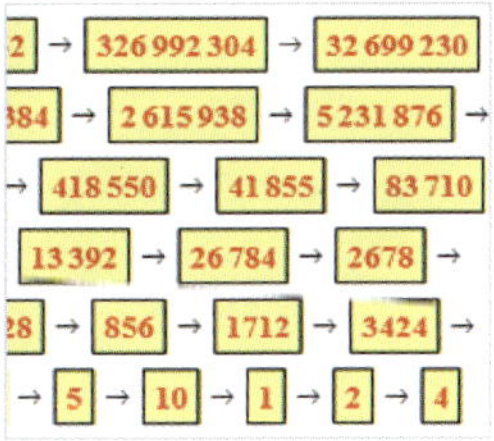


[호기심수학]
133_미해결문제_4-Problem (2)
☐

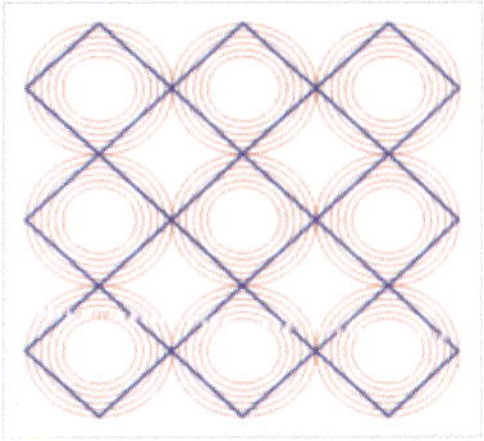

[호기심수학]
132_착시현상_동심원과 직선 (2)
☐

[호기심수학]
131_사라진 막대의 비밀 (2)
☐

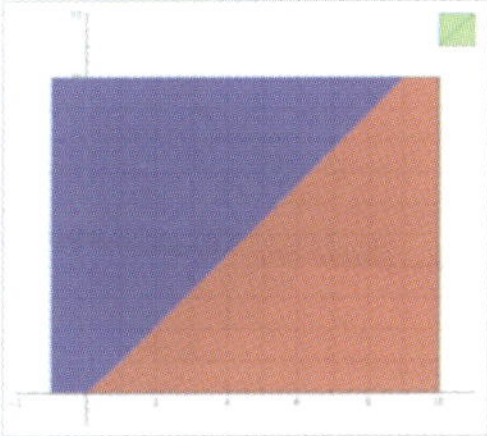

[고1수학]
130_사라진 정사각형의 비밀III (3)
☐

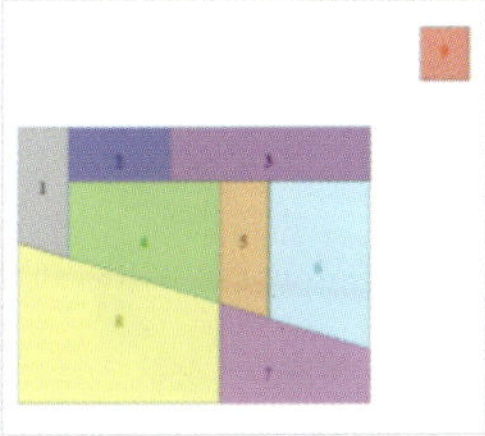

[고1수학]
129_사라진 정사각형의 비밀II (2)
☐

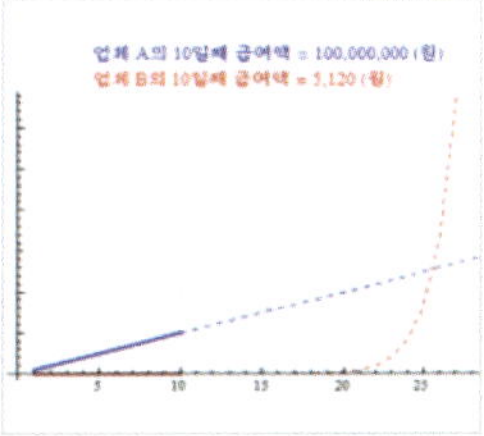

[고1수학]
128_지수의 기하학적 증가_급여 (2)
☐

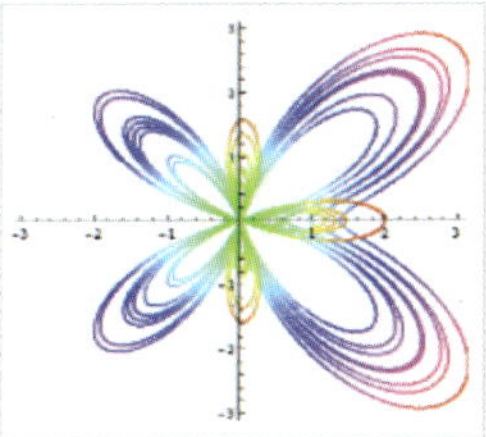

[응용수학]
127_극좌표와 직교좌표 그래프 (2)
☐

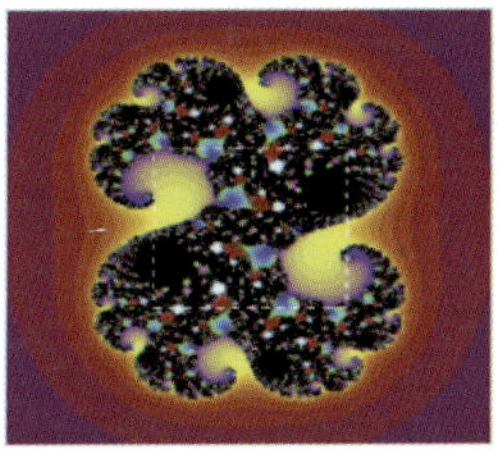

[응용수학]
126_프렉탈_줄리아집합_계산기 (4)
☐

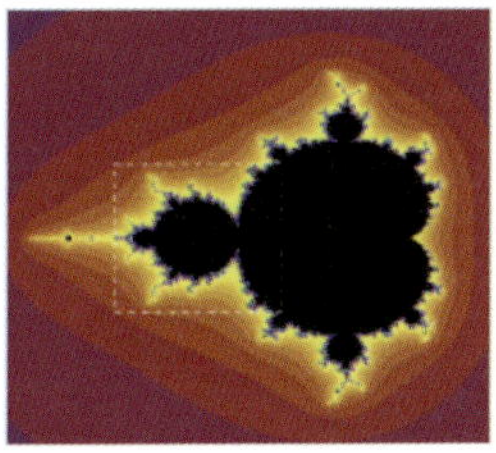

[응용수학]
125_프렉탈_만델브로집합_계산기 (4)
☐

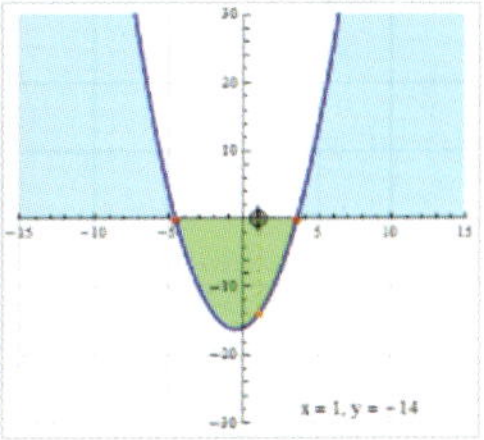

[고1수학]
124_이차함수, 방정식, 부등식 (2)
☐

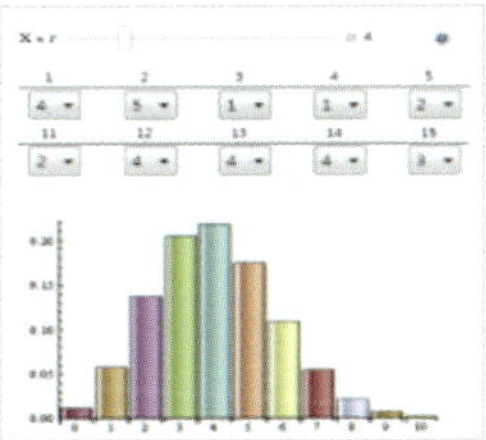

[확률통계]
123_객관식 20문제 대박찍기 (2)
☐

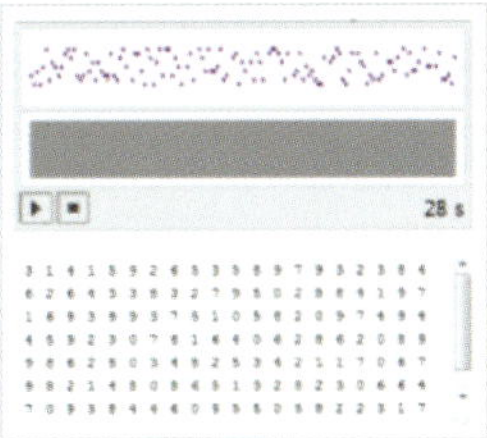

[고1수학]
122_유리수와 무리수의 연주회 (2)
☐

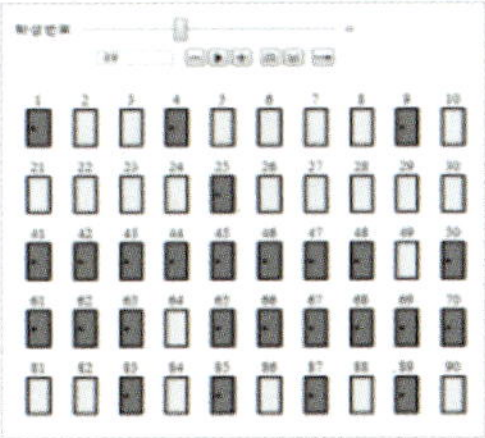

[고1수학]
121_닫혀있는 출입문의 개수는? (2)
☐

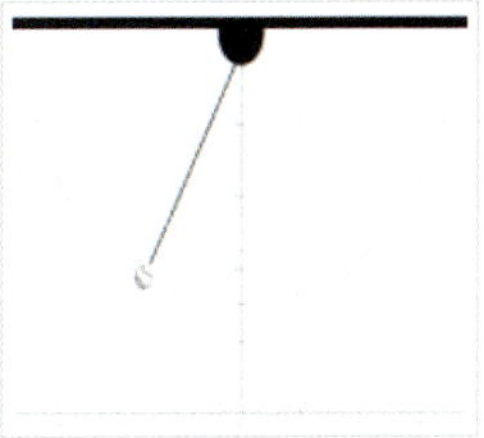

[미분적분]
120_물체의운동_단진자 (2)
☐

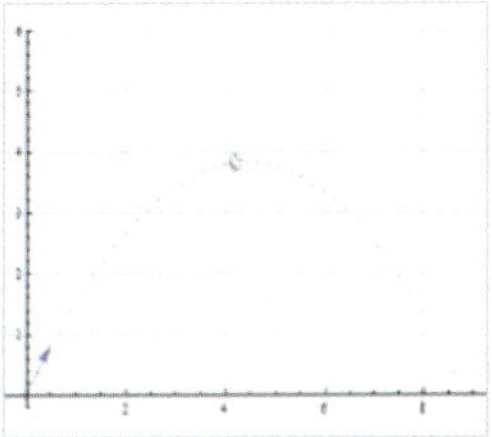

[미분적분]
119_물체의운동_포물선&연직투상 (2)
☐

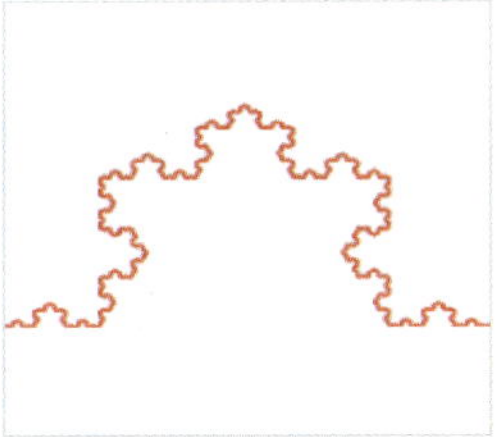

[미분적분]
118_프렉탈_코흐곡선(Koch) (2)
☐

[미분적분]
117_프렉탈_피타고라스 나무 (2)
☐

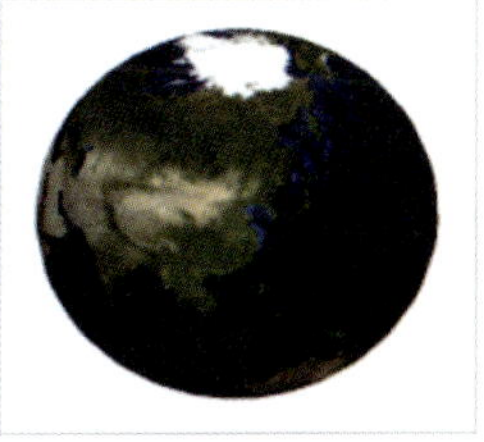

[호기심수학]
116_아름다운 행성I_지구 (2)
☐

[공지]
수학실험실 CDF 자료활용 방법 안내

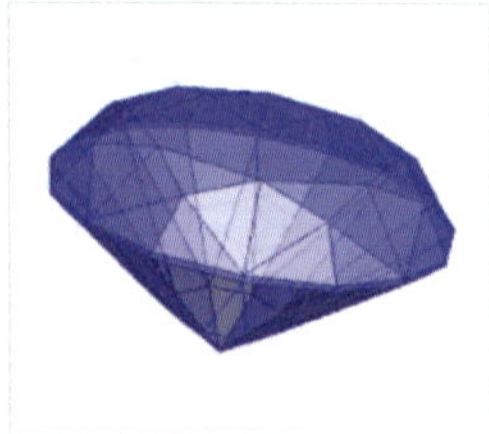

[호기심수학]
115_그녀에게 다이아몬드를_3D (2)

[미분적분]
114_프렉탈_이진트리 (2)

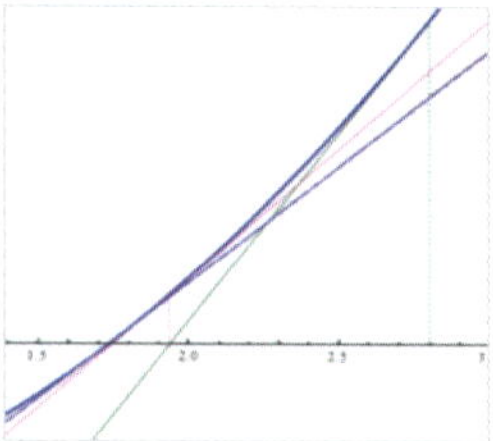

[미분적분]
113_초월방정식 해법_뉴턴의방법 (2)

[미분적분]
112_수직인 세 원통의 부피_계산 (2)

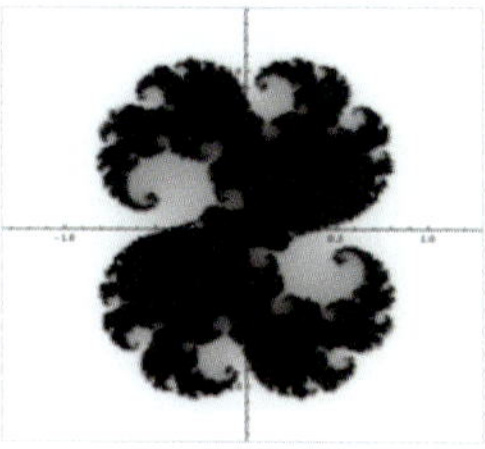

[응용수학]
111_프렉탈_줄리아집합_기본형 (2)

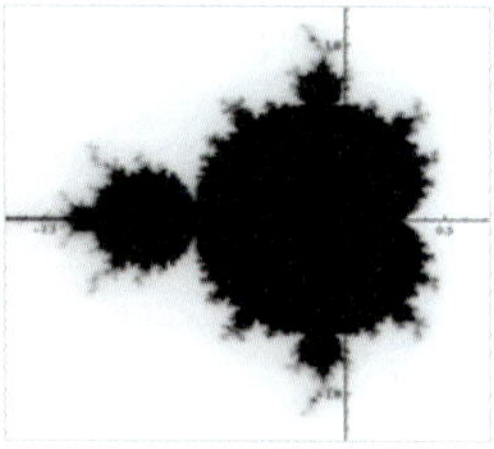

[응용수학]
110_프렉탈_만델브로집합_기본형 (2)

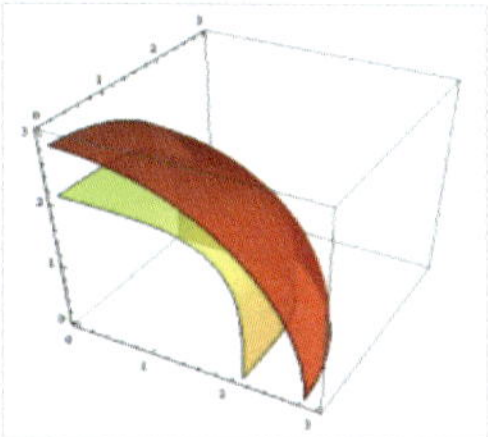

[고1수학]
109_존재하지 않는 삼각형 넓이 (2)

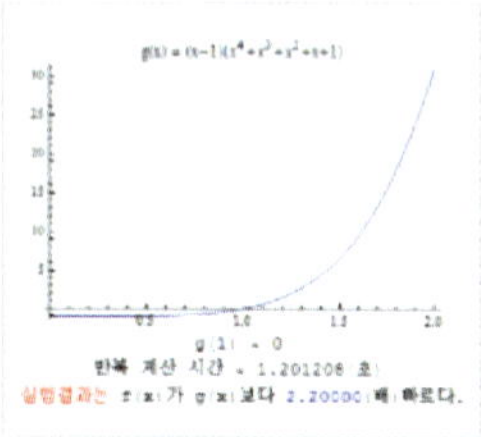

[고1수학]
108_인수분해vs전개_계산속도II (2)

[미분적분]
107_프렉탈_시어핀스키피라미드 (2)

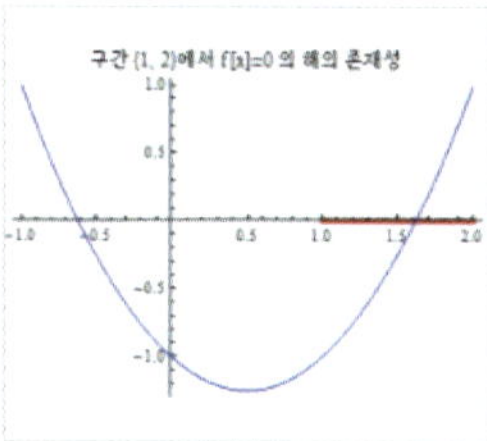


[미분적분]
106_초월방정식 해법_미분법 (2)

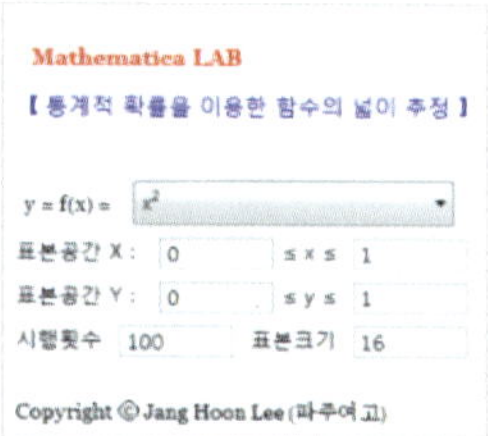


[확률통계]
105_몬테칼로법_함수넓이 추정 (2)

[미분적분]
104_수직인 세 원통 교차면_관찰 (2)

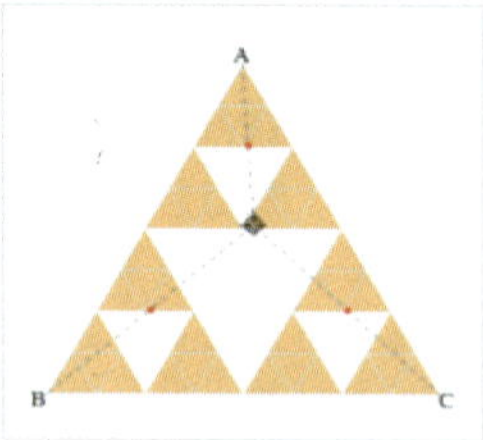

[미분적분]
103_프렉탈_카오스게임_생성원리 (2)

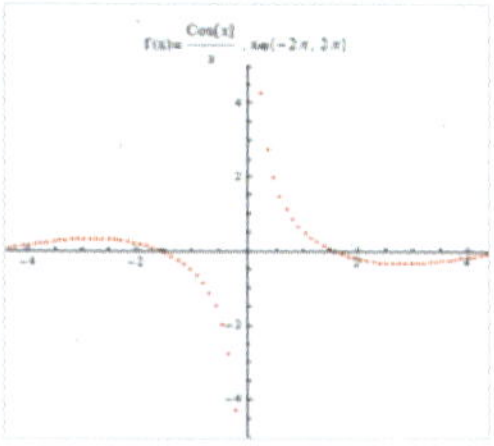

[고1수학]
102_양함수 y=f(x) 그래프_원리 (2)

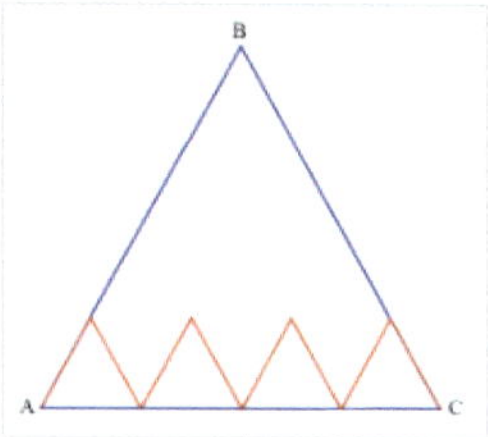

[미분적분]
101_삼각형분할문제(2=1?) (2)

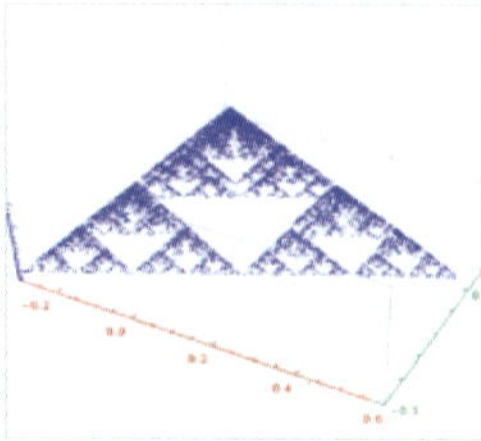

[미분적분]
100_프렉탈_카오스게임(3D) (2)

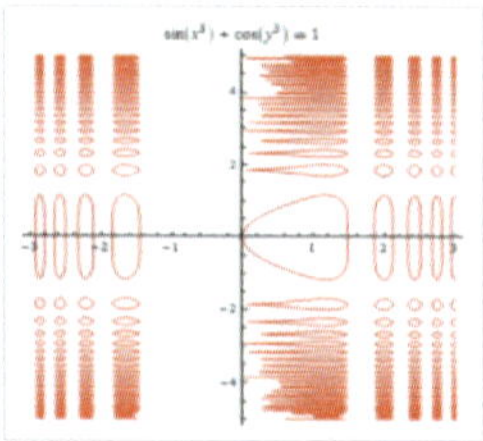

[고1수학]
99_음함수 f(x,y)=0 그래프 (2)

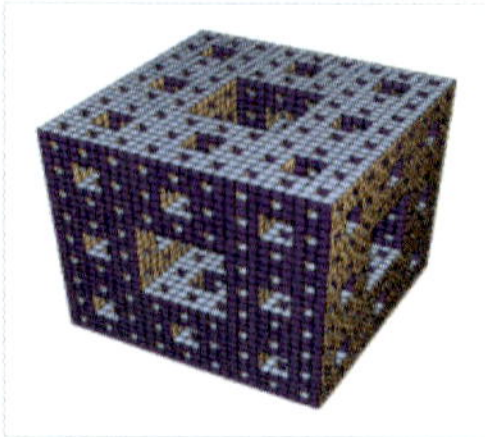

[미분적분]
98_프렉탈_멩거스펀지 (2)

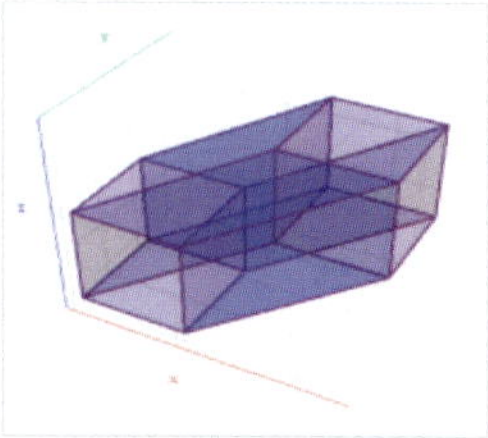

[호기심수학]
97_하이퍼큐브(초입방체)_원리 (2)

[공지]
수학실험실 CDF 자료활용 방법 안내

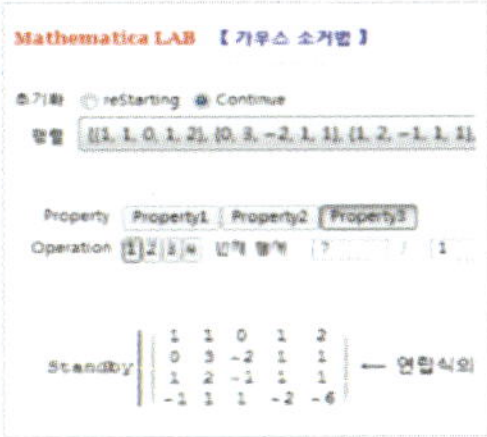

[응용수학]
96_가우스소거법_역행렬계산 (2)

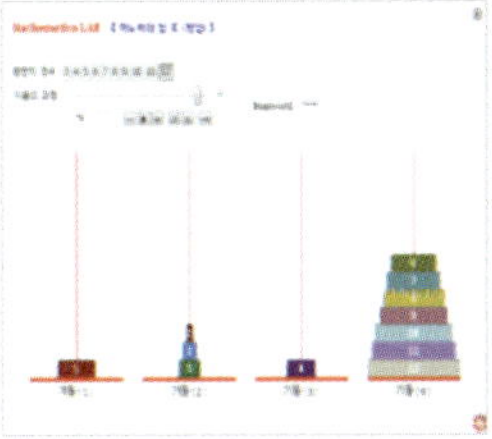
[고1수학]
95_하노이의탑_기둥4개_정답 (2)

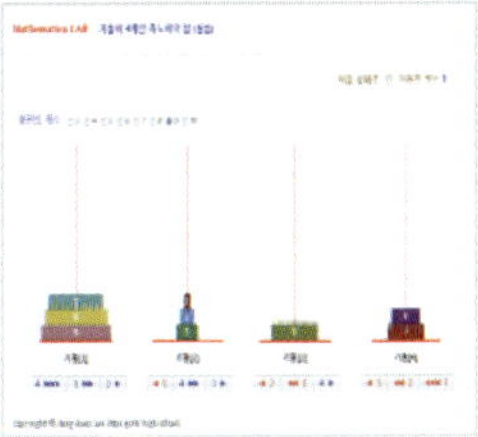
[고1수학]
94_하노이의탑_기둥4개_실험 (3)

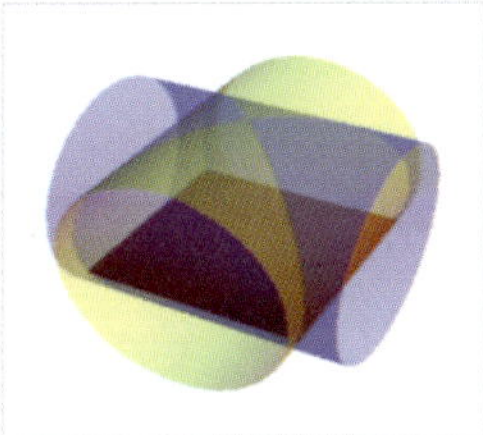
[미분적분]
93_수직인 두 원통 교차면_관찰 (2)

[응용수학]
92_정다면체 접평면의 분할영역 (3)

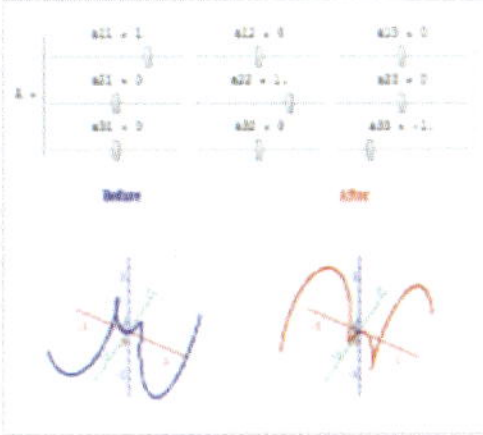
[기하벡터]
91_행렬의 일차변환_공간좌표 (2)

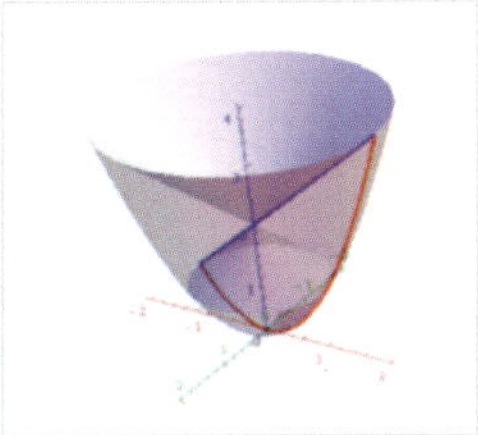
[미분적분]
90_두 함수의 공통영역_y축 회전 (2)

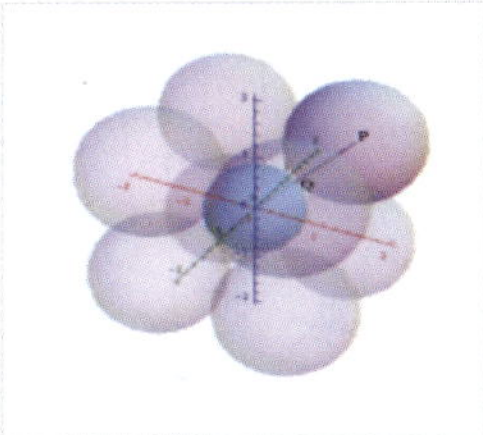
[기하벡터]
89_3차원에 내접하는 구(Sphere) (2)

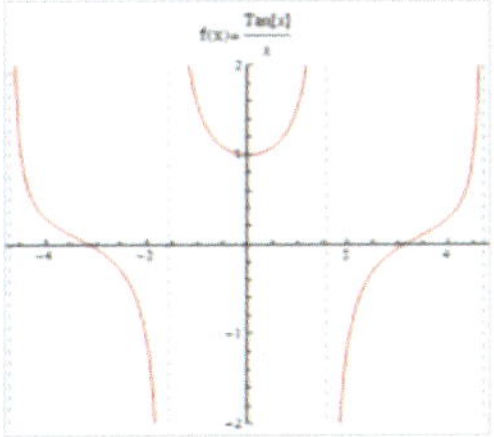
[미분적분]
88_삼각함수의 변형그래프_추론 (2)

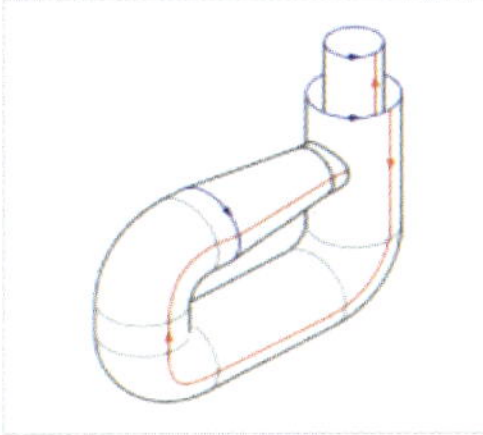
[호기심수학]
87_클라인병 생성과정_일러스트 (2)

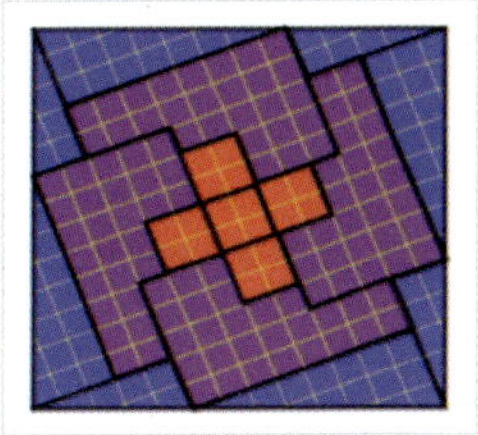
[고1수학]
86_사라진 정사각형의 비밀I (2)

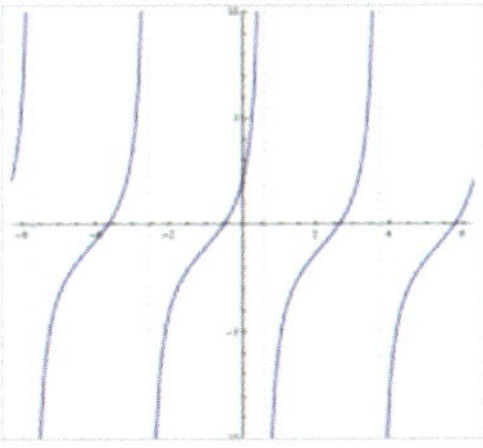
[미분적분]
85_삼각함수 y=aTan(bx+c)+d (2)

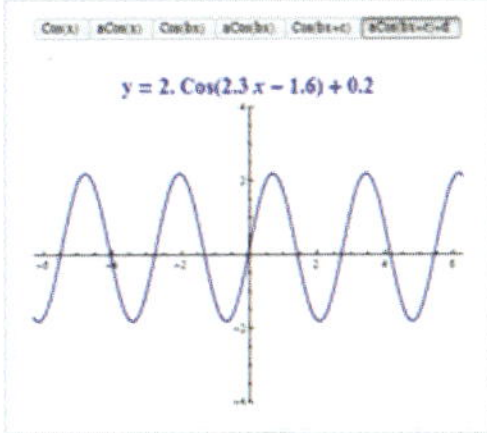

[미분적분]
84_삼각함수 y=aCos(bx+c)+d (2)

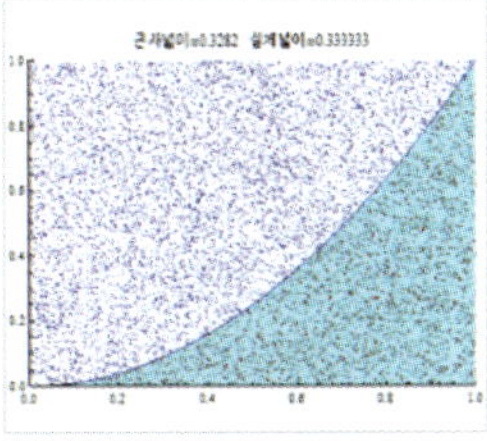
[확률통계]
83_몬테칼로법_함수의 넓이 (2)

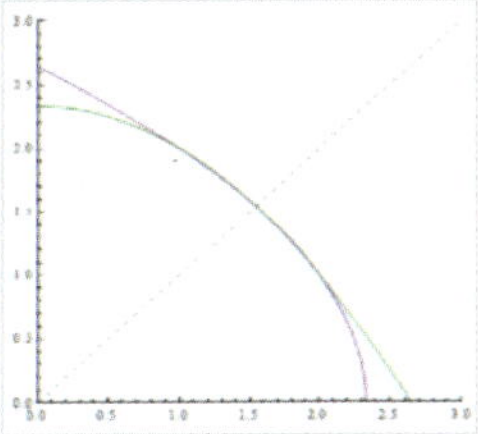
[고1수학]
82_함수와 역함수의 교점_재해석 (2)

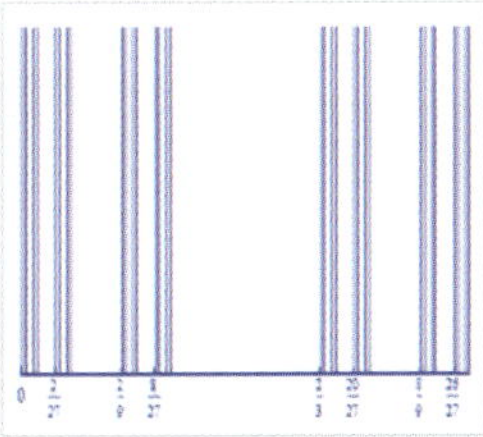
[미분적분]
81_프렉탈_칸토어집합(Cantor) (2)

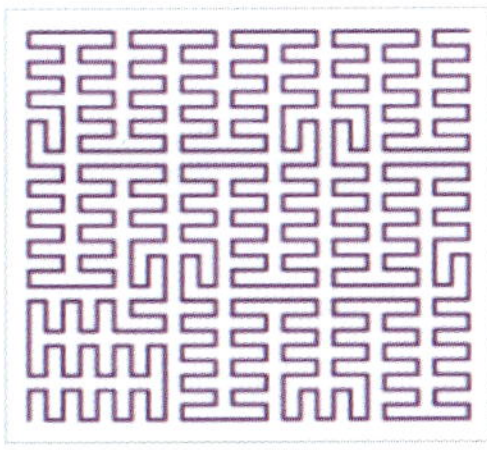
[미분적분]
80_프렉탈_페아노곡선_정수차원 (2)

[미분적분]
79_유클리드차원_조각합의 법칙 (2)

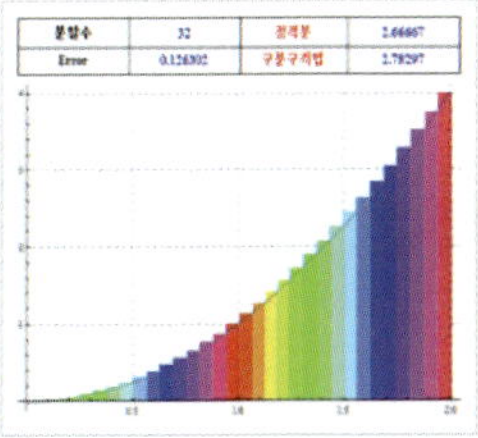
[미분적분]
78_구분구적법_함수의 근사넓이 (2)

[공지]
수학실험실 CDF 자료활용 방법 안내

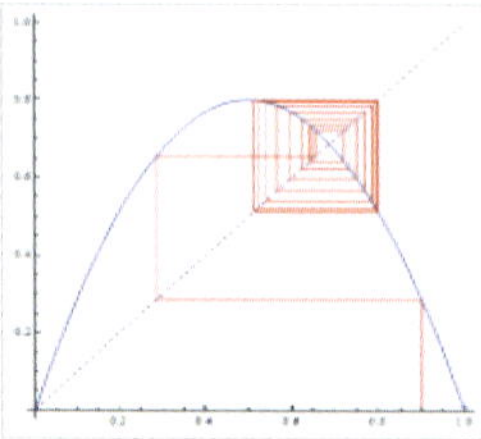

[미분적분]
77_초월방정식_고정점반복법 (2)

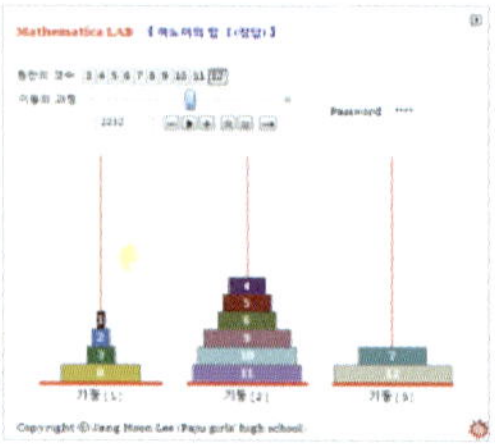

[고1수학]
76_하노이의탑_기둥3개_정답 (2)

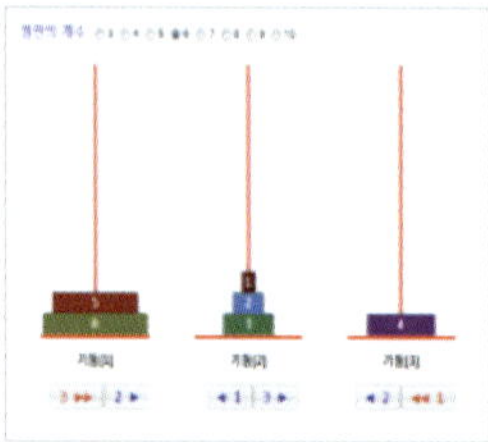

[고1수학]
75_하노이의탑_기둥3개_실험 (3)

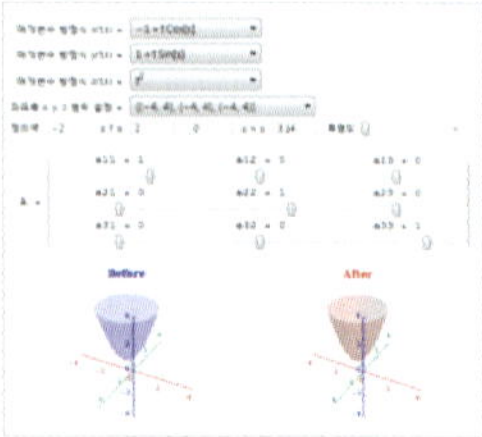

[기하벡터]
74_곡면방정식_일차변환3D (2)

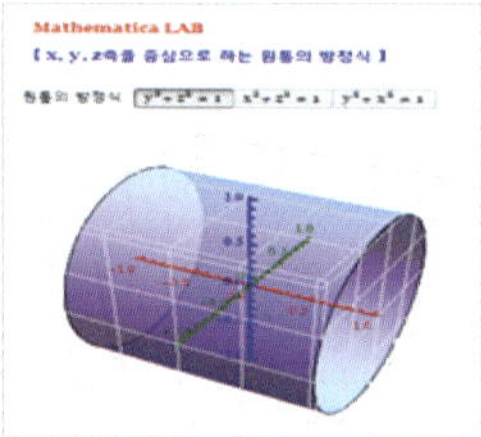


[기하벡터]
73_원통의 방정식과 그래프 (2)

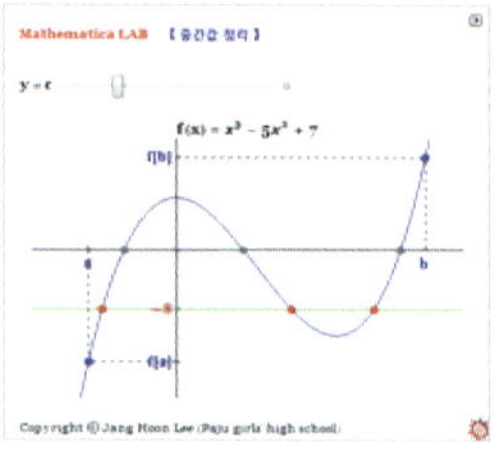


[미분적분]
72_중간값정리_실근의 존재성 (2)

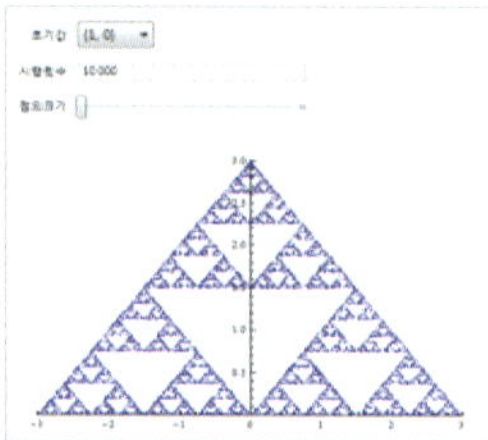

[미분적분]
71_프랙탈_카오스게임(2D) (2)

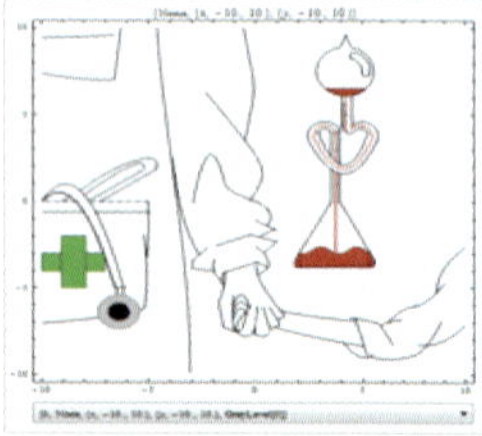

[고1수학]
70_그래프스케치북(v2.7) (2)

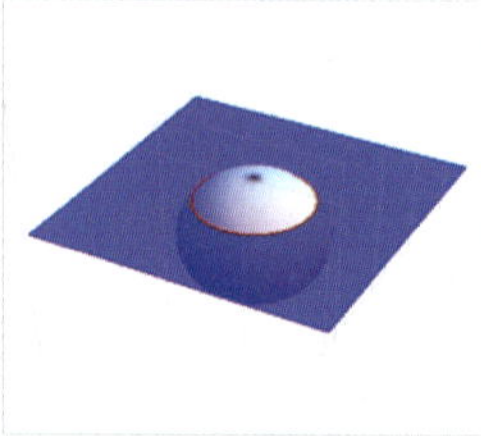

[호기심수학]
69_플랫랜드I_입체의 다변성 (2)

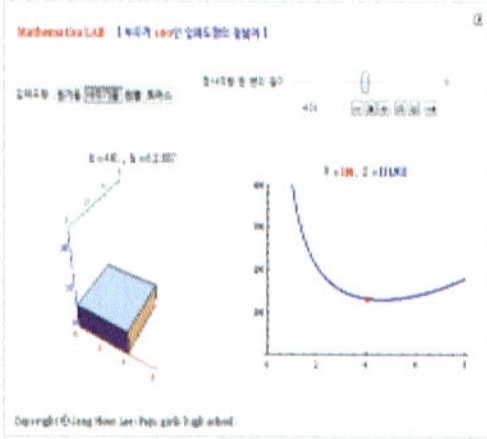

[미분적분]
67_부피가 일정한 입체도형 넓이 (2)

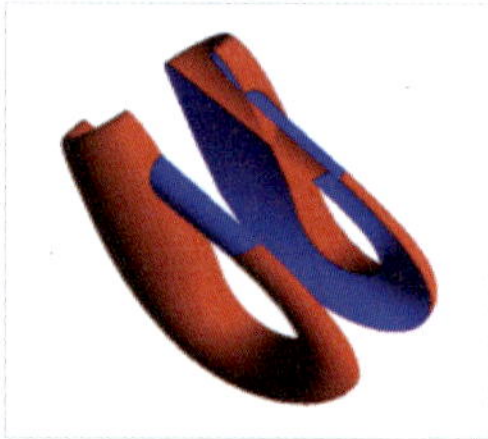

[호기심수학]
66_클라인병과 뫼비우스띠_관계 (2)

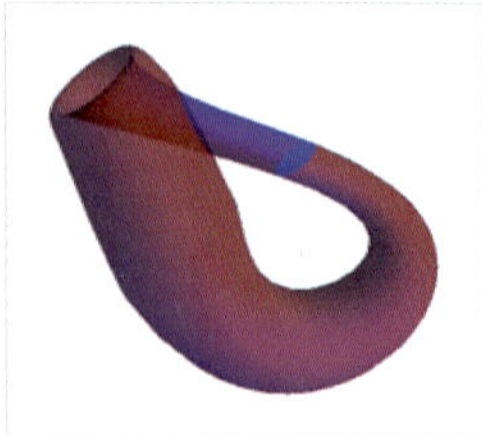

[호기심수학]
65_클라인병(Klein Bottle)_생성 (2)

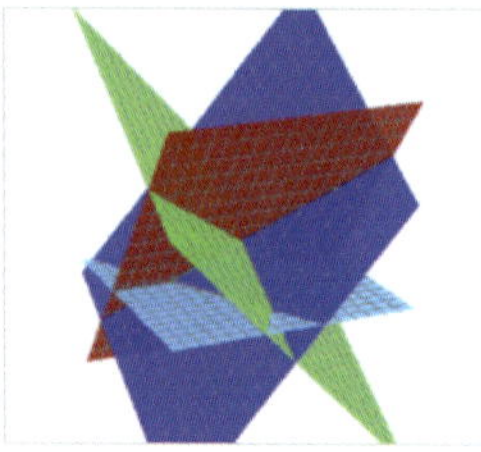

[고1수학]
64_4개평면_최대분할영역개수 (2)

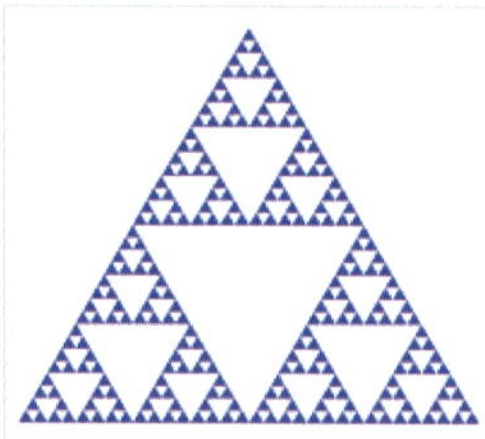

[고1수학]
63_프렉탈_시어핀스키삼각형2D (2)

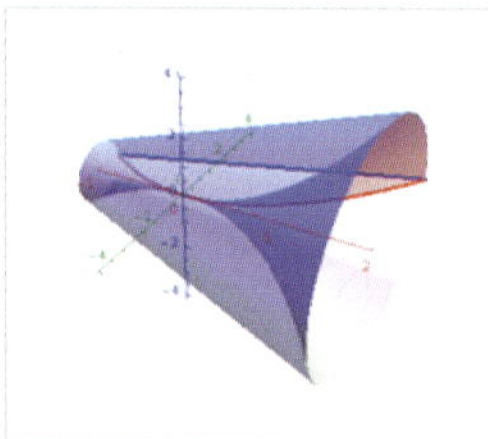

[미분적분]
62_두 함수의 공통영역_x축 회전 (2)

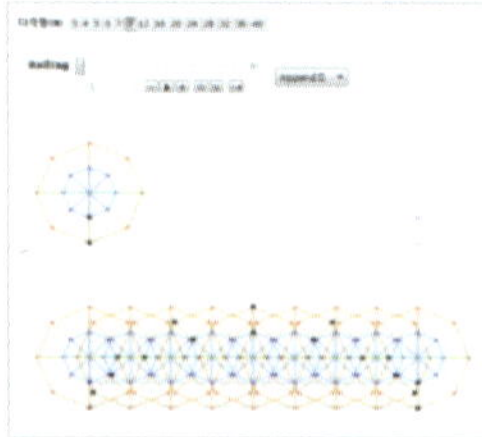

[고1수학]
61_아리스토텔레스 바퀴(2=1?) (2)

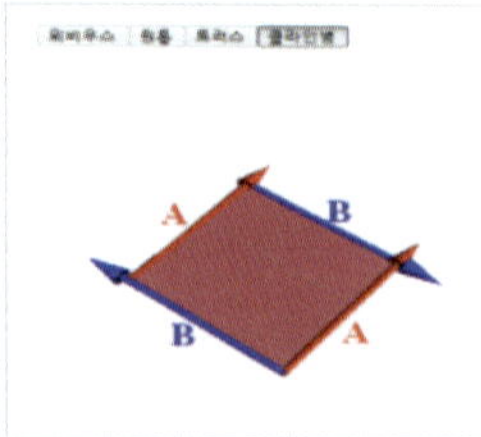


[호기심수학]
60_뫼비우스, 토러스, 클라인병 (2)

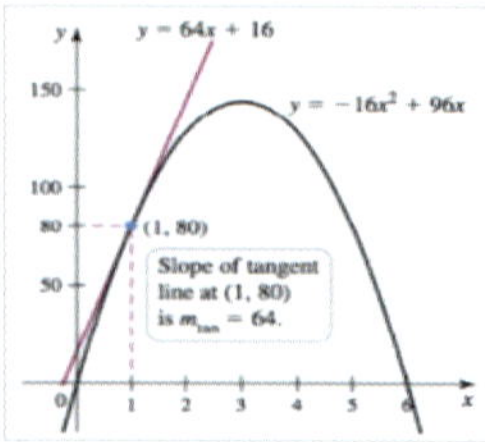


[미분적분]
218_미분 전자교과서_개발사례 (6)

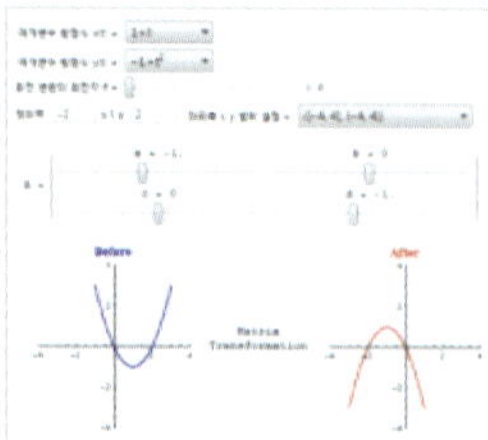

[기하벡터]
59_평면방정식_일차변환(2D) (2)

[공지]
수학실험실 CDF 자료활용 방법 안내

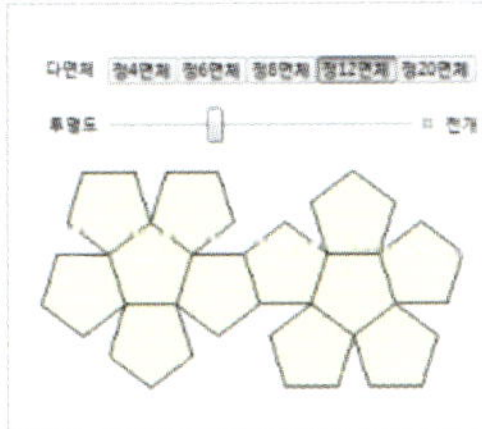

[호기심수학]
58_정다면체와 전개도 (3)

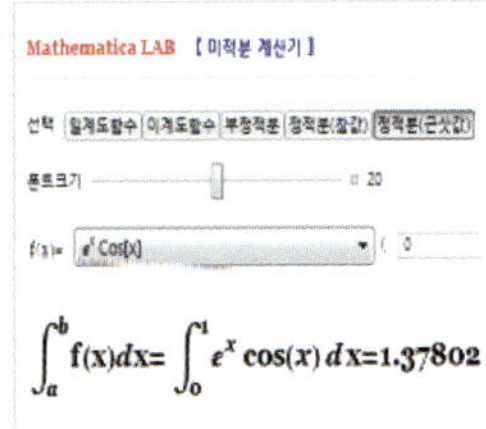


[미분적분]
57_미적분계산기 (2)

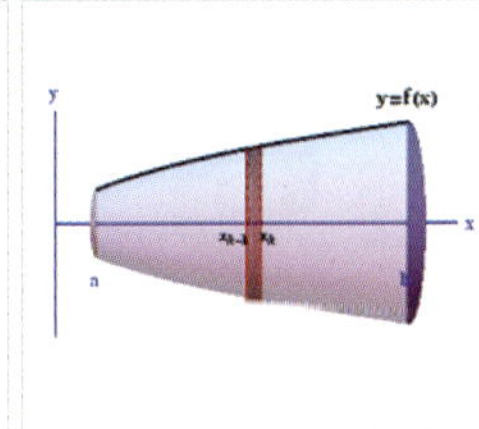


[미분적분]
56_함수의 회전체_부피, 넓이 (2)

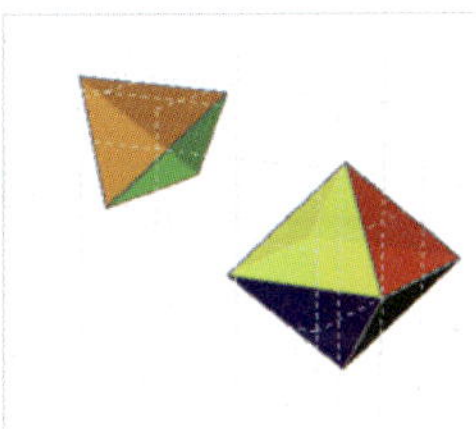

[기하벡터]
55_정팔면체와 정사면체의 결합 (2)

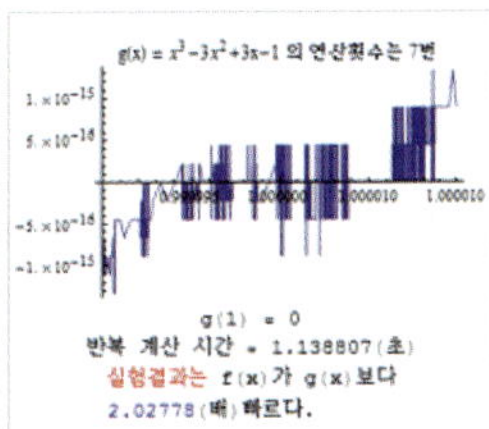


[고1수학]
54_인수분해vs전개_계산속도I (2)

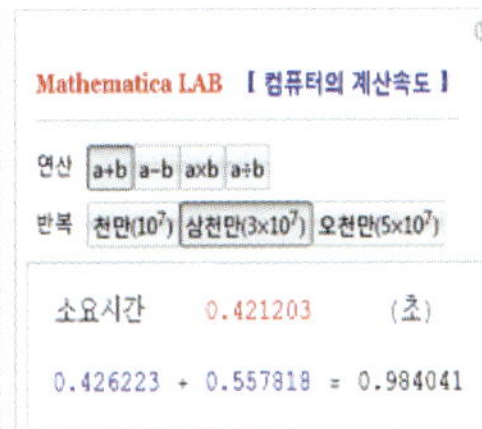


[호기심수학]
53_컴퓨터 계산속도 측정 (2)

[호기심수학]
52_뫼비우스 띠 성질_손의 반전 (2)

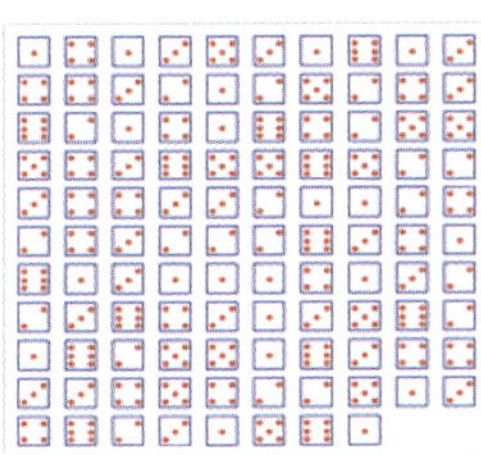

[확률통계]
51_통계적확률_주사위 던지기 (2)

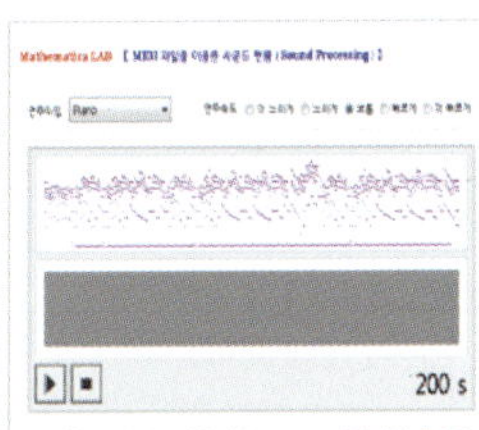

[호기심수학]
50_다양한 디지털 사운드 변환 (2)

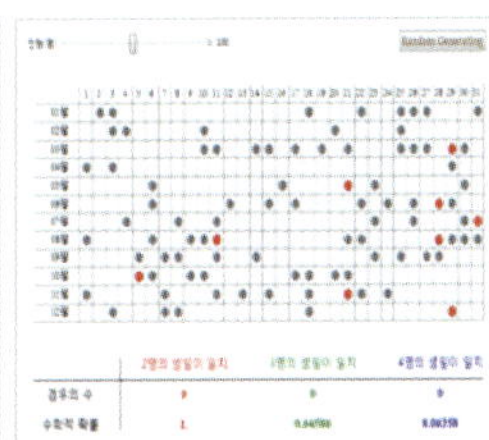

[확률통계]
49_생일이 같은 친구의 존재확률 (2)

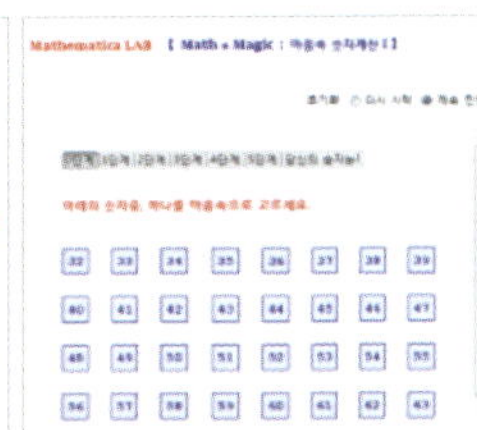

[호기심수학]
48_마음속 숫자계산I (2)

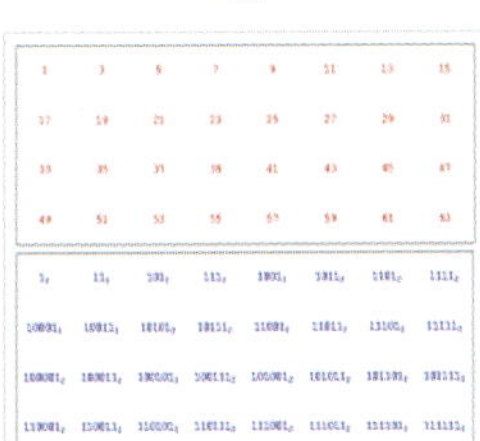

[호기심수학]
47_마음속 숫자계산I_원리 (1)

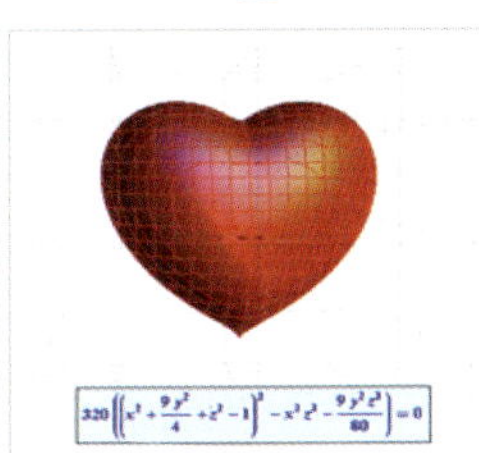

[호기심수학]
46_사랑의 하트방정식(3D) (2)

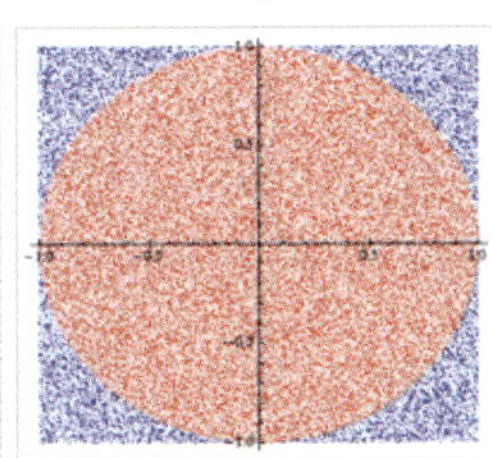

[확률통계]
45_몬테칼로법_Pi 근사값 (2)

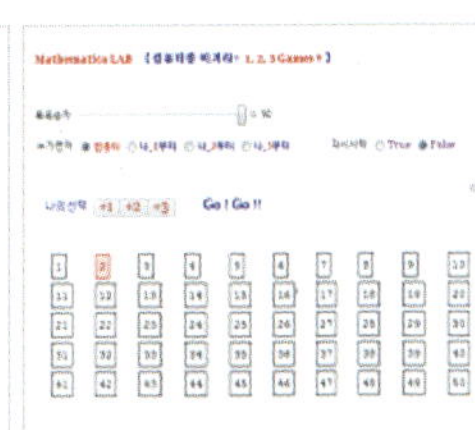

[고1수학]
44_베스킨라빈스, 31게임 (2)

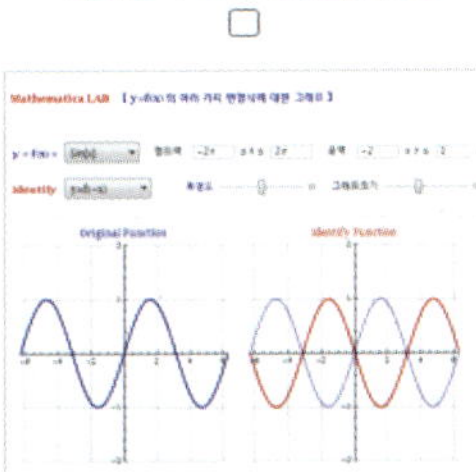

[고1수학]
43_함수 f(x) 변형그래프_절대값 (2)

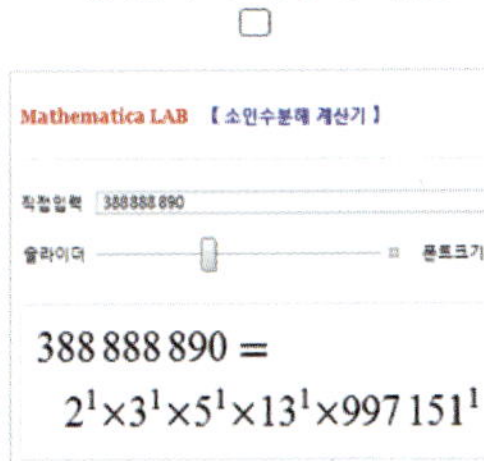


[고1수학]
42_소인수분해 계산기 (2)

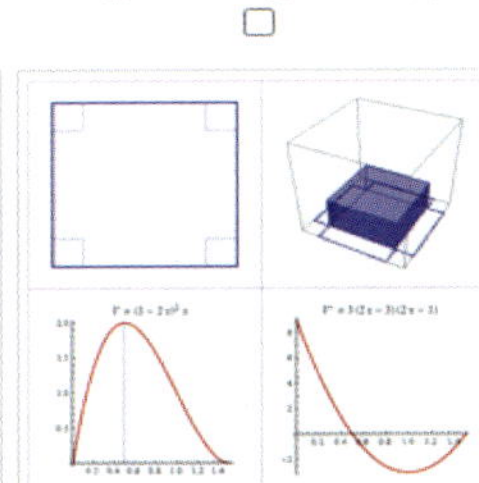

[미분적분]
41_미분활용_직육면체 최대부피 (2)

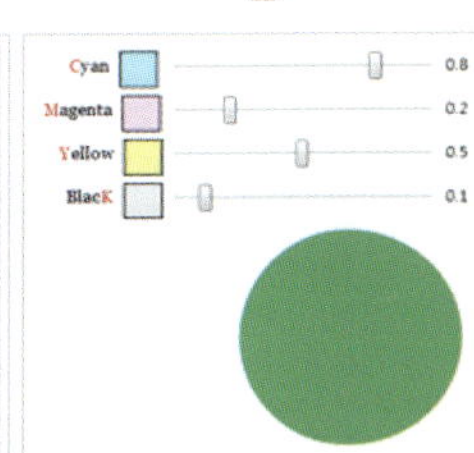


[호기심수학]
40_색상조합의원리_CMYK파레트 (2)

[공지]
수학실험실 CDF 자료활용 방법 안내

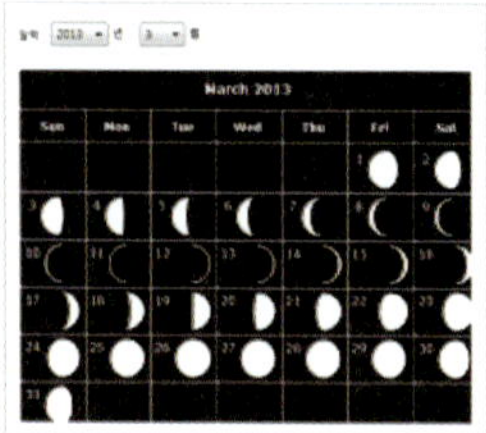


[호기심수학]
39_달력(달의 모양)_2020년까지 (2)

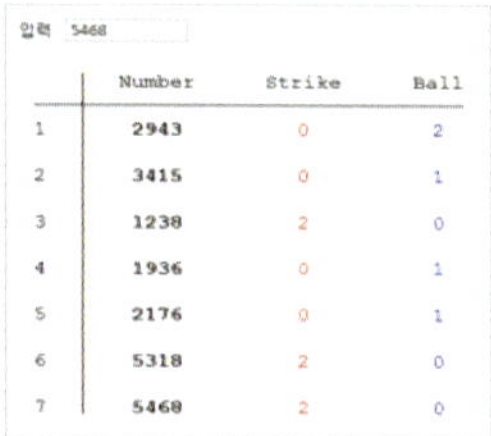


[확률통계]
38_숫자맞추기_야구게임 (2)

[호기심수학]
37_미해결문제_(3n+1) Problem (2)

[호기심수학]
36_탱그램_조각퍼즐 맞추기 (2)

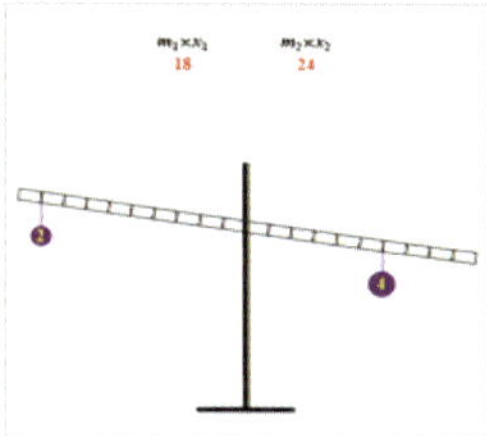

[호기심수학]
35_지렛대의 원리 관찰 (2)

[호기심수학]
34_매스매티카 산타 그래프 (2)

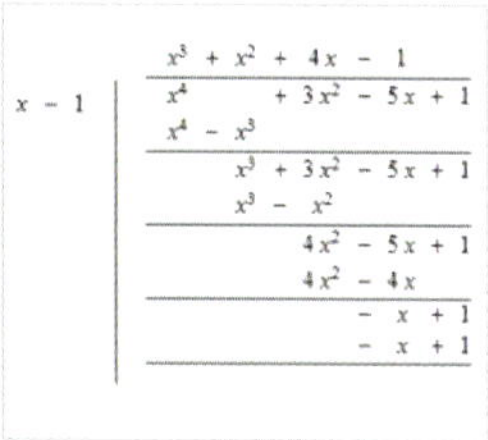

[고1수학]
33_다항식의 나눗셈 계산과정 (2)

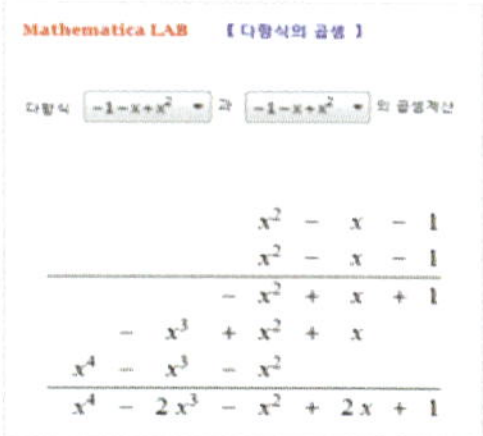


[고1수학]
32_다항식의 곱셈 계산과정 (2)

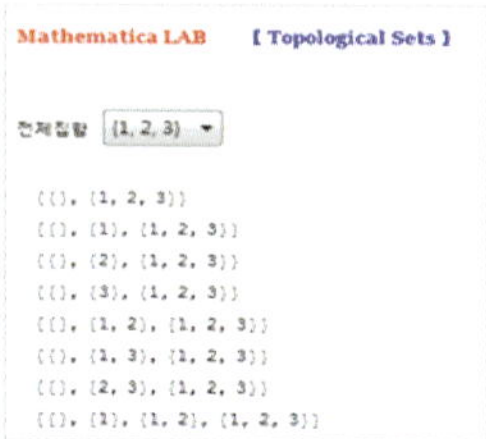


[고1수학]
31_토폴로지(Topology) 집합계산 (2)

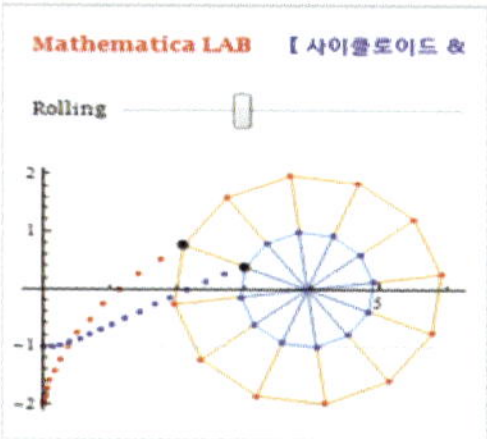


[호기심수학]
30_사이클로이드 자취 그래프 (2)

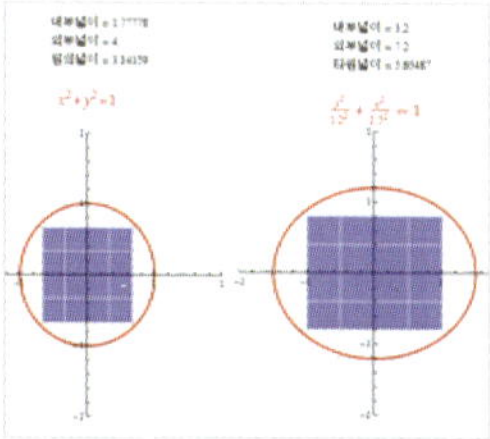

[미분적분]
29_원과 타원의 근사넓이 (2)

[확률통계]
28_정다면체 색칠하는 경우의수 (3)

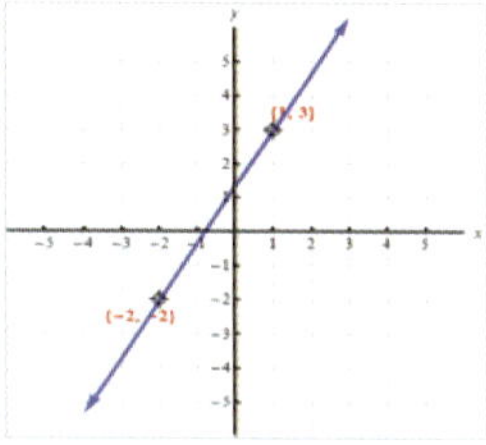

[고1수학]
27_두 점을 지나는 직선방정식 (2)

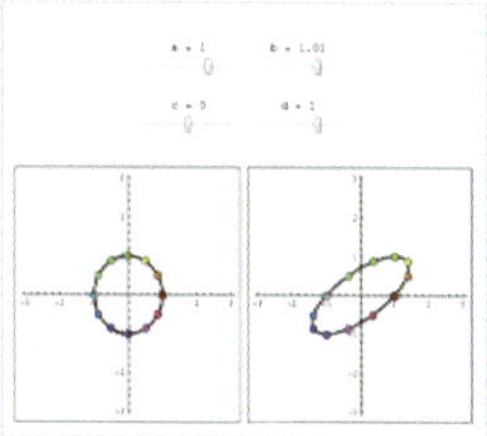

[기하벡터]
26_원의 방정식_일차변환2D (2)

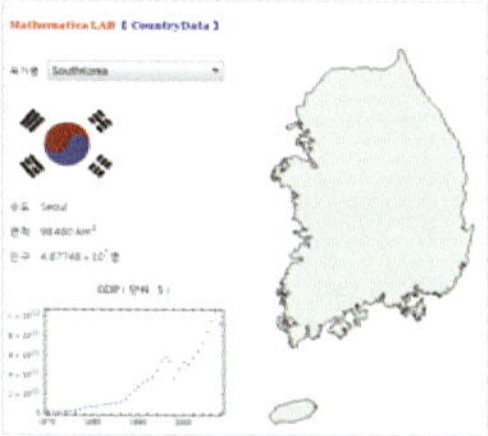

[호기심수학]
25_Wolfram Alpha_국가별정보 (2)

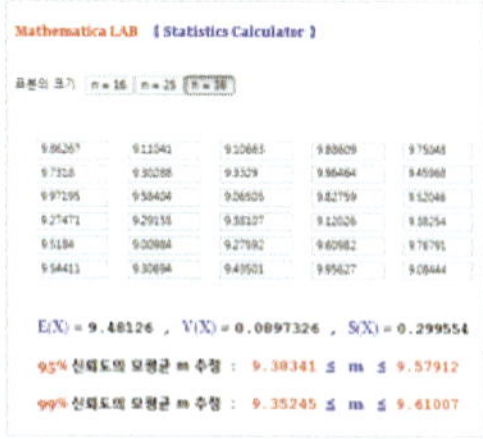


[확률통계]
24_표본자료 모평균추정_계산기 (2)

[호기심수학]
23_착시현상_평행한 직선의 굴절 (2)

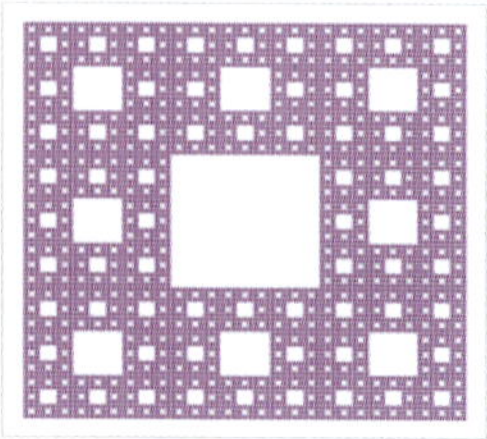

[미분적분]
22_프랙탈_시어핀스키 양탄자 (4)

[호기심수학]
21_이미지프로세싱I_포토샵 (2)

[공지]
수학실험실 CDF 자료활용 방법 안내

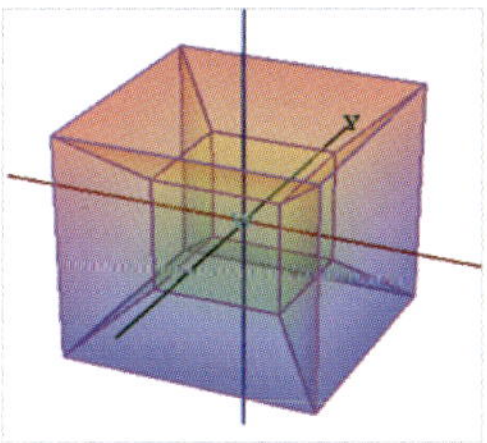

[호기심수학]
20_초입방체(하이퍼큐브)_다변성 (2)

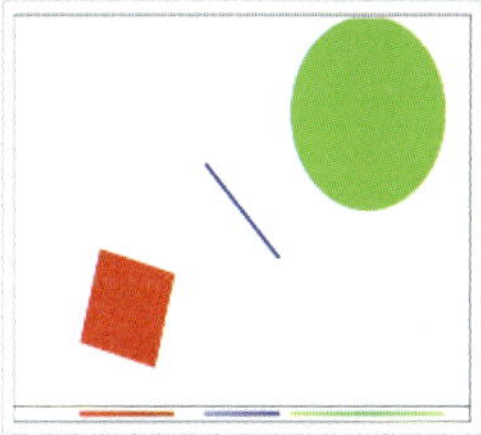

[호기심수학]
19_사영기하_2차원의 그림자 (2)

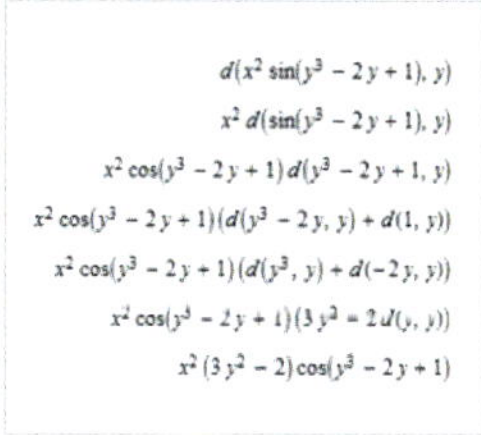

[미분적분]
18_함수의 단계별 미분 계산과정 (2)

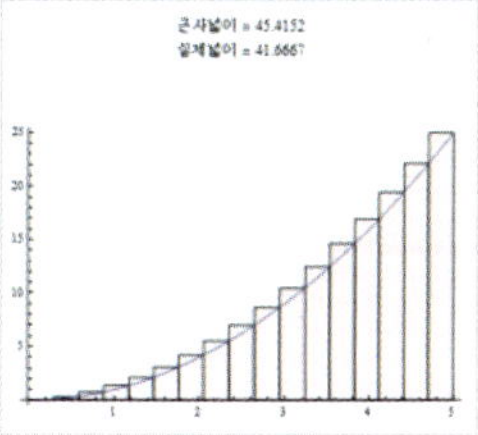

[미분적분]
17_구분구적법(좌합,우합)_넓이 (2)

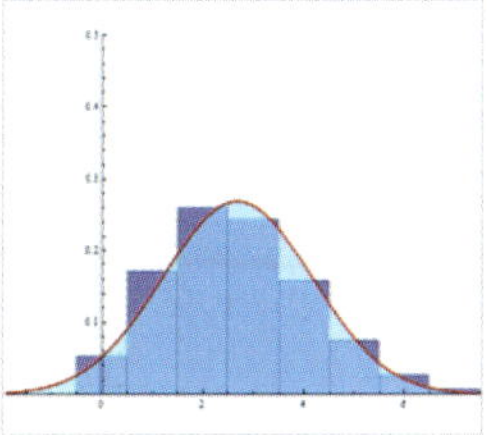

[확률통계]
16_이항분포의 정규분포화 (2)

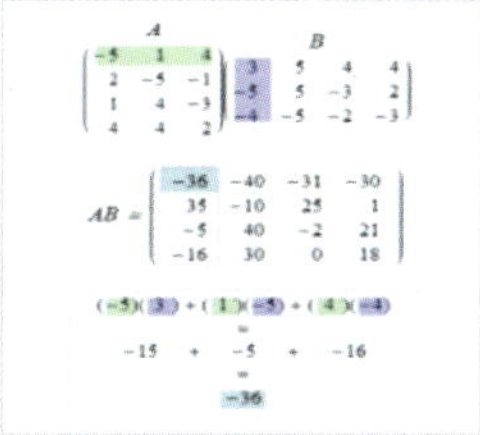

[기하벡터]
15_행렬의 곱셈_계산원리 (2)

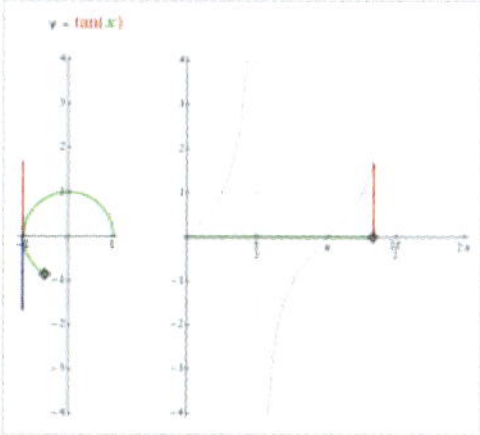

[미분적분]
14_삼각함수 Tan(x) 그래프_작도 (2)

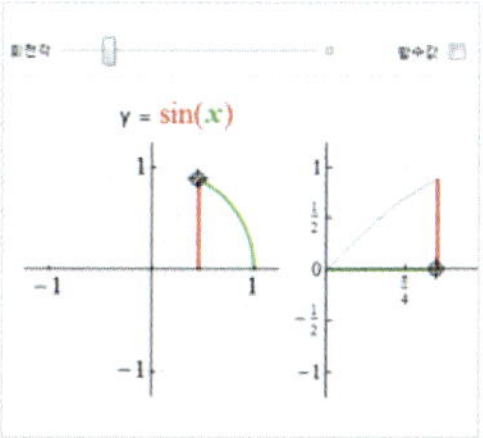

[미분적분]
13_삼각함수 Sin(x) 그래프_작도 (2)

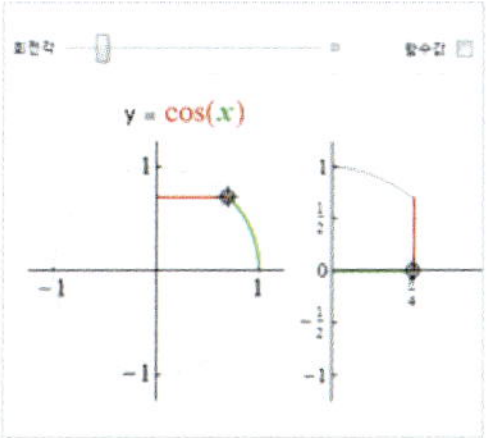

[미분적분]
12_삼각함수 Cos(x) 그래프_작도 (2)

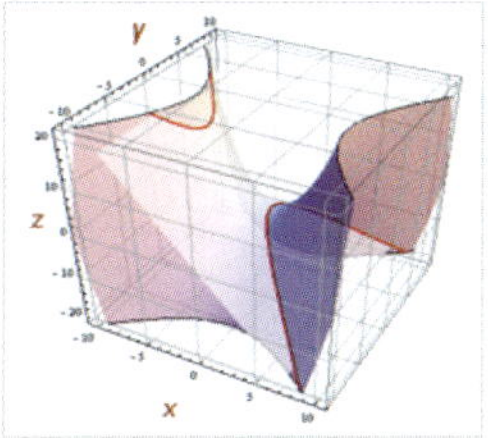

[기하벡터]
11_여러 이차곡면과 평면의 교선 (2)

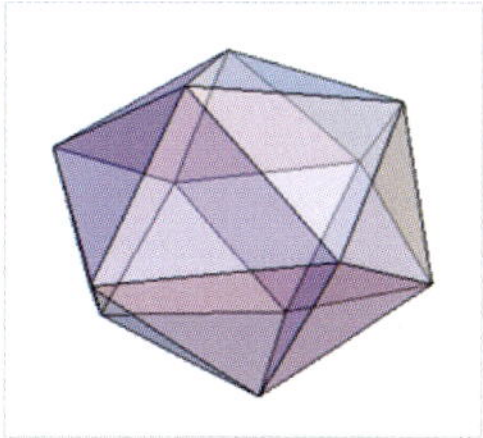

[호기심수학]
10_플라톤의 정다면체(5개) (3)

[고1수학]
9_직선의방정식_게임형 반복학습 (2)

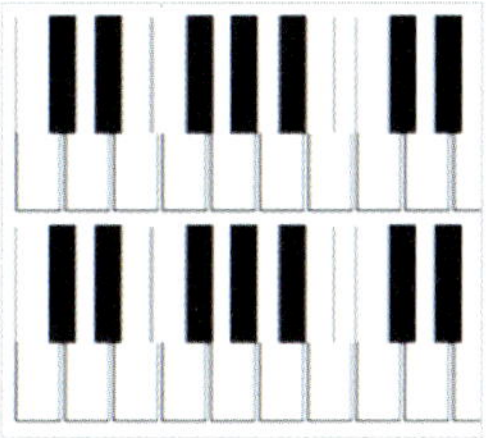

[호기심수학]
7_매스매티카 피아노_사운드함수 (2)

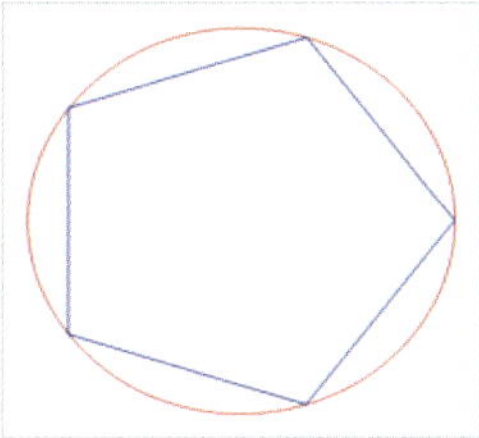

[미분적분]
6_다각형의 극한_원주율 Pi 계산 (2)

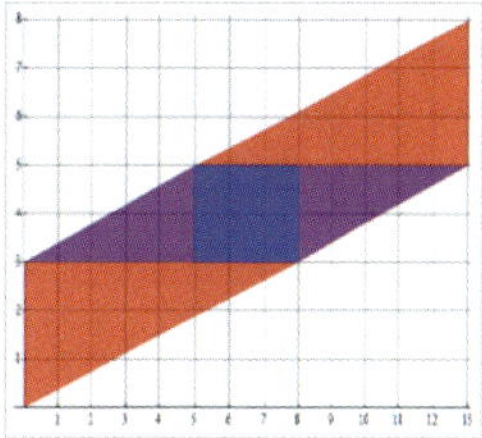

[고1수학]
5_넓이가 다른 등적변형 (2)

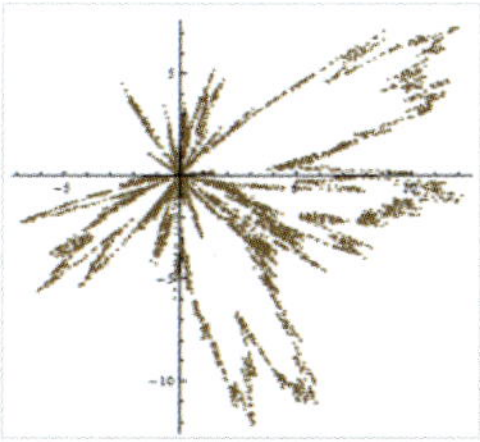

[호기심수학]
4_랜덤워크(RandomWalk)_카오스 (2)

[확률통계]
3_로또복권(Lotto)의 당첨확률 (2)

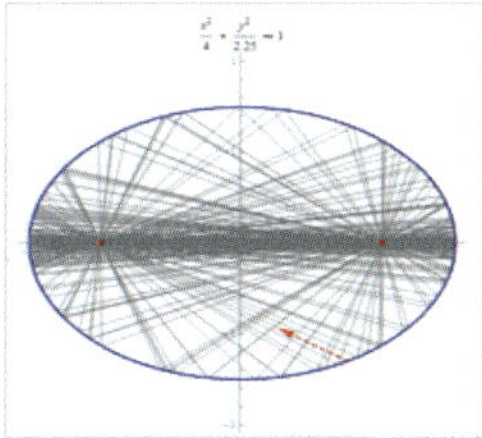

[기하벡터]
2_타원의 두 초점에 갇힌 빛 (2)

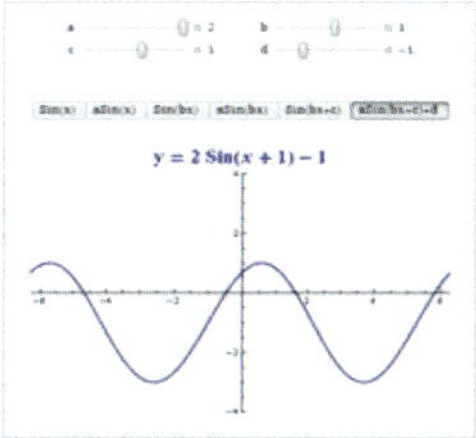

[미분적분]
1_삼각함수 y=aSin(bx+c)+d (2)

## 저자소개

### 이장훈

파주여고 수학교사

수학생각(mathought.com) 운영

mathought.com

[수상]

올해의 과학교사상

대한민국 수학교육상

올해의 울프램 혁신가상 (Wolfram Innovator Award)

Wolfram Award

[저서]

Mathematica Guide Book 입문에서 활용까지

Mathematica LAB 실험중심의 고등학교 수학탐구

기본에 충실한 Mathematica 입문서

깜짝 놀랄만한 **모두의 수학**

**초판발행** 2022년 7월 5일

**지은이** 이장훈

**펴낸이** 오판근
**펴낸곳** (주) 교우
**주 소** 서울시 동대문구 약령시로 8 교우빌딩 2층 (주)교우
**전 화** 02-925-2861 / **팩 스** 02-925-2860, **편집부** 02-925-2825
**홈페이지&북스토어** www.kyowoo.co.kr / **이메일** kyowoo@kyowoo.co.kr

**등 록** 1994년 3월 24일 제1994-000013호
**ISBN** 979-11-251-0358-5 (03410)

Published by Kyowoo Co., Ltd. Printed in Korea


(주) 교우는 보다 혁신적이고 참신한 도서를 다양하게 기획하고 있습니다.
책으로 펴내고자 하는 아이디어나 원고는 메일로 보내주세요.
(주) 교우는 전과정을 책임지고 최선을 다하겠습니다.

**값 40,000원**

**교우미디어는 (주) 교우의 Imprint 사입니다.**
**수학정원·과학정원은 (주) 교우의 새로운 브랜드명입니다.**

잘못된 책은 구입하신 서점에서 교환해 드립니다.